高等教育安全科学与工程类系列教材

消防工程专业系列教材

灭火技术及工程

主　编　魏　东

副主编　谢晓晴　李思成

参　编　龙腾腾　谭志光　潘荣锟

靳红雨　葛晓霞　张福东　涂　方

主　审　李建华

机 械 工 业 出 版 社

灭火技术及工程是消防工程专业的核心课程之一。本书以灭火技术为主线，系统介绍了灭火基础理论，灭火剂，建筑消防系统的组成、功能与应用，消防炮灭火技术，细水雾灭火技术，泡沫灭火技术，新型灭火技术，建筑火灾扑救，森林火灾灭火技术，矿井防灭火技术等。

本书可作为高等院校消防工程、安全工程、建筑环境与设备工程、消防指挥等专业的本科教材，也可供消防灭火工程设计、施工、消防检测维护和消防（安全）管理人员学习参考。

图书在版编目（CIP）数据

灭火技术及工程/魏东主编．—北京：机械工业出版社，2012.10（2024.7重印）
高等教育安全科学与工程类系列教材．消防工程专业系列教材
ISBN 978-7-111-39845-5

Ⅰ.①灭… Ⅱ.①魏… Ⅲ.①消防—工程—高等学校—教材 Ⅳ.①TU998.1

中国版本图书馆CIP数据核字（2012）第226241号

机械工业出版社（北京市百万庄大街22号 邮政编码100037）
策划编辑：冷 彬 责任编辑：冷 彬
版式设计：霍永明 责任校对：申春香
封面设计：张 静 责任印制：常天培
固安县铭成印刷有限公司印刷
2024年7月第1版第9次印刷
184mm×260mm · 18.5印张 · 457千字
标准书号：ISBN 978-7-111-39845-5
定价：49.00元

电话服务 网络服务
客服电话：010-88361066 机 工 官 网：www.cmpbook.com
010-88379833 机 工 官 博：weibo.com/cmp1952
010-68326294 金 书 网：www.golden-book.com
封底无防伪标均为盗版 机工教育服务网：www.cmpedu.com

序一

“安全工程”本科专业是在1958年建立的“工业安全技术”、“工业卫生技术”和1983年建立的“矿山通风与安全”本科专业基础上发展起来的。1984年，国家教委将“安全工程”专业作为试办专业列入普通高等学校本科专业目录之中。1998年7月6日，教育部发文颁布《普通高等学校本科专业目录》，“安全工程”，本科专业（代号：081002）属于工学门类的“环境与安全类”（代号：0810）学科下的两个专业之一[㊀]。据“高等学校安全工程专业教学指导委员会”1997年的调查结果显示，自1958～1996年年底，全国各高校累计培养安全工程专业本科生8130人。近年，安全工程本科专业得到快速发展，到2005年年底，在教育部备案的设有安全工程本科专业的高校已达75所，2005年全国安全工程专业本科招生人数近3900名[㊁]。

按照《普通高等学校本科专业目录》的要求，以及院校招生和专业发展的需要原来已设有与“安全工程专业”相近但专业名称有所差异的高校，现也大都更名为“安全工程”专业。专业名称统一后的“安全工程”专业，专业覆盖面大大拓宽[㊀]。同时，随着经济社会发展对安全工程专业人才要求的更新，安全工程专业的内涵也发生很大变化，相应的专业培养目标、培养要求、主干学科、主要课程、主要实践性教学环节等都有了不同程度的变化，学生毕业后的执业身份是注册安全工程师。但是，安全工程专业的教材建设与专业的发展出现尚不适应的新情况，无法满足和适应高等教育培养人才的需要。为此，组织编写、出版一套新的安全工程专业系列教材已成为众多院校的翘首之盼。

机械工业出版社是有着悠久历史的国家级优秀出版社，在高等学校安全工程学科教学指导委员会的指导和支持下，根据当前安全工程专业教育的发展现状，本着“大安全”的教育思想，进行了大量的调查研究工作，聘请了安全科学与工程领域一批学术造诣深、实践经验丰富的教授、专家，组织成立了教材编审委员会（以下简称编审委），决定组织编写“高等教育安全工程系列‘十一五’教材”[㊂]。并先后于2004年8月（衡阳）、2005年8月（葫芦岛）、2005年12月（北京）、2006年4月（福州）组织召开了一系列安全工程专业本科教材建设研讨会，就安全工程专业本科教育的课程体系、课程教学内容、教材建设等问题反复进行了研讨，在总结以往教学改革、教材编写经验的基础上，以推动安全工程专业教学改

㊀ 按《普通高等学校本科专业目录》（2012版），“安全工程”本科专业（专业代码：082901）属于工学学科的“安全科学与工程类”（专业代码：0829）下的专业。

㊁ 这是安全工程本科专业发展过程中的一个历史数据，没有变更为当前数据是考虑到该专业每年的全国招生数量是变数，读者欲加了解，可在具有权威性的相关官方网站查得。

㊂ 自2012年更名为“高等教育安全科学与工程类系列教材”。

革和教材建设为宗旨，进行顶层设计，制订总体规划、出版进度和编写原则，计划分期分批出版30余门课程的教材，以尽快满足全国众多院校的教学需要，以后再根据专业方向的需要逐步增补。

由安全学原理、安全系统工程、安全人机工程学、安全管理学等课程构成的学科基础平台课程，已被安全科学与工程领域学者认可并达成共识。本套系列教材编写、出版的基本思路是，在学科基础平台上，构建支撑安全工程专业的工程学原理与由关键性的主体技术组成的专业技术平台课程体系，编写、出版系列教材来支撑这个体系。

本套系列教材体系设计的原则是，重基本理论，重学科发展，理论联系实际，结合学生现状，体现人才培养要求。为保证教材的编写质量，本着"主编负责，主审把关"的原则，编审委组织专家分别对各门课程教材的编写大纲进行认真仔细的评审。教材初稿完成后又组织同行专家对书稿进行研讨，编者数易其稿，经反复推敲定稿后才最终进入出版流程。

作为一套全新的安全工程专业系列教材，其"新"主要体现在以下几点：

体系新。本套系列教材从"大安全"的专业要求出发，从整体上考虑、构建支撑安全工程学科专业技术平台的课程体系和各门课程的内容安排，按照教学改革方向要求的学时，统一协调与整合，形成一个完整的、各门课程之间有机联系的系列教材体系。

内容新。本套系列教材的突出特点是内容体系上的创新。它既注重知识的系统性、完整性，又特别注意各门学科基础平台课之间的关联，更注意后续的各门专业技术课与先修的学科基础平台课的衔接，充分考虑了安全工程学科知识体系的连贯性和各门课程教材间知识点的衔接、交叉和融合问题，努力消除相互关联课程中内容重复的现象，突出安全工程学科的工程学原理与关键性的主体技术，有利于学生的知识和技能的发展，有利于教学改革。

知识新。本套系列教材的主编大多由长期从事安全工程专业本科教学的教授担任，他们一直处于教学和科研的第一线，学术造诣深厚，教学经验丰富。在编写教材时，他们十分重视理论联系实际，注重引入新理论、新知识、新技术、新方法、新材料、新装备、新法规等理论研究、工程技术实践成果和各校教学改革的阶段性成果，充实与更新了知识点，增加了部分学科前沿方面的内容，充分体现了教材的先进性和前瞻性，以适应时代对安全工程高级专业技术人才的培育要求。本套教材中凡涉及安全生产的法律法规、技术标准、行业规范，全部采用最新颁布的版本。

安全是人类最重要和最基本的需求，是人民生命与健康的基本保障。一切生活、生产活动都源于生命的存在。如果人们失去了生命，一切都无从谈起。全世界平均每天发生约68.5万起事故，造成约2200人死亡的事实，使我们确认，安全不是别的什么，安全就是生命。安全生产是社会文明和进步的重要标志，是经济社会发展的综合反映，是落实以人为本的科学发展观的重要实践，是构建和谐社会的有力保障，是全面建成小康社会、统筹经济社会全面发展的重要内容，是实施可持续发展战略的组成部分，是各级政府履行市场监管和社会管理职能的基本任务，是企业生存、发展的基本要求。国内外实践证明，安全生产具有全局性、社会性、长期性、复杂性、科学性和规律性的特点，随着社会的不断进步，工业化进程的加快，安全生产工作的内涵发生了重大变化，它突破了时间和空间的限制，存在于人们日常生活和生产活动的全过程中，成为一个复杂多变的社会问题在安全领域的集中反映。安全问题不仅对生命个体非常重要，而且对社会稳定和经济发展产生重要影响。党的十六届五中全会提出“安全发展”的重要战略理念。安全发展是科学发展观理论体系的重要组成部分，安全发展与构建和谐社会有着密切的内在联系，以人为本，首先就是要以人的生命为本。“安全·生命·稳定·发展”是一个良性循环。安全科技工作者在促进、保证这一良性循环中起着重要作用。安全科技人才匮乏是我国安全生产形势严峻的重要原因之一。加快培养安全科技人才也是解开安全难题的钥匙之一。

高等院校安全工程专业是培养现代安全科学技术人才的基地。我深信，本套系列教材的出版，将对我国安全工程本科教育的发展和高级安全工程专业人才的培养起到十分积极的推进作用，同时，也为安全生产领域众多实际工作者提高专业理论水平提供了学习资料。当然，由于这是第一套基于专业技术平台课程体系的教材，尽管我们的编审者、出版者夙兴夜寐，尽心竭力，但由于安全学科具有在理论上的综合性与应用上的广泛性相交叉的特性，开办安全工程专业的高等院校所依托的行业类型又涉及军工、航空、化工、石油、矿业、土木、交通、能源、环境、经济等诸多领域，安全科学与工程的应用也涉及人类生产、生活和生存的各个方面，因此，本套系列教材依然会存在这样和那样的缺点、不足，难免挂一漏万，诚恳地希望得到有关专家、学者的关心与支持，希望选用本套系列教材的广大师生在使用过程中给我们多提意见和建议。谨祝本套系列教材在编者、出版者、授课教师和学生的共同努力下，通过教学实践，获得进一步的完善和提高。

“嘤其鸣矣，求其友声”，高等院校安全工程专业正面临着前所未有的发展机遇，在此我们祝愿各个高校的安全工程专业越办越好，办出特色，为我国安全生产战线输送更多的优秀人才。让我们共同努力，为我国安全工程教育事业的发展做出贡献。

中国科学技术协会书记处书记⊖
中国职业安全健康协会副理事长
中国灾害防御协会副会长
亚洲安全工程学会主席
高等学校安全工程学科教学指导委员会副主任
安全科学与工程类专业教材编审委员会主任
北京理工大学教授、博士生导师

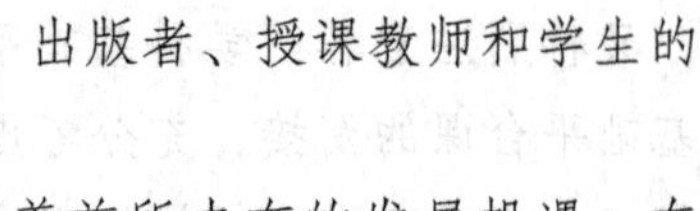

2006年5月

⊖ 曾任中国科学技术协会副主席。

序二

1998年7月，教育部颁布的《普通高等学校本科专业目录和专业介绍》将消防工程归入工学门类，实行开放办学政策。开设消防工程专业的高等院校随之迅速增加，学生数量不断增长，形成了可喜的发展局面。随着我国社会的发展，以人为本的消防安全理念不断深入人心，对高素质消防工程专业技术人才的需求旺盛，消防工程专业已逐渐成为高等教育的热门专业之一。

与大好的专业发展形势不协调的是，目前，我国开设消防工程专业的普通高等院校，还没有一套系统、适用的专业系列教材。为满足学科发展的需求，提高消防工程专业高等教育的培养质量，组织编写、出版一套体系完善、结构合理、内容科学的消防工程专业系列教材势在必行，同时也是众多院校的共同愿望。

机械工业出版社是有着悠久历史的国家级优秀出版社，也是国家教育部认定的规划教材出版基地。该社根据当前消防工程专业的发展现状，进行了大量的调研工作，协同较早前成立的安全工程专业教材编审委员会并在其指导下，聘请消防工程领域的一批学术造诣深、实践经验丰富的专家教授，成立了教材编审委员会，组织编写该专业系列教材。该社先后在西安（2008年11月）、株洲（2010年3月）、长沙（2010年10月）组织召开了一系列消防工程专业本科教学研讨会，就消防工程专业本科教育的课程体系、课程内容、教材建设等问题进行了深入研讨，确定分阶段出版该专业的系列教材，以尽快满足众多院校的教学要求与人才培养目标的需求。

本套系列教材的编写，本着“重基本理论、重学科发展、重理论联系实际”的教材体系建设原则，在强调内容创新的同时，要体现出学科体系的系统性、完整性、专业性等特点。同时，采取“编委会评审、主编负责、主审把关”的方式确保每本教材的编写质量。本套教材还积极吸纳消防工程的设计单位、施工单位和公安消防专业人士的实践经验，在理论联系实际方面较以往同类教材实现了较大突破，提高了教材的工程实用价值。

由于消防工程内容的广泛性和交叉性，开办消防工程专业的高校所依托的行业背景和领域不同，因此，本套系列教材依然会存在不足，诚恳希望得到有关专家、学者的关心和支持，希望选用本套教材的师生在使用过程中多提意见和建议。谨祝本系列教材通过教学实践，获得进一步的完善和提高。

高等院校消防工程专业正面临着前所未有的发展机遇，在此我们祝愿各个高校的消防工程专业办出水平、办出特色，为我国消防事业输送更多的优秀人才。

中国消防协会理事

消防工程专业教材编委会主任

中南大学教授、博士生导师

徐志胜

2011年6月

前　言

随着经济的快速发展，各类新型建筑大量涌现，各种新材料、新能源和新技术大量应用，对火灾控制提出了新的课题。特别是近年来北京“2·9”央视新址附属文化中心火灾、上海“11·15”高层建筑火灾等特大火灾事故，造成了恶劣的社会影响，对灭火技术和战术提出了新要求。

本书是在中国人民武装警察部队学院（以下简称武警学院）多年来教学成果的基础上，兼顾了中南大学、华北水利水电学院、河南理工大学和西南林业大学等国内消防工程专业知名院校的专业特色，吸收国内外最新的科技动态，结合消防工程设计、审核的实践编写而成的，具有较强的理论性和实用性。本书系统地阐述了灭火的基本原理和方法，各种类型灭火剂的特点和应用，消防炮、细水雾、泡沫灭火技术及一些新型灭火技术的基本原理、工程设计和使用维护等内容，并针对当前消防设施应用中存在的不足，专门阐述了建筑消防系统的功能及其在灭火救援中的应用。为增强本书的针对性，提高学生对灭火技术工程实践的理解与实际应用能力，本书还介绍了扑救建筑火灾的技战术措施和组织指挥原则，以及森林、矿井火灾的灭火技术和方法。

本书由魏东担任主编。全书共11章，具体编写分工如下：第1章由魏东（武警学院）编写，第2章由徐方（武警学院）编写，第3章由谢晓晴（中南大学）和葛晓霞（武警学院）共同编写，第4章由靳红雨（武警学院）编写，第5章由谭志光（华北水利水电学院）和葛晓霞共同编写，第6章由潘荣锟（河南理工大学）和徐方共同编写，第7章由谭志光和徐方共同编写，第8章由葛晓霞和张福东（武警学院）共同编写，第9章由李思成（武警学院）编写，第10章由龙腾腾（西南林业大学）和靳红雨共同编写，第11章由潘荣锟和张福东共同编写。

本书由李建华教授主审。李教授对本书的编写提出了许多宝贵的意见和建议，在此对他表示衷心的感谢。同时，本书在编写过程中参考并引用了大量的书刊资料及有关单位的科研成果，在此谨向这些文献的作者表示衷心的谢意。

由于编者水平有限，书中难免有疏漏和不妥之处，恳请广大读者和专家批评指正。

编　者

目　录

第 1 章

绪 论

人类与火灾的斗争是一个永恒的主题，认识和掌握火灾发生、发展的基本规律，探讨控制火灾的技术与方法，从而实现降低火灾损失、减少人员伤亡，是人类追求安全生存环境的必然要求。随着社会的进步，经济的发展，消防科学技术的研究领域不断得到扩展，研究成果层出不穷，但也存在着诸多尚未解决的难题，尤其是面临纷繁复杂的火灾形势，对各类灭火技术的要求不断提高。因此，大力发展灭火技术及工程方面的研究，可有效预防和控制火灾，是社会进步与科技发展的客观要求。

1.1 我国当前的火灾形势

进入 20 世纪 90 年代，我国经济进入快速上升期，城市化进程明显加快，导致火灾的危险性和复杂性也日益增加。同时，随着我国经济的快速发展，人们对安全稳定的社会环境也提出了更高要求，火灾预防和扑救的难度明显加大。当前，我国正处于火灾形势比较严峻的时期，重大火灾时有发生，公共聚集场所火灾严重，仓储及各类堆场火灾突出，小型生产经营场所火灾所占比例也较大。火灾的次数和损失居高不下，尤其是发生了多起特大和重大火灾，有的还造成了严重的群死群伤事故。据统计，2011 年全国共发生火灾 12 万多起，死亡 1000 余人，直接财产损失 18.8 亿元。

图 1-1 表明了 2001 ~ 2011 年全国火灾的总体态势，从图中可以看出，近 10 年期间我国

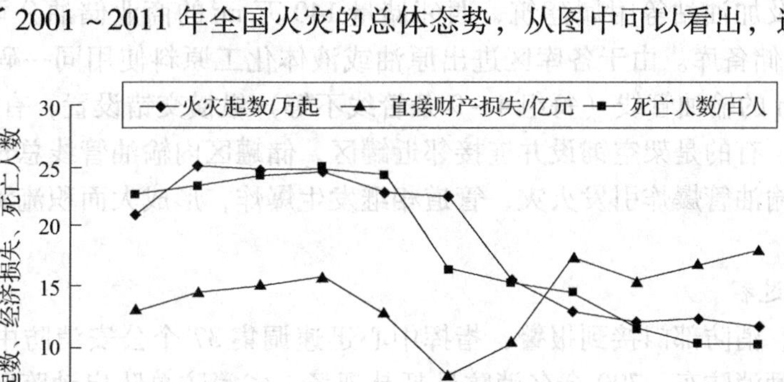

图 1-1 2001 ~ 2011 年全国火灾总体态势

的总体火灾形势呈稳中有降的趋势。但进入 2009 年以来，火灾形势出现波动，火灾总量反弹，全国呈现火灾多发的趋势，较大火灾事故增加明显，重特大火灾次数逐渐受到控制，但造成的直接经济损失非常可观。

对火灾形势进行总体判断，当前和今后一个时期，我国仍处于火灾多发、易发、高发期，发生重特大火灾，尤其是群死群伤火灾的高风险依然存在，消防安全面临的形势仍然十分严峻。

1.2　典型火灾案例分析

近年来，呈高发态势的几类火灾分别是石油化工火灾、建筑外保温材料火灾、建筑工程施工现场火灾、高层建筑火灾和大面积仓储场所火灾。下面对近期在社会上影响较大的几起典型火灾案例的扑救情况进行简要分析。

1.2.1　大连“7·16”油罐区爆炸火灾

2010 年 7 月 16 日 18 时 12 分，位于大连市大孤山新港码头的大连中石油国际储运有限公司保税区油库输油管线爆炸起火。这起火灾扑救共调集了消防车 348 台，参战消防人员 2380 余人，火场共使用各类泡沫液 1300 余 t，水 7 万余 t，历时 15 小时将大火扑灭，到现场监护结束，整个灭火过程历时 86 小时。事故中，有一辆消防车被烧毁，还有一名消防人员在后续处理工作中牺牲。

1. 基本情况

大连新港是我国目前规模最大、水位最深的现代化深水油港，是我国对外原油出口的重要基地。大连中石油国际储运有限公司保税区油库位于大连新港，一、二期共有 20 个储罐，总储量为 185 万 m^3，其中 10 万 m^3 原油储罐 17 个，5 万 m^3 原油储罐 3 个。着火罐为一期的 103 号原油罐，储量为 10 万 m^3，着火罐组共有 6 个原油罐，均为 10 万 m^3。着火部位东临储量 120 万 m^3 的南海罐区和 12.45 万 m^3 的液体化工原料仓储区，南邻在建 LNG 接收站和居民区、港区单位及加油站等附属建筑，西邻储量 140 万 m^3 的商业储油公司，北邻储量 300 万 m^3 的国家原油储备库。由于各库区进出原油或液体化工原料使用同一码头，所以油库内直径 700 ~900mm 的输油管线（每组 4 ~9 条管线不等）纵横交错设置，有的在沟渠中铺设，有的在地面铺设，有的是架空铺设并连接邻近罐区，储罐区内输油管线总长达几十公里。这起事故就是由于输油管爆炸引发火灾，管道相继发生爆炸，形成大面积流淌火，严重威胁周边储罐的安全。

2. 火灾扑救过程

爆炸起火后，消防部门接到报警，指挥中心迅速调集 37 个公安消防中队和 4 个企业专职消防队的 128 辆消防车、700 余名消防员赶赴现场。省消防总队启动跨区域灭火预案，调集全省 13 个消防支队、14 个企业专职消防队的 220 辆消防车和 1100 余名消防员前往增援灭火。

本次火灾的扑救过程共分为五个阶段：

（1）第一阶段：堵截流淌火势，保护临近罐体及周边设施

第一批到场力量侦察发现，该油库罐区一条直径 900mm 原油管线已爆炸着火，并烤爆

了临近的一条直径700mm的原油管线，造成原油泄漏，形成近500m^2的地面流淌火，对东侧下坡方向的泵房、配电室和西侧的106号罐构成严重威胁。消防人员立即采取冷却罐体、左右夹攻的战术措施，利用大功率水罐泡沫车出4支泡沫管枪全力阻截流淌火的蔓延。

（2）第二阶段：围堵控制火势，持续冷却着火罐和邻近罐

由于罐区的泵房、配电室遭到损坏，致使罐区内停水停电，难以实施关阀断料和利用固定灭火设施进行灭火，此时103号罐的管道受高温烘烤已发生爆裂，造成火势进一步扩大。火场指挥部命令700余名消防人员分成四个作战区域分别组织扑救。各战区利用车载泡沫炮和移动泡沫炮设置多个阵地堵截消灭地面流淌火，同时利用水泥、沙土构筑围堤填埋，防止火势四处流窜。另一方面，利用大功率车载水炮，对着火罐实施远距离冷却，同时也在受威胁的邻近罐周围设置移动水炮、水枪阵地对相邻罐进行冷却抑爆，并利用移动水炮对着火管线的火势进行压制。为控制原油进一步泄漏，消防官兵迅速调集混凝土和沙石，对管线的破损处进行封堵。

（3）第三阶段：调整力量部署，分段组织实施冷却和灭火

根据火灾现场情况的发展，总队指挥部调派大连周边地区的企业专职消防队共计118台消防车、560余名消防队员火速增援，随后调动第二批集结的102台消防车、550余名消防队员驰援大连。按照“确保重点、兼顾一般”的战术原则，火场指挥部调整力量部署，将火场重新划分为北、西、东三个战斗段，分段实施冷却和灭火。在北侧战斗段，组织7个支队和部分专职队利用泡沫枪全力消灭正在蔓延的地面流淌火，利用泡沫炮、水炮和水枪强力控制管道火势，确保邻近化工储藏库和其他重要场所的安全。在火场西侧战斗段的103号着火罐周围，作战人员利用车载水炮、移动水炮和水枪对其进行不间断冷却，利用车载泡沫炮适时进行灭火。在东侧战斗段，组织本区域参战力量重点对三个受大火严重威胁的原油罐进行不间断冷却，阻截消灭该段的地面流淌火，并强力压制起火管线的火势。

（4）第四阶段：备足攻坚力量，发起总攻灭火

在堵截消灭流淌火和管道火、冷却保护着火罐和邻近罐的基础上，指挥部积极调集各方力量，备足灭火剂，确保灭火用水充足，为全面发起灭火总攻做好充分准备。总队后方指挥部协调沈阳空军调拨专机分四次向现场运送泡沫38t，同时采用公路运输方式调集全省消防部队及企事业专职队泡沫灭火剂147t，并请示公安部消防局调集天津、河北、吉林等省市的137t泡沫送往火灾现场。另外，根据现场泡沫灭火剂需求不断加大的实际情况，后方指挥部提前协调沈阳消防器材厂、大连泡沫厂家紧急开工生产，最大限度地保证了泡沫灭火药剂的供应。17日8时20分开始灭火总攻，9时55分，大火被基本扑灭。

（5）第五阶段：清理后期残火，继续冷却防止复燃

为防止管线和油罐发生复燃复爆，现场指挥部命令继续调集泡沫灭火剂，加强火场的冷却保护。各参战力量坚守现场，清除残火，对灼热的罐体表面不断加大冷却强度，防止爆炸，并适时向液面喷射泡沫，确保油品温度降至常温以下，防止复燃。同时利用水枪射流降低起火管线表面温度，防止管线发生复燃。为继续巩固灭火工作取得的成果，又通过海运、空运方式，调集山东和黑龙江大庆油田、大庆石化等地泡沫液210t，确保赢得灭火救援最终的胜利。

3. 火灾扑救的经验与教训

在这次火灾扑救中，现代化的灭火剂及装备，为灭火救援行动提供了可靠保障。总体来

看，这次火灾扑救中主要用到了以下一些灭火技术和装备：一是利用了大功率水罐泡沫车、车载泡沫炮、移动泡沫炮、摇动自摆泡沫炮、泡沫管枪和高喷消防车等泡沫灭火装备进行火势控制和灭火；二是利用车载水炮、移动水炮、水枪以及罐壁固定式水冷却系统等水消防装备对着火罐和相邻罐进行冷却；三是利用大功率远程供水系统进行火场供水，确保了现场连续不间断的用水需求。

由于油罐火灾具有爆炸危险性大、燃烧速度快、热辐射强度高、燃烧面积大等特点，现有的灭火技术还无法完全满足这类火灾的灭火需求。这次火灾扑救也呈现出以下几方面问题仍需解决：

(1) 不同种类、品牌的泡沫灭火剂混用问题

这次火灾处置中使用了大量的泡沫灭火剂，这些灭火剂来自不同的厂家，其组分和性能存在一定差异。不同种类、品牌的泡沫灭火剂混合使用时就可能发生化学和物理反应，出现结胶、结块等现象，造成设备的堵塞和损坏，一定程度上削弱了消防部队的灭火作战能力。

(2) 火场供水问题

由于火场需水量非常大，火场供水问题尤显突出，特别是在库区内消防水池、泡沫液罐无法自动启用的情况下，消防车辆的远程供水能力对于保障连续不断的用水具有重要意义。这次火灾处置中成功运用了大功率远程供水系统，表明该技术是解决火场供水问题的一项有力措施，今后值得深入研究。

(3) 消防车辆长时间作战问题

油罐火灾的扑救要求消防车应具有长时间工作的能力，而目前我国消防车的制造多采用二类载货车底盘进行改装，使消防车的动力性、耐久性及安全性较差。在火灾扑救中，这类消防车只能间歇性工作，有的甚至及早退出了工作，这些都限制了灭火战斗的连续性和有效性。

1.2.2 北京"2·9"央视新址火灾

2009年2月9日20时27分，中央电视台新址园区在建的附属文化中心工地发生特大火灾事故。北京市消防局共调集85台消防车、595名消防人员，经过近6小时的奋战，将大火彻底扑灭。在火灾扑救过程中，有1名消防队员牺牲，6名消防队员和2名施工人员受伤。建筑物过火面积8490m^2，造成直接经济损失约1.6亿元。

2010年2月10日，国家安监总局认定该事故是一起责任事故，直接原因是"央视新址办"违反规定，在施工工地内组织大型礼花焰火燃放活动，礼花弹爆炸后的高温物质落入文化中心主体建筑顶部的擦窗机检修孔内，引燃防水、保温、装饰等可燃材料而引发火灾。

1. 基本情况

中央电视台新址附属文化中心建筑地上30层、高159m，建筑面积103648m^2，主体为钢筋混凝土结构。该建筑于2005年3月开始施工，2006年12月底完成主体结构，火灾发生前正在进行内装修施工。该建筑南、北外立面装修材料为玻璃幕墙，东、西外立面为钛锌板，采用挤塑板、聚氨酯泡沫等作外墙保温材料。着火建筑的周边环境情况为：东侧94m为央视服务楼，南侧93m为央视新址大楼，西侧49m为东三环中路，北侧38m为两栋居民楼。

2. 火灾扑救过程

此次火灾是自上而下、由外向内逆向燃烧蔓延，在极短的时间内即形成猛烈的立体燃烧，完全改变了建筑物火灾通常的自下而上、由内及外的火灾发展模式。扑救过程总共分为四个阶段展开，具体如下：

（1）第一阶段：快速反应，深入内部搜救人员

20 时 36 分，4 部消防车作为首批消防力量到达现场。到场后发现该建筑物顶部起火，呈猛烈燃烧状态，但此时还未蔓延至建筑内部，楼内尚有部分该单位人员。消防人员将 A 类泡沫车停于大楼北侧，占据室外地下消火栓连接水泵接合器，做好为建筑内消防管网加压供水的准备，同时 4 名消防队员乘坐消防电梯，迅速登顶进行火情侦察并搜救被困人员。根据火场实际情况，消防指挥中心迅速组织增援力量，第一阶段共部署 11 部消防车，占领地下消火栓 4 座，形成 4 条供水干线，设置水炮阵地 3 个。

（2）第二阶段：强力外攻，营救被困人员

在第一阶段 4 条供水干线的基础上，组织增援力量又形成了 6 条稳定的供水干线，水炮阵地由 3 个增加到 9 个，加强外部攻势，全力控制火势，同时组成三批搜救小组，先后将 8 名被困人员成功救出。

（3）第三阶段：内外夹攻，逐层消灭内部明火

根据火场实际情况，指挥部重新调整灭火救援力量的部署，采取内外夹攻的方法进行灭火救援。在建筑物外围，供水干线增加到 11 条，组成 6 个水炮阵地，对建筑主体结构实施冷却；在建筑物内部，消防官兵深入楼内，组成 4 条供水干线，实施内攻灭火，逐层消灭楼内明火。

（4）第四阶段：分割包围，彻底清除内部残火

当建筑内外明火均被扑灭后，前沿指挥部及时调整力量部署，采取了“分割包围、分层包干”的战术，对火场进行全面清理。10 日 6 时，所有残火被彻底扑灭。前沿指挥部决定留下 3 部 A 类泡沫车、1 部 68m 云梯消防车继续留守监护现场，其余参战力量撤回。

3. 火灾扑救的经验与教训

总结此次火灾扑救过程可以得出以下经验与教训：

1）火灾扑救过程中，指挥中心通过消防视频监控系统观测火势发展情况，并及时将信息反馈到前沿指挥部，指导火灾的扑救，效果较为明显。

2）该建筑高 159m，起火点位于 30 层以上门式造型的顶部，距 30 层平台的垂直距离有 20 余 m，由于内部的固定消防设施没有完全安装，造成 14 层以上的消火栓系统内无压力水。即使从 13 层采用接力水泵向上供水，在 30 层平台上，水枪充实水柱只有 10m 多，其射程也无法有效达到火点，因此只能靠外部救援力量。而利用外攻方式，云梯车、高喷车、远射程移动水炮等消防装备均不能从外部直接打到 100m 以上的高度，无法对高处火灾进行有效控制和扑救。

3）该次火灾事故暴露出高层建筑火灾扑救存在的一些突出困难和问题：一是建筑内部结构布局复杂，共享空间多、跨度大，各种竖井管道林立，容易形成烟囱效应；二是建筑外装修采用大量的钛锌板、挤塑板以及聚氨酯泡沫等可燃材料，钛锌板受热熔化、流淌，挤塑板、聚氨酯泡沫受热燃烧后，均产生大量高温及有毒烟气，受灾空间能见度极低，严重威胁着内部被困人员和内攻灭火的消防人员的生命安全；三是建筑内部疏散通道曲折复杂，房间

及楼道堆放杂物，部分楼道和房间门被锁闭封堵，导致内攻灭火和人员搜救等行动施展困难。这些问题应在今后予以充分的研究和分析。

1.2.3 上海“11·15”教师公寓火灾

2010年11月15日，上海市中心胶州路教师公寓发生特大火灾，事故造成58人遇难，直接经济损失近5亿元。

1. 基本情况

该教师公寓大楼高28层，总建筑面积17965m^2，其中1层为商场，2~4层为办公区，5~28层为住宅。住户主要是教师，且多为退休教师，总共有500户。发生火灾时，该建筑正在实施节能综合改造，建筑外部被脚手架和尼龙防护网包围，由于电焊工操作不当，引燃防护网和保温材料，从而引起了外墙保温材料和其他可燃物的燃烧。

2. 火灾扑救过程

2010年11月15日下午14点左右，该教师公寓大楼起火，起火点位于10~12层之间。14时15分，上海市应急联动中心接到报警，迅速调集25个消防中队的61辆消防车前往扑救。

14时25分，首批消防力量宜昌路消防中队到达火灾现场，迅速展开灭火和救援行动，并在现场拉起了警戒线，组织现场群众迅速撤离。此时，着火建筑已处于立体燃烧状态，消防部门采取灭火与救人同步进行，内攻与外攻同步实施，堵截与强攻相结合的方法开展灭火救援工作。

15时09分，火灾蔓延至整栋大楼，形成立体性的全面燃烧状态。建筑内浓烟弥漫，楼内不少居民无法撤离，过火的脚手架上、28层楼顶等处还有多名居民在等待救援。由于火势过大，云梯车、举高车无法靠近作战，导致救援受阻，消防指挥中心继续增派其他救援力量赶赴现场。

15时50分，两架消防直升机飞抵着火大楼顶部，计划利用索降救援方法营救楼顶的被困居民。但由于现场浓烟过大且风力较猛，直升机无法靠近大楼，索降救援被迫放弃。消防人员决定采用32m和50m的曲臂高喷车并启用水炮对所控范围进行喷射灭火，对20层以上的着火区域采用压缩空气泡沫消防车进行外部喷射，该压缩空气泡沫车可将泡沫打到300 m以上的高度，明显提高了灭火效率。

18时30分，起火建筑的所有火点基本被扑灭。灭火救援行动进入清理残火和搜寻遇难者的阶段，消防人员采取拉网式搜救方案，挨家挨户进行搜救。

此次灭火救援行动，消防部门共调集45个中队的各种消防车辆122辆，其中云梯车、举高车等17辆，消防直升机2架，消防员1300多人。消防队员采取内外夹攻的灭火方法，灭火与救人同步进行。外攻是通过举高消防车作战、在邻近建筑楼顶架设移动炮和水枪阵地等方法从外面控制火势，内攻则是200多名攻坚队员冒着浓烟和高温进入楼内，进行灭火和人员营救，从楼顶、疏散楼梯间、脚手架等处成功救出107人。消防部门只用了1个小时便基本控制火势，整个灭火救援历时4个多小时，消防队员处置及时、有力，将损失降到了最低限度，避免了更大的伤亡。

3. 火灾扑救的经验与教训

事后认定，引起这场特大火灾事故的直接原因是两名电焊工违规实施电焊作业引燃施工防护尼龙网和外墙保温材料等可燃物，这是一起因违法违规行为导致的特别重大责任事故。起火建筑是塔式结构，体积大，楼内人员密集，可燃物多，疏散难度大，导致火灾迅速进入猛烈燃烧状态，在极短的时间内形成大面积立体燃烧，造成大量人员伤亡和财产损失，加上火灾发生时风力较大，也助长了火势的蔓延。总结本次火灾的扑救过程，有以下两个问题值得深入研究：

1）应注重先进消防装备、灭火工具的配备和使用。在此次火灾扑救中，消防部门应用了举高消防车、云梯消防车、登高平台消防车、压缩空气泡沫消防车和消防直升机等先进的灭火装备，尤其是压缩空气泡沫具有高效节水、质轻、灭火效率高、不易复燃等优点，大大提高了灭火效率。但是，这些先进的灭火装备也有一定的局限性，面对立体式猛烈燃烧的建筑，90m 云梯车只能封住一个方向的火势，其他各种类型的举高消防车也只能控制某一有限区域的火灾。因此，对于高层、超高层建筑火灾的灭火，更应加强建筑内部固定消防设施的应用，具体应用技术和方法可参阅本书 4.5 节的内容。

2）高层、超高层建筑结构复杂、人员集中，人群疏散困难。本次火灾救援中，由于火势较大，消防云梯车、举高车无法靠近救人。救援中首次采用了直升机，但由于浓烟和大风使直升机无法靠近大楼，索降救援被迫放弃。因此，现代先进的救援装备能否有效、快速地对高层、超高层建筑内被困人员实施营救是一个值得深入研究的课题。

1.3 现代火灾呈现的新特点

从以上几个典型的火灾案例可以看出，随着经济的发展，建筑形式的变化，新型材料的应用，现代火灾呈现出许多新的特点，主要体现在以下几个方面。

1.3.1 可燃物类型发生了重大改变

人民生活水平和工作环境的改善，使许多家庭和工作场所的火灾载荷大大增加。现在人类接触的主要可燃物已不仅仅是木材、秸秆、棉花、枝叶等天然植物体，更多的则是人工合成的各种高分子聚合物材料，如塑料、橡胶、合成纤维等。与普通的天然材料相比，这些物质具有更强的易燃性、更高的燃烧热值，因此火灾危险性要大得多。此外，人类能源结构的改变也大大增加了火灾后果的严重性，现在许多地方都修建了大型燃油和燃气储罐，并应用了大量的油气运输车船，燃气和燃油输送网络广泛分布在城乡、矿区和交通沿线以及各种建筑物中。这种状况不但容易引起火灾，而且易造成火势扩大，发生连锁性次生灾害。

1.3.2 新型建筑物大量涌现

近年来，在许多城市中出现了大量新式建筑，如高层建筑、地下建筑、大空间建筑、结构复杂的特殊建筑。这些建筑的火灾特性与旧式建筑存在巨大差别，给火灾扑救提出大量新问题。如高层建筑有利于提高土地使用率，但高层建筑的烟囱效应强烈，受风速、气象等条件的影响很大，且起火因素多，人员疏散困难；地下建筑虽有利于土地资源的开发和利用，但地下建筑一旦发生火灾，热量与烟气无法散出，人员疏散困难，严重威胁生命安全；大空间建筑虽创造了宽敞、舒适的室内环境，但它不宜进行防火分隔，且常规火灾探测与灭火设施发挥作用不明显，一旦失火，往往会造成整体损坏。这些特殊建筑火灾的扑救难度都很大，以往的火灾防治技术已无法适应需要。

1.3.3 诱发火灾的因素大大增加，火灾突发性强

在电力设施和热力设施广泛使用的今天，很容易出现引发火灾的点火源。据统计，电气起火已成为我国火灾的主要原因。近几年全国每年最大的10起特大火灾中均有一半是由电气原因引起的。引起电气火灾的直接原因有电线短路、接触不良、线路过载以及不良接地等，而产生这些问题的间接原因主要是配电系统设计不合理，电气设施的产品质量不好、施工遗留隐患、维护不到位等，这些问题纠正起来具有较大难度。燃气燃油设施的大量使用也为形成点火源创造了条件，如城市煤气管网的建立方便了人们的生活，但如此庞大的系统难免在某个环节发生故障，而每一个故障点往往就是点火源。此外，汽车、拖拉机等运输机械的大量使用，也人为增多了起火因素，近年来我国多次重大火灾就是由运输机械喷出的余火引发的。这些新的引火源多数都是瞬间发生的，火灾突发性强，给扑救带来很大困难。

1.3.4 城市化的发展使火灾危害更为集中

城市是社会、经济和文化的中心，为了支持城市正常运转，需要建立庞大的具有多种功能的生命线系统。这种系统的整体相关性极强，一个子系统的功能失效将会很快影响到其他子系统的正常运行。重大恶性火灾往往是导致城市生命线系统不能正常运行的主要灾种之一。一个大型企业发生火灾不仅可将该企业毁坏，而且会破坏相关的动力、燃气、供水、通信等系统。除前面提到的几起火灾之外，如“11·13”中石油吉林石化公司双苯厂火灾爆炸事故、“1·2”新疆乌鲁木齐德汇广场批发市场火灾等，均对相邻区域的水、气、电、交通等系统，以及相关生产企业的正常运转造成了严重影响。综上所述，常规的灭火技术和手段很难应对这些现代火灾，因此需要进一步改进和完善。

1.4 现代火灾对灭火技术提出的新要求

面对新的火灾形势和特点，现有的灭火技术仍显滞后和不足，有待进一步的革新与发展。以下从三个方面进行简要说明。

1.4.1 灭火基础理论的进一步发展

现代火灾的新特点，带来了诸多火灾理论的新难题。只有正确认知火灾现象，了解火灾的本质、发展的过程和规律，才能更好地发展灭火基础理论，研发新的灭火技术和方法。尤其是要加强特殊火灾机理的研究，重点研究超高层建筑、地下建筑、建筑外保温、石油化工、煤化工、风电、核电、矿井和森林火灾的发生发展规律，如新材料的燃烧特性、大空间火灾及烟气的发展蔓延规律、超高层建筑的烟气控制等。

1.4.2 新型灭火剂的研制

灭火剂是灭火技术研发和应用的基础和关键。灭火剂是指利用冷却、隔离、化学抑制和窒息等物理作用和化学作用，有效地破坏燃烧条件、终止燃烧反应的物质。国内外常用的灭火剂有水、泡沫灭火剂、干粉灭火剂、气体灭火剂、金属火灾灭火剂和森林火灾灭火剂等。

目前广泛使用的灭火剂都存在着这样或那样的缺陷。水虽然是最廉价、使用最广泛的优良灭火剂，但由于水与某些可燃物质的润湿性较差，在可燃物质表面停留时间短，降低了对可燃物质的冷却作用，不能充分发挥水的灭火效能，且水还会产生较大的水渍损失，造成不必要的损失。泡沫灭火剂主要是利用水的冷却作用和泡沫的窒息作用灭火，存在着灭火效能进一步提高的问题。干粉灭火剂灭火时对燃烧的冷却作用小，基本上不具备覆盖和阻止燃料蒸发的作用，容易引起复燃，且干粉对人、畜有强烈的窒息作用，粉雾较浓或停留时间较长，会危及人、畜的生命安全。卤代烷灭火剂对大气臭氧层有破坏作用，破坏人类的生存环境，依据蒙特利尔国际公约（《蒙特利尔破坏臭氧层物质管制议定书》），国际上已逐渐停止使用这种灭火剂。二氧化碳灭火剂在高压储存时压力较高，低压储存时需要制冷设备，且灭火浓度大。另外，二氧化碳在膨胀时能产生静电放电，有可能引发火灾。因此，为了达到迅速有效扑灭火灾的目的，一方面要研究提高灭火剂的灭火效率，扩大灭火剂的使用范围，另一方面也需要研制性能更完善、无公害、成本低廉的新型灭火剂。

1.4.3 消防技术与装备的发展与应用

消防装备包含大量用于灭火救援和战勤保障的车辆、器材、机械、装具等，它是人们同火灾和其他自然灾害作斗争的武器。面对日益多样化、复杂化、大型化的现代火灾和地震、洪水等自然灾害，高性能的器材装备是胜任日趋繁重的消防保卫任务的首要条件。消防技术与装备的发展主要包括以下几个方面的内容：

1）节水高效的灭火技术与装备的开发。我国目前有300多个城市缺水，100多个城市严重缺水，约占我国城市总数的一半。当人们的饮用水都出现危机的时候，以水为主体灭火剂的消防灭火救援工作将更加受到限制。因此，提高灭火效率，降低灭火耗水量，提高水利用率的新技术与装备将成为今后开发与研制的重点，如压缩空气泡沫灭火技术、气体灭火技术、消防炮灭火技术、干粉灭火技术以及细水雾灭火技术等。

2）以消防车、泵、炮等系统和装备为代表的大功率、高效能、多功能、轻型化的研究与发展。如面对超高层、高层建筑火灾，举高车、云梯车的升高高度、喷射强度、救援效率等关键参数的提高，解决大型火灾现场用水问题的大功率、超远距离供水系统也需快速研发。

3）综合新材料、新工艺、新技术的应用为一体的安全、高效、轻质的消防员火场个人防护装备与抢险救援装备技术与理论的研究。

4）具有消防直升机、消防机器人、固定与移动式灭火装备的城市立体化灭火、救援、指挥、侦察、信息传输等灭火技战术及配套装备的研究与开发。

5）城市恶性火灾及突发事故的卫星预警、监控、通信及专家辅助决策系统的应用研究。

6）灾害事故处置装备与技术的研究与开发，如侦检、洗消、破拆、救生、堵漏等灭火及抢险救援装备以及具有消防与防暴复合功能的装备与技术的研发与应用。

7）安全、可靠的消防员个人防护装备的研发与应用，如空气呼吸器、防毒面具、各类消防服装、消防头盔等。

8）民用（家庭用）消防器材的开发与推广应用。如家用灭火器、救生绳、防护面罩、缓降器、防火毯、呼救器、报警器、消防斧锤等。

1.5 本书的主要内容

本书以当前广泛应用的固定和移动灭火系统和装备为基础，着重介绍和分析了人们为扑灭火灾而开发应用的各种技术与方法。

在本书第1章中，简要介绍了我国当前的火灾形势，并结合近年来发生的几起重大火灾案例，分析了现代火灾呈现的新特点及其对灭火技术提出的新要求。

在本书第2章中，简要介绍了灭火的基本理论，包括燃烧的本质、传播形式以及火灾的定义及分类，分别从传统的灭火三角形理论、热着火理论和链式反应理论进行了灭火原理的分析。在此基础上，给出了冷却、窒息、隔离和化学抑制四种基本的灭火方法，并讨论了不同类型火灾所适用的基本灭火方法。最后，结合不同类型火灾的特点，阐明了化工、油池、液化石油气瓶、仓库、化学危险品和电气火灾六类典型火灾的具体灭火措施与方法。

在本书第3章中，着重阐述了五类常用灭火剂——水、泡沫、干粉、气体和金属火灾灭火剂的灭火机理、使用范围及应用方法等内容。为了提高灭火效率，减少火灾扑救对环境造成的影响，各类新型灭火剂逐渐应用，为此，本章介绍了“冷火”灭火剂、植物型复合阻燃灭火剂、水胶体灭火剂等一些新型灭火剂的特点、灭火原理及其适用范围。

在本书的第4章中，首先介绍了建筑消防系统的组成及工作流程，然后分别对火灾自动报警系统、防灾减灾系统及设备和固定灭火设施三部分的构成、工作原理和具体功能进行了简要的介绍，重点分析了固定消防设施在灭火救援中的应用技术。

消防炮是火场的主要消防灭火装备。本书第5章主要介绍了消防炮的类型和结构，分析了泡沫炮的技术性能参数和战术性能参数。在此基础上，分别介绍了固定和移动消防炮灭火系统的工作原理、设计要求和应用范围，并结合实例分析了消防炮的应用技术。

细水雾灭火技术具有无环境污染、灭火迅速、耗水量低、对防护对象破坏性小等特点，是近几年发展起来的一种较为理想的哈龙替代技术，能够为一些传统灭火技术不能应用的场所提供消防保护。本书第6章首先讲述了细水雾灭火技术的基本概念、特点及适用范围，然后阐述了细水雾的成雾和灭火机理，并分析了其灭火性能与影响因素。为体现细水雾灭火技术的实用效果，本章还重点介绍了固定式细水雾灭火系统的设计计算方法和移动式细水雾灭火装备的实际应用情况。

泡沫灭火是甲、乙、丙类液体储罐区和石油化工生产装置区的重要灭火手段，该技术被广泛应用于甲、乙、丙类液体的生产、加工、储存、运输和使用场所。随着泡沫灭火技术的发展，其对扑救某些固体火灾也显现出良好的灭火和防护效果。本书第7章在阐述了泡沫灭火技术的历史发展及应用现状的基础上，介绍了泡沫比例混合器、泡沫产生装置等泡沫灭火系统的关键组件，详细阐述了低、中、高倍数固定式泡沫灭火系统的类型、结构组成及其设计计算方法。为体现泡沫灭火技术的实用效果，本章还简要介绍了移动推车式泡沫灭火装备的实际应用情况。

本书第8章主要介绍了近几年兴起的一些新型灭火技术，主要有自动跟踪定位射流灭火技术、压缩空气泡沫灭火技术、火探管式自动探火灭火技术、氮气灭火技术、气溶胶灭火技术、超细干粉灭火技术等，重点介绍了这些新型灭火技术的工作原理、应用方式、技术特点、适用范围、设计要求及其应用时应注意的问题。

本书第9章简要介绍了建筑火灾的蔓延规律、灭火战术原则与组织指挥，然后讲述了消防水枪水力计算、水带系统水力计算、消防车供水计算和火场供水力量的计算方法。在此基础上，重点介绍了高层建筑和地下建筑火灾的特点及其扑救技术与措施。

森林资源是十分宝贵的战略资源，也是维护生态安全的主体。森林火灾是破坏森林生态系统、危害生态安全的最为严重的灾害之一。本书第10章，在分析森林火灾的类型及特点的基础上，简要介绍了森林火灾的人工灭火技术、风力灭火技术、化学药剂灭火技术、爆炸灭火技术的原理和方法，并阐述了森林火灾灭火装备及扑救指挥原则。

矿井火灾是煤矿的主要灾害之一。矿井一旦发生火灾，容易引发瓦斯、煤尘爆炸，轻则影响安全生产，重则烧毁煤炭资源和物资设备，甚至造成群死群伤事故。本书第11章在分析矿井火灾特点及其危害的基础上，介绍了灌浆防灭火技术、阻化剂防灭火技术、均压防灭火技术和氮气防灭火技术等矿井火灾常规的防灭火技术，重点阐述了直接灭火技术和隔绝灭火技术的方法、应用条件和技术要求等，并简要说明了开采、通风等其他矿井防灭火技术。

灭火技术及工程所涉及的内容较多，尽管本书力图全面介绍多种灭火技术和方法，但也不能完全满足不同消防相关专业的要求。为了收到更好的学习效果，不同专业的读者可根据本专业特点，有针对性地补充学习相关的内容。

第 2 章 灭火基础理论

正确认知火灾现象，了解火灾过程发生发展规律和灭火的基础理论，掌握灭火的相关基本方法，是有效控制火灾和提高灭火能力的基础。

2.1 燃烧与火灾

2.1.1 燃烧的本质

所谓燃烧，是指可燃物与氧化剂作用发生的放热反应，通常伴有火焰、发光和（或）发烟现象。燃烧区的温度较高，使其中白炽的固体粒子和某些不稳定（或受激发）的中间物质分子内电子发生能级跃迁，从而发出各种波长的光。发光的气相燃烧区是火焰，它是燃烧过程中最明显的标志。由于燃烧不完全等原因，会使燃烧产物中夹杂一些微小颗粒，于是就形成了烟。

从本质上讲，燃烧是一种氧化还原反应，它服从化学动力学、化学热力学的定律以及其他基本定律（质量守恒、能量守恒），但其放热、发光、发烟、伴有火焰等基本特征表明它不同于一般的氧化还原反应。如果燃烧反应速度极快，由于高温条件下产生的气体和周围气体共同膨胀作用，会使反应能量直接转变为机械功，并在压力释放的同时产生强光、热和声响，这就是所谓的爆炸。爆炸与燃烧没有本质差别，主要区别在于物质的燃烧速度，一定条件下，两者可以互相转化。

此外，人们发现很多燃烧反应不是直接进行的，而是通过游离基团和原子这些中间产物在瞬间进行的循环链式反应。这种情况下，游离基的连锁反应是燃烧反应的实质，光和热是燃烧过程中的物理现象。

物质发生燃烧可能由引燃和自燃两种情况引发。

引燃是可燃物质受外部热源的作用而发生持续燃烧的现象，又称为强迫着火。引燃具有如下特征：第一，仅在反应物的局部（点火源周围）进行，所加入的能量快速在小范围引燃可燃物，所形成的火焰要能向反应物的其余部分传播。第二，引燃条件下的可燃混合气通常温度较低。第三，引燃的全部过程包括在可燃物局部形成火焰中心，以及火焰在混合气流中传播扩展两个阶段。在规定的试验条件下，应用外部热源使物质表面起火并持续燃烧一定时间所需的温度叫做燃点（又称着火点）。可燃物的燃点越低，越容易起火。根据可燃物燃点的高低，可以鉴别其火灾危险程度，以便在防火和灭火工作中采取相应的措施。例如，对火场上燃点低的物质，应首先进行冷却或转移，以防止火灾扩大蔓延。

可燃物质在没有外部火花、火焰等火源的作用下，因受热或自身发热并蓄热所产生的自然燃烧现象叫做自燃。根据热量的来源不同，自燃还可进一步分为受热自燃和本身自燃。

（1）受热自燃。可燃物在没有明火作用而靠外界加热引起的燃烧现象叫受热自燃。引起物质受热自燃的原因主要有接触灼热物体、直接加热、摩擦生热、辐射热作用和高压压缩等。使可燃物发生自燃的最低温度叫自燃点。物质的自燃点越低，发生火灾的危险性越大。

（2）本身自燃。某些可燃物质在没有外来热源作用的情况下，由于其内部本身所进行的生物、物理或化学过程而产生热量，在条件适合时使物质本身发热，温度升高，最后发生自动燃烧。这种没有外来热源作用而发生的自动燃烧称为本身自燃。在一般情况下，能本身自燃的物质有植物产品、油脂、煤、黄磷等。

2.1.2　燃烧过程

由于固体物质、液体物质和气体物质的性质、状态不同，它们的燃烧过程各不相同。

1. 气体物质的燃烧

气体可燃物的燃烧主要有预混燃烧和扩散燃烧两种方式。

（1）预混燃烧

预混燃烧是指气态可燃物在燃烧之前预先与空气（或纯氧等助燃气体）混合，形成能够燃烧的混合气体，然后被点燃而进行燃烧的现象。如果可燃气体和空气预先混合形成可燃混合气体，再以一定流速由管口喷出，这时被点燃会发生预混燃烧，在管口形成的火焰称预混火焰。如果在容器中或房间内，气态可燃物与空气混合形成爆炸性混合气体，然后被点燃，这时便会发生爆炸式燃烧。当燃烧产物的压力超过了容器或房间的耐压极限，则容器或房间就会遭到破坏。可燃气体与空气的混合物，必须在一定含量范围内，遇火源才能发生爆炸。能发生爆炸的最低含量称为爆炸下限，最高含量称为爆炸上限。爆炸极限通常用体积百分比来表示。可燃气体在空气中的含量低于爆炸下限时，遇火源既不爆炸也不燃烧。但可燃气体含量高于爆炸上限时，可以燃烧，如重新与空气混合，仍有爆炸的危险。

（2）扩散燃烧

扩散燃烧是指气态可燃物由喷口（管口或容器泄漏口）喷出后与空气中的氧气边扩散混合边燃烧的现象。例如燃气灶的燃烧就是扩散燃烧。扩散燃烧形成的火焰称为扩散火焰。与预混燃烧相比，扩散燃烧的猛烈程度较低，火焰比较稳定，所以也称稳定式燃烧。

2. 液体物质的燃烧

液体可燃物在燃烧过程中，并不是液体本身在燃烧，而是液体受热时蒸发出来的蒸气燃烧。液体被点燃后，开始燃烧的速度慢，生成的火焰也不太高，因为这时液面温度低，蒸发速度不快。随着燃烧时间的增加，液面表层温度升高，蒸发速度和火焰高度同时增加，甚至使液体达到沸腾的程度。如果不断地供给空气，可以使液体一直烧完。可燃蒸气的燃烧与可燃气体的燃烧有很多相似的地方。但可燃蒸气的浓度不像可燃气体那样能任意改变，而是受到温度及可燃液体本身蒸发特性的影响。液体可燃物的着火过程可以用图 2-1 表示。

在一定温度下，易燃与可燃液体（包括能蒸发蒸气的少量固体，如石蜡、樟脑、萘等）产生的蒸气与空气混合后达到一定含量，在遇到火源时发生一闪即灭的燃烧现象，叫做闪燃。在规定的试验条件下，液体表面上能产生闪燃的最低温度称为闪点。闪燃的发生是因为易燃或可燃液体在闪点温度下，蒸发速度小于燃烧速度，蒸发出来的蒸发量仅能维持一刹那

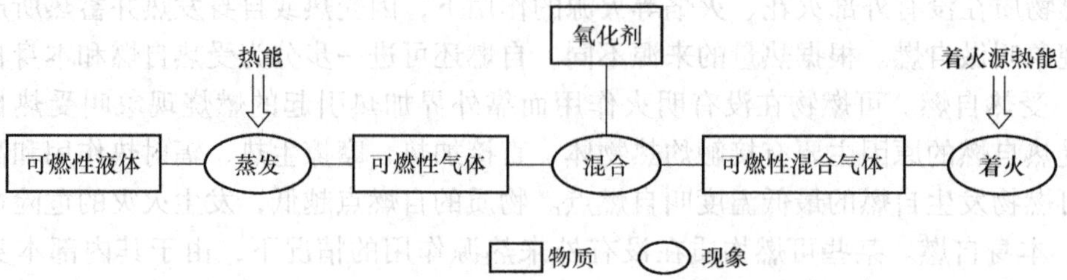

图 2-1 液体可燃物的着火过程示意图

的燃烧，而来不及补充新的蒸气维持稳定的燃烧，因而液面上的蒸气烧光后火焰立即熄灭。但闪燃表明液体已经有着火的危险。

闪点可以作为评定液体火灾危险性大小的依据，闪点越低的液体，其火灾危险性越大。根据闪点不同，可燃液体的火灾危险性被分为三类：甲类液体，指闪点 28℃以下的液体，如汽油、苯、乙醇等；乙类液体，指闪点在 28～60℃之间的液体，如煤油、松节油等；丙类液体，指闪点大于等于 60℃的液体，如柴油、桐油、润滑油等。

可燃液体蒸气与空气混合物同样存在爆炸极限，遇火源也可能发生爆炸。表 2-1 为几种常见液体爆炸极限。

表 2-1 几种常见液体的爆炸极限

液体名称	爆炸极限（%）	
	下限	上限
乙醇	3.3	18.0
甲苯	1.5	7.0
松节油	0.8	62.0
车用汽油	1.7	7.2
灯用煤油	1.4	7.5
乙醚	1.9	40.0
苯	1.5	9.5

3. 固体物质的燃烧

固体是有一定形状的物质，种类繁多，性质也各不相同。根据各类可燃固体的燃烧方式和燃烧特性，固体燃烧的形式大致可分为五种。

（1）蒸发燃烧

硫、磷、钾、钠、蜡烛、松香、沥青等可燃固体，在受到火源加热时，先熔融蒸发，随后蒸气与氧气发生燃烧反应，这种形式的燃烧一般称为蒸发燃烧。樟脑、萘等易升华的物质，燃烧时不经过熔融过程，但其燃烧现象可以看做是一种蒸发燃烧。

（2）表面燃烧

木炭、焦炭等可燃固体的燃烧反应是在其表面由氧和物质直接作用而发生的，称为表面燃烧。这种燃烧形式的可燃物属固相，氧化剂属气相，燃烧区存在两个相，所以又称异相燃烧。这类固体物质燃烧时，首先是氧扩散到固体表面或固体内部孔隙中，与固体表面的分子进行燃烧反应。生成的产物靠扩散离开固体表面，新的氧分子又扩散到固体表面和内部孔隙中进行燃烧，如此进行下去，直至燃尽为止。在燃烧时没有发光的气相燃烧区，是一种无焰燃烧。

（3）分解燃烧

木材、棉花、煤、塑料等可燃固体，在受到火源加热时，先发生热分解反应，放出一氧化碳、甲烷、氢气等各种可燃气体和二氧化碳、水蒸气等非可燃气体，随后分解出的可燃气体与氧发生燃烧反应，这种形式的燃烧一般称为分解燃烧。

（4）熏烟燃烧（阴燃）

可燃固体在空气不流通、加热温度较低、分解出的可燃挥发分较少或散溢较快、含水分较多等条件下，往往发生只冒烟而无火焰的燃烧现象，这就是熏烟燃烧，又称阴燃。

（5）动力燃烧（爆炸）

动力燃烧是指可燃固体或其分解析出的可燃挥发分遇火源所发生的爆炸式燃烧，主要包括可燃粉尘爆炸、炸药爆炸、轰燃等几种情形。其中，轰燃是指可燃固体由于受热分解或不完全燃烧析出可燃气体，当其以适当比例与空气混合后再遇火源时，发生的爆炸式预混燃烧。例如能析出一氧化碳的赛璐珞、能析出氰化氢的聚氨酯等，在大量堆积燃烧时，常会发生轰燃现象。

上述各种燃烧形式的划分不是绝对的，有些可燃固体的燃烧往往包含两种或两种以上的形式。例如，在适当的外界条件下，木材、棉、麻、纸张等的燃烧会明显地存在分解燃烧、阴燃和表面燃烧等形式。

绝大多数固体可燃物在着火燃烧之前因受热而发生热解、气化现象，着火时首先形成的是气相火焰。因此固体可燃物的着火过程可以用图2-2表示。

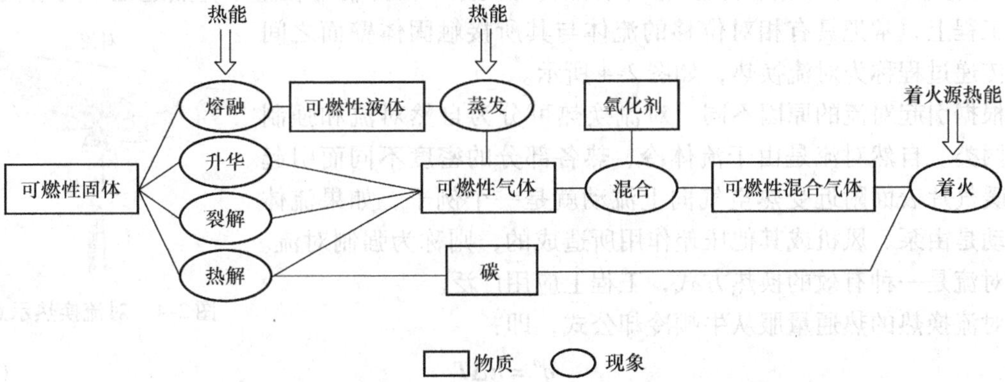

图2-2 固体可燃物的着火过程示意图

2.1.3 热的传播形式

火灾发生、发展的整个过程始终伴随着热传播过程。热传播是影响火灾发展的决定性因素，其有三种方式：热传导、热对流和热辐射。

1. 热传导

热传导简称导热，属于接触式传热，是连续介质就地传递热量而又没有各部分之间相对宏观位移的一种传热方式，其传热过程如图 2-3 所示。从微观角度讲，之所以发生导热现象，是由于微观粒子（分子、原子及自由电子等）的碰撞、转动和振动等热运动而引起能量从高温部分传向低温部分。在固体内部，只能依靠导热的方式传热；在气体和液体中极少进行单纯的导热；而不同固体之间的导热过程，只有在它们相互接触时才能发生。

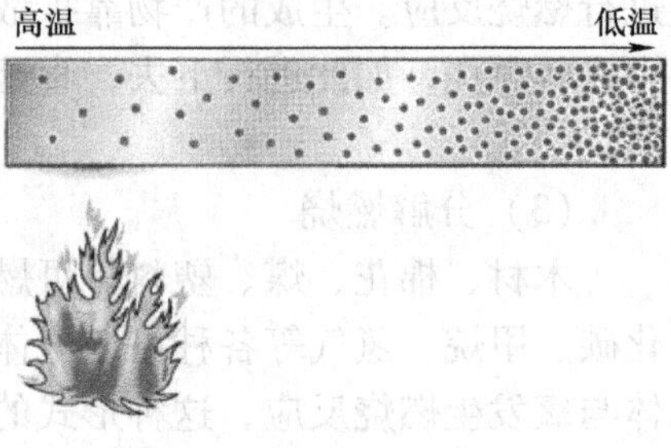

图 2-3　热传导示意图

热传导服从傅里叶定律，即在不均匀温度场中，由于导热所形成的某点的热流密度正比于该时刻同一地点的温度梯度，在一维温度场中，其数学表达式为：

$$q'' = -\kappa \frac{\mathrm{d}T}{\mathrm{d}x} \tag{2-1}$$

式中　q''——热通量，在单位时间内经过单位面积传递的热量（W/m^2）；

$\frac{\mathrm{d}T}{\mathrm{d}x}$——沿 x 方向的温度梯度（℃/m）；

κ——导热系数［W/(m·℃)］。

导热系数表示物质的导热能力，即单位温度梯度时的热通量。不同物质的导热系数不同，同种物质的导热系数也会因材料的结构、密度、湿度、温度等因素的变化而变化。

2. 热对流

热对流是指由于流体的宏观运动而导致流体各部分之间发生相对位移，冷、热流体相互掺混所发生的热量传递过程。热对流仅能发生在流体中，而且由于流体中的分子同时在进行不规则的热运动，因而热对流必然伴有热传导现象，但热传导在整个传热过程中处于次要地位。工程上，常把具有相对位移的流体与其所接触固体壁面之间的热传递过程称为对流换热，如图 2-4 所示。

根据引起对流的原因不同，对流换热可分为自然对流和强制对流两类。自然对流是由于流体冷、热各部分的密度不同而引起的，暖气片表面附近受热空气向上流动就是一个例子。如果流体的流动是由泵、风机或其他压差作用所造成的，则称为强制对流。强制对流是一种有效的换热方式，工程上应用广泛。

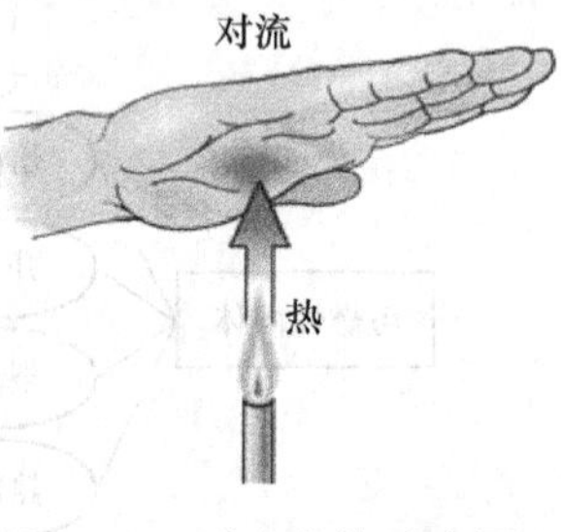

图 2-4　对流换热示意图

对流换热的热通量服从牛顿冷却公式，即：

$$q'' = h\Delta T \tag{2-2}$$

式中　q''——单位时间内，单位壁面面积上的对流换热量（W/m^2）；

ΔT——流体与壁面间的平均温差（℃）；

h——表面传热系数，表示流体和壁面温差为1℃时，单位时间内单位壁面面积和流体之间的换热量［$W/(m^2 \cdot ℃)$］。

表面传热系数 h 的大小与对流换热过程中的许多因素有关。它不仅取决于流体的物性以及换热表面的形状、大小与布置，而且还与流速有密切关系。

3. 热辐射

物体通过电磁波来传递能量的方式称为辐射。物体会因各种原因发出辐射能，其中因热的原因而发出辐射能的现象称为热辐射。

自然界中各个物体都不停地向空间发出热辐射，同时又不断地吸收其他物体发出的热辐射。辐射与吸收过程的综合结果造成了以辐射方式进行的物体间的热量传递——辐射传热，也常称为辐射换热，如图2-5所示。当物体与周围环境处于热平衡时，辐射传热量等于零，但这是动态平衡，辐射与吸收过程仍在不停地进行。

导热、对流这两种热量传递方式只在有物质存在的条件下才能实现，而热辐射可以在真空中传递，而且实际上在真空中辐射能的传递最有效。这是热辐射区别于导热、对流传热的基本特点。另一个特点是，辐射传热不仅产生能量的转移，而且还伴随着能量形式的转换，即发射时从热能转换为辐射能，而被吸收时又从辐射能转换为热能。

图2-5　辐射传热示意图

辐射能力的大小用辐射力来表示，辐射力是指单位时间内物体的单位面积向周围半球空间发射的所有波长范围内的总辐射能。实际物体的表面辐射力可由下式计算：

$$E = \varepsilon\sigma T^4 \tag{2-3}$$

式中　E——真实物体的辐射力（W/m^2）；

ε——物体的发射率（习惯上又称为黑度），其值总小于1，它与物体的种类及表面状态有关；

σ——斯忒藩-玻耳兹曼常数，其值为$5.67\times10^{-8}W/(m^2\cdot K)$；

T——物体表面绝对温度（K）。

2.1.4　火灾的定义及分类

火灾是一种特殊的燃烧现象，其定义为在时间或空间上失去控制的燃烧所造成的灾害。定义中强调了失去控制的概念是极其重要的，这正体现了火灾的特点。

人们为了区分不同的火灾，以便采取相应的防火和灭火技术，而对各种火灾进行了分类。习惯上，常依据火灾发生的地点将其分类，如森林火灾、城市火灾、海上油井火灾等几大类，每类火灾又分为若干种。此外，依据物质的燃烧特性，按照《火灾分类》（GB/T 4968—2008）的火灾分类办法，又把火灾分成以下六类：

A类火灾指木、棉、毛、麻等固体物质火灾，这些物质通常具有有机物性质，一般在燃烧时能产生灼热的余烬。

B类火灾指汽油、煤油、柴油、原油、甲醇、乙酸、石蜡等液体和可融化的固体火灾。

C类火灾指天然气、煤气、甲烷、乙炔、丙烷、氢气等的气体火灾。

D类火灾指钾、钠、钙、镁、铝、锂等金属火灾。

E类火灾为物体带电燃烧的火灾。

F类火灾专指烹饪器具内的烹饪物（如动植物油脂）火灾。

2.2 灭火原理

2.2.1 基于着火三角形的灭火分析

1. 着火三角形

燃烧的发生必须具备一定的条件。作为一种特殊的氧化还原反应，燃烧反应必须有氧化剂和还原剂参加，此外还要有引发燃烧的能源。这就是由引燃引起的火灾必须具备的三个条件，即可燃物、助燃物和点火源。

（1）可燃物（还原剂）

凡是能与空气中的氧或其他氧化剂起燃烧反应的物质都称为可燃物。

可燃物从化学组成上分，可分为有机可燃物和无机可燃物。从物质形态上分，可分为气体可燃物、液体可燃物和固体可燃物。从火灾危险性分，可分为甲、乙、丙、丁、戊五类可燃物。甲、乙类主要包括可燃气体、可燃液体以及易燃易爆的危险固体可燃物。丙类可燃物除部分可燃液体以外，主要是可燃固体，如木材、竹、纸及棉制品等。丁类是难燃物，如自熄性塑料、酚醛塑料、水泥刨花板等。戊类是非燃烧体，如钢材和铝材等。

物质燃烧的难易程度随外界条件的变化而变化，其中有两个重要影响因素：一是物质本身的表面积与体积比，如块状铝材在空气中是非燃烧体，但粉状铝不仅能燃烧，而且会发生爆炸；二是空气中的氧含量，增大空气中的氧含量，很多难燃材料会变成易燃材料，减少空气中的氧含量，易燃材料会变成难燃材料，如在纯氧中，铁、铝等会发生剧烈燃烧。

（2）助燃物（氧化剂）

凡是与可燃物结合能够导致和支持燃烧的物质都称为助燃物。发生火灾时，主要的助燃物是空气中的氧。在某些化工火灾中，还可能有其他氧化剂作助燃剂，如高锰酸钾、过氧化钠和浓硫酸等。

（3）点火源

点火源是可燃物与助燃物因引燃而产生燃烧反应的能量来源，凡是能引起物质燃烧的点燃能源都称为点火源。点火源可以是明火，也可以是高温物体，它可以由热能、化学能、电能、机械能转换而来。如炉火、烟头、火柴、蜡烛等明火是居民楼、旅馆、饭店等常见的火灾火源；电器开关、电线短路、静电等产生的电火花是工矿企业、商场等火灾的常见火源；雷击常常引起森林和建筑火灾；机械撞击、摩擦产生的火花往往引起化学危险品着火。

可燃物、助燃物和点火源通常被称为燃烧三要素，要使可燃物引燃，三者缺一不可。而且，可燃物、助燃物要具备一定的数量或含量，点火源要具有一定的能量，温度高于可燃物的自燃点，可燃物才会被引燃，火灾才会发生。燃烧发生时，三要素之间的关系可表示为封闭的三角形，通常称之为“着火三角形”，如图 2-6 所示。

2. 着火四面体

经典的着火三角形一般足以说明燃烧得以发生和持续进行的原理。但是根据燃烧的链锁反应理论，很多燃烧的发生和持续有游离基（自由基）作“中间体”。着火三角形应扩大到包括一个说明游离基参加燃烧反应的附加维，从而形成一个着火四面体，如图 2-7 所示。

图2-6 着火三角形

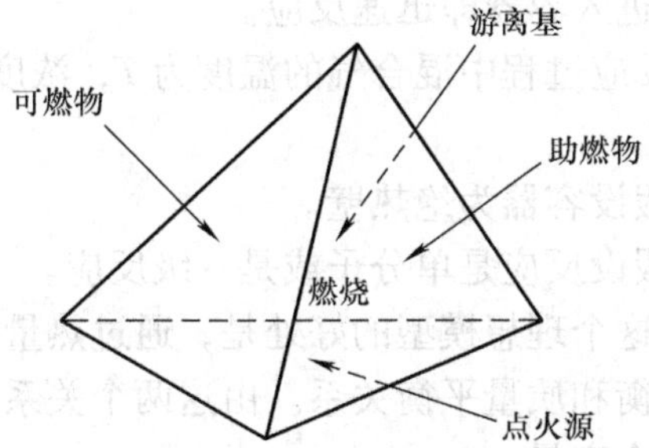

图2-7 着火四面体

3. 灭火分析

在图2-7中，如果完全断开着火四面体的一个面，燃烧即不能进行。例如，断绝向火场提供可燃物，或将可燃物与燃烧区隔绝，火灾就会终止；隔绝氧化剂，如阻止空气进入燃烧区，燃烧也会停止。同理，消除点火源或中断链式反应，也可实现灭火。这里所述的点火源，在火灾尚未发展起来的初起阶段，通常就是燃烧区本身，即火焰。

控制可燃物的供给是灭火最常用的方法，如工艺装置的可燃气体或液体火灾，通过关闭输送管道阀门的方法，可以阻止可燃物进入燃烧区，即可实现灭火。扑灭易燃、可燃液体储罐火灾，可以采用金属板、灭火毯、石棉被或湿帆布等物品去覆盖小型储罐的方法来灭火，也可以采用搅拌的方法或者泡沫覆盖的方法，这些都是想办法断开燃烧四面体的一个面。对于固体火灾，可以采用移走可燃物品、堆垛的方法，也可以采用阻止空气进入燃烧区，降低助燃气体含量等方法。用该方法还可扑救地下室、隧道、矿井、船舱等场所的火灾。

通常，扑灭有焰的扩散燃烧的氧含量降到14%以下即可，而无焰燃烧和阴燃则需要将氧含量降得更低，要达到5%以下。此外，还可以采用使点火源与可燃物隔离的方法来灭火，例如用热容大的金属网置于扩散火焰的底部，然后向上抬起，直到火焰从喷射口完全断开为止。对于井喷火灾的扑救，有时在井口上方进行炸药爆炸，该方法也是使火焰在某一时间内脱离可燃气体物，从而达到灭火的目的。

2.2.2 基于热着火理论的灭火分析

任何反应体系中的可燃混气都会进行缓慢氧化而放出热量，使体系温度升高，同时体系又会通过器壁向外散热，使体系温度下降。热着火理论认为，着火是反应放热因素与散热因素相互作用的结果。如果反应放热占优势，体系就会出现热量积累，温度升高，反应加速，发生自燃；相反，如果散热因素占优势，体系温度下降，不能自燃。

1. 简单开口系统

由于在非绝热情况下，混合气的浓度变化计算比较复杂，为此在一个假想的开口系统上进行着火与灭火分析。虽然这个开口系统没有很多实际价值，但是通过这一分析可以看出着火与灭火之间的本质关系。

设有一个容器，两端是开口的，容器中充满了进行反应的混合气及已燃气，如图2-8所示。为处理问题方便，作如下简化假设。

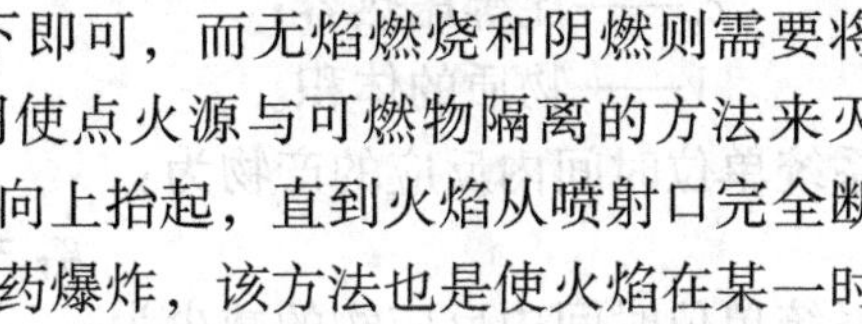

图2-8 简单开口系统

1）假设混合气的初温为 T_∞，浓度为 f_∞，且反应物一旦进入容器即迅速反应。

2）反应过程中混合气的温度为 T，浓度为 f，并假设容器右出口排出的产物浓度和温度也是 f、T。

3）假设容器为绝热壁。

4）假设反应是单分子或是一级反应。

利用这个理想模型的好处是，通过热量、质量的输入、输出分析，可以写出形式十分简单的热平衡和质量平衡关系。由这两个关系很容易找到浓度和温度的关系，从而把两个变量转换成一个变量。

2. 简单开口系统的热量平衡和质量平衡

简单开口系统的放热速度近似为：

$$\dot{q}_g = \Delta H_c \dot{W}''' = \Delta H_c K \rho_\infty f e^{-E/RT} \tag{2-4}$$

式中 ΔH_c——物质的燃烧热；

K——反应速度常数；

E——活化能；

R——通用气体常数。

系统散热实际上是燃烧产物带走的热量，因此散热速度（指单位体积、单位时间内散失的热量）为：

$$\dot{q}_1 = \frac{Gc_p}{V}(T - T_\infty) \tag{2-5}$$

式中 G——质量流量；

c_p——比等压热容；

V——物质的体积。

系统单位时间内反应的产物为：

$$\dot{g}_g = V \cdot \dot{W}''' = VK\rho_\infty f e^{-E/RT} \tag{2-6}$$

系统单位时间内反应物的减少为：

$$\dot{g}_1 = G(f_\infty - f) \tag{2-7}$$

由热量平衡和质量平衡，可知在稳态情况下有：

$$\dot{q}_g = \dot{q}_1,\ \dot{g}_g = \dot{g}_1$$

$$\Delta H_c K \rho_\infty f e^{-E/RT} = \frac{Gc_p}{V}(T - T_\infty) \tag{2-8}$$

$$VK\rho_\infty f e^{-E/RT} = G(f_\infty - f) \tag{2-9}$$

由式（2-8）和式（2-9）可得：

$$c_p(T - T_\infty) = \Delta H(f_\infty - f) \tag{2-10}$$

整理式（2-10）又可得：

$$\frac{T - T_\infty}{f_\infty - f} = \frac{\Delta H_c}{c_p} = T_m - T_\infty \tag{2-11}$$

式中 T_m——系统绝热燃烧温度。

对于单分子反应，由于 $f_\infty = 1$，因此式（2-11）可进一步简化为：

$$f_\infty - f = \frac{T - T_\infty}{T_m - T_\infty} \tag{2-12}$$

$$f=f_{\infty}-\frac{T-T_{\infty}}{T_{m}-T_{\infty}}=\frac{T_{m}-T}{T_{m}-T_{\infty}} \tag{2-13}$$

3. 简单开口系统的放热与散热曲线及灭火分析

利用热着火理论进行灭火分析的出发点是使已着火系统的放热速度小于散热速度，使体系在燃烧过程中的温度不断下降，最后由高温氧化态逐步转化为低温氧化态。已着火系统的放热速度方程在假定为开口系统、绝热过程和一级反应后，可用下式表示：

$$\dot{q}_{g}=\Delta H_{c}K\rho_{\infty}\left(\frac{T_{m}-T}{T_{m}-T_{\infty}}\right)e^{-E/RT} \tag{2-14}$$

散热速度方程可相应地变为下式：

$$\dot{q}_{1}=\frac{Gc_{p}}{V}(T-T_{\infty}) \tag{2-15}$$

从两个方程的分析可以看出，在体系可燃混合物质确定后，环境温度、散热条件以及氧化剂浓度对体系散热速度和放热速度都将产生影响。为了研究问题的方便，在三个变量压力 p、表面传热系数 h、环境温度 T_{∞} 固定两个变量后，就可以得到 $\dot{q}$-T 之间的二维函数关系，即散热曲线和放热曲线的平面示意图，如图2-9所示。图中放热速度和散热速度为纵坐标，温度 T 为横坐标。

（1）降低环境温度

降低燃烧区的温度是达到灭火的重要手段，这可以依据燃烧反应体系的热平衡做出定量分析。图2-9为保持压力 p、表面传热系数 h 不变，改变环境温度 T_{∞} 的 $\dot{q}-T$ 曲线。从图中可以看出，由于开口容器中有浓度变化，其中的临界现象就和密闭容器不同了。当燃烧区的温度为 $T_{\infty E}$ 时，反应体系的放热曲线和散热曲线出现切点 E 和一个交点 D；当燃烧区的温度在 $T_{\infty E}$ 和 $T_{\infty C}$ 之间时，反应体系的放热曲线和散热曲线出现 A、B、A' 三个交点，其中第三个交点 A' 点是代表高水平的稳定反应状态——稳定燃烧态；当燃烧区的温度为 $T_{\infty C}$ 时，反应体系的放热曲线和散热曲线出现切点 C 和交点 A''。

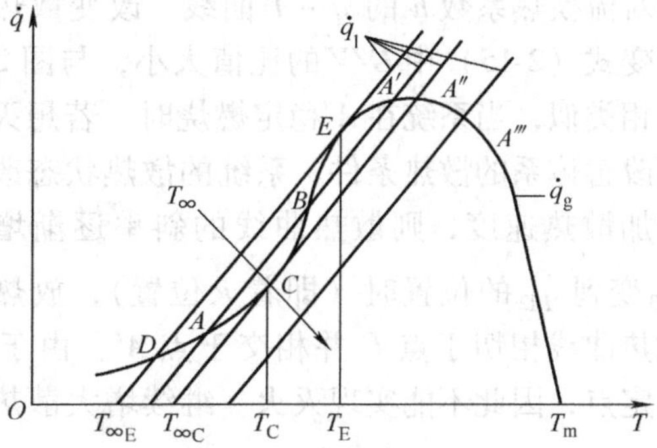

图2-9 改变环境温度 T_0 时的放热曲线和散热曲线

假设燃烧发生，体系的温度处在点 A'''（燃烧发生后，散热曲线与放热曲线一定处于相交状态），当 $T_{体系}>T_{A'''}$，散热曲线高于放热曲线，体系的温度降至点 A'''；$T_{体系}<T_{A'''}$ 时，放热曲线高于散热曲线，体系的温度又升至点 A'''，因此点 A''' 是一个稳定燃烧点。

继续降低环境温度（火场上常采用的冷却方法），当温度降至散热曲线与放热曲线相切时（相交状态的交点燃烧状况均同点 A'''），放热曲线和散热曲线除切点 C 外还在点 A'' 处相交。同理，当 $T_{体系}>T_{A''}$，散热曲线高于放热曲线，体系的温度降至点 A''；$T_{体系}<T_{A''}$ 时，放热曲线高于散热曲线，体系的温度又升至点 A''，因此点 A'' 同样也是一个稳定燃烧点。由热着火理论分析可知，T_C 为着火临界点，T_C 不可能自发达到，故不能实现反应体系自身温度下降直至灭火。当温度降至放热曲线与散热曲线相交于点 A' 时，同样点 A' 也为稳定点，不能实现灭火。直至环境温度继续下降至放热曲线与散热曲线相交至点 E 时，体系的放热速

度等于散热速度，环境温度稍有下降扰动，反应体系的放热速度始终小于散热速度，体系温度不断下降直至灭火。因此，切点 E 标志着系统将由高水平稳定反应态向低水平的缓慢反应态过渡，即灭火，T_E即为体系的熄火温度。系统灭火的临界条件可以写成：

$$\begin{cases} \dot{q}_g = \dot{q}_l \\ \left.\dfrac{\partial \dot{q}_g}{\partial T}\right|_E = \left.\dfrac{\partial \dot{q}_l}{\partial T}\right|_E \end{cases} \tag{2-16}$$

这里要注意灭火和着火都是由稳态向非稳态过渡，但它们是由不同的稳态出发的。因此，它们不是一个现象的正反两个方面，即着火和灭火不是可逆的过程。系统的灭火点为 T_E，系统灭火时所要求的初温 $T_{\infty E}$ 小于系统着火时的初温 $T_{\infty C}$。初温 T_∞ 在 $T_{\infty E} \sim T_{\infty C}$之间时，如果系统原来是燃烧状态，则系统不会自行灭火；如果要使已经处于燃烧态的系统灭火，其初温必须小于$T_{\infty E}$。$T_\infty = T_{\infty C}$是不能使系统灭火的，也就是说灭火要在更不利的条件下实现，这种现象称之为灭火滞后现象。

（2）改变散热条件

通过改变系统的散热条件，也能达到灭火的目的。图 2-10 为保持压力 p、环境温度 T_∞ 不变，改变对流换热系数 h 的 $\dot{q}-T$ 曲线。改变散热条件即改变式（2-15）中 G/V 的比值大小，与图 2-9 的情况相类似，当系统在 A''稳定燃烧时，若想灭火，必须改善体系的散热条件。系统的散热状态改善，即增加散热速度，则散热曲线的斜率逐渐增大。当 $\dot{q}_{l3}$变到 $\dot{q}_{l2}$ 的位置时（即着火位置），放热曲线与散热曲线相切于点 C 并相交于点 A'，由于点 A'为稳定点，因此不能实现灭火。继续增大散热曲线的斜率，只有使 $\dot{q}_{l3}$变到 $\dot{q}_{l1}$的位置时，放热曲线与散热曲线相切于点 E，系统才达到实现灭火的临界条件。因点 E 为不稳定点，散热条件稍加扰动（向左）就可实现灭火。同样，改善散热条件同样也存在灭火滞后现象。

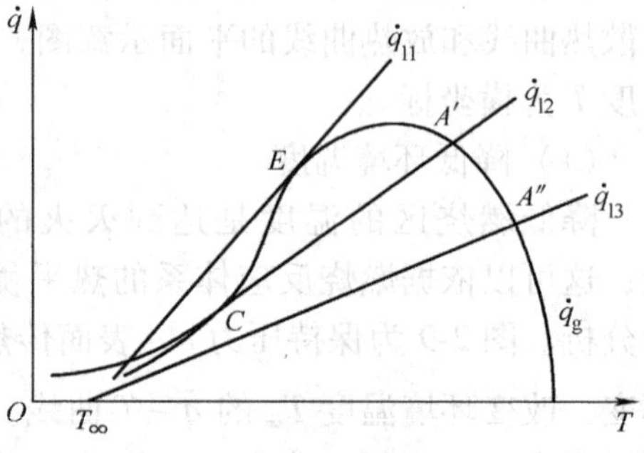

图 2-10　改变散热条件时的放热曲线和散热曲线

（3）降低可燃物或氧气浓度

燃烧是可燃物与氧化剂之间的化学反应，缺少任何一种都会导致火焰的熄灭。图 2-11 为 T_∞、h 不变，改变压力 p 的 $\dot{q}-T$ 曲线。由图可见，当体系处于已燃烧状态时，放热曲线与散热曲线应处于相交状态，即如图所示的 $\dot{q}_1$ 与 $\dot{q}_{g1}$ 处于相交状态，并在交点 A'处作稳定燃烧。为实现灭火，降低体系燃烧混合气密度 ρ_∞，当 ρ_∞ 从 $\rho_{\infty 1}$ 下降到 $\rho_{\infty 2}$时，相应的放热曲线由 $\dot{q}_{g1}$ 下降到 $\dot{q}_{g2}$，放热曲线与散热曲线处于相切状态，即放热速度等于散热速度，达到灭火的临界条件，体系混合气浓度稍有下降即可实现灭火。

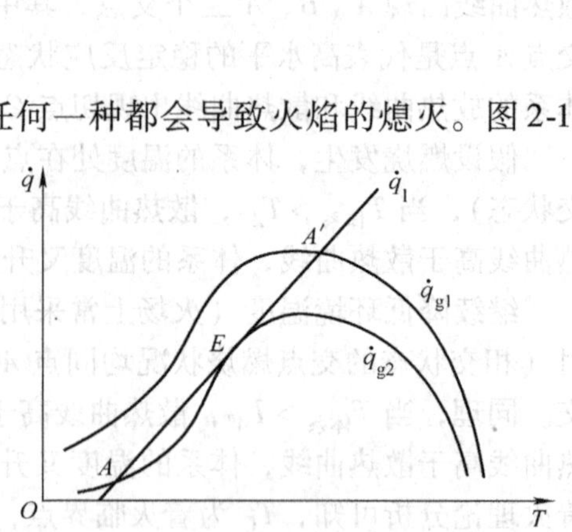

图 2-11　改变系统混合气密度时的放热曲线和散热曲线

由以上分析可知，系统着火就是由一种低水平的稳定态向高水平的稳定态的过渡，或者说由缓慢的氧化态向燃烧态的过渡。而系统灭火则是由高水平的稳定态向低水平的稳定态过渡，或者说由燃烧态向缓慢氧化态过渡。发生这种过渡的临界条件可以统一由式（2-16）表示。

进一步的研究指出，变动初温 T_∞ 对着火的影响比较大，对灭火的影响比较小；变动混合气或氧的浓度对灭火的影响比较大，对着火的影响比较小。

综上所述，在着火热理论中，要使已着火的系统灭火，必须采取下列措施：

1）降低系统中氧或可燃气浓度。

2）降低系统环境温度。

3）改善系统的散热条件，使系统的热量更易散发出去。

4）降低环境温度和改善散热条件，都必须使系统处于比着火更不利的状态，系统才能灭火，此即上面所说的灭火滞后现象。

5）降低氧浓度或可燃气浓度，对灭火来讲比降低环境温度作用更大；相反地，对防止着火来讲，降低环境温度的作用大于降低氧浓度或可燃气浓度的作用。

2.2.3 基于链锁反应理论的灭火分析

热着火理论认为，热自燃的发生是由于系统在感应期内化学反应所放出的热量大于系统向周围环境散失的热量，系统热量不断积累、温度不断上升造成反应速度自动加速的结果。这一理论对很多碳氢化合物与空气作用可以进行很好的解释，但也有很多现象是热着火理论所不能解释的。如，氢气和空气混合气的着火浓度界限的实验结果正好与热着火理论分析的结果相反；低压下一些可燃混合气，如 H_2+O_2、$CO+O_2$、CH_4+O_2等，有着两个或两个以上的着火界限。这些现象都说明，着火并非在所有情况下都是由于放热的积累而引起的。

链锁反应又叫链式反应，其特点是反应体系中存在一种活性中间物的链载体，或称自由基，只要这种链载体不消失，反应就一直进行下去，直至反应完成。

1. 链锁反应过程

链锁反应一般由链引发、链传递和链终止三个步骤组成。

（1）链引发

链锁反应中产生自由基的过程称链引发。要使稳定分子分解产生自由基，就要使分子中的化学链断裂，这需要很大的能量。因此引发过程是很困难的。主要的引发方法有热引发、光引发和加引发剂引发等。

（2）链传递

自由基与反应物分子发生反应的过程称为链传递。在此过程中，自由基与一般分子反应，在生成产物的同时能够再生成新的自由基，因而可以使反应一个传一个，不断地进行下去。链传递是链锁反应的主体，自由基等活泼粒子是链的传递物。

（3）链终止

自由基如果与器壁碰撞，或者两个自由基与第三个惰性分子相撞后失去能量而成为稳定分子，则链被终止。例如：

$$H_2+Br_2 \rightarrow 2HBr \quad （总反应）$$

$$M+Br_2 \rightarrow 2Br+M \quad （链引发）$$

$$Br\cdot + H_2 \rightarrow HBr + H\cdot$$

$$H\cdot + Br_2 \rightarrow HBr + Br\cdot \quad（链传递）$$

$$H\cdot + HBr \rightarrow H_2 + Br\cdot$$

$$M + 2Br\cdot \rightarrow Br_2 + M \quad（链终止） \tag{2-17}$$

M 称为第三体，在链引发中，M 是大能量分子，在链终止中 M 可能是惰性分子，也可能是器壁。

2. 链锁反应分类

链锁反应分为直链反应和支链反应。

（1）直链反应

直链反应是在链传递的过程中每消耗一个自由基的同时又产生一个新的自由基，直至链终止。直链反应在链传递的过程中，自由基的数目保持不变。例如：

$$H_2 + Cl_2 \rightarrow 2HCl \quad（总反应）$$

$$1)\ Cl_2 + M \rightarrow 2Cl\cdot + M \quad（链引发）$$

$$2)\ Cl\cdot + H_2 \rightarrow HCl + H\cdot$$

$$（链传递）$$

$$3)\ H\cdot + Cl_2 \rightarrow HCl + Cl\cdot$$

$$4)\ 2Cl\cdot + M \rightarrow HCl + M \quad（链终止） \tag{2-18}$$

上述链锁反应中，一旦形成 $Cl\cdot$，就会按照上述式 2）、式 3）反复进行。在整个链传递过程中，$Cl\cdot$ 自由基数目始终保持不变。

（2）支链反应

所谓支链反应，就是指一个自由基在链传递的过程中，生成最终产物的同时产生两个或两个以上的自由基。自由基的数目在反应过程中是随时间增加的，因此反应速率是加速的。例如：

$$2H_2 + O_2 \rightarrow 2H_2O \quad（总反应）$$

$$1)\ H_2 + M \rightarrow 2H\cdot + M \quad（链引发）$$

$$2)\ H\cdot + O_2 \rightarrow \cdot OH + O\cdot$$

$$3)\ O\cdot + H_2 \rightarrow H + \cdot OH$$

$$（链传递）$$

$$4)\ \cdot OH + H_2 \rightarrow H\cdot + H_2O$$

$$5)\ \cdot OH + H_2 \rightarrow H\cdot + H_2O$$

$$6)\ H\cdot \rightarrow 器壁破坏$$

$$（链终止） \tag{2-19}$$

$$7)\ \cdot OH \rightarrow 器壁破坏$$

将式 2）~式 5）相加得：

$$H\cdot + 3H_2 + O_2 \rightarrow 2H_2O + 3H\cdot \tag{2-20}$$

这就是说，一个自由基 $H\cdot$ 参加反应后，经过一个链传递形成最终产物 H_2O 的同时产生 3 个 $H\cdot$，这 3 个 $H\cdot$ 又开始形成另外 3 个链，而每个 $H\cdot$ 又将产生 3 个 $H\cdot$。这样，随着反应的进行，$H\cdot$ 数目不断增多，反应不断加速。$H\cdot$ 数目增加情况如图 2-12 所示。

3. 链锁反应中的化学反应速度

链锁反应理论认为，反应自动加速并不一定依靠热量的积累，也可以通过链锁反应逐渐积累自由基的方法使反应自动加速，直至着火。系统中自由基数目能否发生积累是链锁反应过程中自由基增长因素与自由基销毁因素相互作用的结果。自由基增长因素占优势，系统就会发生自由基积累。

在链引发过程中，由于引发因素的作用，反应分子会分解成自由基。自由基的生成速度用 w_1 表示，由于引发过程是很困难的，因此 w_1 一般比较小。

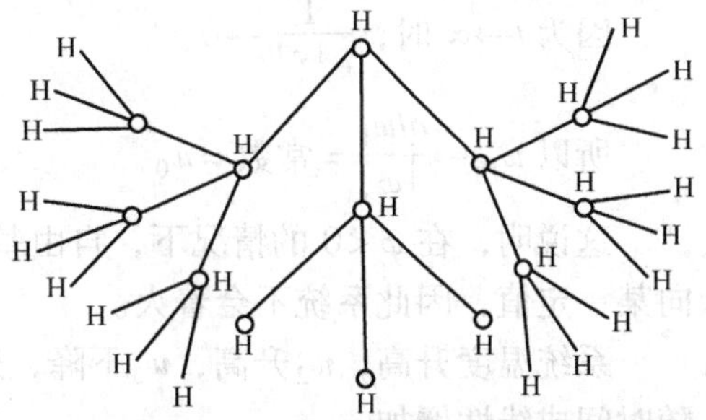

图 2-12　氢原子数目增加示意图

在链传递过程中，对于支链反应自由基数目将增加。例如，氢氧反应中 H · 在链传递过程中由 1 个生成为 3 个。显然，H · 浓度 n 越大，自由基数目增长越快。设在链传递过程中自由基增长速度为 w_2，则 $w_2 = fn$，f 为分支生成自由基的速度常数。由于分支过程是由稳定分子分解成自由基的过程，需要吸收能量，因此温度对 f 影响很大，温度升高，f 值增大，w_2 也随之增大。链传递过程中因分支链引起的自由基增长速度 w_2 在自由基数目增长中起决定作用。

在链终止过程中，自由基与器壁相碰撞或与低能量分子相碰撞而失去能量，变成稳定分子，自由基本身随之销毁，设其销毁速度为 w_3，自由基浓度 n 越大，碰撞机会越多，销毁速度 w_3 增加，即 w_3 正比于 n，可写为等式 $w_3 = gn$。g 为链终止过程中自由基销毁速度常数。由于链终止反应是合成反应，不需要吸收能量（实际上是放出较小的能量），因此，g 与温度的关系是，温度增加，g 下降。

整个链锁反应中自由基数目随时间变化的关系为：

$$\frac{dn}{dt} = w_1 + w_2 - w_3 = w_1 + fn - gn = w_1 + (f - g)n \tag{2-21}$$

令 $\varphi = f - g$ 则上式可写成：

$$\frac{dn}{dt} = w_1 + \varphi n \tag{2-22}$$

设 $t = 0$ 时 $n = 0$，积分上式得：

$$n = \frac{w_1}{\varphi}(e^{\varphi t} - 1) \tag{2-23}$$

如果以 a 表示在链传递过程中一个自由基参加反应生成最终产物的分子数（如氢氧反应的链传递过程中，消耗一个 H ·，生成 2 个 H_2O 分子，$a = 2$），那么反应速率，即最终产物的生成速度为：

$$w_{产} = aw_2 = afn = \frac{afw_1}{\varphi}(e^{\varphi t} - 1) \tag{2-24}$$

4. 链锁反应着火条件

在链引发过程中，自由基生成速率 w_1 很小，可以忽略。引起自由基数目变化的主要因素是链传递过程中链分支引起的自由基增长速度 w_2 和链终止过程中的自由基销毁速度 w_3。由于 w_2 和 w_3 与温度关系不同，在不同温度下，自由基数目变化率会出现不同的情况。

系统处于低温时，w_2 很小，w_3 很大，因而很可能 $\varphi = f - g < 0$。反应速率为：

$$w_{产} = \frac{afw_1}{\varphi}(e^{\varphi t} - 1) = \frac{afw_1}{-|\varphi|}(e^{-|\varphi| t} - 1) = \frac{afw_1}{-|\varphi|}\left(\frac{1}{e^{|\varphi| t}} - 1\right) \tag{2-25}$$

因为 $t\to\infty$ 时，$\frac{1}{e^{|\varphi|t}}\to 0$

所以 $w_{产}\to\frac{afw_1}{|\varphi|}=常数=w_0$

这说明，在 $\varphi<0$ 的情况下，自由基数目不能积累，反应速度不会自动加速，而只能趋向某一定值，因此系统不会着火。

系统温度升高，w_2 升高，w_3 下降，这就可能出现 $\varphi=f-g=0$ 的情况，反应速率 $w_{产}$ 将随时间成线性增加。

这是因为 $\frac{dn}{dt}=w_1$，$n=w_1t$

所以 $w_{产}=aw_2=afn=afw_1t$

此时，由于反应速度是线性增加，而不是加速增加，所以系统不会着火。

系统温度进一步升高，w_2 进一步增大，则有 $w_2>w_3$，$\varphi=f-g>0$。反应速度 $w_{产}$ 将随时间呈指数形式加速增加，系统会发生着火。

若将以上三种情况画在 $w_{产}$—t 图上，很容易找到着火条件，如图 2-13 所示。只有当 $\varphi>0$ 时，即分支链形成的自由基增长速度 w_2 大于链终止过程中自由基销毁速度 w_3 时，系统才能着火。$\varphi=0$ 是临界条件，此时对应的温度为自燃温度，在此温度以上，只要有链引发发生，系统就会自发着火。

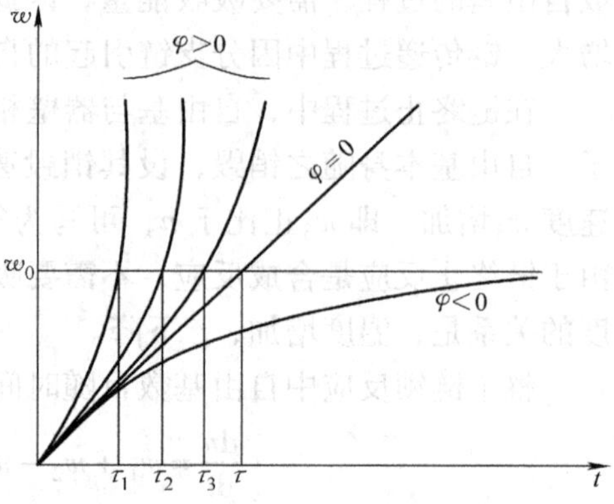

图 2-13　在不同 φ 下的反应速度

5. 链锁反应理论中的灭火分析

根据链锁反应着火理论，若要使已着火系统灭火，必须使系统中的自由基的销毁速度大于其增长速度，自由基的增长速度主要是链传递过程中由于链分支而引起的自由基增长。燃烧区中的自由基主要有 H·、·OH 和 O·等，尤其是·OH 较多，在烃类可燃物的燃烧中具有重要作用。加大这些自由基的销毁速度，可以采取以下措施：

1）降低系统温度，以减慢自由基增长速度。因为在链传递过程中由链分支而产生的自由基增长是一个分解过程，需要吸收能量。温度高，自由基增长快；温度低，自由基增长慢。所以降低系统温度可以减慢自由基增长速度。

2）增加自由基在气相中的销毁速度。自由基在气相中碰到稳定分子后，自由基会把本身能量传递给稳定分子，自由基则结合成稳定分子。为此，可在着火系统中喷洒卤代烷等灭火剂；或在材料中加入卤代烷阻燃剂，例如溴阻燃剂。溴阻燃剂在燃烧过程中受热会分解出 HBr，HBr 与·OH 发生下面一系列反应：

$$\begin{aligned}&\cdot OH + HBr \to H_2O + Br\cdot\\&Br\cdot + RH \to HBr + R\cdot\\&H\cdot + HBr \to H_2 + Br\cdot\end{aligned}\qquad(2\text{-}26)$$

在燃烧过程中，特别是烃类的燃烧，羟基自由基（·OH）起着重要作用。HBr 在燃烧过程中不断捕捉·OH，使·OH 的浓度下降；同时 HBr 还能捕捉 H·，使 H· $+O_2\to$ ·OH + O·

的反应难以进行，同样使·OH的浓度减少，从而达到灭火的目的。

3）增加自由基在固相器壁的销毁速度。自由基碰到固相器壁，会把自己大部分能量传递给固相器壁，本身则结合成稳定分子。为增加自由基碰撞固相器壁的机会，可以增加容器壁面积对容器体积的比值，或者在着火系统中加入惰性固体颗粒，如砂子、粉末灭火剂等，对链锁反应起抑制作用。例如，将三氧化二锑（Sb_2O_3）与溴化物同时喷入燃烧区，可生成三溴化二锑（Sb_2Br_3），而Sb_2Br_3可迅速升华成极细的颗粒，分布在燃烧区内，于是除了可发生式（2-26）所示的反应外，还可以发生如下反应：

$$Br\cdot + H\cdot + M \rightarrow HBr + M \tag{2-27}$$

2.3 灭火的基本方法

根据着火四面体灭火理论、热着火的灭火理论以及链锁反应灭火理论等灭火原理的分析，可以得到灭火的基本方法主要有四种：冷却、窒息、隔离和化学抑制。前三种方法是通过物理过程进行灭火，最后一种方法则是通过化学过程灭火。

2.3.1 冷却灭火法

冷却灭火法是根据可燃物质发生燃烧时必须达到一定温度的条件，将灭火剂直接喷洒在燃烧着的物体上，使可燃物质的温度降到燃点以下，从而停止燃烧。如向火区喷射大量的水来降温，是最常见的冷却灭火法。用二氧化碳灭火剂灭火，由于雪花状固体二氧化碳本身温度很低，接触火源时又吸收大量的热，从而使燃烧区的温度急剧下降，从而实现灭火。另外，火场上还常常用水来冷却未燃烧的可燃物和生产装置，以防止它们引燃或受热爆炸。

2.3.2 窒息灭火法

窒息灭火法是根据可燃物质燃烧需要足够的氧化剂（空气、氧）的条件，采取阻止空气进入燃烧区的措施，或断绝氧气而使燃烧物质熄灭。为使火灾窒息，需将水蒸气、二氧化碳等惰性气体引入着火区，以稀释着火空间的氧含量。当着火区空间氧含量低于14%，或水蒸气含量高于35%，或二氧化碳含量高于35%时，绝大多数燃烧都会熄灭。但可燃物本身为化学氧化剂物质时，是不能采用窒息灭火的。

在火场上运用窒息的方法扑灭火灾时，可采用石棉被、浸湿的棉被、帆布、灭火毯等不燃或难燃材料，覆盖燃烧物或封闭孔洞；用低倍数泡沫覆盖燃烧液面灭火；用水蒸气、惰性气体（二氧化碳、氮气等）、高倍数泡沫喷入燃烧区域内，利用建筑物上原有的门、窗以及生产储运设备上的部件，封闭燃烧区，阻止新鲜空气流入，以降低燃烧区氧气的含量，达到窒息灭火的目的。此外，在迫不得已的情况下，也可采用水淹没（灌注）的方法来灭火。

采用窒息法灭火时，必须注意以下几个问题：

1）燃烧的部位空间较小，容易堵塞封闭，并在燃烧区域内没有氧化剂存在的条件下，才能采取这种方法。

2）在采取用水淹没的方法扑救火灾时，必须考虑到对可燃物质作用后，不致产生不良后果。

3）在采取窒息方法灭火以后，必须确认火已熄灭，温度下降时，方可打开孔洞进行检查，严防因过早地打开封闭的房间或生产装置，而使新鲜空气流入燃烧区，引起复燃或爆燃，导致火势更为猛烈地发展。

4）在有条件的情况下，为阻止火势迅速蔓延，争取灭火的准备时间，可先采取临时性的封闭窒息措施，降低燃烧强度，而后组织力量灭火。

5）采用惰性气体灭火时，一定要保证充入燃烧区内惰性气体的数量，以迅速降低空气中氧的含量，从而实现窒息灭火。

2.3.3 隔离灭火法

隔离灭火法是根据发生燃烧必须具备可燃物质的条件，将燃烧物质与附近的可燃物隔离或分开，中断可燃物的供应，使燃烧停止。采用隔离灭火法的具体措施有：将火源附近的可燃、易燃、易爆和助燃物质，从燃烧区转移到安全地点；关闭阀门，阻止气体、液体流入燃烧区；排除生产装置、设备容器内的可燃气体或液体；设法阻拦流散的易燃、可燃液体或扩散的可燃气体；拆除与火源相毗连的易燃建筑结构，形成阻止火势蔓延的空间地带。

2.3.4 化学抑制灭火法

化学抑制法就是使灭火剂参与燃烧的链式反应，使燃烧过程中产生的自由基消失，形成稳定分子或活性低的自由基，从而使燃烧反应停止。采用卤代烷（1301、1211）、七氟丙烷、三氟甲烷等替代物、干粉灭火剂等，就是降低自由基的灭火方法，灭火速度快，使用得当，可快速地扑灭火灾。使用卤代烷等灭火剂进行抑制灭火时，一定要将灭火剂准确地喷射到燃烧区域内，使灭火药剂参与燃烧反应。否则，将起不到抑制燃烧反应的作用，达不到灭火目的。

2.3.5 不同类型火灾的基本灭火方法

具体灭火中采用哪种方法，应根据燃烧物质的性质、燃烧特点和火场的具体情况，以及消防技术装备的性能来选择。通常来讲，对A类火灾，一般可采取水冷却法，但对于忌水物质，如布、纸等应尽量减少水渍所造成的损失；对珍贵图书、档案资料应使用二氧化碳、卤代烷、干粉灭火剂灭火。

对B类火灾，应及时使用泡沫灭火剂进行扑救，同时用水冷却容器壁，以减慢液体蒸发速度；关闭阀门，切断可燃液体来源，并把燃烧区域内容器中的可燃液体通过管道抽至安全地区；要采取措施，防止燃烧区内的可燃液体在地上流散。

对C类火灾，因气体燃烧速度快，极易造成爆炸，一旦发现可燃气着火，应立即关闭阀门，切断可燃气来源，同时使用干粉灭火剂将气体燃烧火焰扑灭。

对D类火灾，如镁、铝燃烧时温度很高，水及其他普通灭火剂在高温下会因发生分解而失去作用，应使用特殊灭火剂，例如用7150灭火剂扑救镁、铝、镁铝合金、海绵状钛等轻金属火灾，用原位膨胀石墨灭火剂扑救钠、钾等碱金属以及镁等轻金属火灾。少量金属燃烧时可用干砂、干的食盐、石粉等扑救。

对E类火灾，火灾现场若有带电设备，在进行火灾扑救时，应首先切断电源，但对于商场、影剧院等人员集中的场所，照明线路则应在人民群众撤离以后再切断；对精密仪器、贵重电气设备，要用二氧化碳或其他气体灭火系统扑救，因为气体灭火系统不导电，灭火后不留痕迹，不污染仪器设备。目前，广泛研发的细水雾灭火系统，对扑灭电气火灾也具有很好的效果。

对F类火灾，通常可采取用锅盖、湿棉被等物质覆盖的窒息灭火法来灭火，也可采用干粉、气体灭火系统或某些厨房专用灭火系统进行灭火。

2.4 几类典型火灾的灭火方法

火灾通常都有一个从小到大，逐步发展，直至熄灭的过程。这一火灾过程一般可分为初起、发展、猛烈、下降和熄灭五个阶段。扑救火灾要特别注意火灾的初起、发展和猛烈阶段。

初起阶段：一般固体可燃物质着火燃烧后，在15min内，燃烧面积不大，火焰不高，辐射热不强，烟和气体流动缓慢，燃烧速度不快。如房屋建筑的火灾，初起阶段往往局限于室内，火势蔓延范围不大，还没有突破外壳。火灾处于初起阶段，是扑救的最好时机，只要及时发现，用很少的人力和消防器材工具就能把火扑灭。

发展阶段：由于初起火灾没有及时发现或扑灭，随着燃烧时间的延长，温度升高，周围的可燃物质或建筑构件被迅速加热，对流增强，燃烧速度加快，燃烧面积迅速扩大，形成了燃烧发展阶段。如烟火已经窜出了门、窗和房盖，局部建筑构件被烧穿，建筑内部充满烟雾，火势突破了外壳。从灭火角度看，这是关键性阶段。在燃烧发展阶段内，必须投入相当的力量，采取正确的措施，来控制火势的发展，以便进一步加以扑灭。

猛烈阶段：如果火灾在发展阶段没有得到控制，由于燃烧时间继续延长，燃烧速度不断加快，燃烧面积迅速扩大，燃烧温度急剧上升，对流达到最快的速度，辐射热最强，建筑构件的承重能力急剧下降。处于猛烈燃烧阶段的火灾情况是很复杂的。许多可燃液体和气体火灾的发展阶段与猛烈阶段没有明显的区别。必须组织较多的灭火力量，经过较长时间，才能控制火势，扑灭火灾。

根据火灾发展的阶段性特点，在灭火中，必须抓紧时机，力争将火灾扑灭在初起阶段。同时要认真研究火灾发展阶段和猛烈燃烧阶段的扑救措施，正确运用灭火方法，以有效地控制火势，尽快地扑灭火灾。

2.4.1 化工企业火灾

扑救化工企业的火灾，一定要弄清起火单位的设备与工艺流程、着火物品的性质、是否已发生泄漏现象、有无发生爆炸、中毒的危险有无安全设备及消防设备等。由于化工单位情况比较复杂，扑救难度大，起火单位的职工和工程技术人员要主动指导和帮助消防队一齐灭火。

1. 灭火的基本措施

1）采取各种方法，消除爆炸危险。如果在火场上遇有爆炸危险，应根据具体情况，及时采取各种防爆措施，例如，疏散或冷却爆炸物品或有关设备、容器，打开反应器上的放空阀或驱散可燃蒸气或气体，关闭输送管道的阀门等，以防止爆炸发生。

2）消灭外围火焰，控制火势发展。首先消灭设备外围或附近建筑的火焰，保护受火势威胁的设备、车间，对重要设备要加强保护，阻止火势蔓延扩大，然后直接向火源进攻，逐步缩小燃烧面积，最后消灭火灾。

3）当反应器和管道上呈火炬形燃烧时，可组织突击小组，配备必要数量的水枪，冷却燃烧部位和掩护消防员接近火源，采取关闭阀门或用覆盖窒息等方法扑灭火焰。必要时，也可以用水枪的密集射流来扑灭火焰。

4）加强冷却，筑堤堵截。扑救反应器或管道上的火焰时，往往需要大量的冷却用水。为防止燃烧着的液体流散，有时可用砂土筑堤，加以堵截。

5）正确使用灭火剂。由于化工企业的原料、半成品（中间体）和成品的性质不同，生产设备所处状态也不同，必须选用合适的灭火剂，在准备足够数量的灭火剂和灭火器材后，选择适当的时机灭火，以取得应有的效果。避免因灭火剂选用不当而延误战机，甚至发生爆炸等事故。

2. 扑救化工企业火灾的要求

1）做好防爆炸、防烧伤、防中毒和防腐蚀等安全保护工作。深入第一线灭火人员应佩戴防护装具（主要是防毒面具、空气呼吸器、防火隔热服和手套等），在灭火战斗行动中注意利用掩体，尽可能避开下风方向。必要时，应划出危险区，禁止非指定人员随意进入。

2）搞好关阀堵漏工作。可燃气体或液体泄漏后发生火灾，不要急于灭火，待关阀堵漏工作就绪，再一举灭火。在此之前，除采取冷却措施，防止火势蔓延外，可以让其稳定燃烧，防止在灭火后继续漏料，造成爆炸或复燃。

2.4.2 油池火灾

油池多是工厂、车间用来物件淬火、燃料储备，有些油池是油田用于产品周转的。淬火油池和燃料储备池大多与建筑物毗邻，着火后易引起建筑物火灾；周转油池火灾面积较大，着火后火势猛烈。

对油池火灾，多采用空气泡沫或干粉进行灭火。对原油、残渣油或沥青等油池火灾，也可以用喷雾水或直流水进行扑救。扑救时，要将阵地部署在油池的上风方向，根据油池的面积和宽度确定泡沫枪（炮）或水枪的数量。灭火时，水枪应顺风横推火焰，以使火势不回延为最低标准。用水扑救原油、残渣油火灾时，开始射水会被高温迅速分解，火势不但不会减弱，反而有可能增强。但坚持射水一段时间后，燃烧区温度会逐渐下降，火势会逐渐减弱而被扑灭。油池一般位置较低，火灾的辐射热对灭火人员的影响比地上式油罐大，因此，在灭火中，必须搞好防护工作。一般应穿防护隔热服，必要时应对接近火源的管枪手和水枪手用喷雾进行掩护。

2.4.3 液化石油气气瓶火灾

家用液化石油气气瓶的型号多为15kg，少数为10kg，单位用的液化石油气气瓶有40kg和50kg两种，工业用液化石油气气瓶有100kg和175kg两种。不同型号的液化石油气气瓶工作压力、工作温度也不相同。

单个的气瓶大多在瓶体与角阀和调压器之间的连接处起火，呈横向或纵向的喷射性燃烧。瓶内液化气越多，喷射的压力越大。同时会发出“呼呼”的喷射声。如果瓶体没有受到火焰燃烤，气瓶逐渐泄压，一般不会发生爆炸。扑救这类火灾时，如果角阀没坏，要首先关闭阀门，切断气源。可以戴上隔热手套或持湿抹布等，按顺时针方向将角阀关闭，火焰会随之熄灭。瓶体温度很高时，要向瓶体浇水冷却，以降低气瓶温度，并向气瓶喷火部位喷射或抛撒干粉将火扑灭，也可以用水枪对射的方法灭火。压力不大的气瓶火灾，还可以用湿被褥覆盖瓶体将火熄灭。火焰熄灭后，要及时关闭阀门。当液化石油气气瓶的角阀损坏，无法关闭时，不要轻易将火扑灭，可以把燃烧气瓶拖到安全的地点，对气瓶进行冷却，让其自然烧尽。如果必须在这种情况下灭火，一定要把周围火种熄灭，并冷却被火焰烤热的物品和气瓶。将火熄灭后，要迅速用雾状水流把气瓶喷出的气体驱散。

当液化石油气气瓶和室内物品同时燃烧时，气瓶受热泄压的速度会加快，气瓶喷出的火焰会加剧建筑和物品的燃烧。扑救时，应一面迅速扑灭建筑和室内物品的燃烧，一面设法将燃烧的气瓶疏散至安全地点。在室内燃烧未扑灭前，不能扑灭气瓶的燃烧。当房屋或室内物品起火，并直接烧烤液化石油气气瓶时，气瓶可能在几分钟内发生爆炸。在扑救时，一定要设法把气瓶疏散出去；如果气瓶一时疏散不了，要先用水流冷却保护，并迅速消除周围火焰对气瓶的威胁。

当居民用液化石油气气瓶大量漏气，尚未发生火灾时，不要轻易打开门窗排气，首先要迅速通知周围邻居熄灭一切火种，然后才能通风排气，并用湿棉被等将气瓶堵漏后搬到室外。

2.4.4 仓库火灾

仓库是可燃物集中的场所，一旦发生火灾，极易造成严重损失。仓库火灾具有如下显著特点：

1）燃烧猛烈，蔓延迅速。由于仓库可燃物较多、跨度大、空气供给充足，发生火灾后，燃烧发展较快。特别是当仓库房盖烧穿或打开库房门窗时，燃烧强度会急剧增大，火势蔓延更加迅速，有些库房在较短时间内会发生倒塌。露天物资堆垛起火后，火势会沿堆垛表面迅速蔓延，在刮风时往往出现大量飞火，造成多处起火。

2）火焰易向纵深发展。可燃物品堆垛、货架或空心墙发生火灾时，火焰能沿堆垛和货架的表面向堆垛内部和货架的缝隙发展。在灭火过程中，有时表面燃烧虽然停止，但内部阴燃还会持续较长时间，而且不易发现。如不仔细检查和彻底扑灭，还会复燃成灾。

3）仓库内发生的火灾，能产生大量烟雾，特别是储存有化工、农药、医药和易燃易爆危险品的仓库发生火灾，会产生大量的有毒气体。爆炸物品仓库和一些化工仓库起火后，可能发生爆炸，威胁人员和建筑的安全。

在进行仓库火灾的灭火时，应根据仓库的建筑特点、储存物资的性质以及火势等情况，加强第一批出动力量，灵活运用灭火战术。为此，在只见烟不见火的情况下，不能盲目行动，必须迅速查明以下情况：

1）储存物资的性质、火源及火势蔓延的途径。

2）为了灭火和疏散物资是否需要破拆。

3）是否因烟雾弥漫而必须采取排烟措施。

4）临近火源的物资是否已受到火势威胁，是否需要采取紧急疏散措施。

5）库房内有无爆炸、剧毒物品，火势对其威胁程度如何，是否需要采取保护、疏散措施。

当爆炸、有毒物品或贵重物资受到火势威胁时，应采取重点突破的方法扑救。选择火势较弱或能进能退的有利地形，集中数支水枪，强行打开通路，掩护抢救人员，深入燃烧区将这类物品抢救出来，转移到安全地点。对无法疏散的爆炸物品，应用水枪进行冷却保护。在烟雾弥漫或有毒气体妨碍灭火时，要进行排烟通风。消防人员进入库房时，必须佩戴隔绝式消防呼吸器。排烟通风时，要做好水枪出水准备，防止在通风情况下火势扩大。扑救有爆炸危险的物品时，要密切注视火场变化情况，组织精干的灭火力量，争取速战速决。当发现有爆炸征兆时，应迅速将消防人员撤出。

对于露天堆垛火灾，应集中主要消防力量，采取下风堵截、两侧夹击的战术，防止火势向下风方向蔓延，并派出力量或组织职工群众监视与扑打飞火。当火势被控制住以后，应组织对燃烧堆垛的进攻。如将几个物资堆垛的燃烧分隔开，逐垛将火扑灭。扑救棉花、化学纤维、纸张及稻草等堆垛火灾，要采取边拆垛边射水灭火的方法。对疏散出来的棉花、化学纤维等物资，还要拆包检查，消除阴燃。

2.4.5 化学危险品火灾

扑救化学危险品火灾，如果灭火方法不恰当，就有可能使火灾扩大，甚至导致爆炸、中毒事故发生。所以，必须注意运用正确的灭火方法。

1. 易燃和可燃液体火灾的灭火方法

液体火灾特别是易燃液体火灾发展迅速而猛烈，有时甚至会发生爆炸。这类物品发生的火灾主要根据它们的密度大小、能否溶于水和哪一种方法对灭火有利来确定灭火方法。

一般来说，对比水轻又不溶于水的有机化合物，如乙醚、苯、汽油、轻柴油等的火灾，可用泡沫或干粉扑救。当初起火时，燃烧面积不大或燃烧物不多时，也可用二氧化碳或卤代烷灭火器扑救。但不能用水扑救，因为当用水扑救时，因液体比水轻，会浮在水面上随水流淌而扩大火灾。

能溶于水或部分溶于水的液体，如甲醇、乙醇等醇类，醋酸乙酯、醋酸丁酯等酯类，丙酮、丁酮等酮类发生火灾时，应用雾状水或抗溶性泡沫、干粉等灭火器扑救。当初起火或燃烧物不多时，也可用二氧化碳扑救。

不溶于水、密度大于水的液体，如二硫化碳等着火时，可用水扑救，但覆盖在液体表面的水层必须有一定厚度，方能压住火焰。

敞口容器内易燃可燃液体着火，不能用砂土扑救。因为砂土非但不能覆盖液体表面，反而会沉积于容器底部，造成液面上升以致溢出，使火灾蔓延扩展。

2. 易燃固体火灾的灭火方法

易燃固体发生火灾时，一般都能用水、砂土、石棉毯、泡沫、二氧化碳、干粉等灭火材料扑救。但粉状固体如铝粉、镁粉、闪光粉等火灾，不能直接用水、二氧化碳扑救，以避免粉尘被冲散在空气中形成爆炸性混合物而可能发生爆炸，如要用水扑救，则必须先用砂土、石棉毯覆盖后才能进行。

磷的化合物、硝基化合物和硫磺等易燃固体着火，燃烧时产生有毒和刺激性气体，灭火时人要站在上风向，以防中毒。

3. 遇水燃烧物品和自燃物品火灾的灭火方法

遇水燃烧物品如金属钠等的共同特点是遇水后能发生剧烈的化学反应，放出可燃性气体而引起燃烧或爆炸。遇水燃烧物品火灾应用干砂土、干粉等灭火，严禁用水灭火器和泡沫灭火器灭火。遇水燃烧物中，如锂、钠、钾、铷、铯、锶等，由于化学性质十分活泼，能夺取二氧化碳中的氧而起化学反应，使燃烧更猛烈，所以也不能用二氧化碳灭火。在扑救磷化物、保险粉等燃烧时能放出大量有毒气体物品火灾时，人应站在上风向。

自燃物品起火时，除三乙基铝和铝铁溶剂不能用水灭火外，一般可用大量的水进行灭火，也可用砂土、二氧化碳和干粉灭火器灭火。由于三乙基铝遇水产生乙烷，铝铁溶剂燃烧时温度极高，能使水分解产生氢气，所以不能用水灭火。

4. *氧化剂火灾的灭火方法*

大部分氧化剂火灾都能用水扑救，但对过氧化物和不溶于水的液体有机氧化剂，应用干砂土或二氧化碳、干粉灭火器扑救，不能用水和泡沫扑救。这是因为过氧化物遇水反应能放出氧，加速燃烧，不溶于水的液体有机氧化剂一般密度都小于水，如用水扑救时，会浮在水面流淌而扩大火灾。粉状氧化剂火灾应用雾状水扑救。

5. *毒害物品和腐蚀性物品火灾的灭火方法*

一般毒害物品着火时，可用水及其他灭火器灭火，但毒害物品中氰化物、硒化物、磷化物着火时，如遇酸能产生剧毒或易燃气体。如氰化氢、磷化氢、硒化氢等着火，就不能用酸碱灭火器灭火，只能用雾状水或二氧化碳等灭火。

腐蚀性物品着火时，可用雾状水、干砂土、泡沫、干粉等灭火。硫酸、硝酸等酸类腐蚀品不能用加压密集水流灭火，因为密集水流会使酸液发热甚至沸腾，四处飞溅而伤害扑救人员。

当用水扑救化学危险物品，特别是扑救毒害物品和腐蚀性物品火灾时，还应注意节约水量和水的流向，同时注意尽可能使灭火后的污水流入污水管道。因为有毒或有腐蚀性的灭火污水四处溢流会污染环境，甚至污染水源。同时，减少水量还可减小物品的水渍损失。

扑灭化学危险物品火灾应注意正确选用灭火剂，具体选择见表 2-2。

表 2-2　危险化学品灭火剂选用表

危化品种类和名称			灭火剂						灭火注意事项
			水	砂土	泡沫	二氧化碳	干粉	卤代烷	
爆炸品			○	×					
氧化剂	无机氧化剂	过氧化钾、过氧化钠、过氧化钙、过氧化锶、过氧化钡	×	○	×				
		其他无机氧化物	○	○					先用砂土后用水，但要防止泛流
	有机氧化剂	固态	○	○					
		液态		○		○		○	盖砂土后可用水
压缩气体和液化气体		可燃	○			○	○	○	
		其他	○						
自燃物质	烷基铝、铝铁溶剂		×	○	×		×	×	
	其他自燃物质		○	○					
遇水燃烧物质	钾、钠、钙、锶、铷、铯、钠汞齐、镁铝粉		×	○	×	×	×	×	
	碳化钙、保险粉、硼氢类		×	○	×	○			
	其他		×	○	×				

（续）

危化品种类和名称		灭火剂						灭火注意事项
		水	砂土	泡沫	二氧化碳	干粉	卤代烷	
易燃液体	二硫化碳	○						水溶性液体，用抗溶泡沫
	醇、酮、醚、醛	×	○	○				
	其他			○	○	○	○	
易燃固体	闪光粉、镁粉、铝粉、银粉、铝镍合金氢化催化剂	×	○	×	×	×	×	
	钛粉、钍粉、锰粉、钴粉、氨基化锂、氨基化钠	×	○	×	○			
	硝化棉、硝化纤维素	○	×					
	其他	○						
有毒物质	锑粉、镀粉、铊化合物、磷化铝、磷化锌	×	○	×				盖砂土后可用水
	氰化物、砷化物、有机磷农药	○	○	×				先用砂土再用水
	其他毒害品	○	○					
腐蚀性物质	酸性	×	○		○			盖砂土后可用水
	碱性及其他	○	○					

注：“×”表示不能使用的；“○”表示效果较好的；空白表示可用，但效果较差。

2.4.6 电气火灾

电气设备发生火灾时，为了防止触电事故，一般都在切断电源后才进行扑救。

1. 断电灭火

电气设备发生火灾或引燃附近可燃物时，首先要切断电源。电源切断后，扑救方法与一般火灾扑救相同。切断电源时应注意以下几个方面：

1）如果要切断整个车间或整个建筑物的电源时，可在变电所、配电室断开主开关。在自动空气开关或油断路器等主开关没有断开前，不能随便拉隔离开关，以免产生电弧发生危险。

2）发生火灾后，用闸刀开关切断电源时，由于闸刀开关在发生火灾时受潮或烟熏，其绝缘强度会降低，切断电源时，最好用绝缘的工具操作。

3）切断电磁起动器控制的电动机时，应先用按钮开关停电，然后再断开闸刀开关，防止带负荷操作产生电弧伤人。

4）在动力配电盘上，只用作隔离电源而不用作切断负荷电流的闸刀开关或瓷插式熔断器，叫总开关或电源开关。切断电源时，应先用电动机的控制开关切断电动机回路的负荷电流，停止各个电动机的运转，然后再用总开关切断配电盘的总电源。

5）当进入建筑物内，用各种电气开关切断电源已经比较困难，或者已经不可能时，可以在上一级变配电所切断电源，但这样要影响较大的范围供电，当处于生活居住区的杆上变电台供电时，有时需要采取剪断电气线路的方法来切断电源。如需剪断对地电压在250V以下的线路时，可穿戴绝缘靴和绝缘手套，用断电剪将电线剪断。切断电源的地点要选择适当，剪断的位置应在电源方面的支持物附近，防止导线剪断后掉落在地上造成接地短路触电伤人。对三相线路的非同相电线应在不同部位剪断，在剪断扭缠在一起的合股线时，防止两股以上合剪，否则造成短路事故。

6）城市生活居住区的杆上变电台上的变压器和农村小型变压器的高压侧，多用跌开式熔断器保护。如果需要切断变压器的电源时，可以用电工专用的绝缘杆捅跌开式熔断器的鸭嘴，熔丝管就会跌落下来，以达到断电的目的。

7）电容器和电缆在切断电源后，仍可能有残余电压，因此，即使可以确定电容器或电缆已经切断电源，但是为了安全起见，仍不能直接接触或搬动电缆和电容器，以防发生触电事故。

2. 带电灭火

有时在危急的情况下，如等待切断电源后再进行扑救，就会有使火势蔓延扩大的危险，或者断电后会严重影响生产，这时为了取得扑救的主动权，扑救就需要在带电的情况下进行。带电灭火时应注意以下几点：

1）必须在确保安全的前提下进行，应用不导电的灭火剂如二氧化碳、卤代烷、干粉等进行灭火。不能直接用导电的灭火剂如直射水流、泡沫等进行喷射，否则会造成触电事故。

2）使用小型二氧化碳、卤代烷、干粉灭火器灭火时，由于其射程较近，要注意保持一定的安全距离。

3）在灭火人员穿戴绝缘手套和绝缘靴、水枪喷嘴安装接地线的情况下，可以采用喷雾水灭火。

4）如遇带电导线落于地面，则要防止跨步电压触电，灭火人员需要进入火场灭火时，必须穿上绝缘鞋。

此外，有油的电气设备（如变压器、油开关）着火时，也可用干砂盖住火焰，使火熄灭。

3. 几种电气设备火灾的灭火方法

（1）发电机和电动机火灾

发电机和电动机等电气设备都属于旋转电机类，与其他电气设备比较而言，这类设备的绝缘材料比较少，而且有比较坚固的外壳。如果附近没有其他可燃易燃物质且扑救及时，就可防止火灾扩大蔓延。由于可燃物质数量比较少，可用二氧化碳、卤代烷等灭火器扑救。大型旋转电机燃烧猛烈时，可用水蒸气和喷雾水扑救，实践证明，用喷雾水扑救的效果更好。对于旋转电机不能用砂土灭火，以防硬性杂质落入电机内，损坏电机的绝缘和轴承等而造成严重后果。

（2）变压器和油断路器火灾

变压器和油断路器等充油电气设备发生燃烧时，切断电源后的扑救方法与扑救可燃液体火灾相同。如果油箱没有破损，可以用干粉、卤代烷、二氧化碳灭火器等进行扑救。如果油箱已经破裂，大量变压器的油燃烧，火势凶猛时，切断电源后可用喷雾水或泡沫扑救。流散的油火，可用喷雾水或泡沫扑救。流散的油量不多时，也可用砂土压埋。

（3）变、配电设备火灾

变配电设备，有许多瓷质绝缘套管。这些套管在高温状态遇急冷或不均匀冷却时，容易爆裂而损坏设备，可能造成一些不应有的损失。如果是有绝缘油的套管，套管爆裂后还会造成绝缘油流散，使火势进一步扩大蔓延。所以遇这种情况最好用喷雾水灭火，并注意均匀冷却设备。

（4）封闭式电烘干箱内被烘干物质的燃烧

封闭式电烘干箱内的被烘干物质燃烧时，切断电源后，由于烘干箱内的空气不足，燃烧不能继续，温度下降，燃烧会逐渐被窒息。因此，发现电烘箱冒烟时，应立即切断烘干箱的电源，并要防止打开烘干箱。否则，一旦进入空气，反而会使火势扩大。如果错误地往烘干箱内泼水，会使电炉丝、隔热板等遭受损坏而造成不应有的损失。

如果是车间内的大型电烘干室内发生燃烧，应尽快切断电源。当可燃烧物质的数量比较多，且有蔓延扩大的危险时，应根据烘干物质的情况，采用喷雾水枪或直流水枪灭火，但在没有做好灭火准备工作时，不应把烘干室的门打开，以防火势扩大。

思考题

1. 气体、液体、固体可燃物的燃烧过程各有什么特点？
2. 热的传播方式有哪几种？各举一实例进行说明。
3. 按照燃烧物的性质火灾如何分类？说明每类火灾的基本灭火方法。
4. 举例说明冷却、窒息、隔离和化学抑制灭火法的应用。
5. 说明化工企业火灾灭火的主要方法。
6. 说明带电设备火灾灭火的主要方法。

第 3 章

灭 火 剂

灭火剂是能够有效地在燃烧区破坏燃烧条件，达到抑制燃烧或终止燃烧目的的物质。当灭火剂被喷射到燃烧物体表面或燃烧区域后，通过一系列的物理、化学作用使燃烧物冷却、燃烧物与空气隔绝、降低燃烧区内氧浓度以及中断燃烧的链锁反应等，最终导致维持燃烧的条件遭到破坏，使燃烧反应终止，达到灭火的目的。

现代灭火剂发展很快，品种不断增多，质量逐渐提高。目前灭火剂的品种能够满足扑救各种火灾的需要，而且逐步向着高效、低毒和通用的方向发展。《灭火剂基本术语》（GA51—1993）中规定，灭火剂包括水及水系灭火剂、泡沫灭火剂、干粉灭火剂、气体灭火剂、烟雾（固体）灭火剂、轻金属灭火剂等。

3.1 水及水系灭火剂

水是应用最广泛的天然灭火剂。水的吸热能力强，对燃烧物质具有显著的冷却作用。同时，水汽化后产生大量水蒸气，能阻止和置换空气进入燃烧区，从而有效降低氧气浓度。因此水具有较高的灭火效率。但是水作为灭火剂也存在明显不足，如水在固体表面的附着力、扩散力较差，致使大部分水喷射到火场后会流失，导致水的利用率较低。近来，人们开始考虑在水中加入一些化学物质来改变水的物理特性，使水的粘度、润湿力和附着力向着有利于灭火的方向改变。这种在水中添加一定的化学物质来改变水的物理性能以提高水的灭火性能的灭火剂称为水系灭火剂。

3.1.1 水的灭火机理

水是一种无色、无味、无嗅的透明液体，其分布广泛，取用方便，无毒无害，且冷却效果好，因此水是最常用、最主要的灭火剂。

1. 冷却作用

冷却是水的主要灭火作用。水的热容量和汽化潜热较大，水的比热容为 4184J/(kg·℃)，即 1kg 水温度升高 1℃，可吸收 4184J 的热量；水的蒸发潜热为 2259kJ/kg，即 1kg 水蒸发汽化时，要吸收 2259kJ 的热量。当水与燃烧物接触或流经燃烧区时，将被加热或汽化，吸收热量，使燃烧区的温度降低，以致燃烧中止。

2. 窒息作用

水汽化后产生大量的水蒸气，体积急剧膨胀。1kg 水变为 100℃的水蒸气时，其体积膨胀约 1700 倍。大量的水蒸气占据燃烧区的空间，有效阻止周围的新鲜空气进入燃烧区，显著地降低燃烧区的氧浓度，使可燃物得不到氧气的补充，导致燃烧强度减弱。一般情况下，当空气中水蒸气的含量达到35%（体积分数）时，燃烧就会停止。

3. 稀释作用

水本身是一种良好的溶剂，可以溶解水溶性甲、乙、丙类液体，如醇、醛、醚、酮、酯等。因此，当此类物质起火后，如果容器的容量允许或可燃物料流散，可用水予以稀释。由于可燃物浓度降低而导致可燃蒸气量减少，使燃烧减弱。当可燃液体的浓度降到可燃浓度以下时，燃烧即行中止。

4. 乳化作用

用水雾射流或滴状射流扑救油类等非水溶性可燃液体火灾时，由于射流的高速冲击作用，微粒水珠进入液层并引起剧烈的扰动，使可燃液体表面形成一层由水粒和非水溶性液体混合组成的乳状物表层，乳液的稳定程度随可燃液体粘度的增加而增加，重质油品甚至可以形成含水油泡沫。水的乳化作用使液体表面受到冷却，并减少可燃液体的蒸发量而使燃烧难于继续。

5. 水力冲击作用

经射水器具（尤其是直流水枪）喷射形成的水流具有很大的冲击力，这样的水流遇到燃烧物时，将使火焰产生分离，这种分离作用一方面使火焰“端部”得不到可燃蒸气的补充，另一方面使火焰“根部”失去维持燃烧所需的热量，使燃烧中止。

3.1.2 水流形态及适用范围

1. 直流水和开花水

通过水泵加压并由直流水枪喷出的柱状水流称为直流水，由开花水枪喷出的分散水流称为开花水。用直流水或开花水可扑救一般固体物质的表面火灾（如木材及其制品、棉麻及其制品、粮草、纸张、建筑物等）、闪点在120℃以上的重油火灾、带电设备火灾（在遵守安全措施的前提下）。

2. 雾状水

由喷雾水枪喷出、水滴直径小于100μm的水流称为雾状水。同样体积的水以雾状喷出，可以获得比直流水或开花水大得多的体表面积。一定量水的比表面积越大，其灭火时的吸热冷却作用越强，所以，雾状水具有吸热速度快，冷却效果好、灭火效率高等优点。用雾状水可扑救阴燃物质火灾，可燃粉尘（如面粉、煤粉、糖粉等）火灾，带电设备火灾，汽油、煤油、乙醇等低闪点石油产品火灾，浓硫酸、浓硝酸等场所的火灾。

3. 注意问题

无论是何种水流形态，在用水灭火时都应注意以下问题：

1）遇水能够发生化学反应的物质着火，不能用水扑救。如碱金属、碱土金属、一些轻金属及电石等。

2）非水溶性可燃液体的火灾，原则上不能用水扑救，但原油、重油可以用雾状水流扑救，高压雾状水也可扑救小范围轻质油品火灾。

3）直流水不能扑救可燃粉尘（面粉、铝粉、煤粉、糖粉、锌粉等）聚集处的火灾，也不能扑救高温设备火灾。

4）储存大量浓硫酸、浓硝酸和盐酸的场所发生火灾，不能用直流水扑救，以免引起酸液飞溅。必要时，可用雾状水扑救。

5）贵重设备、精密仪器、图书、档案之类的火灾不能用水扑救，容易引起水渍损失，损坏设备。

3.1.3　水系灭火剂的种类及应用

根据《水系灭火剂通用技术条件》的规定，水系灭火剂是由水、渗透剂、阻燃剂以及其他添加剂组成，一般以液滴或以液滴和泡沫混合形式灭火的液体灭火剂。在水系灭火剂中，水是主要组分，其含量一般在90%（质量分数）以上，其余为各种添加剂。由于水系灭火剂中添加剂的种类繁多，典型添加剂主要成分及其作用见表3-1。

表3-1　水系灭火剂中添加剂的主要成分及其作用

添加剂	主要成分	主要作用
润湿剂 渗透剂	碳氢或氟碳表面活性剂	降低水的表面张力及其与固体之间的界面张力，提高水对固体表面的润湿性能和向其内部渗透的能力，从而提高水的灭火性能
抗冻剂	醇类或醚类	降低水的冰点，扩大水的应用范围
强化剂	钾盐或磷酸铵盐	提高水的灭火能力
增粘剂	多糖或其他水溶性胶体物质	增强水在固体表面的附着力和延长停留时间，提高水对固体表面的冷却和灭火能力
减阻剂	聚乙二醇物质	减小水在管道中的摩擦阻力，提高其输送距离或射程

1. 强化水灭火剂

该类灭火剂是在水中添加某些渗透剂、可溶性无机盐等物质混合而成的，以提高水的灭火效果。目前常用的强化液主要有磷酸盐、碳酸盐、尿素、氯化钠等，强化液被添加到水中可提高灭火后的抗复燃能力。强化水可直接用于消防车中。

2. 乳化水灭火剂

水中添加乳化剂，乳化剂中含有憎水基团，与水混合后以雾状喷射，可扑救闪点较高的油品火，也可用于油品泄漏的清理。

3. 润湿水灭火剂

水中添加少量增粘剂，可提高水的润湿能力。对水润湿性较差、在其表面停留时间较短的材料（如塑料、橡胶之类）而言，可以降低水的表面张力，增加水的润湿能力，从而提高水的灭火能力。

4. 抗冻水灭火剂

在水中加入抗冻剂，使水的冰点降低，可提高水在寒冷地区的有效使用。常用的抗冻剂有金属盐和多元醇等。

5. 粘性水灭火剂

在水中添加增稠剂，提高水的粘度，可增加水在燃烧物表面的附着力，防止灭火时水分的流失，特别适用于消防水罐车扑救建筑物内火灾，达到节水、保水的目的，避免出现火扑灭后水流成灾的问题。

6. 减阻水灭火剂

该类灭火剂是在水中添加减阻剂，以降低水的摩擦阻力，改善水流动性的灭火剂。利用减阻水灭火剂，可有效降低水在水带输送过程中的阻力，提高水的输送距离。常用减阻剂主要有聚丙烯酰胺、聚氧化乙烯加尔树脂等。

7. 凝胶型水系灭火剂

该类灭火剂是在水中加入0.3%～0.6%的高吸水性树脂而成，将凝胶水喷洒在固体可燃物上，能立即在物体表面形成一层水凝胶阻火膜。它能吸收上千倍的水分而形成水凝胶。这种水凝胶是一种半固态材料，喷入火中，能在物体表面成膜，隔绝空气，达到灭火的目的。

8. 多功能水系灭火剂

该类灭火剂是将几种类型的水系灭火剂的特点综合在一起，兼有粘附、渗透和阻燃之功效，将水扑灭A类火的能力提高了2～3倍。如SD-A型强力灭火剂和SD-AB型灭火剂。这类灭火剂可用于充装手提式灭火器和消防车实施灭火。

与水相比，水系灭火剂由于不同程度地延长了水在燃烧物中的作用时间，增加了水的冷却作用，因而表现出比水更优异的阻、灭火性能，灭火效率高，应用范围广。随着水系灭火剂技术日益成熟，对及时有效地扑救火灾、降低火灾损失、减少人员伤亡将发挥更大的作用。

3.2 泡沫灭火剂

随着石油化学工业的发展，液态石油产品和有机溶剂等可燃液体火灾（B类火灾）越来越多，火灾规模也越来越大。这类火灾不能用水扑救，因为水的密度大于这类可燃液体，不是沉于这些液体的底部，就是溶解于这些液体之中。泡沫灭火剂是专门为扑救此类火灾而研究和开发出来的一类灭火剂。该类灭火剂是利用在水中添加某种化学物质（如皂角素、水解蛋白以及合成表面活性剂等）后，通过机械搅拌、吹送或通过化学反应产生的气体使其生成泡沫，覆盖于燃烧液体表面，隔绝空气而使火熄灭。

3.2.1 灭火原理

空气泡沫是由空气泡沫灭火剂的水溶液通过机械作用，充填大量空气后形成的无数小气泡。泡沫具有流动性、粘附性、持久性和抗烧性。由于空气泡沫密度远小于一般可燃液体，因而可以漂浮或粘附在易燃或可燃液体（或可燃固体，如设备）表面，或充满某一空间，形成一个致密的覆盖层，其灭火原理介绍如下。

1. 冷却作用

冷却作用是泡沫灭火的重要作用。当泡沫被施加到燃烧着的油品表面时，由于油品表面的热作用，泡沫中的水被汽化，吸收所接触部分油品表面的热量。随着泡沫的连续施加，在被冷却的油品表面上形成一个泡沫层，泡沫层逐渐扩大并最终将整个表面覆盖。当泡沫层的厚度增加到一定程度，并且油品表面被冷却到所产生的蒸气不足以维持燃烧时，火焰即被熄灭。

2. 窒息作用

泡沫的窒息作用主要表现在可以降低油品表面附近的氧浓度，直到使油品与空气完全隔开。泡沫刚刚施加到油品表面，这一作用即开始。泡沫受到热油品表面的作用以及火焰的热辐射作用，其中的水分在油品表面汽化，所产生的蒸汽使油品表面附近氧浓度降低，削弱了火焰的燃烧强度，这有助于泡沫在油品表面的积累和泡沫层的加厚。当泡沫层的厚度增加到足够厚时，完全抑制了油品的蒸发，并把油品与空气完全隔离开来，起到窒息灭火的作用。

3. 遮断作用

在泡沫灭火过程中，泡沫可使已被覆盖的油品表面与尚未被覆盖的油品表面的火焰隔离开，既可防止火焰与已被泡沫覆盖的油品表面直接接触，又可遮断火焰对这部分油品表面的热辐射，这既有助于泡沫冷却作用的发挥，又有助于窒息作用的加强。

4. 淹没作用

淹没作用是高倍数泡沫灭火的重要原因，利用泡沫把保护对象完全淹没，使淹没空间缺氧不能维持其继续燃烧，最终实现灭火。

3.2.2 泡沫灭火剂的主要性能参数

1. 25%析液时间

25%析液时间是指自泡沫中析出其质量25%的液体所需要的时间。该参数是衡量常温下泡沫稳定性的指标。25%析液时间不宜太短，应大于一次灭火时间。

2. 最低使用温度

为了保障泡沫在使用中能保持良好的性能，一般应用和储存时泡沫液的温度不宜低于其最低使用温度，该参数值是指高于凝固点5℃的温度。

3. 抗烧时间

抗烧时间是指自点燃抗烧罐至一定燃料表面被引燃所需的时间。它是衡量泡沫灭火性能的指标，间接反映泡沫流动性和抗烧性的好坏，泡沫的流动性和抗烧性能好，抗烧时间长，在使用过程中就能更好地发挥泡沫的灭火性能。

4. 发泡倍数

发泡倍数指泡沫体积与构成该泡沫的泡沫溶液体积的比值。发泡倍数是影响泡沫稳定性、流动性及灭火效果的综合性能指标。

针对一种泡沫液，其发泡倍数应稳定在要求的范围内，以获得最佳的灭火效果。例如，普通蛋白泡沫液的发泡倍数应为6~8倍，氟蛋白泡沫液液下喷射时应为3~4倍。若泡沫发泡倍数太低，泡沫的密度较大，单位体积泡沫中含水量较大，泡沫的膜较厚，虽然泡沫具有较好的流动性，但析液快，不稳定，而且泡沫喷射到燃烧液体表面时，会对液面产生较大的冲击力，使泡沫潜入油品中夹带较多的燃油，降低抗烧性，而不利于灭火；若泡沫发泡倍数较大，虽然可以提高泡沫的稳定性，减少对油面的冲击力，但泡沫膜太薄，含水量少，泡沫的冷却效果差，流动性能差，对灭火也不利。

3.2.3 类型及特点

为了满足不同种类物质火灾扑救的需要，泡沫灭火剂有多种类型，且每种类型的泡沫灭火剂表现出不同的特性。

1. 泡沫灭火剂的类型

泡沫灭火剂按其泡沫产生的机制可分为化学泡沫灭火剂和机械泡沫灭火剂；按其泡沫的

发泡倍数（泡沫的体积与泡沫原液的体积之比）又可分为低倍数泡沫灭火剂（发泡倍数为2~20）、中倍数泡沫灭火剂（发泡倍数为21~200）和高倍数泡沫灭火剂（发泡倍数大于200）；按其适用于可燃物的不同种类又分为普通型泡沫灭火剂和抗溶型泡沫灭火剂。通常，凡在名称中未加“抗溶性”或“AR”的均指普通型泡沫灭火剂。普通型泡沫灭火剂适用于扑救非水溶性液体和受热融化的固体可燃物（如汽油、煤油、柴油、原油、沥青、石蜡等）的火灾；抗溶型泡沫灭火剂既适用于扑救上述非水溶性可燃物的火灾，又适用于扑救水溶性可燃物（如醇、酯、醚、醛、酮、羧酸等）的火灾，故又称其为多功能泡沫灭火剂。泡沫灭火剂在出厂时，一般是以泡沫液的形式装于铁质或塑料的桶状容器中运输和储存。泡沫液又被称为泡沫浓缩液或泡沫原液。使用时将泡沫液按一定的百分比加入水中，经过泡沫发生（产生）器发生泡沫，释放到可燃物的表面进行灭火。

泡沫灭火剂（泡沫液）一般由水、发泡剂、稳泡剂、助溶剂、抗冻剂及防腐剂等组成。各种泡沫灭火剂的主要成分及其使用时在水中添加的百分数（混合比）可参见表3-2。

表3-2 各种泡沫灭火剂的主要成分及其混合比

类型	名称	主要成分	发泡倍数	混合比（%）
普通	P	水解蛋白、二价铁盐、醇或醚类	低倍数	3、6
	FP	蛋白泡沫液、氟碳表面活性剂	低倍数	3、6
	AFFF	氟碳表面活性剂、合成表面活性剂、醇或醚类	低倍数	3、6
	FFFP	氟碳表面活性剂、水解蛋白	低倍数	3、6
	Hx	合成表面活性剂、醇或醚类	中、高	1.5~6
	凝胶型	合成表面活性剂、触变性多糖	低倍数	6
抗溶	FP/AR	氟蛋白泡沫液、触变性多糖	低倍数	3、6
	AFFF/AR	氟碳表面活性剂、合成表面活性剂、触变性多糖	低倍数	3、6
	FFFP/AR	氟碳表面活性剂、水解蛋白、触变性多糖	低倍数	3、6

注：表中P为蛋白泡沫灭火剂；FP为氟蛋白泡沫灭火剂；AFFF为水成膜泡沫灭火剂；FFFP为水成膜氟蛋白泡沫灭火剂；Hx为高倍数泡沫灭火剂；FP/AR为抗溶型氟蛋白泡沫灭火剂；AFFF/AR为抗溶型水成膜泡沫灭火剂；FFFP/AR为抗溶型水成膜氟蛋白泡沫灭火剂。

2. 泡沫灭火剂的特点

泡沫液通常用于泡沫灭火系统中，首先通过比例混合器按规定比例与水混合形成混合液，再通过泡沫产生器与空气混合产生灭火泡沫。由于各种泡沫在可燃性液体液面上的流动性能、耐液污染性能、耐热抗烧性能等方面的差别，致使其灭火效力和应用特点也有很大差别。

由于不同类型的泡沫灭火剂具有不同的特性，尤其是低倍数泡沫灭火剂和高倍数泡沫灭火剂，其发泡倍数相差较大，产生的泡沫特性存在明显的差别。

（1）低倍数泡沫灭火剂的特点及应用

低倍数泡沫灭火剂主要用于扑救可燃液体（如汽油、石油、苯等）火灾和固体物质（如木材、橡胶、纸张、塑料等）火灾。其主要应用范围是保护油罐、矿井、船舱和储有可燃液体及可燃固体材料的仓库，防护火灾对附近房屋和油罐的热辐射。同时由于低倍数泡沫具有良好的隔绝能力，在扑救可燃液体火灾时能防止复燃。

各种泡沫的灭火应用特点比较见表3-3。

表3-3 各种泡沫液的灭火应用特点比较

类型	泡沫液代号	析液特性	水成膜性	流动性	耐液性		封闭性	抗烧性	与干粉的联用能力	液下喷射能力（对非水溶性液体）	综合灭火性能比较
					对非水溶性液体	对水溶性液体					
普通型	P	慢	不能	差	差	—	差	好	不能	不能	低
	FP	慢	不能	较好	好	—	好	好	能	能	中
	AFFF	快	能	好	好	—	好	差	能	能	较高
	FFFP	慢	能	好	好	—	好	好	能	能	高
	Hx	快	不能	较好	差	—	差	差	不能	不能	—
抗溶型	凝胶型	快	不能	较好	差	较好	差	差	不能	不能	低
	FP/AR	慢	不能	较好	好	较好	差	好	能	能	中
	AFFF/AR	慢	能	好	好	好	好	好	能	能	高
	FFFP/AR	慢	能	好	好	好	好	好	能	能	高

（2）中、高倍数泡沫（轻质泡沫）灭火剂的应用

中、高倍数泡沫灭火剂具有发泡倍数高，含水量少，泡沫比较轻等特点，因此适于以全淹没的方式进行灭火。该类灭火剂广泛应用于煤矿、坑道、飞机库、汽车库、船舶、仓库、地下室等有限空间，以及地面大面积油类火灾。

3.2.4 泡沫灭火剂的储存

泡沫液的储存条件严重影响着泡沫的灭火性能，一定要按照产品说明书的要求妥善保管。

首先要注意泡沫液的储存期限。蛋白泡沫液、氟蛋白泡沫液，在储存条件较好时，有效期可达5年以上。水成膜泡沫液的有效期可达10年，抗溶泡沫液的有效期仅为1~2年，高倍数泡沫液的有效期为5年。再就是要注意泡沫液的储存温度，一般为0~40℃，储存温度太高或太低都会影响泡沫液的质量和储存期限。最后要注意保持储存场所通风干燥，避免受到阳光的直射，要防止杂质和其他物质混入。

泡沫液储存容器应注意防腐。水成膜泡沫液、抗溶泡沫液的腐蚀性较大，对防腐涂料有特殊要求，应予以重视。

泡沫液一般不能预混，一旦与水混合必须一次使用完毕。水成膜泡沫液可以与水预先混合，但其有效期缩短为5年，这对泡沫灭火剂应用于灭火器非常有利。

3.3 普通干粉灭火剂

普通干粉灭火剂是由微细的无机盐粉末和具有机械隔离、防潮、防结块作用的添加剂组成的固态粉末灭火剂。干粉灭火剂因其灭火效率高、灭火速度快、可在低温环境下使用、电绝缘性能优良等特点而得到广泛的应用。目前，在手提式和固定式灭火系统上得到广泛应用，是替代哈龙灭火剂的一类理想环保灭火产品。

3.3.1 普通干粉灭火剂的分类

普通干粉灭火剂按其灭火性能可分为BC类干粉和ABC类干粉。

1. BC类干粉灭火剂

BC类干粉灭火剂适用于扑救B类火灾、C类火灾和带电设备火灾。该类灭火剂主要品种有以碳酸氢钠为基料的碳酸氢钠干粉和改性钠盐干粉，以碳酸氢钾或氯化钾或硫酸钾为基料的钾盐干粉，以尿素与碳酸氢钠或碳酸氢钾的反应产物为基料的氨基干粉。干粉颗粒微细，具有很大的比表面积（约为3000～6000cm^2/g），浓雾般的干粉颗粒以较大的表面积接触火焰，可快速灭火。干粉颗粒中碱金属离子对火焰的抑制作用由小到大的顺序为：锂→钠→钾→铷→铯。钾盐干粉的灭火效力要比钠盐干粉高1倍。氨基干粉具有最高的灭火效力，相当于钠盐干粉的3～4倍，其原理是当氨基干粉的颗粒遇到火焰的高温时，$KC_2N_2H_3O_3$晶体被烧爆，又分裂为更多、更微细的颗粒，大大增加粉粒与火焰的接触面积，因而显著地提高了灭火效力。

2. ABC类干粉灭火剂

ABC类干粉灭火剂不仅适用于扑救B类火灾、C类火灾和带电设备火灾，还适用于扑救一般固体物质火灾（A类火灾）。该类灭火剂主要品种有以磷酸盐为基料的干粉、以磷酸铵盐为基料的干粉、以聚磷酸铵为基料的干粉。

普通干粉灭火剂的主要组分见表3-4。

表3-4 普通干粉灭火剂的主要组分

<table>
<tr><th colspan="2">类别</th><th>灭火基料</th><th>机械隔离添加剂</th><th>疏水添加剂</th></tr>
<tr><td rowspan="3">BC类</td><td>钠盐干粉</td><td>碳酸氢钠</td><td rowspan="4">活性白土、云母粉、碳酸钙、磷酸钙、硅藻土、二氧化硅、珍珠岩等</td><td rowspan="4">用有机硅油处理的疏水白炭黑或疏水珍珠岩</td></tr>
<tr><td>钾盐干粉</td><td>碳酸氢钾、氯化钾、硫酸钾</td></tr>
<tr><td>氨基干粉</td><td>由钾或钠盐与尿素反应的加成物（$KC_2N_2H_3O_3$或$NaC_2N_2H_3O_3$）</td></tr>
<tr><td>ABC类</td><td>磷酸铵盐干粉</td><td>磷酸二氢铵、硫酸铵</td></tr>
</table>

3.3.2 干粉灭火剂的灭火机理

1. 对有焰燃烧的抑制作用

干粉灭火剂对有焰燃烧的抑制机理主要可归纳为两类：一是化学灭火机理；二是物理灭火机理。化学灭火机理又可分为非均相化学抑制机理和均相化学抑制机理。

（1）非均相化学抑制机理

干粉灭火剂中的无机盐是燃烧反应的不活性物质，当它们进入燃烧区与火焰接触时，可以同时捕获OH^-和H^+，可使这些自由基结合为水失去活性。当自由基的销毁速度大于生成速度时，链式反应过程终止。由于以上抑制作用是在粉粒-燃烧气体组成的多相体系中进行的，即OH^-和H^+在粉粒的表面结合成水分子，因此又称为非均相抑制作用。

（2）均相化学抑制机理

均相化学抑制作用是在无机盐分解物的挥发气体与燃烧气体组成的体系中进行的，抑制作用的效果取决于体系抑制剂挥发气的类型和浓度。

(3) 吸热冷却机理

干粉灭火剂中的灭火组分在火焰中分解化，与燃烧反应发生热交换，燃烧产生的热量被灭火组分的分解反应吸收，显热变为潜热，火焰温度骤然降低，燃烧反应不能持续下去，从而使火焰熄灭。

2. 对一般固体物质表面燃烧的灭火作用

以磷酸铵盐为基料的干粉灭火剂能够扑救一般固体物质的表面燃烧，主要是因为当粉粒落到灼热的燃烧物表面时，生成偏磷酸和聚磷酸盐，这些物质在固体表面的高温下被熔化形成一个玻璃状覆盖层，它能够渗透到燃烧物表面的细孔中，隔绝燃烧物与空气的接触，使燃烧窒息。

3.3.3 普通干粉灭火剂的特点、适用范围及应用中存在的问题

1. 特点

普通干粉灭火剂主要具有以下特点：

1) 灭火效率高，灭火速度快。干粉灭火剂主要是靠化学抑制作用灭火，在干粉灭火剂与火焰接触的一瞬间，立即发生化学反应，使链传递终止，因此该类灭火剂具有较高的灭火效率。

2) 具有优良的电绝缘性能，可扑救带电设备火灾。

3) 适用温度范围大。干粉灭火剂耐低温性能好，寒冷地区使用不需防冻，特别适用于高寒地区。

4) 灭火时不需要水，特别适用于缺水地区。

2. 适用范围

普通干粉灭火剂可用于扑救A类、B类、C类和带电设备火灾，主要包括：

1) 易燃或可燃液体、气体的火灾。

2) 由运输或装载设备中泄漏、喷射出的易燃或可燃液体、气体火灾，如油槽车火灾、输油、输气管线火灾、天然气井喷火灾等。

3) 熔融的可燃固体物质火灾。如萘和沥青物质火灾。

4) 一般固体物质火灾，如木材、纸张等。

5) 电气设备或油浸开关设备火灾。

普通干粉灭火剂不宜扑救精密仪器设备火灾，也不能用于扑救钠、钾、镁等金属火灾和自身能够释放氧或提供氧源的化合物火灾，如硝化纤维、过氧化物火灾。

3. 应用中存在的问题

(1) 抗复燃能力低

干粉灭火剂对燃烧物的冷却作用小，而且基本上不具备覆盖和防止燃料蒸发的作用。因此，在一些条件复杂或燃烧时间较长的火灾现场，干粉喷射完毕后，往往又会引起复燃。一旦发生复燃，迅即达到灭火前的自由燃烧状态。因此干粉灭火剂在使用过程中，往往与水、泡沫灭火剂联合使用。在与泡沫灭火剂联合灭火过程中，要注意灭火剂之间的兼容性。

(2) 降低能见度

干粉灭火剂粉粒很细，喷射后粉粒弥散在空气中，在一定程度上降低了能见度，对灭火救援工作会产生一定影响。

另外，干粉灭火剂对人的呼吸道有一定的刺激作用，人处于干粉粉雾中时会窒息。因此

在喷射干粉时被粉雾笼罩的区域内不得有人、畜停留。

3.4 气体灭火剂

以气体形态应用于灭火的物质称为气体灭火剂。气体灭火剂具有挥发快、不导电、喷射后无残留物等特点，因此常用来保护一些特别重要的、不能用水等其他灭火剂进行保护的物质火灾。

3.4.1 灭火机理

由于气体灭火剂种类繁多，不同的灭火剂表现出不同的灭火机理。按其主要灭火机理分为物理作用灭火和化学作用灭火两大方面，其中物理作用灭火的气体灭火剂主要有惰性气体、二氧化碳、三氟甲烷和六氟丙烷等，化学作用灭火的灭火剂主要有哈龙1211、哈龙1301、七氟丙烷和三氟碘甲烷等。

1. 化学抑制作用

化学抑制作用主要表现为终止链反应。以卤代烷灭火剂为例，当灭火剂释放时，遇到高温火焰被分解，生成卤素自由基（X^-），与火焰中的 OH^-、H^+ 自由基结合生成水、HX 和 X^-。在反应中 X^- 反复再生，不被消耗，而 OH^-、H^+ 自由基则被迅速消耗掉。卤素自由基对火焰化学抑制的作用因卤元素的不同而不同，化学抑制作用由小到大的顺序是氟→氯→溴→碘，这也是大多数不含溴的哈龙替代物的灭火效力低于哈龙的原因。

2. 窒息灭火作用

窒息灭火作用是在燃烧物周围建立起一定的灭火介质浓度，使燃烧因缺氧窒息而灭火。以二氧化碳灭火剂为例，当利用二氧化碳灭火剂扑救某局部物体火灾时，由于二氧化碳的释放，使得燃烧物体周围的空气被置换，由于得不到持续的氧气供给而使燃烧终止。

3. 惰化灭火作用

当空气中氧含量低于某一值时，燃烧将不能维持。此时的氧含量称为维持燃烧的极限氧含量，这种通过降低氧浓度的灭火作用称为惰化作用。当惰性气体的设计浓度达到 35% ~ 40% 时，可将周围空气中氧气的体积分数降至 10% ~ 14%，此时燃烧将不能维持。氮气灭火剂、IG55 和 IG541 等惰性气体灭火剂的灭火机理主要是惰化灭火作用。

4. 冷却作用

气体灭火剂在与高温火焰接触过程中，会发生分解反应或相态变化，喷射出的液态和固态二氧化碳在汽化过程中要吸热，具有一定的冷却作用。当二氧化碳液体储存温度为 27℃ 时，完全喷射后大约有 25% 的二氧化碳转化为干冰，它的平均吸热效果约为 279.2kJ/kg。当二氧化碳液体的储存温度为 −18℃ 时，它全部喷射后，约有 45% 转化为干冰，其平均吸热效果约为 395.4kJ/kg。而 0℃ 的水如果全部转化为蒸汽，其吸热效果为 5892kJ/kg。相比而言，二氧化碳的冷却作用较小。

3.4.2 类型及特点

1. 类型

气体灭火剂按其储存形式可以分为压缩气体和液化气体两类。液化气体灭火剂包括哈龙灭火剂及其替代物（卤代烃类灭火剂）和二氧化碳灭火剂。压缩气体灭火剂有 IG01（氩气）、IG100（氮气）、IG55（含氩 50%、氮 50% 体积比）和 IG541（含氮 50%、氩 42%、二氧化碳 8% 体积比）。

为保护地球上的生存环境，1987 年国际上签署了关于停止生产臭氧耗陨物质的《蒙特利尔破坏臭氧层物质管制议定书》，要求发达国家和发展中国家分别从 1996 年和 2005 年起停止哈龙灭火剂的生产。因此，气体灭火剂又可分为哈龙灭火剂和哈龙替代气体灭火剂。六种哈龙替代物的主要性质见表 3-5，以典型灭火剂设计的灭火系统特性参数见表 3-6。

表 3-5 六种哈龙替代物的主要性质

标准名称	代表商品名	化学式	GWP 值	ODP 值	毒性	存活年	灭火浓度（体积分数）	
							A 类火	正庚烷
CF_3I	Triodide	CF_3I，三氟一碘甲烷	≈1	0.008	较高	≈0	—	3.0
HFC-227ea	FM-200	CF_3CHFCF_3，七氟丙烷	2050	0	低	31	5.8	5.8
FC-3-1-10	FC410	C_4P_{10}，全氟丁烷	5500	0	低	2600	5.0	5.0
HFC-23	FE－13	CHF_3，三氟甲烷	9000	0	低	280		
N_2（52%） Ar（40%） CO_2（8%）	IG541		—	0	—	—		
HCFC 混合物 A	NAFS-Ⅲ	$CHCl_2CF_3$，$CHClF_2$，$CHClFCF_3$	1600	0.05	低	16	7.2	9.9

表 3-6 四种典型灭火系统的主要参数

主要性能	FE-13	FM200	IG-541	哈 龙
20℃时储存压力/MPa	4.2	2.5/4.2	15.0	2.5/4.2
50℃时最高使用压力/MPa	13.7	5.3	15.2	5.3
喷射时间/s	10	10	60	10～30
充装率/(kg/m^3)	≤860	≤1150	—	≤1470
灭焰浓度（%）	12.4	6.4	35.5	3.5
设计浓度（%）	16	8	37.5	5.0
机房灭火剂量	$0.52kg/m^3$	$0.634kg/m^3$	$0.47m^3/m^3$	$0.33kg/m^3$
设计上限（%）	23.8	10.5	43.00	10.00
分解产物（HF）/(10^{-4}%)	20～30	37～175	—	33

注：表中浓度表示体积分数。

2. 气体灭火剂的特点

(1) 卤代烷灭火剂

卤代烷（又称哈龙）是以卤素原子取代烷烃分子中的部分或全部氢原子后得到的一类有机化合物的总称。卤代烷灭火剂属于化学灭火剂，主要有 1211、1301 等。该类灭火剂的最大优点是对保护物体不产生损坏和污染，故称安全清洁灭火剂。该灭火剂的灭火速度快，比二氧化碳灭火剂至少快 10 倍。仅从灭火效果来看，卤代烷是当今最好的灭火剂。

卤代烷 1301 灭火系统是以哈龙 1301（三氟一溴甲烷）作为灭火介质。由于哈龙 1301

具有清洁、毒性小、使用期长、喷射性能好、灭火效果好等优点，该系统曾是应用最广泛的一种气体灭火系统。但由于其对大气臭氧层有较大的破坏作用，故其应用已开始受到严格限制。

卤代烷1211灭火系统是以哈龙1211（二氟一氯一溴甲烷）作为灭火介质。哈龙1211具有与哈龙1301相同的优点，其综合性能虽然不如哈龙1301。该灭火剂毒性较大，但由于其比哈龙1301便宜，在我国开发应用的较早，因此其较卤代烷1301灭火系统应用广泛。同样，由于哈龙1211对大气臭氧层也有较大的破坏作用，使用也已受到严格限制。

卤代烷灭火剂的最大缺陷是被释放进入大气层后，破坏臭氧层。根据保护臭氧层的《蒙特利尔破坏臭氧层物质管制议定书》及我国的淘汰哈龙战略，我国于2005年12月30日完成了哈龙1211灭火剂淘汰，2010年1月1日完成停止哈龙1301的生产和进口。

（2）二氧化碳灭火剂

二氧化碳在常温常压下是一种无色、无味、不导电的气体。它的化学性质稳定，在常温、常压下不会与一般的物质（碱金属和轻金属除外）发生化学反应。二氧化碳主要通过窒息作用灭火，并且在释放过程中会吸收一部分热量，具有少量的冷却降温作用。二氧化碳作为灭火剂具有来源广、价格低、不导电、灭火后不污损仪器设备的优点，经实践证明该灭火剂具有较好的灭火效果。由于二氧化碳主要通过物理作用灭火，所以，二氧化碳灭火剂的灭火浓度㊀比较高（不低于34%），灭火剂用量大，相应的系统规模较大，投资较大。

二氧化碳作为灭火剂也存在一定的不足。它对眼睛、呼吸道、皮肤等具有刺激性，随着空气中二氧化碳含量的增大，人的呼吸会加快，继而出现剧烈的心痛、耳鸣、心跳以致失去知觉，因此，为保证扑救火灾时二氧化碳34%～75%的灭火浓度，有可能使没能及时从防护区安全撤离的人员发生窒息死亡（窒息死亡浓度为20%），所以二氧化碳灭火剂不适用于经常有人逗留或工作的场所。

二氧化碳必须液化才便于储存、运输，其储存方式有高压液化储存的高压系统和低温液化储存的低压系统。高压系统实际应用时需要的储瓶组数多，储瓶间占地面积大，同时压力过高，对储存环境的温度要求比较严格，在夏季尤其要注意环境温度升高而导致钢瓶爆炸的危险，所以一般要求储瓶间不可被阳光直接照射。低压系统应用时需将二氧化碳温度降至-18～-20℃以实现液化，所以需额外配备制冷设备，造价相对高压系统的钢瓶更高。同时，二氧化碳从液态汽化的过程中容易形成干冰，干冰又能直接升华成气体，在升华时气体剧烈膨胀，体积的成倍增长会使输送管道被严重破坏，而且低温使管道发生冷脆断裂，会对人员和保护区形成伤害和破坏。

（3）氮气灭火剂（IG-100）

氮气是无色、无味、不导电的气体，其密度近似等于空气密度。其无毒、无腐蚀，且不参与燃烧反应，也不与其他物质反应。氮气来源广泛、价格低廉，在环境保护方面，氮气对臭氧的耗损潜能值（ODP）为零，作为空气的一部分，对全球温室效应的影响值（GWP）为零。

氮气的灭火原理为降低氧浓度，使其不支持燃烧。氮气灭火不产生任何化学反应，对防护区内的精密仪器和珍贵资料无腐蚀作用，不导电，火灾后的现场易于清理。氮气以气态方

㊀ 灭火浓度参数表示的是体积分数，后文的窒息死亡浓度参数也是体积分数，下同。

式储存，喷放时，不会使室内温度急剧下降，这样既不会出现存储珍贵数据资料的纸张和磁盘发脆而损坏的现象，也不会产生冷凝水，影响电器设备和精密仪器的使用寿命。

氮气灭火剂虽具有经济、环保等诸多优点，但该灭火剂在应用过程也存一定问题。一方面氮气灭火剂以气态形式储存，储存压力较高。因此，该灭火剂对系统中设备的耐压性要求较高，导致系统成本相对增加。另一方面氮气灭火剂主要以物理方式进行灭火，灭火浓度较高，使得灭火剂的用量较大，这样不仅使储存容器数量多，占地面积大，投资较大。也会使灭火剂的喷射时间较长，一般在1~2min之间，在一些火灾发展迅速的场所应用受到限制。

(4) 烟烙烬灭火剂（IG541）

烟烙烬灭火剂又称惰性气体灭火剂，简称IG-541，是国际上20世纪90年代发展起来的一种新型灭火剂。烟烙烬灭火剂由氮气（50%）、氩气（42%）和二氧化碳气体（8%）混合而成，其耗氧潜能值为零，温室效应影响值也为零，所以它是一种绿色灭火剂。

由于烟烙烬灭火剂是完全由自然存在于大气中的惰性气体组成的，不仅可以采用物理分离方法从大气中分离出来，也可以将三种组分按规定的比例混合成烟烙烬气体。灭火后，三种惰性气体又回到大气中，不会与大气中其他物质发生反应生成新的危害环境的有害物质。所以烟烙烬灭火剂具有环保性。

同时，烟烙烬灭火剂还具有安全性。其三种惰性气体组分对人体无毒害作用，在灭火过程中经高温不会产生有害分解物，不存在腐蚀，喷放时环境温度变化较小，保证人体不会受到意外伤害。此外，在缺氧环境中二氧化碳的浓度增加2%~5%就能使人加快、加深呼吸，在单位时间内，使人脑细胞获得足够的氧。因此烟烙烬气体中二氧化碳气体的作用就是人为地使着火区域中二氧化碳浓度上升至缺氧环境下人体呼吸所需浓度，也因此决定了烟烙烬灭火剂不同于其他惰性灭火剂，不会对人体造成伤害。在经常有人逗留的场所，烟烙烬灭火剂设计浓度不大于43%是安全可行的。

大多数气体灭火剂都是以液态方式储存，喷放时会使保护区域内温度急剧下降，导致仪器设备等因冷脆作用而损坏。烟烙烬则是以气态方式储存的，所以喷放时几乎不会使着火区域温度下降。高温下也无任何分解物。所以烟烙烬灭火剂能保护精密仪器和珍贵财物。

烟烙烬灭火系统灭火时所需的体积含量较大，但由于其气体价格较其他卤代烷替代药剂低廉，所以从系统角度来看投资额相当。而较其他气体灭火系统来说，可以输送更长的距离，可以连接更多的保护区域，节约系统投资。所以烟烙烬灭火剂总体而言较经济。

(5) 七氟丙烷灭火剂（FM-200）

七氟丙烷是近几年发展起来的一种洁净气体灭火剂，也是我国公安部推荐采用的一种灭火剂。它是一种人工合成的无色无味气体，不含溴和氯元素，密度大约是空气的6倍。

七氟丙烷灭火剂的臭氧潜能耗损值为零，但温室效应潜能值较高，不过其在大气中存留时间很短，能够符合联合国环境规划署对洁净气体灭火剂的要求。该灭火剂不导电，不含水性物质，不会对电气设备、磁带资料等造成损害，是新型高效低毒的灭火剂，灭火浓度低（8%~10%）。

由于七氟丙烷在高温下分解所产生的分解物可能具有危害性，这种分解物主要是具有辛辣气味的氟化氢（HF）。即使其浓度很小，也会给人造成很大程度的不适和伤害。氟化氢浓度的大小取决于火势和七氟丙烷接触到火或受热面的时间长短。为了有效控制氟化氢的产生，要求七氟丙烷的输送距离不宜过长，灭火剂必须在10s之内释放完成，达到灭火浓度。

另外，在同样的重量下，七氟丙烷灭火剂的价格比哈龙 1301 的高，一般高出 50% 左右。其灭火系统基本上可以采用与哈龙 1301 灭火系统相同条件的硬件，但因灭火浓度、密度等原因，同样条件下所需灭火剂重量多出约 70%，系统价格差则与防护区的大小等有关。

（6）三氟甲烷灭火剂（FE-13）

三氟甲烷是一种人工合成的无色、几乎无味、不导电气体，密度大约是空气密度的 2.4 倍。该灭火剂是一种较为理想的哈龙替代物，对大气臭氧层没有破坏作用，消耗大气臭氧层的潜能值为零，并具有良好的灭火效率，灭火速度快、效果好。

三氟甲烷是以物理作用灭火，通过降低空气中氧气含量，使空气不能支持燃烧。由于三氟甲烷的灭火浓度并未使空气中氧气达到不足以支持燃烧的浓度以下，因此在其灭火过程中还伴有一定的化学作用。相同火场情况下，三氟甲烷的氢氟酸（HF）分解物少于七氟丙烷和哈龙 1301，电绝缘性能良好，对保护对象的安全程度较高，适于保护精密仪器设备和电器火灾，是目前气体灭火系统中对人员相对安全的一种，最适合于保护经常有人的场所。三氟甲烷气体相对密度小于七氟丙烷和哈龙 1301，对扑救高位火灾效果较好。适用环境温度可达 -20℃，适合寒冷地带使用。但是三氟甲烷是人工合成的药剂，在大气中的存留的时间较哈龙 1301 和七氟丙烷长，而且当三氟甲烷暴露于明焰下，会分解并产生具有一定毒性的氢氟酸。

3.4.3 气体灭火剂的适用范围

（1）气体灭火系统适用范围

1）电气火灾。

2）固体表面火灾。

3）液体火灾。

4）灭火前能切断气源的气体火灾。

（2）气体灭火系统不适用范围

1）硝化纤维、硝酸钠等氧化剂或含氧化剂的化学制品火灾。

2）钾、镁、钠、钛、锆、铀等活泼金属火灾。

3）氢化钾、氢化钠等金属氢化物火灾。

4）过氧化氢、联胺等能自行分解的化学物质火灾。

5）可燃固体物质的深位火灾。

3.5 金属火灾灭火剂

金属发生火灾后，由于温度高，一般的灭火剂会分解而失去作用，甚至使火灾发展更加猛烈，所以金属火灾的灭火剂应慎重选择。

金属火灾灭火剂的开发研究开始于 20 世纪 30 年代。早期的灭火剂是石墨粉，主要用于扑救镁、铝合金切削物的火灾和锌粉火灾。20 世纪 50 ~ 60 年代，金属火灾灭火剂的开发与应用有了一定程度的发展，出现了多种产品。灭火剂的基料由石墨粉扩展到了无机盐，灭火的应用范围也扩大到钠、钾与钠钾合金等火灾的扑救。

金属火灾灭火剂主要有两种类型，一种是液态的，另一种是固态的。液态金属火灾灭火剂的主要成分是偏硼酸三甲酯，又称为7150灭火剂。固态金属火灾灭火剂主要有石墨类和氯化钠类灭火剂。

3.5.1 7150灭火剂

7150灭火剂是由硼酸三甲酯与硼酐按一定比例加热回流反应生成的一种无色透明液体，化学名称为三甲氧基硼氧六环。

7150灭火剂是可燃的，而且热稳定性较差，当其以雾状被喷射到燃烧的炽热金属上时，会发生分解和燃烧两个反应，能很快消耗掉金属表面的氧，而生成的硼酐在金属燃烧温度下熔化成玻璃状液体，流散在金属表面及缝隙中，形成一层隔膜，使金属和大气隔绝，燃烧因窒息而停止。

7150灭火剂主要用于扑救镁、铝、镁铝合金、海绵状钛等轻金属火灾，其充装于储压式灭火器中，加压用的气体主要是对7150灭火剂溶解度较小的干燥空气或氮气。

3.5.2 原位膨胀石墨灭火剂

原位膨胀石墨灭火剂是石墨层间化合物，从外观看是灰黑色鳞片状粉末，稍有金属光泽。该灭火剂是一种新型灭钠火的高效灭火剂，具有不污染环境，储存、喷洒方便，易于清除灭火后钠表面的固体物和回收未燃烧的剩余钠等优点。

将原位膨胀石墨灭火剂喷洒在着火的金属钠等碱金属和镁等轻金属上，灭火剂中的反应物在火焰高温的作用下，迅速以气态逸出，使石墨体积迅速膨胀，而且化合物的松装密度低，能在燃烧金属的表面形成海绵状泡沫，瞬间成为耐火膜，将金属与空气隔绝，达到灭火的目的。

原位膨胀石墨灭火剂主要用于扑救金属钠等碱金属和镁等轻金属火灾。该灭火剂可盛装于薄塑料袋中投入燃烧金属火上灭火，也可放在热金属可能发生泄漏处，预防金属着火，还可装在灭火器中在低压下喷射灭火。

3.5.3 氯化钠类灭火剂

氯化钠广泛用于制备D类干粉灭火剂，比如在氯化钠中添加磷酸钙、硬脂酸盐以及热塑性材料，可用于扑救镁、钠、钾及钠钾合金的火灾。

氯化钠撒在燃烧的金属钠上，覆盖层疏松透气，钠液穿过壳层涌出，形成众多烧穿点，覆盖层下面的钠液继续燃烧氧化。加入适当而又适量的添加剂，覆盖层变得致密、平坦、坚硬，能有效地窒息金属火灾，且避免机械力的破坏。当将灭火剂喷射到燃烧的金属表面上时，可在金属表面形成一个柔软而厚实的覆盖层。这个覆盖层可使金属与空气隔绝，窒息灭火。

3.5.4 金属火灾灭火剂使用注意事项

金属火灾灭火时应注意以下几点：

1）镁、锂火灾不得用干砂扑救。因为金属锂的燃烧产物和燃烧的镁都能与干砂起反应，放出大量的热，使燃烧更猛烈。

2）金属锂火灾不可用碳酸钠干粉或食盐扑救。因为其燃烧高温能使碳酸钠和食盐分解，放出比锂更危险的钠，加剧燃烧。

3）金属铯火灾不能用石墨扑救。因为金属铯能与石墨反应生成铯碳化物。

4）扑救任何金属粉末火灾时，均要注意勿使粉尘飞扬起来，否则会造成更危险的粉尘爆炸。

3.6 新型灭火剂

为了提高灭火效率，减少由于火灾扑救对环境造成的影响，国内外的一些研究机构不断致力于新型灭火剂的研究。近几年，已有一些新型灭火剂逐渐应用到火灾扑救中，在一定程度上改善了灭火效果。

3.6.1 冷火灭火剂

冷火灭火剂是美国产品，1995 年进入我国市场。其灭火原理与目前普遍使用的水系、泡沫、干粉等灭火剂有较大差异。

1. 冷火灭火剂的灭火原理

冷火灭火剂除了具有一般灭火剂常有的冷却作用、窒息作用、隔离作用和化学抑制作用四个灭火原理外，还具有光化学原理。冷火灭火剂中含有一种光激发官能团的物质，它可以迅速吸收某一波长的大量光量子，使未燃待燃的燃料分子大大减少转为待激发分子的机会，而这些官能团物质的电子受激后进入较高能级的电子轨道，并将其所吸收的能量以较长波长的波（电、磁、光）辐射出去，电子又返回低能级电子轨道，如此重复上述升级、转移过程。因此，从宏观角度看，冷火灭火剂由于含有光激发官能团物质，大大增加了水的热容，使水的吸热能力大大提高，显示出冷火灭火剂快速灭火和冷却的效果。

2. 冷火灭火剂的特点

冷火灭火剂无毒、无味、无腐蚀性，对人、畜无害，对周围环境安全，可彻底生物分解，无废渣、废料残留，具有快速冷却的效果，可阻止复燃，减轻烃类烟雾浓度，提高能见度，利于呼吸，并可减少用水，降低水的损耗。

3. 冷火灭火剂的适用范围

冷火灭火剂不仅可用于 A、B 类火灾，还可应用于 D 类火灾。因为在使用冷火灭火剂时采用喷雾方式，可增加灭火剂的比表面积，极大地吸收燃烧时的光量子，起到迅速灭火和冷却的作用，这是含水灭火剂不能达到的灭火效果。

冷火灭火剂适用于工厂的生产车间中因铅压、弯曲、车削、熔制金属产生热源而导致的火灾，以及航空、铁路、船舶、汽车等交通工具的火灾，还可用于家庭、办公楼、学校、餐厅、商店等场所的火灾，如废物箱内的纸品、蜡烛对窗帘的引燃，厨房火炉可能发生的油脂火灾等。

3.6.2 植物型复合阻燃灭火剂

植物型复合阻燃灭火剂不同于现有的其他灭火剂，是以水和天然植物（植物和植物草木灰）为主要原料，连同添加剂制成的一种多功能灭火剂，在高效阻燃灭火的同时实现安全和保护环境的目的。

植物型复合阻燃灭火剂的主要成分是水，所以其具有吸热降温的灭火作用。而且该灭火剂中含有一定量的、具有很强的改变物质燃烧性质能力的复合阻燃活性物质，该物质可使原物质失去易燃可燃性，变为不易燃、难燃、不燃物质，达到从根本上改变物质燃烧性质的目的，迫使燃烧终止。

另外，植物型复合阻燃灭火剂极易溶于水，对水溶性的易燃可燃物质能同时起到稀释、阻燃双重作用。再有，由于植物型复合阻燃灭火剂中所含的活性物质和结膜物质对温度非常敏感，且易聚结成不同的膜。结膜覆盖在燃烧物质表面上，起到隔氧隔热作用，封闭了可燃汽化物，切断了燃烧热传递途径，迫使燃烧停止。

3.6.3 湿式化学灭火剂

湿式化学灭火剂是专用于扑救烹调油火或脂肪火的一种新型水系灭火剂，有的国家称其为油锅灭火剂。烹调油着火一直被认为是B类火，一般用泡沫、干粉或二氧化碳灭火剂扑救，但因为脂肪燃烧时产生高温，引起脂肪胶结，不像汽油火那样容易扑灭，所以扑救效果不够理想。目前，美国、日本、澳大利亚等国家研制并采用新型的湿式化学灭火剂来灭火，当其接触到脂肪火时，会使脂肪皂化，形成具有冷却作用的皂膜，灭火效果良好，通常充装在手提灭火器或简易式灭火器中。

3.6.4 法安德2000（fireade）

法安德2000是美国FSP公司最新研发的完全基于水的多功能新型灭火剂。该灭火剂无毒、无腐蚀性、环保，不含有PFOS（全氟化酸性硫酸基酸）和PFOA（全氟辛酸铵）有机污染物。与普通灭火剂不同的是，该灭火剂可同时从灭火机理的四个要素出发，协同破坏燃烧的四个条件，因此灭火效率比普通灭火剂高6~10倍。其灭火作用主要表现为降低水的表面张力，提高水的蒸发能力，增强水的渗透能力，提高冷却效果，同时可在物体表面形成泡沫和乳膜，起到彻底隔绝空气的作用，阻止物体继续燃烧，还可以将碳氢化合物乳化，促进其被生物降解，完全破坏物质燃烧条件，迅速扑灭火灾。

由于该类灭火剂特殊的灭火作用，使其具有灭火时间短，降温速度快，可有效防止复燃和增加火场能见度的特点，可广泛用于A、B、C、D和F类物质的火灾扑救，灭火浓度介于0.25%~6%之间。

3.6.5 F-500灭火剂

美国危险控制技术公司（Hazard Control Technologies Inc）综合了润湿剂的优点，并结合微胶囊技术（Micelle Encapsulator Technology），研制开发了F-500灭火剂。该灭火剂无毒、无腐蚀、100%环境降解，可快速扑灭A类和B类火灾，迅速降温，消除浓烟，清除易燃易爆气体，中和泄漏的燃油，是一种灭火、防爆、环保多功能安全药剂。

F-500灭火的作用主要表现为降低水的表面张力，增加水的润湿表面积和水对燃料表面孔隙的渗透能力。此外该类灭火剂还具有独特的两亲性分子结构，这种结构有一个极性端（亲水）和一个非极性端（疏水），并且两端之间有足够长的距离，因而这两端可以相互独立地行动。该结构使得F-500分子分布在水滴中特定的位置。极性端是可溶于水的，而非极性端不溶于水。当极性端溶解在水滴中，非极性端却排斥水分子，而寻求其他分子（即燃料）和辐射能（即热量）的结合。这种独特的结构使该类灭火剂能实现快速降温，并将燃料元素包裹在球形微胞内，有效切断燃料供给，从而最终导致火灾熄灭。F-500 灭火剂可用于 A、B 和 D 类火灾的扑救，其灭火浓度为 1% ~6%。

3.6.6 水胶体灭火剂

水胶体灭火剂分无机水凝胶灭火剂和高分子水胶体灭火剂。

无机水凝胶开发较早，是以无机硅胶材料为基料，与促凝剂、阻化剂和水混合反应生成具有立体网状空间结构的硅凝胶，它能使易流动的水固定于其内部，在遇到高温时，水迅速汽化，可快速降低燃烧体表面温度，残留固体形成的包裹物又可阻碍燃烧体与氧的进一步接触氧化放热，而且硅凝胶能固定易流动水的特性降低了水的流动性，使水在燃烧体内的停留时间延长，能有效发挥水的冷却作用，燃烧体表面及内部温度都显著下降。

无机水凝胶灭火剂适用于扑救森林火灾，可防止航空喷洒时灭火剂飘走散开，提高飞行高度和喷洒命中率，还可利用水的粘稠作用和对动植物无害的阻燃剂附着在植被表面，延长灭火剂的时效，起到阻燃、隔火作用。

随着高分子科学的发展，出现了用高分子材料替代无机填料的灭火剂，被称为高分子水胶体灭火剂。高分子胶体流动性差，灭火时大量保存在可燃材料的表面及内部，同时也使水的停留时间延长，冷却作用充分，导致可燃材料具有良好的抗复燃能力，同时耐火性能好，灭火时产生的水蒸气少，体系升温慢，冷却效果好。高分子胶体热容很大，可吸收大量的热，从而使可燃材料温度下降。另外，高分子胶体还具有价格便宜、灭火时用量少、强度较高、渗透性和粘弹性都较好等优点。

高分子水胶体灭火剂由于其添加量小，不仅可用于扑救建筑火灾，也可替代无机水凝胶灭火剂用于扑救森林和矿井火灾。

思 考 题

1. 分析水灭火剂的主要灭火机理，并指出用水灭火时需注意的问题。
2. 简述低倍数泡沫灭火剂的类型及其特点。
3. 简述哈龙替代灭火剂的类型及特点。
4. 试举出 3 ~4 种新型灭火剂，并分析其特点。
5. 请指出能够用来灭 A 类物质火灾的灭火剂有哪些？并分析这些灭火剂的灭火机理。

第 4 章

建筑消防系统的组成、功能与应用

4.1 建筑消防系统的组成及工作流程

建筑消防系统指建筑物内设置的火灾自动报警系统、自动喷水灭火系统、消火栓系统、防火与防排烟设施等用于防范和扑救建筑物火灾的设备设施的总称。其作用就是通过火灾自动报警系统监测建筑火灾，在火灾发生后，利用防火与灭火设施控制火势蔓延与烟气扩散，并尽可能在火灾初、中期阶段进行灭火。同时，通过一系列联动控制指令和消防指挥系统，自动控制和统一指挥人员的疏散和火灾的扑救工作，以实现和满足建筑的消防功能，从而保障生命和财产的安全。

建筑消防系统可分为两类，一类是主动建筑消防系统，即采用预防起火、早期发现（如设火灾探测报警系统）、初期灭火（如设自动喷水灭火系统）等措施，尽可能做到不失火成灾。采用主动消防设施为重点进行防火，可以减少火灾发生的起数，但却不能排除遭受重大火灾的可能性。另一类是被动的建筑消防设施，即采用以耐火构件划分防火分区、提高建筑结构耐火性能、设置防排烟系统、设置安全疏散楼梯等措施，尽量不使火势扩大并疏散人员和财物。以被动建筑消防设施为重点进行防火，虽然会发生火灾，但却可以减少发生重大火灾的概率。被动建筑消防设施和主动建筑消防设施的目的是一致的，都是为了减轻火灾损失，保证人员的生命安全。

4.1.1 建筑消防系统的组成

消防系统主要由火灾自动报警与联动系统、防灾减灾系统及设备和灭火系统及设备三大部分组成。通过联动控制系统将其组合成完整的建筑消防系统，其组成如图4-1 所示。

1. 火灾自动报警与联动系统

火灾自动报警与联动系统主要由火灾探测器、报警控制器、手动报警按钮、声光报警显示设备、联动控制系统及设备等构成。可以进行火灾的报警、检测、确认、显示，并发出火灾报警和联动控制信号。

2. 防灾减灾系统及设备

防灾减灾系统及设备是火灾灭火的辅助设备，主要作用是限制火势、缩小受灾面积、通信指挥，尽可能把火灾损失减小到最低限度。防灾减灾系统包括的主要减灾防护设备如下：

1）防火分区与防火分隔措施，如防火墙、防火门、防火卷帘门、防火窗等。

2）烟气控制系统，由防烟分区与烟气控制措施组成，如防排烟设备、排烟阀和正压风机、排烟风机等。

3）安全疏散设施，主要包括安全出口、疏散楼梯、疏散走道、消防电梯、消防应急照明和消防疏散指示标志、火灾应急广播及通信系统。

3. 灭火系统及设备

灭火系统及设备是在火灾发生后，人工起动或者通过火灾报警与联动系统的控制，执行灭火的工作系统及设备，具有对火灾现场实施灭火和控制火情的功能。根据运行方式和灭火介质的类型，灭火系统主要由以下几种类型：

1）消火栓灭火系统。

2）自动喷水灭火系统。

3）其他固定式自动灭火系统。

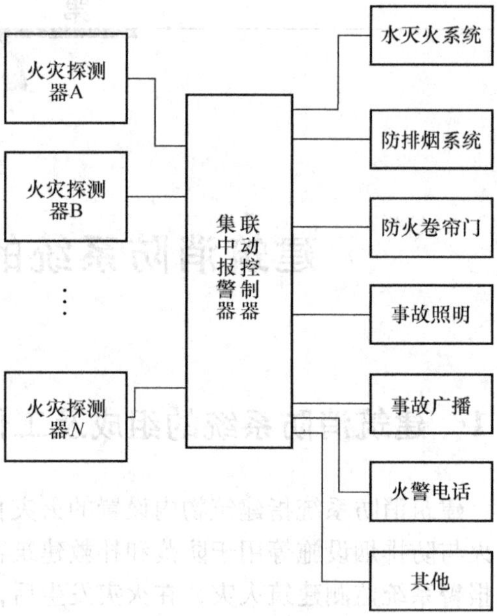

图 4-1 消防系统的组成

4.1.2 建筑消防系统工作流程

1. 火灾初期阶段

当火灾发生时的初期阶段，火灾探测器根据火灾现场探测到的烟、光、温度等火灾信息，首先将火灾报警信号发送给所在区域的火灾报警装置及消防控制室的报警系统主机，或由巡视人员发现火情后，用手动报警按钮直接向报警系统主机发出火警信号或通过消防电话向消防控制室值班人员汇报火情。

2. 火灾确认阶段

火灾报警系统主机在收到自动报警信号后，将迅速进行信息处理和火情确认，也可由人工辅助确认和自动监控确认。

3. 火灾灭火阶段

当确认火情后，火灾报警系统主机将根据火情及时作出一系列预定的操作指令。如开启着火层及上下关联层的火灾警铃或声光警报器及消防广播，通知人员尽快疏散和指挥灭火；同时打开着火层及上下关联层的电梯前室、楼梯前室的正压送风系统及走道和疏散通道的排烟系统；同时停止空调机、排风机、送风机的运行；切断非消防电源和电梯迫降至底层；消防电梯投入紧急运行，开启消防应急照明；同时起动消防泵、喷淋泵、水灭火系统或气体灭火系统等进行自动灭火。此时，火灾自动报警与联动系统主机对灭火阶段各报警过程、消防进程将有明确监控，同时拨打当地“119”电话向消防部门发出火情警报和救灾请求。

4.2 火灾自动报警系统

火灾自动报警系统是依据主动防火对策，以各类建筑物为警戒对象，通过利用火灾探测器来监测火情，实现早期火灾探测、火灾自动报警和消防设备连锁联动控制，及时采取有效措施来控制和扑灭火灾而设置在建筑物中或其他场所的自动消防设施。对于各类高层建筑、宾馆、商场、医院等重要部门，设置安装火灾自动报警系统更是必不可少的消防措施。

随着微电子技术、检测技术、自动控制技术和计算机技术的发展，并广泛应用到消防技术领域，逐步形成了具有一定火灾识别能力的智能化火灾自动报警系统。

4.2.1　火灾自动报警系统的构成

火灾自动报警系统由各种类型的火灾探测与手动报警按钮、区域报警控制器、集中报警控制器、消防控制室主机及信号传输网络组成，其结构示意图如图4-2所示。

在火灾自动报警系统中，火灾探测器是火灾自动报警系统的检测元件，监测被警戒的现场或对象，当监测场所或对象发生火灾时，火灾探测器检测到火灾产生的烟雾、高温、火焰及火灾特有的气体等信号并转换成电信号，经过与正常状态阈值或参数模型分析比较，给出火灾报警信号，输送至报警控制器。

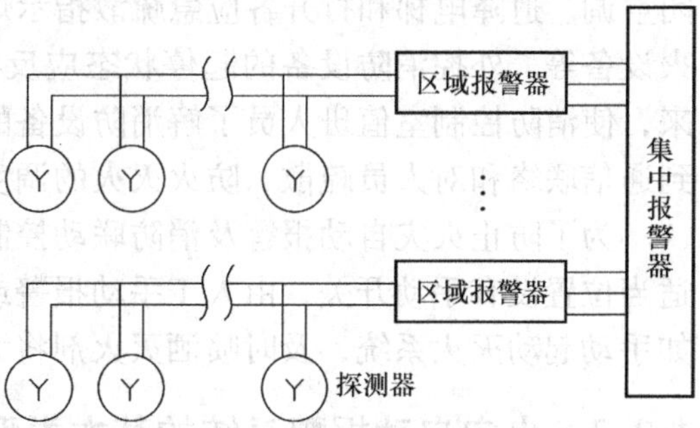

图4-2　火灾自动报警系统结构

报警控制部分由各种类型报警器组成，它是将接收到的火灾探测器和手动报警按钮的报警电信号通过声光报警显示装置告知消防人员某个部位发生了火灾，并通过火灾报警控制器起动警报装置，通知现场人员投入灭火操作或从火灾现场疏散，同时起动消防联动设施。

4.2.2　火灾自动报警系统工作原理

火灾自动报警系统原理框图如图4-3所示。现场布置的火灾探测器探测到火灾后发出火警电信号，火灾现场的人员若发现火情后，按动手动报警按钮，发出火警电信号。火灾报警

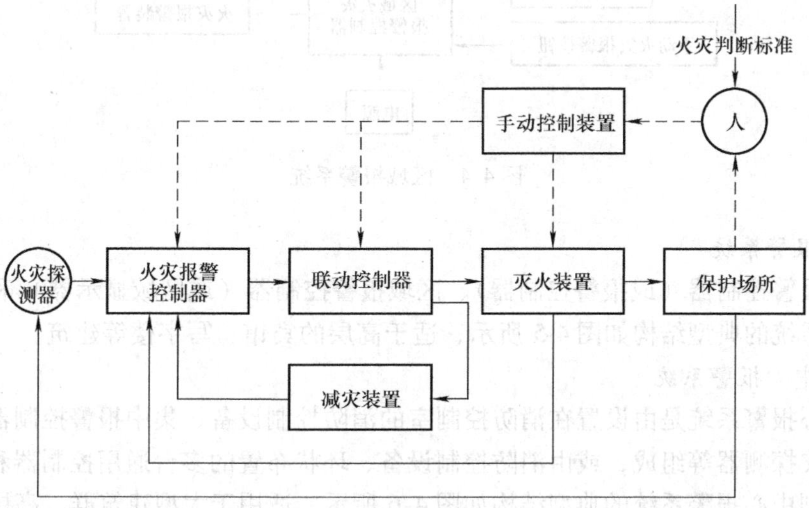

图4-3　火灾自动报警系统原理框图

控制器接收到火警电信号，经确认后，一方面发出预警、火警声光报警信号，同时显示并记录火警地址和时间，通知消防控制室的值班人员；另一方面将火警电信号传送至各楼层（防火分区）所设置的火灾显示盘，火灾显示盘经信号处理，发出预警和火警声光报警信号，并显示火警发生的地址，通知楼层（防火分区）值班人员立即查看火情并采取相应的扑灭措施。在消防控制室还可能通过火灾报警控制器的通信接口，将火警信号在计算机显示屏上更直观地显示出来。

联动控制器从火灾报警控制器读取火警数据，经预先编程设置好的控制逻辑处理后，向相应的控制点发出联动控制信号，并发出提示声光信号，经过执行器去控制相应的消防设备，如：起动排烟阀、排烟风机等防烟排烟设备；起动防火阀、防火卷帘门等防火设备；关闭空调、迫降电梯和打开各应急疏散指示灯，指明疏散方向；起动消防泵、喷淋泵等消防灭火设备等。外控消防设备的起停状态应反馈给联动控制器主机，并以光信号的形式显示出来，使消防控制室值班人员了解消防设备的实际运行情况。消防内部电话、消防内部广播起到通信联络和对人员疏散、防火灭火的调度指挥作用。

为了防止火灾自动报警及消防联动控制系统出现故障而贻误灭火时机，在被监视现场的适当位置设有手动开关，由人工手动报警或由值班人员根据火灾情况采取相应的消防措施，如手动起动灭火系统，及时喷洒灭火剂将大火扑灭。

4.2.3 火灾自动报警系统的基本类型

《火灾自动报警系统设计规范》（GB 50116—1998）规定的火灾自动报警系统的基本形式有3种：区域报警系统、集中报警系统和控制中心报警系统。

1. 区域报警系统

由区域报警控制器（或报警控制器）和火灾探测器等组成，系统如图4-4所示。这种系统形式适用于小型建筑，报警区域内不超过3台区域控制器，若多于3台，应考虑使用集中报警系统。

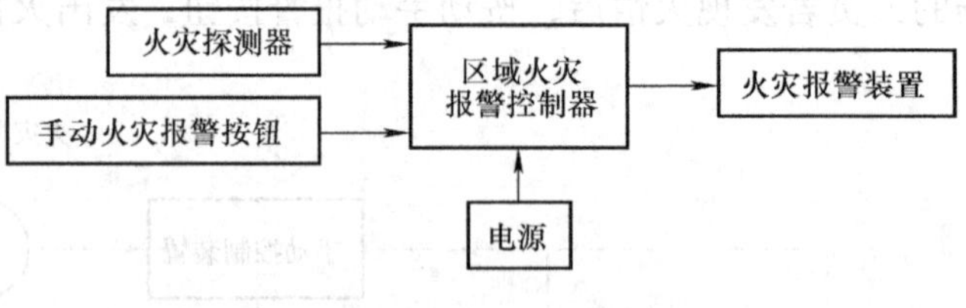

图4-4 区域报警系统

2. 集中报警系统

由集中报警控制器（或报警控制器）、区域报警控制器（或区域显示器）和火灾探测器等组成。本系统的典型结构如图4-5所示，适于高层的宾馆、写字楼等建筑。

3. 控制中心报警系统

控制中心报警系统是由设置在消防控制室的消防控制设备、集中报警控制器、区域报警控制器和火灾探测器等组成，或由消防控制设备、环状布置的多台通用控制器和火灾探测器等组成。控制中心报警系统的典型结构如图4-6所示，适用于大型建筑群、高层及超高层建筑、商场、宾馆、公寓综合楼等，可对各类设在建筑中的消防设备实现联动控制和手动/自

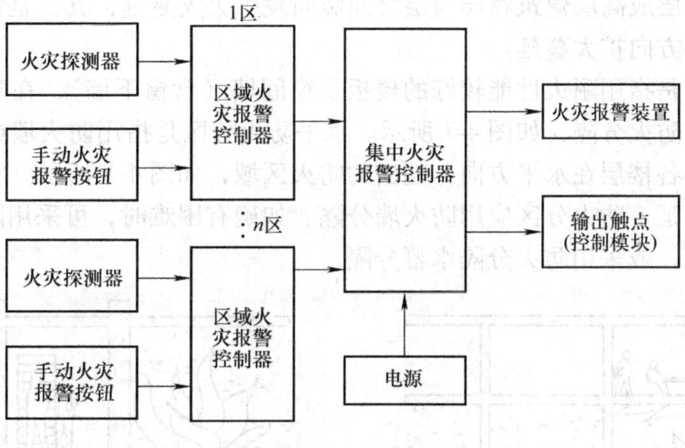

图4-5 集中报警系统

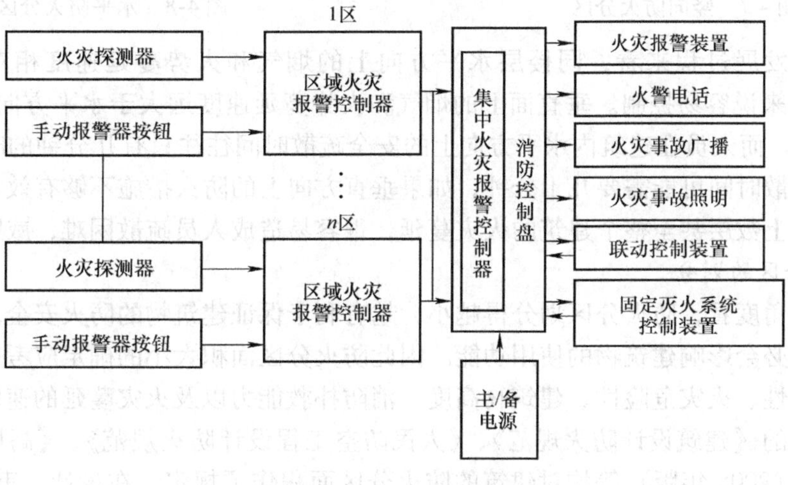

图4-6 控制中心报警系统

动转换。一般控制中心报警系统是智能型建筑中消防系统的主要类型，是楼宇自动化系统的重要组成部分。

4.3 防灾减灾系统及设备

4.3.1 建筑防火分区与防火分隔措施

1. 防火分区的定义和作用

防火分区是指采用防火分隔措施划分出的、能在一定时间内防止火灾向同一建筑的其余部分蔓延的局部区域（空间单元）。在建筑物内采用划分防火分区这一措施，可以在建筑物一旦发生火灾时，有效地把火势控制在一定的范围内，减少火灾损失，同时为人员安全疏散、消防扑救提供有利条件。

防火分区，按照防止火灾向防火分区以外扩大蔓延的功能可分为两类：其一是竖向防火分区，用以防止多层或高层建筑物层与层之间竖向发生火灾蔓延；其二是水平防火分区，用以防止火灾在水平方向扩大蔓延。

竖向防火分区是指用耐火性能较好的楼板及窗间墙（含窗下墙），在建筑物的垂直方向对每个楼层进行的防火分隔，如图4-7所示。水平防火分区是指用防火墙或防火门、防火卷帘等防火分隔物将各楼层在水平方向分隔出的防火区域，如图4-8所示。它可以阻止火灾在楼层的水平方向蔓延。防火分区应用防火墙分隔。如确有困难时，可采用防火卷帘加冷却水幕或闭式喷水系统，或采用防火分隔水幕分隔。

图4-7　竖向防火分区

图4-8　水平防火分区

从火灾的发展过程来看，同楼层水平方向上的烟气和火势蔓延速度相对较慢，大约0.5m/s，相对来说容易控制。垂直面上的烟气和火势蔓延速度远大于水平方向的蔓延速度，可达3～5m/s。而人员在建筑内水平方向上的安全疏散时间往往只有几分钟的时间，对于高层建筑垂直疏散时间可能需要几十分钟，如果垂直方向上的防火措施不够有效，那后果将可能是着火层以上数层甚至整个建筑的火灾蔓延，很容易造成人员疏散困难，威胁人身安全。

2. 防火分区的划分

从防火的角度看，防火分区划分得越小，越有利于保证建筑物的防火安全。但如果划分得过小，则势必会影响建筑物的使用功能。因此防火分区面积大小的确定应考虑建筑物的使用性质、重要性、火灾危险性、建筑物高度、消防扑救能力以及火灾蔓延的速度等因素。

我国现行的《建筑设计防火规范》、《人民防空工程设计防火规范》、《高层民用建筑设计防火规范》（2005年版）等均对建筑的防火分区面积作了规定，在设计、审核和检查时，必须结合工程实际，严格执行。

《建筑设计防火规范》对防火分区的最大面积做出了要求：耐火等级为一、二级的单多层民用建筑防火分区最大允许面积为2500m^2。体育馆、剧院的观众厅、展览建筑的展览厅等由于使用需要，往往要求较大面积和较高的空间，建筑也多以单层或2层为主，其防火.分区面积可适当扩大。但这涉及建筑的综合防火设计问题，不能单纯考虑防火分区，而各地在具体执行时情况差别也较大，为确保这类建筑的防火安全，减少重大火灾隐患，最大限度地提高建筑的消防安全水平，在扩大时需要进行充分论证。

高层民用建筑防火分区最大允许建筑面积为1500m^2；地下室的防火分区最大允许建筑面积为500m^2；高层建筑内的商业营业厅、展览厅当设有火灾自动报警和自动灭火系统且用不燃烧、难燃烧材料装修时，地上部分防火分区最大允许建筑面积为4000m^2；地下部分防火分区最大允许建筑面积为2000m^2。

3. 防火分隔物

防火分隔物是指能在一定时间内阻止火势蔓延，且能把建筑内部空间分隔成若干较小的防火空间的建筑构件，常用防火分隔物有防火墙、防火门、防火卷帘、防火水幕等。

（1）防火墙

防火墙是指防止火灾蔓延至相邻建筑或相邻水平防火分区且耐火极限不低于3.00h的不燃性墙体。防火墙应直接设置在建筑基础上或框架、梁等承重结构上，框架、梁等承重结构的耐火极限不应低于防火墙的耐火极限。防火墙应从楼地面基层隔断至梁、楼板或屋面板的底面基层。当高层厂房（仓库）屋顶承重结构和屋面板的耐火极限低于1.00h，其他建筑屋顶承重结构和屋面板的耐火极限低于0．50h时，防火墙应高出屋面0．5m以上。在建物的一些特殊部位还应采取一些有针对性的防护措施，例如，防火墙中心距天窗端面的水平距离小于4.0 m，且天窗端面为可燃性墙体时，应采取防止火势蔓延的措施；建筑物内的防火墙不宜设在转角处，确需设置时，内转角两侧墙上的门、窗、洞口之间最近边缘的水平距离不应小于4.0m；采取设置乙级防火窗等防止火灾水平蔓延的措施时，该距离不限。可燃气体和甲、乙、丙类液体管道不应穿过防火墙，防火墙内不应设置排气道。其他管道如必须穿过时，应用防火封堵材料将管道与墙之间的空隙紧密填实。防火墙上不应开设门窗洞口，如必须开设时，应采用能自行关闭的甲级防火门窗。

（2）防火门

防火门是具有一定耐火极限，且在发生火灾时能自行关闭的门。防火门是一种防止火灾蔓延的有效防火分隔物，防火门的防火门锁，由手动及自动环节组成。发生火灾时，由感烟探测器或联动控制盘发出指令信号使电磁锁动作，或用手拉防火门使固定销掉下、门关闭。

按照耐火极限不同，防火门可分为隔热防火门（A类）、部分隔热防火门（B类）、非隔热防火门（C类）。按防火门的材质，一般包括钢制、木质、钢木质以及其他材质。其中钢制与木质防火门如图4-9、图4-10所示。

图4-9 钢制防火门

图4-10 木质防火门

防火门作为一种防火分隔物，不仅应具有一定的耐火极限，还应做到关闭后密封性能好，以免窜烟、窜火，丧失防止火灾蔓延的作用。因此，宜在门扇与框架缝隙处粘贴防火膨胀胶条。目前，许多品牌的防火门与火灾探测器连锁或由火灾中心控制系统操作，还可实现自动关闭功能。

（3）防火卷帘

防火卷帘是一种类似于防火门的防火分隔物，广泛应用于大型营业厅、展览大厅以及敞开式楼梯间或电梯间处。防火卷帘有适用于门窗洞口、室内分隔的上下开启和横向开启式，也有适用于楼板孔道等的水平开启式。火灾发生时，放下卷帘，可起到一定的阻火作用，延缓火灾的蔓延速度，以利于人员的安全疏散和消防救助。

防火卷帘一般由钢板或铝合金等金属材料制成，也有以无机织物组合而成的软质防火卷帘。防火卷帘有轻型、重型之分。轻型卷帘钢板的厚度为0.5～0.6 mm，重型卷帘钢板的厚度为1.5 ～1.6mm。厚度为1.5mm 以上的卷帘适用于防火墙或防火分隔墙，厚度为0. 8～1.5mm的卷帘适用于楼梯间或电动扶梯的隔墙。防火卷帘的常见形式如图4-11～图4-14 所示。

图4-11　钢制防火卷帘

图4-12　无机纤维复合材质防火卷帘

图4-13　侧移式钢制防火卷帘

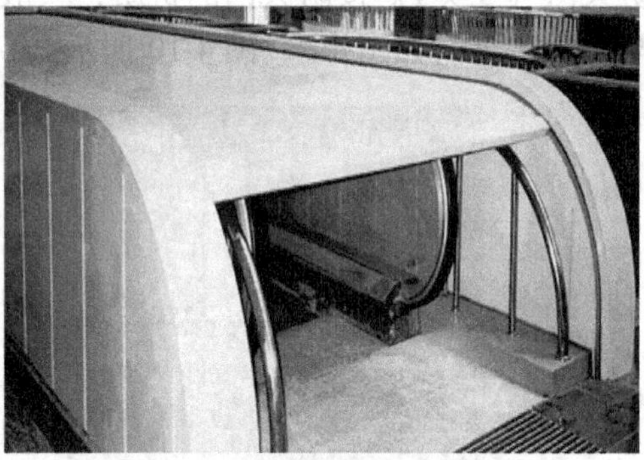

图4-14　平移式复合材质防火卷帘

安装防火卷帘时，对门扇各接缝处、导轨、卷筒等处的缝隙，应作防火密封处理，以防烟、火外窜。钢质防火卷帘一般不具备隔热性能，对于面积较大的钢质防火卷帘，可结合水幕或喷淋系统共同使用，对其加以保护。软质卷帘有些可具有隔热性能，耐火隔热性根据制作方式的不同可达3h。对门扇上易被燃烧部分，应使用防火涂料进行喷涂，以提高卷帘的耐火能力。

防火卷帘的卷起方法，有电动式和手动式两种。手动式经常采用拉链控制，在转轴处安装电动机则是电动式卷帘。电动机由按钮控制，一个按钮可以控制一个或几个卷帘门，也可以对所有卷帘进行远距离控制。

(4) 防火窗

防火窗一般安装在防火墙或防火门上，能起到隔离火势蔓延的作用。

防火窗按安装方法可分为固定窗扇防火窗和活动窗扇防火窗。固定窗扇式防火窗不能开启，平时可以采光，火灾时可以阻止火势蔓延。活动窗扇防火窗，能够开启和关闭，平时还可以采光和遮挡风雨；起火时可以自动关闭，阻止火势蔓延，开启后可以排除烟气。

按照窗框和窗扇框架的主要材料分类，有钢制防火窗、木质防火窗、钢木复合防火窗。按照耐火性能分类，可分为隔热防火窗（A类）和分隔热防火窗（C类）。

4.3.2 防排烟系统

高层建筑发生火灾，火灾烟气是阻碍人们逃生和进行灭火行动、导致人员死亡的主要原因之一。将火灾产生的大量烟气及时予以排除以及阻止烟气向防烟分区以外扩散，可为建筑物内人员的顺利疏散、安全避难和消防队员灭火创造有利条件。

1. 防烟分区

防烟分区是指以屋顶挡烟隔板、挡烟垂壁或从顶棚向下突出不小于500mm的梁为界，从地板到屋顶或吊顶之间的规定空间。防烟分区的合理划分，主要是保证在一定时间内，使火场上产生的高温烟气不至随意扩散，并进而加以排除，使人员避难空间的烟气层高度和烟气浓度处在安全允许范围内，进而达到控制火势蔓延和减小火灾损失的目的。

屋顶挡烟隔板是指设在屋顶内，能对烟和热气的横向流动造成障碍的垂直分隔体。挡烟垂壁是指用不燃烧材料制成，从顶棚下垂不小于500mm的固定或活动的挡烟设施。活动挡烟垂壁是指火灾时因感温、感烟或其他控制设备的作用，自动下垂的挡烟垂壁。

（1）防烟分区的划分原则

设置防烟分区时，如果面积过大，会使烟气波及面积扩大，增加受灾面，不利安全疏散和扑救；如面积过小，不仅影响使用，还会提高工程造价。

防烟分区不宜大于2000m^2，长边不应大于60 m。当室内高度超过6m且具有对流条件时，长边不应大于75 m。设置防烟分区应满足以下几个要求：

1）防烟分区应采用挡烟垂壁、隔墙、结构梁等划分。

2）防烟分区不应跨越防火分区。

3）每个防烟分区的建筑面积不宜超过规范要求。

4）采用隔墙等形成封闭的分隔空间时，该空间宜作为一个防烟分区。

5）储烟仓高度不应小于空间净高的10%，且不应小于500 mm，同时应保证疏散所需的清晰高度，最小清晰高度应由计算确定。

6）有特殊用途的场所，如地下室、防烟楼梯间、消防电梯、避难层间等应单独划分防烟分区。

（2）防烟分区的划分方法

防烟分区一般根据建筑物的种类和要求不同，可按其用途、面积、楼层划分。

1）按用途划分。对于建筑物的各个部分，按其不同的用途，如厨房、卫生间、起居室、客房及办公室等，来划分防烟分区比较合适，也较方便。国外常把高层建筑的各部分划分为居住或办公用房、疏散通道、楼梯、电梯及其前室、停车库等防烟分区。但按此种方法划分防烟分区时，应注意对通风空调管道、电气配管、给排水管道等穿墙和楼板处，应用不燃烧材料填塞密实。

2）按面积划分。建筑物内按面积将其划分为若干个基准防烟分区，这些防烟分区在各个楼层，一般形状相同、尺寸相同、用途相同。不同形状和用途的防烟分区，其面积也宜一致。每个楼层的防烟分区可采用同一套防排烟设施。如所有防烟分区共用一套排烟设备时，排烟风机的容量应按最大防烟分区的面积计算。

3）按楼层划分。高层建筑中，底层部分和上层部分的用途往往不太相同，如高层旅馆建筑，底层布置餐厅、接待室、商店、财务室、多功能厅等，上层部分多为客房。火灾统计资料表明，底层发生火灾的机会较多，火灾概率大，上部主体发生火灾的机会较小。因此，应尽可能根据房间的不同用途沿垂直方向按楼层划分防烟分区。

2. 防排烟方式

火灾烟气控制有防烟和排烟两种方式，防烟是防止烟气流到可对人对物产生危害的地方。排烟是改变烟气的流向，使之排到建筑物外，从而消除烟气的有害影响。

（1）固体壁面防烟

在建筑物中，墙壁、隔板、楼板、梁、挡烟垂壁等都可作为挡烟的物体，它们将起火区域与建筑物的其他区域分隔，能够阻止烟气从起火区域蔓延开来。固体壁面可以用砖与水泥砌成，也可用其他薄板材料制成，为了能够有效防烟，固体壁面不应有缝隙、漏洞或无法关闭的开口。

固体壁面是一种被动式防烟方式，它能使离火源较远的空间不受或少受烟气的影响。固体壁面挡烟除了单独使用外，还经常与其他的挡烟和排烟方式配合使用。

（2）加压送风防烟

使用风机可使防烟分隔物的两侧形成一定压差，从而控制烟气穿过分隔物的缝隙进入防烟区域。图4-15是加压送风防烟的一种，通过向防烟楼梯及其前室，消防电梯前室或合用前室加压送风，以造成一定的压差，从而防止烟气侵入这些疏散通道。

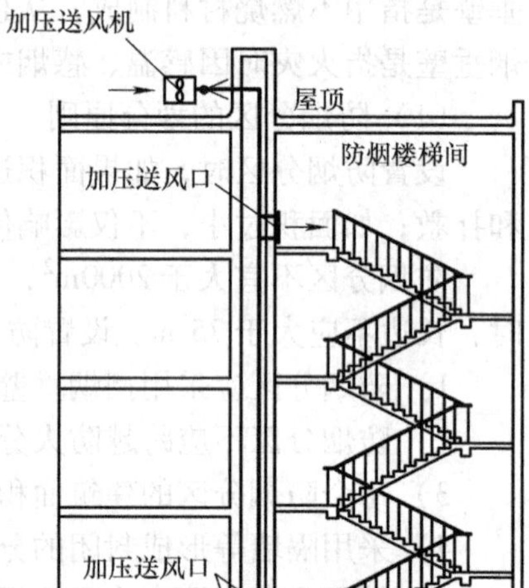

图4-15　加压送风防烟系统示意图

（3）空气流防烟

在门被打开或者在没有门的通道中，空气和烟气就会发生逆向流动。若空气流速较低，烟气便可经过通道的上部逆着空气流进避难区或疏散通道；但如果空气流速足够大，烟气逆流便可全部被阻止住。目前关于空气流挡烟的做法正在逐步完善中。图4-16所示为一种典型的空气流防烟方式示意。

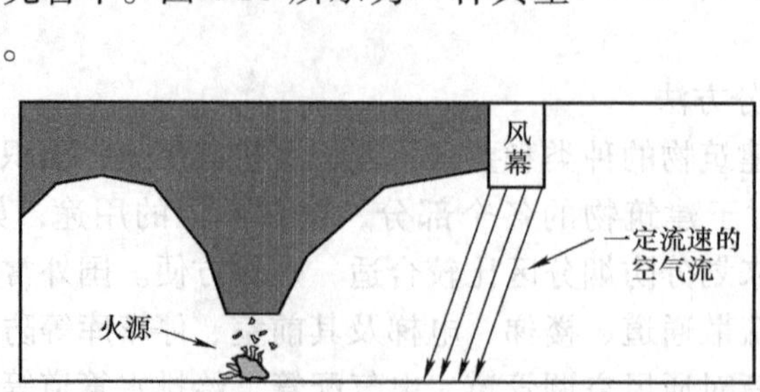

图4-16　空气流防烟

（4）自然排烟

自然排烟是利用高温烟气的浮力，通过建筑物上部的水平或竖直开口产生自然对流进行排烟，如图 4-17 和图 4-18 所示。自然排烟方式的优点是：不需要能源，设备简单，节约投资，可兼作平时换气用。其缺点是：排烟效果受室外气温、风向、风速的影响，特别是排烟口设置在迎风面时，排烟效果很不理想。

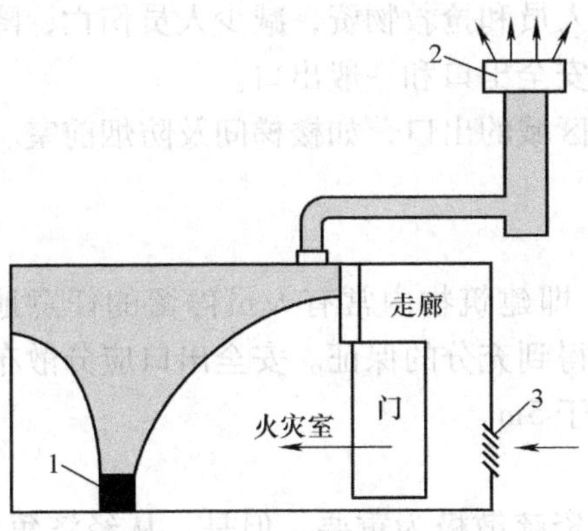

图 4-17　竖井自然排烟方式

1—火源　2—风帽　3—进风口

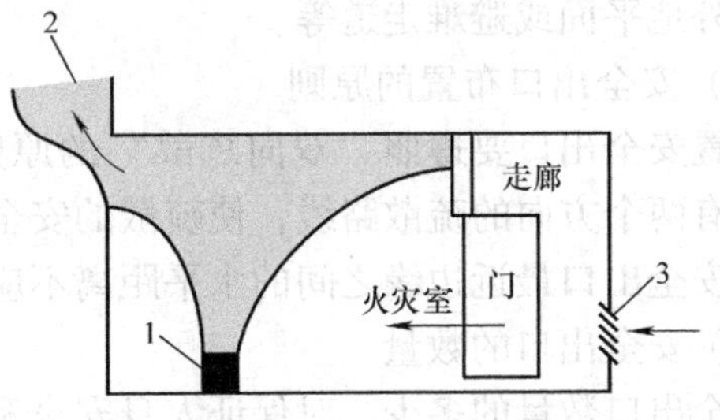

图 4-18　窗口自然排烟方式

1—火源　2—排烟口　3—进风口

（5）机械排烟

机械排烟是使用排烟风机进行强制排烟，从而使室内的烟气浓度和温度大大降低，对人员安全疏散和火灾扑救起着重要的作用。但是机械排烟投资较大，维修管理麻烦，需要额外的电力设备维持其正常使用。图 4-19 是负压排烟与自然送风的组合排烟，是目前采用最多的机械排烟方式。

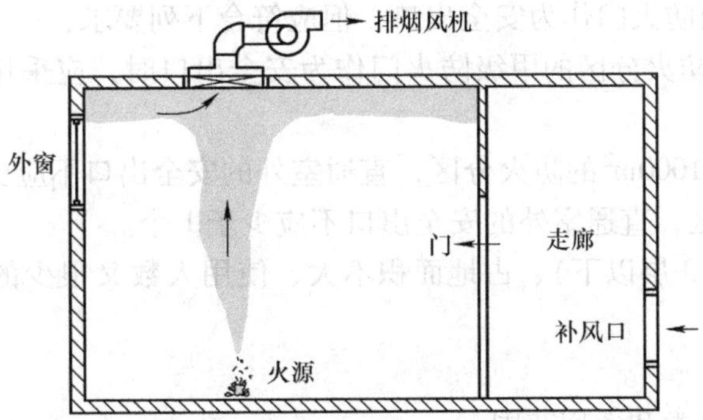

图 4-19　负压排烟与自然送风的组合排烟

3. 建筑安全疏散设施

在建筑火灾中保证人员安全是一条基本原则。为了减少人员伤亡，应当在建筑内设计合理的人员疏散通道和疏散诱导设施。

安全疏散设计是根据建筑的特性设定最危险的火灾条件，针对火灾和烟气传播特性的预测，进行适当的安全疏散设施的设置、设计，以提供合理的疏散方法和其他安全防护方法，保证建筑中的所有人员通过专门的设施和路线，在可利用的安全疏散时间内，全部安全疏散到安全避难场所，或提供其他方法以保证人员具有足够的安全度。通过合理的疏散设计，尽可能地减少火灾给人员生命安全带来的威胁，提高火灾中人员的安全性。

建筑安全疏散设施主要包括安全出口、疏散楼梯、疏散走道、消防电梯、事故广播、消防应急照明灯和疏散指示标志等。

4. 安全出口

为了在建筑物发生火灾时，迅速安全地疏散人员和抢救物资，减少人员伤亡，降低火灾损失，必须设置足够的疏散出口。疏散出口包括安全出口和一般出口。

安全出口是指供人员疏散的直通室内外安全区域的出口，如楼梯间及防烟前室、室外楼梯、室外地平面或避难走道等。

（1）安全出口布置的原则

布置安全出口要遵照“双向疏散”的原则，即建筑物内常有人员停留的任意地点，均宜保持有两个方向的疏散路线，使疏散的安全性得到充分的保证。安全出口应分散布置，相邻两个安全出口最近边缘之间的水平距离不应小于5m。

（2）安全出口的数量

安全出口数量的多少，对保证人身安全和物资疏散极为重要。但是，从经济角度出发，也不是设得越多越好。一般来说，每个防火分区安全出口的数量不得少于两个。对于人员较少或面积较小的防火分区，以及消防队能从外部进行扑救的范围，由于其失火率相对较低，疏散与扑救较为便利，因此可以适当放宽，不完全强调设两个安全出口。

公共建筑或厂房、仓库的安全出口不应少于两个。剧院、礼堂、电影院、体育馆的观众厅及候车室、商场、展览馆等人员密集的公共场所，则必须根据容纳的人数确定安全出口数量，且在开放时能保证使用。

一、二级耐火等级公共建筑内的安全出口全部直通室外确有困难的防火分区，可利用通向相邻防火分区的甲级防火门作为安全出口，但应符合下列要求：

1）利用通向相邻防火分区的甲级防火门作为安全出口时，应采用防火墙与相邻防火分区进行分隔。

2）建筑面积大于$1000m^2$的防火分区，直通室外的安全出口不应少于2个：建筑面积不大于$1000m^2$的防火分区，直通室外的安全出口不应少于1个。

层数不多（3层及3层以下）、占地面积不大、使用人数又很少的小型建筑物，可设一个安全出口。

5. 疏散楼梯

（1）疏散楼梯的种类和适用范围

疏散楼梯包括敞开楼梯间、封闭楼梯间、防烟楼梯间及室外疏散楼梯等四种。除室外疏散楼梯外，疏散楼梯均应做成楼梯间，围成楼梯间的墙都应是耐火极限不低于2.5h的非燃烧体。

1）敞开楼梯间。敞开楼梯间是指建筑物内三面由耐火墙体等围护构件构成的无封闭防烟功能，且与其他使用空间相通的楼梯间。如图4-20所示。建筑高度不大于21m的住宅建筑可采用敞开楼梯间；建筑高度大于21m、不大于33m的住宅建筑，当户门采用乙级防火门时，可采用敞开楼梯间。

2）封闭楼梯间。封闭楼梯间是指建筑物内四周用耐火墙体和门分隔，能防止烟和热气进入其中的楼梯间，如图4-21所示。封闭楼梯间适用于裙房和建筑高度不大于32m的二类高层公共建筑；室内地面与室外出入口地坪高差不大于 10m 或 3 层及以下的地下或半地下建筑（室）的疏散楼梯应采用封闭楼梯间。

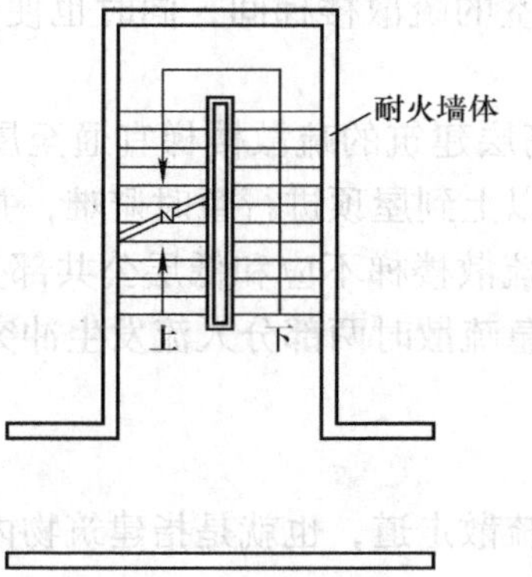

图 4-20　敞开楼梯间

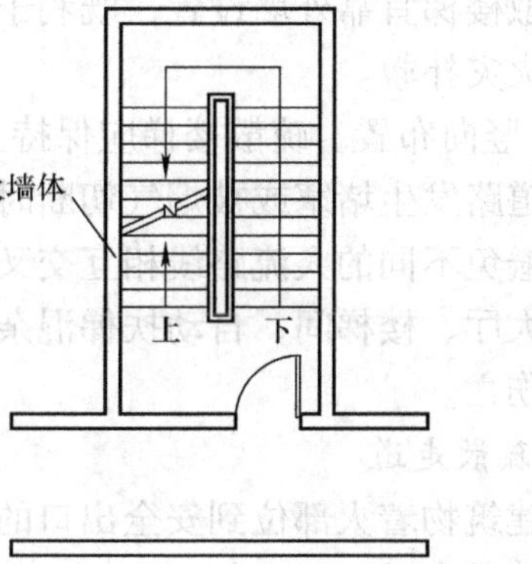

图 4-21　封闭楼梯间

以下多层公共建筑的疏散楼梯，除与敞开式外廊直接相连的楼梯间外，均应采用封闭楼梯间：医疗建筑、旅馆、老年人建筑及类似使用功能的建筑；设置歌舞娱乐放映游艺场所的建筑；商店、图书馆、展览建筑、会议中心及类似使用功能的建筑；6 层及以上的其他建筑；高层厂房和甲、乙、丙类多层厂房。

3）防烟楼梯间。防烟楼梯间是指建筑物内有防烟前室和防排烟设施，并与建筑物内使用空间分隔的楼梯间，如图 4-22 所示。防烟楼梯间适用于高度超过 32m，且每层人数超过 10 人的高层厂房；塔式住宅；一类高层建筑；高度超过 32m 的二类高层建筑；11 层以上的通廊式住宅。

4）室外楼梯。室外楼梯是指用耐火结构与建筑物分隔，设在室外的楼梯（见图 4-23），适用于各类建筑。

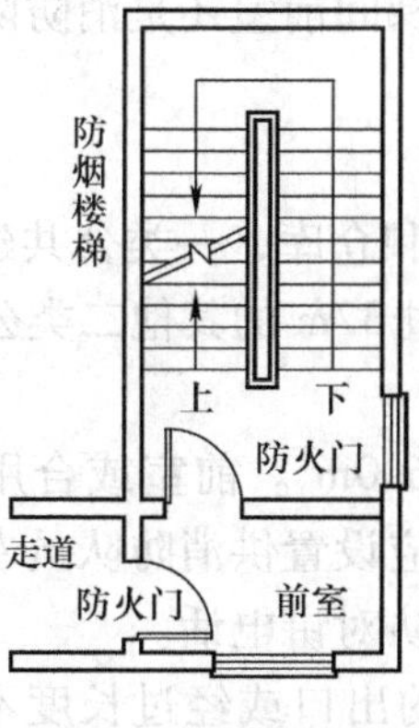

图 4-22　防烟楼梯间

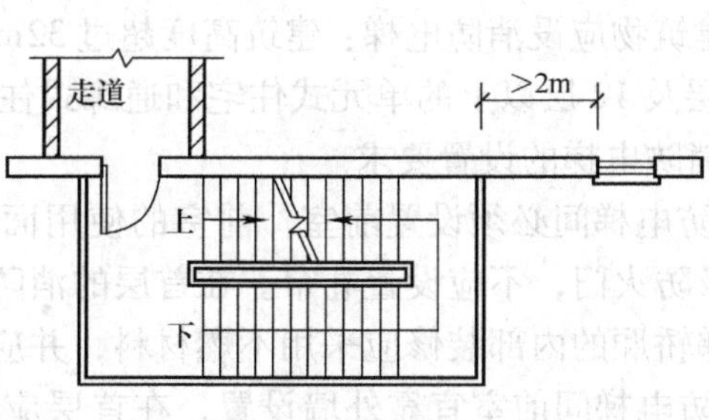

图 4-23　室外楼梯

（2）疏散楼梯的设置要求

为了提高疏散楼梯的安全可靠程度，在进行疏散楼梯的布置时，应满足下列防火要求：

1）平面布置。楼梯间的布置应满足人员双向疏散要求，分散布置，疏散楼梯宜设置在标准层（或防火分区）的两端，以便为疏散人员提供两个不同的疏散路线。

疏散楼梯宜靠近电梯设置。靠近电梯设置疏散楼梯，可将常用垂直交通运输路线与紧急疏散路线相结合，有利于人们快速进行疏散。如电梯厅为开敞式时，为避免因高温烟气进入电梯井而切断通往疏散楼梯的通道，两者之间应进行防火分隔。

疏散楼梯宜靠外墙设置，既利于采用带开敞前室的疏散楼梯间，同时也便于自然采光、通风和火灾扑救。

2）竖向布置。疏散楼梯应保持上、下通畅。高层建筑的疏散楼梯宜通至屋顶，当向下疏散的道路发生堵塞或被烟气切断时，疏散人员可以上到屋顶进行暂时避难，并等待救援。

应避免不同的人流路线相互交叉。高层部分的疏散楼梯不应和低层公共部分（指裙房）的交通大厅、楼梯间、自动扶梯混杂交叉，以免紧急疏散时两部分人流发生冲突，引起堵塞和意外伤亡。

6. 疏散走道

从建筑物着火部位到安全出口的这段路线称为疏散走道，也就是指建筑物内的走廊或过道。对疏散走道的要求如下：

1）疏散走道的宽度应综合考虑所在区域的用途、疏散距离和疏散人数，应能满足该区域内全部人员安全疏散的要求，且不应小于安全出口或疏散出口的宽度。

2）疏散走道应直接通向安全出口，并应考虑能有2个或多个不同的疏散方向；走道上不宜设置门槛、阶梯。

3）疏散走道两侧及顶棚应采用具有足够的防火防烟性能的结构体与周围空间分隔。

4）疏散坡道应设置围护墙体或高度不低于1m的护栏并应采取防滑措施，坡道的坡度不应大于1∶10。

5）疏散走道在防火分隔处应设置与该部位分隔要求一致的防火门。

7. 消防电梯

高层建筑发生火灾时，要求消防队员迅速到达起火部位，扑灭火灾和救援遇难人员，如果消防队员从楼梯登高体力消耗很大，难以有效地进行灭火战斗，而且还要受到疏散人流的冲击，因此设置消防电梯，有利于队员迅速登高，而且消防电梯间前室还是消防队员进行灭火战斗的立足点和救治受伤人员的临时场所。

（1）消防电梯的应用场合

下列建筑物应设消防电梯：建筑高度超过32m的高层厂房和仓库，一类公共建筑，塔式住宅，12层及12层以上的单元式住宅和通廊式住宅，高度超过32m的其他二类公共建筑。

（2）消防电梯的设置要求

1）消防电梯间必须设置前室。前室的使用面积不应小于6.0m^2。前室或合用前室的门应采用乙级防火门，不应设置卷帘。在首层的消防电梯入口处应设置供消防队员专用的操作按钮。电梯轿厢的内部装修应采用不燃材料，并应设置专用消防对讲电话。

2）消防电梯间前室宜靠外墙设置，在首层应设直通室外的出口或经过长度不超过30m的通道通向室外。

3）消防电梯井、机房与相邻电梯井、机房之间应设置耐火极限不低于2.00h的防火隔墙，隔墙上的门应夹用甲级防火门。

4）消防电梯应有备用电源，使之不受火灾时断电的影响。

5）消防电梯的井底应设置排水设施，排水井的容量不应小于2m^3，排水泵的排水量不应小于10L/s。消防电梯间前室的门口宜设置挡水设施。电梯的动力与控制电缆、电线、控制面板应采取防水措施。

6）由于火灾并非经常发生，所以平时应将消防电梯与服务电梯兼用，但必须满足消防电梯的要求。另外，在控制系统中要设置转换装置，以便在发生火灾时能迅速改变使用条件。

8. 消防应急照明和消防疏散指示标志

建筑物发生火灾时，正常电源往往被切断，建筑物发生火灾时，当正常电源被切断时，黑暗会使人惊恐不安，造成混乱，为了便于人员在夜间或浓烟中疏散，需要在建筑物中安装消防应急照明和疏散指示标志，如图4-24、图4-25所示。

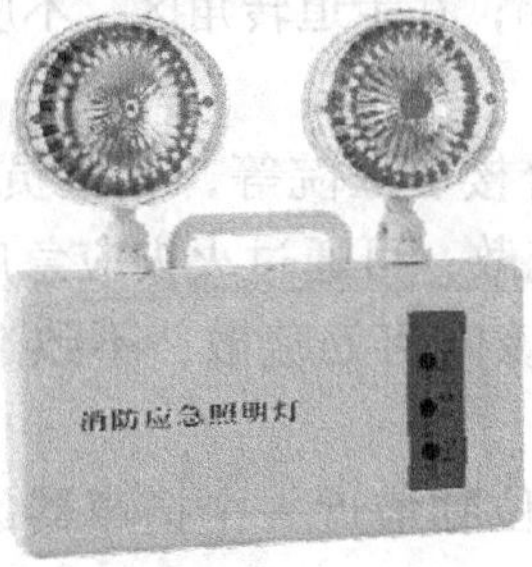

图4-24　消防应急照明灯

图4-25　疏散指示标志

（1）消防应急照明和疏散指示标志的设置

除建筑高度小于27m的住宅建筑外，民用建筑、厂房和丙类仓库了的下列位置应设置疏散照明：

1）消防电梯间的前室或合用前室、消防走道、避难层（间）。

2）观众厅、展览厅、多功能厅和建筑面积大于200m^{2}的营业厅、餐厅、演播室等人员密集的场所。

3）建筑面积大于100m^{2}的地下或半地下公共活动场所。

4）公共建筑内的疏散走道。

5）人员密集的广房内的生产场所及疏散走道。

公共建筑、建筑高度大于54m的住宅建筑、高层厂房（库房）和甲、乙、丙类单、多层厂房，应设置灯光疏散指示标志。

（2）消防应急照明的设置要求

消防应急照明的设置应符合下列要求：

1）供电要求。消防应急照明和消防疏散指示标志应两路供电或双回路供电，即日常使用电源和紧急备用电源，紧急备用电源可由自备发电机组成，或采用蓄电池。对于蓄电池组的初装容量要求为：100m及以下建筑的初始放电时间不小于90min；100m以上建筑的初始放电时间不小于180min；避难层的初始放电时间不小于540min。当常用电源切断时能自动转换接通备用电源，并在常用电源恢复使用时能够自动地切断备用电源。

2）照度要求。消防应急照明根据国家规范规定有一定照度要求，由于火灾时浓烟会使照度降低并妨碍视线，建筑内疏散照明的地面最低水平照度应符下列要求：对于疏散走道，不应低于1.0lx；对于人员密集场所、避难层（间），不应低于3.0lx；对于病房楼或手术部的避难间，不应低于10.0lx。对于楼梯间、前室或合用前室、避难走道，不应低于5.0lx。

消防控制室、消防水泵房、自备发电机房、配电室、防排烟机房以及发生火灾时仍需正常工作的消防设备房应设置备用照明，其作业面的最低照度不应低于正常照明的照度。

3）安装部位要求。疏散照明灯具应设置在出口的顶部、墙面的上部或顶棚上；备用照明灯具应设置在墙面的上部或顶棚上。

（3）灯光疏散指示标志的设置要求

灯光疏散指示标志应符合下列规定：

1）应设置在安全出口和人员密集的场所的疏散门的正上方。

2）应设置在疏散走道及其转角处距地面高度1.0m以下的墙面或地面上。灯一光疏散指示标志的间距不应大于20m；对于袋形走道，不应大于10m；在走道转角区，不应大于1.0m。

9. 火灾应急广播

在建筑物中，尤其是高层宾馆、饭店、办公楼、综合楼、医院等，其人员都比较集中，一旦发生火灾影响很大。为了便于火灾时统一指挥人员疏散，可通过火灾应急广播发出紧急通告和疏散指令，使建筑物内人员知道发生了什么事和该向何处疏散，不致造成惊慌和混乱。应急广播要满足如下要求：

1）火灾应急广播扬声器的数量应保证从本层任何部位到最近一个扬声器的步行距离不超过25m。

2）每个扬声器的额定功率不应小于3W。

3）涉外单位的应急广播应用两种以上的语言。

4）火灾后不能将全楼火灾广播都打开，应遵循规范规定打开相关层的广播，通知人员疏散，防止混乱。

5）在安装有应急照明和疏散指示标志的场所，应同时安装应急广播系统，以便在紧急情况下同时有声光效应，使人员尽快有秩序的疏散。

6）应急广播系统可与火灾报警系统联动，并按现行国家标准《火灾自动报警系统设计规范》的有关规定设置。

10. 避难区域

避难区域是指在高层建筑中，当发生火灾时，为那些由于疏散路线远，或疏散通道被烟火封堵，或伤残、体弱无法及时疏散到室外的人员而设置的能够躲避烟、火的侵袭，暂时保证安全的场所。

建筑高度大于100m的公共建筑，应设置避难层或避难间。高层建筑中的避难区域有避难层和避难间两种形式，其中避难层是指在高层建筑中设置的，专供人员在发生火灾时临时避难的楼层。避难间是在高层建筑中与办公、客房等具有使用功能的房间组合在同一楼层里，并具有一定安全度的避难区域。它不同于避难层，面积较小，可以每层设置，也可以间隔一定层数设置。避难层与避难间不同，避难层的面积比较大，所在楼层不应设有办公室、会议室等其他使用的场所。

避难层或避难间的设计主要有以下几点要求：一是能提供一定的面积供疏散人员避难；二是要有良好的通风和排烟设施；三是避难层或避难间与疏散楼梯间及消防电梯间应有通畅的交通组织流线，使得疏散人群易于识别并能安全地疏散和避难，与疏散楼梯的关系实质上是一种串联形式。

避难层的设置主要有两种，一种是与设备层结合（采用得较多），这种形式的避难层要做到设备、管道集中布置，并用耐火极限不低于3h的墙围护起来。同时要满足疏散人员的停留面积要求，宜按5人/m^2计算。另一种是专用避难层，专用避难层核心部位的设备和垂直交通设施，必须用耐火极限不低于3h的墙围护起来，人均占用面积应满足上述要求。

11. 屋顶直升机停机坪

建筑高度超过100m，且标准层建筑面积超过2000m^2的公共建筑。宜设置屋顶直升机停机坪或直升机救助的设施，并应符合下列规定：

1）起降区面积的大小。当采用圆形与方形平面的停机坪时，其直径或边长尺寸应等于直升机机翼直径的1.5倍；当采用矩形平面时，其短边尺寸大于或等于直升机的长度。

2）屋顶停机坪要有明显标志，其四周要设边界标志，还需设有灯光标志。停机坪常用符号“H”表示，如图4-26所示。

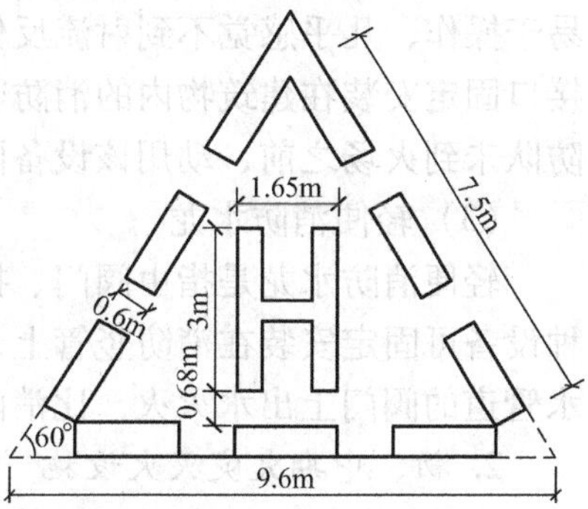

图4-26　停机坪标志

3）屋顶直升机停机坪设置待救区，以容纳疏散到屋顶停机坪的避难人员。用钢制栅栏等与直升机起降区分隔，防止避难人员涌至直升机处，延误营救。时间或造成事故。待救区应设置不少于2个通向停机坪的出口，每个出口的宽度不宜小于0.90m，其门应向疏散方向开启。

4）直升机停机坪须配备灭火抢险的工具和固定灭火设施。

4.4 固定灭火设施

4.4.1 固定灭火设施的类型

大量的火灾案例表明，固定灭火设施对增强建筑物自身防护能力，防止和减少火灾损失，确保建筑物的消防安全起着十分重要的作用，其完善程度已成为衡量建筑标准等级的重要标志。

建筑物发生火灾，如果在时间和空间上失去控制，一般将会经过：初起→初、中期（发展蔓延）→较大火势（猛烈燃烧）→完全失控这几个阶段。不同类型的建筑物，由于具体情况不同，火灾发展各阶段经过的时间长短可能不一样。因此，在建筑物内预先需设置相应的灭火设施，以便直接有效地扑灭不同阶段的火灾，最大限度地减少火灾损失。通常，根据扑灭不同阶段火灾的需要，固定灭火设施可归纳为以下三大类。

1. 初起火灾灭火设施

初起火灾灭火设施是指设置在建筑物内的灭火器、消防水喉或轻便消防水龙等设施，当建筑物发生火灾，现场的非专业消防人员使用这些灭火设施，能及时有效地扑灭建筑物初起火灾。由于火灾在初起阶段积蓄的能量少，燃烧范围小，若能及时发现和扑救，火灾损失将大大减少。分析国内外火灾统计资料，初起火灾灭火设施的设置不仅能防止小火蔓延成大火，减少火灾损失和人员伤亡，而且还可节省自动灭火系统启动费用。因此，如何结合各类建筑物及场所的使用性质和安全要求，正确合理地设置初起火灾灭火设施，则是消防实战的客观需求，也是重要的消防措施之一，应引起广泛重视。

(1) 灭火器

灭火器是扑救建筑物初起火灾使用的最基本、最有效的大众化灭火器材。它需由人操作并通过自身具有的压力将所灌装的灭火剂喷出实施灭火。具有不受水源、电源等的影响，轻便灵活，可移动，便于操作，可靠性能好等特点。广泛应用于高、低层工业与民用建筑物中。

（2）消防水喉

消防水喉是指由阀门、卷盘、消防软管、小口径水枪等组成的一种轻便灭火设备。具有易于操作、几乎感觉不到射流反作用力等特点，工作人员稍加培训即可操作使用。平时将其接口固定安装在建筑物内的消防竖管上，消防软管卷盘设置在专用箱内，发生火灾时，在消防队未到火场之前，动用该设备同样能有效地扑灭建筑物初起火灾。

（3）轻便消防水龙

轻便消防水龙是指由阀门、接口、小口径水带、小口径水枪等组成的小型灭火设备。这种设备可固定安装在消防竖管上，也可放在包内挂在墙上，使用时可直接接在生产、生活给水管道的阀门上出水灭火，比消防水喉更简便，尤其适合于家庭使用。

2. 初、中期火灾灭火设施

当建筑物发生火灾，通过其内部设置的自动灭火系统，可自动探测火灾并自动启动释放灭火剂，有效地扑灭和控制建筑物初、中期火灾。目前常用的自动灭火系统有以下几种：

（1）自动喷水灭火系统

自动喷水灭火系统是安装在建、构筑物中的一种固定式自动灭火系统。它由喷头、报警阀、给水管网、给水设备和报警控制设备等组成，平时系统处于准工作状态，当使用场所发生火灾时，喷头或报警控制装置能够探测火灾信号，并能立即自动启动喷水灭火。这种系统具有安全可靠、工作性能稳定、灭火成功率高、维护简便、投资少、不污染环境等优点，是扑救建筑物初期火灾最常用、最主要的灭火设施。

自动喷水灭火系统根据其喷头的开闭形式又可分为闭式自动喷水灭火系统和开式自动喷水灭火系统两大类，分别应用于不同的保护对象。

（2）气体灭火系统

气体灭火系统是由火灾自动报警系统控制，火灾时可自动将灭火剂释放到保护空间，并蒸发汽化，达到灭火浓度实现灭火。这些灭火剂易挥发，灭火后不留痕迹，对保护对象不产生污损，且灭火速度快，是一种清洁、高效的自动灭火系统。其仅用于一些重要的特殊场所的消防保护。

目前应用的气体灭火系统有卤代烷 1301 灭火系统、卤代烷 1211 灭火系统、二氧化碳灭火系统及某些卤代烷替代系统。

（3）泡沫灭火系统

泡沫灭火系统是针对液体火灾的扑救而开发的灭火系统，火灾时，可自动开启或由人操作，通过泡沫比例混合器、泡沫产生装置等一系列设施，将泡沫覆盖到燃烧液面实施灭火。它是保护甲、乙、丙类液体储罐或生产装置区等场所的主要灭火设施。

泡沫灭火系统按发泡倍数分低倍数泡沫灭火系统、中倍数泡沫灭火系统和高倍数泡沫灭火系统，用于保护不同的场所。

（4）干粉灭火系统

干粉灭火系统以干粉作为灭火剂，利用氮气、二氧化碳或其他惰性气体的驱动、携带，将这些固体粉末喷出实施灭火。这种灭火系统具有灭火速度快、灭火效率高、不导电等优点，主要用于一些不怕粉末污染的工业场所的消防保护。

（5）蒸汽灭火系统

对于一些工业建筑，由于有充足的蒸汽源，可利用蒸汽作为灭火剂，用于对某些生产场所的消防保护。蒸汽灭火系统结构简单，灭火效果好，不需大量投资，有条件的话，应尽可能采用。

3. 较大火灾灭火设施

因为水枪使用方便、机动灵活，射流时的射程远、水量大、机械破坏力强、能将燃烧积聚的热量冲散，对扑救火灾效果较好，消防队员到达火场后，往往使用消火栓给水系统灭火。特别是当建筑物起火并已发展到猛烈燃烧阶段，有可能会造成建筑构件的塌陷，自动灭火系统难以控制火势，甚至部分或全部失去作用，这种情况下，设置在建筑物内的消火栓给水系统成为灭火的主体。因此说消火栓给水系统是扑救建筑火灾的重要设施。

4.4.2 室内消火栓给水系统

室内消火栓给水系统是建筑物应用最广泛的一种灭火系统。其既可供火灾现场人员使用消火栓箱内的消防水喉、水枪扑救建筑物的初起火灾，又可供消防队员扑救建筑物的大火。

1. 系统组成

建筑物消火栓给水系统由消防给水基础设施、消防给水管网、室内消火栓设备、报警控制设备及系统附件等组成，如图4-27所示。其中消防给水基础设施包括市政管网、室外消防给水管网及室外消火栓、消防水池、消防水泵、消防水箱、增压稳压设备、水泵接合器等，该设施的主要任务是为系统储存并提供灭火用水。给水管网包括进水管、水平干管、消防竖管等，其任务是向室内消火栓设备输送灭火用水。室内消火栓设备包括水带、水枪、水喉等，它是供灭火人员使用的主要工具。报警控制设备用于起动消防水泵，系统附件包括各种阀门、屋顶消火栓等，只有通过这些设施有机协调的工作，才能确保系统的灭火效果。

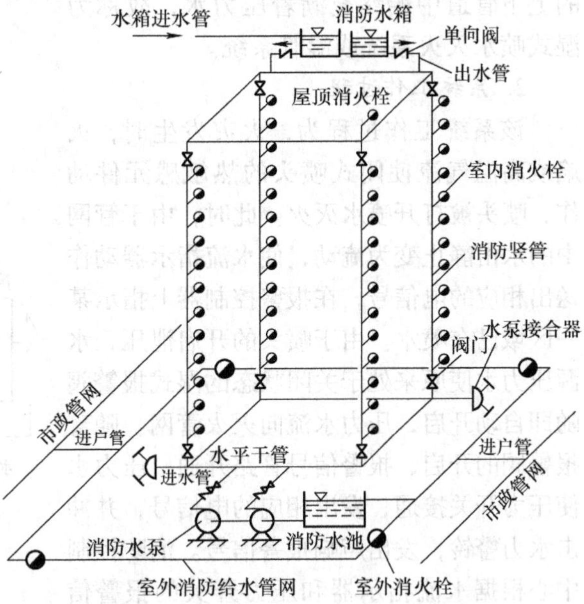

图4-27 消火栓给水系统组成示意图

2. 工作过程

消火栓给水系统的工作过程及使用方法是：当发现火灾后，由人打开消火栓箱门，按动火灾报警按钮，由其向消防控制中心发出火灾报警信号或远距离起动消防水泵，然后迅速拉出水带、水枪（或消防水喉），将水带一头与消火栓出口接好，另一头与水枪接好，展(甩)开水带，开启消火栓手轮，握紧水枪（最好两人配合），通过水枪（或水喉）产生的射流，将水射向着火点实施灭火。开始（火灾初期）消防用水是由高位消防水箱保证，随着消防水泵的正常运行起动，以后的消防用水将由水泵从消防水池抽水加压提供。若发生较大面积火灾，可利用消防车从消防水源抽水，通过水泵接合器向室内消火栓给水系统补充消防用水。

4.4.3 闭式自动喷水灭火系统

闭式自动喷水灭火系统是建、构筑物中应用最广泛的一种自动灭火系统。该系统所装有的闭式喷头，平时处于准工作状态，当使用场所发生火灾，依靠热力作用，自动感应启动喷水灭火，使火势在火灾初期就及时得以控制，从而最大限度地减少了火灾损失。闭式自动喷水灭火系统，根据工作原理不同分为湿式喷水灭火系统、干式喷水灭火系统、预作用喷水灭火系统、干湿式喷水灭火系统和循环喷水灭火系统五种类型。其中湿式喷水灭火系统是自动喷水灭火系统中最基本的系统形式，在实际工程中最常用。在此，以其为例说明闭式自动喷水灭火系统的组成与工作原理。

1. 系统组成

湿式喷水灭火系统由闭式喷头、管道系统、湿式报警阀、报警装置和给水设备等组成，如图4-28所示。该系统在报警阀的上下管道中始终充满着压力水，故称为湿式喷水灭火系统或湿管系统。

2. 系统工作过程

该系统工作过程为，火灾发生时，火焰或高温气流使闭式喷头的热敏感元件动作，喷头被打开喷水灭火。此时，由于管网中的水由静止变为流动，使水流指示器动作送出相应的电信号，在报警控制器上指示某一区域已在喷水。由于喷头的开启泄压，水源压力水使原来处于关闭状态的湿式报警阀随即自动开启，压力水流向灭火管网。随着报警阀的开启，报警信号管路开通，压力水使压力开关接通，发出相应的电信号，并冲击水力警铃，发出声响报警信号。消防控制中心根据水流指示器和压力开关的报警信号，自动启动消防水泵向系统加压供水，达到持续自动喷水灭火的目的。

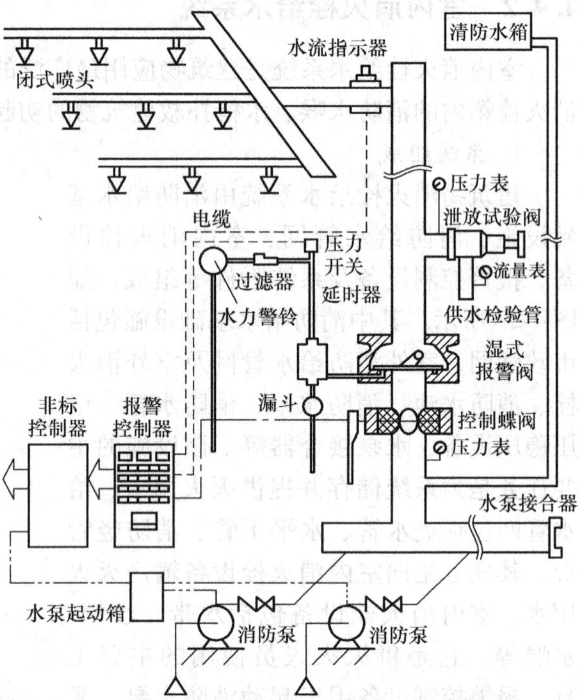

图4-28 湿式喷水灭火系统组成示意图

4.4.4 开式自动喷水灭火系统

开式自动喷水灭火系统的洒水喷头采用开式喷头，利用火灾探测器或感温探测元件探测火灾，并通过传动管自动开启控制阀门（雨淋阀），所有开式喷头会一起喷水灭火，用于保护特定的场所。根据系统的工作原理和作用，开式自动喷水灭火系统有雨淋喷水灭火系统、水幕消防给水系统、水喷雾灭火系统三种类型。

1. 雨淋喷水灭火系统

雨淋喷水灭火系统在形式上和预作用喷水灭火系统相似，但喷头全部采用开式，系统工作时设计喷水区域的所有开式喷头同时喷水，可以在瞬间像下暴雨般喷出大量的水，覆盖或阻隔整个火区，从而提供一种整体保护，用以对付和控制那种来势凶猛、迅速蔓延的火灾。

（1）系统组成

雨淋喷水灭火系统包括火灾自动探测控制系统和带有雨淋阀门的开式自动喷水灭火系统两部分。该系统一般由开式喷头、管道系统、雨淋阀、火灾探测系统、传动控制组件和给水设备等组成，如图4-29所示。

（2）系统工作过程

雨淋喷水灭火系统的启动控制通过雨淋阀实现，雨淋阀入口侧与进水管相通，出口侧接喷水灭火管路。由于传动管与进水管相连，平时充有压力水，在其作用下将雨淋阀关闭。喷水灭火管网一般为空管，但在易燃易爆特殊危险场所，为缩短喷头开始喷水的时间，提高喷水灭火效率，该管路可采用充水式，其充水的水面高度应低于开式喷头喷口所在的水平面，通常可以在主管路上设置管径小于15mm的溢流管来维持要求的水平面高度。发生火灾时，火灾探测器或感温探测控制元件（闭式喷头、易熔锁封）探测到火灾信号后，通过传动阀门（电磁阀、闭式喷头等）自动地释放掉传动管网中有压力的水，使传动管网中的水压骤然降低，由于传动管与进水管相连通的直径为3mm的小孔阀来不及向传动管补水，于是雨淋阀在进水管的水压推动下瞬间自动开启，压力水便立即充满灭火管网，系统的所有开式喷头同时喷水，实现对保护区的整体灭火或控火。

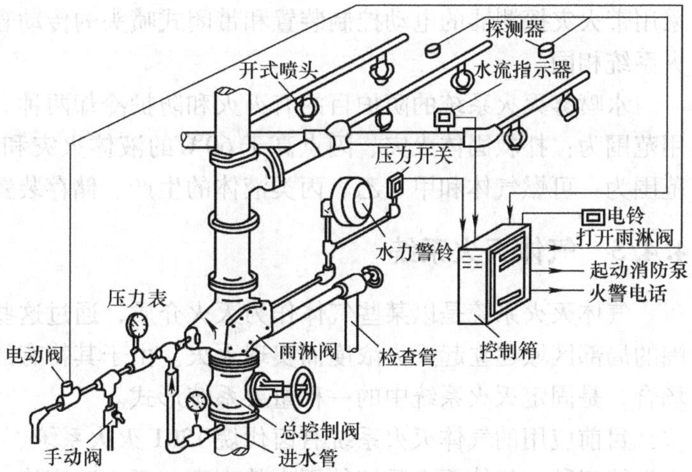

图4-29　雨淋喷水灭火系统示意图

2. 水幕消防给水系统

水幕消防给水系统是将水喷洒成水帘幕状，用以冷却简易防火分隔物，提高其耐火性能，或阻止火焰穿过开口部位，直接作防火分隔的一种自动喷水消防系统。

水幕消防给水系统由水幕喷头、控制阀（或雨淋阀）、管道及火灾探测装置等组成，如图4-30所示。通过其特殊的喷头布置方式，起到阻火、隔火或冷却简易防火分隔物的作用。其系统的控制、起动等与雨淋喷水灭火系统相同。

3. 水喷雾灭火系统

水喷雾灭火系统是利用水雾喷头在较高的水压力作用下，将水流分离成0.2～2mm的细小水雾滴，喷向保护对象，通过表面冷却、窒息或冲击乳化、稀释等作用，达到灭火或防护冷却的目的。水喷雾灭火系统的应用发展，实现了用水扑救油类、电气设备火灾。并且可克服气体灭火系

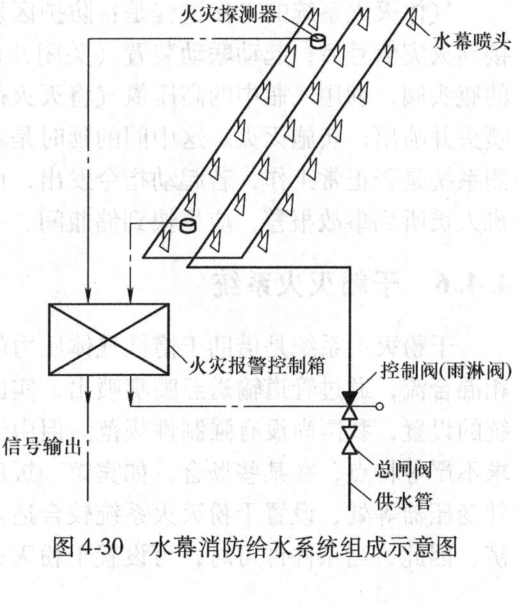

图4-30　水幕消防给水系统组成示意图

统不适合在露天环境和大空间场所使用的缺点，从而使水这种灭火剂得到了充分的应用。

水喷雾灭火系统在组成上与雨淋喷水灭火系统基本相同，由水雾喷头、管网、雨淋阀组、给水设备、消防水源以及火灾自动探测控制设备等组成。但由于水雾喷头的喷水孔较小，要求在管路上设置过滤器，预防喷头被堵塞。另外，该系统的自动开启雨淋阀装置，可采用带火灾探测器的电动控制装置和带闭式喷头的传动管装置。其工作原理也与雨淋喷水灭火系统相同。

水喷雾灭火系统的防护目的有灭火和防护冷却两种。水喷雾灭火系统，用于灭火时的适用范围为：扑救固体火灾、闪点高于60℃的液体火灾和电气火灾。用于防护冷却时的适用范围为：可燃气体和甲、乙、丙类液体的生产、储存装置或装卸设施的防护冷却。

4.4.5 气体灭火系统

气体灭火系统是以某些气体作为灭火介质，通过这些气体在整个防护区内或保护对象周围的局部区域建立起灭火浓度而实现灭火。由于其特有的性能特点，主要用于保护某些特定场合，是固定灭火系统中的一种重要系统形式。

目前应用的气体灭火系统有卤代烷1301灭火系统、卤代烷1211灭火系统、二氧化碳灭火系统三种。气体灭火系统的灭火效率高，灭火速度快，对扑救固体火灾、液体火灾、气体火灾均有效，且可灭电气设备火灾等。另外，气体灭火系统灭火后对保护对象无任何污损，不存在二次污染，这是其他灭火系统所不可比拟的。但与其他灭火系统相比也有些不足，首先是投资较大，是否设置就要考虑造价与受益的关系；再就是其对环境有较大的影响，特别是卤代烷1301和卤代烷1211灭火剂对大气臭氧层有较大的破坏作用，为了保护地球环境，世界各国正在积极寻找卤代烷灭火剂的替代物，并已取得较大成果。

1. 气体灭火系统组成

气体灭火系统由灭火剂储存容器、起动气瓶、管道、探测器和控制器等组成，如图4-31所示。

2. 气体灭火系统工作过程

气体灭火系统的工作过程是：防护区发生火灾时，首先火灾探测器报警，消防控制中心接到火灾信号后，起动联动装置（关闭开口、停止空调等），延时约30s后，打开起动气瓶的瓶头阀，利用气瓶中的高压氮气将灭火剂储存容器上的容器阀打开，灭火剂经管道输送到喷头并喷出，实施灭火。这中间的延时是考虑防护区内人员的疏散。另外，通过压力开关监测系统是否正常工作，若起动指令发出，而压力开关的信号迟迟不返回，说明系统故障，值班人员听到事故报警，应尽快到储瓶间，手动开启储存容器上的容器阀，实施人工起动。

4.4.6 干粉灭火系统

干粉灭火系统是借助于惰性气体压力的驱动，并由这些气体携带干粉灭火剂形成气粉两相混合流，通过管道输送经喷嘴喷出，实施灭火的固定式或半固定式灭火系统。干粉灭火系统的设置，我国尚没有强制性规范。但由于该系统具有灭火速度快、不导电、对环境条件要求不严等特点，在某些场合，如宾馆、饭店的厨房、敞口易燃液体容器、不宜用水扑救的室外变压器等处，设置干粉灭火系统较合适。另外，与其他灭火系统相比，干粉灭火系统较经济，因此，当条件许可时，可设置干粉灭火系统。

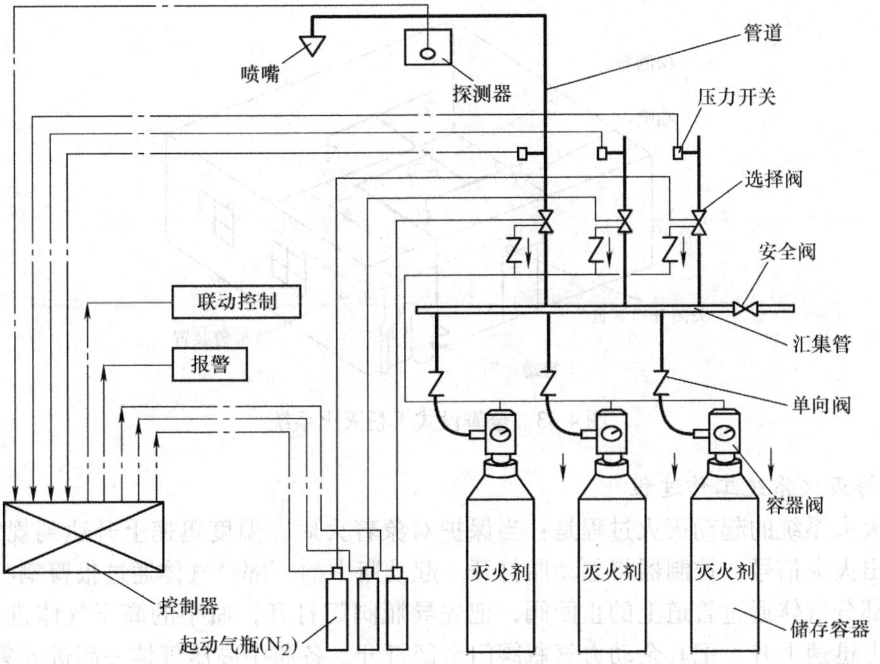

图4-31　气体灭火系统组成

1. 干粉灭火系统组成

干粉灭火系统在组成上与气体灭火系统相类似，由干粉罐、输粉管、喷嘴、火灾探测与控制起动瓶等组成，如图4-32和图4-33所示。

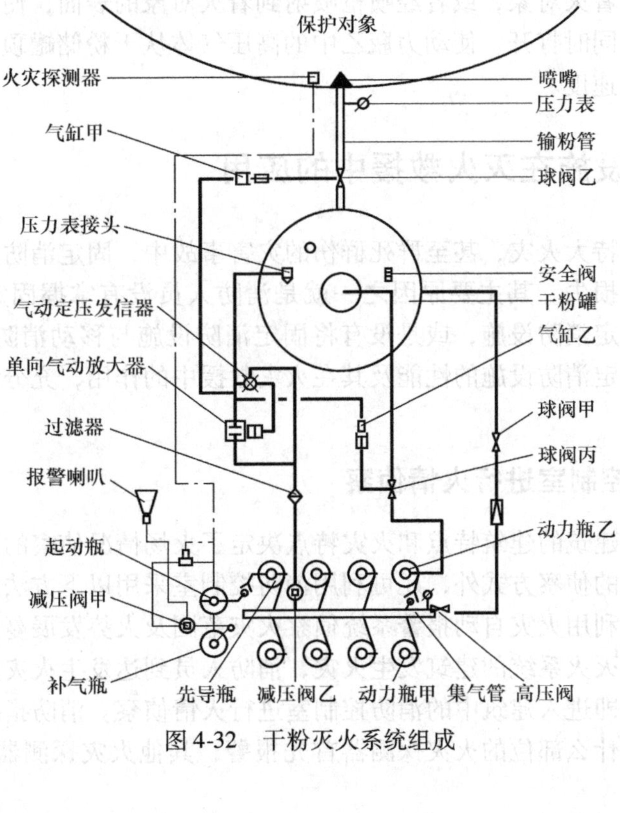

图4-32　干粉灭火系统组成

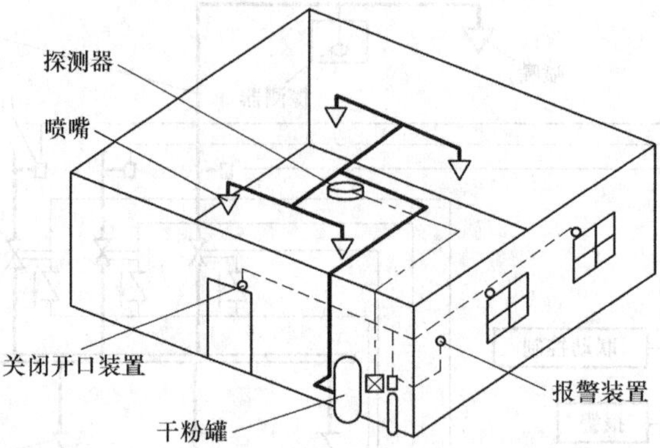

图 4-33 全淹没式干粉灭火系统

2. 干粉灭火系统工作过程

干粉灭火系统的起动灭火过程是：当保护对象着火后，温度迅速上升达到规定的数值，探测器发出火灾信号，控制器将起动瓶打开。起动瓶中的一部分气体通过报警喇叭发出火灾报警，大部分气体通过管道上的止回阀，把先导瓶阀门打开，瓶中的高压气体进入集气管，管中的压力迅速上升，把其余动力气瓶阀门全部打开。各瓶中高压气体一起进入集气管，经高压阀进入减压阀。高压气体减压至规定的压力后，通过进气阀进入干粉罐内。同时，集气管中的少量气体经过减压阀乙和过滤器，一部分进入单向气动放大器，一部分进入气动定压发信器。当干粉罐内的压力上升到工作压力时，定压发信器给出信号，使单向气动放大器动作。气体通过放大器后，推动控制气缸甲的活塞将干粉罐出口的球阀乙打开，干粉灭火剂则经输粉管和喷嘴喷向着火对象，或者经喷枪喷射到着火对象的表面，使火熄灭。在球阀乙打开的同时，球阀丙也同时打开，使动力瓶乙中的高压气体从干粉储罐顶部直接进入，补充气源以加速干粉的喷射速度。

4.5 固定消防设施在灭火救援中的应用

近年来在一些重特大火灾，甚至群死群伤的灾害事故中，固定消防设施的作用并没有得到发挥，造成了重大损失。其主要原因之一就是消防人员没有掌握固定消防设施的操作要领，没有充分利用固定消防设施，或是没有将固定消防设施与移动消防设施相结合。对此，消防人员应该了解固定消防设施的性能及其在火灾救援中的作用，充分利用固定消防设施进行灭火救援。

4.5.1 利用消防控制室进行火情侦察

复杂建筑和高层建筑的建筑特点和火灾特点决定了火场情况侦察的难度，对此类建筑进行火场侦察，除常规的侦察方式外，还可利用消防控制室采用以下方法进行火情侦察。

一是指挥员可以利用火灾自动报警系统侦察火灾范围及火势发展蔓延的方向。设有火灾自动报警和自动喷水灭火系统的建筑发生火灾，消防人员到达发生火灾的建筑后，除派出人员进行侦察外，要立即进入建筑中的消防控制室进行火情侦察。消防指挥人员应通过向消防控制室值班人员了解什么部位的火灾探测器首先报警，其他火灾探测器报警的顺序等情况，根据这些信息能够基本确定最先发生火灾的部位和火灾蔓延的方向等情况。

二是通过向消防控制室工作人员了解自动喷水灭火系统中水流指示器的报警情况，可以确定火灾发生的具体楼层或具体防火分区。

三是通过火灾自动报警系统、自动喷水灭火系统及侦察人员的侦察结果进行综合分析，以确定火灾范围。在实际火场中，火灾自动报警和自动喷水灭火系统提供的火场情况通常比派出侦察人员所侦察的情况要快而且准确，可以根据此情况部署灭火人员。

另外还可以在消防控制室了解安全疏散指令的发布情况以及自动灭火系统、防排烟系统、通风和空调系统的运行情况，了解防火卷帘和防火门的关闭情况，非消防用电是否切断，以及消防电源使用和消防电梯运行情况，并了解消防控制室对各类固定消防设施联动控制的情况。

4.5.2　利用固定消防设施进行人员疏散和抢救生命

在进行火场侦察的同时，要及时疏散人员和抢救生命，利用固定消防设施进行疏散和抢救生命的主要方法有以下三种。

1. 利用火灾应急广播下达疏散命令

根据《火灾自动报警系统设计规范》的规定，集中控制报警系统和控制中心报警系统必须设置火灾应急广播。消防应急广播系统的联动控制信号由消防联动控制器发出。当确认火灾后，可同时向全楼进行广播。在消防控制室能手动或按预设控制逻辑联动控制选择广播分区、启动或停止应急广播系统，并应能监听消防应急广播。

在火灾应急广播与公共广播合用的情况下，火灾时能在消防控制室将着火疏散层的扬声器和公共广播扩音机强制转入火灾应急广播状态。当火灾自动报警系统确认火灾后，会自动起动火灾应急广播系统，通知着火层和相邻的上、下层，或着火分区与相邻防火分区的人员首先疏散。

如果消防队到场后应急广播仍未起动，应到消防控制室进行手动开启，利用火灾应急广播通知着火层和相邻上、下层人员疏散。与此同时，应向其他楼层的人员通报情况，稳定人们的情绪，防止整个建筑的人员同时疏散，造成疏散通道堵塞。对于被困人员应稳定其情绪，防止惊慌、拥挤和跳楼，并根据建筑火势发展变化情况，通知有关楼层内的被困人员向屋顶疏散或向避难层逃生。

2. 起动正压送风系统和排烟系统保证疏散安全

通常情况下人员疏散以通过楼梯间的竖向疏散为主，设计人员根据建筑的层数和使用性质，设置了封闭楼梯间或防烟楼梯间，使人员进入楼梯间后即到达相对安全的区域，因此，对设有正压送风系统和排烟系统的楼梯间，应在消防控制室起动正压送风机和排烟风机，以保证楼梯间内没有烟气入侵。

但是，很多建筑物内的防火门常处于敞开的状态，如果火灾时不采取措施，极易造成烟气迅速充满整个疏散通道。因此指挥人员到达火场后，应迅速派员佩戴空气呼吸器通过消防电梯或楼梯，逐层检查楼梯间的防火门是否处于关闭状态，特别要注意在火灾层上部各层楼梯间的防火门是否处于关闭状态。对敞开的防火门应及时关闭，以保证正压送风系统和排烟系统发挥作用，使人员安全疏散。

3. 开启外窗

对于没有安装正压送风系统和排烟系统的建筑，火场指挥人员应及时派出佩戴空气呼吸器的消防员，通过消防电梯或楼梯，在火灾层的下一层逐层向上，打开楼梯间、前室和走廊等处的外窗，必要时用手斧将窗子上的玻璃砸碎，以排除烟气，使人员安全疏散。在开启外窗时，应采取先关闭防火门再打开外窗的顺序。

4.5.3 利用固定灭火设施保证火灾扑救中的供水

水是扑救建筑火灾的主要灭火剂，在扑救建筑物火灾时，要充分利用建筑物自身的供水设施保证消防用水。水灭火系统的使用有以下几种方式。

1. 使用自动喷水灭火系统灭火

对于设有自动喷水灭火系统的建筑，当指挥员到达火场后，应了解自动喷水灭火系统的工作情况。如果到场后自动喷水灭火系统已经动作，可根据已报警的水流指示器所指示的位置确定火灾层。派出消防员佩戴空气呼吸器乘消防电梯迅速登高，侦察火灾情况，决定是否采用消火栓系统灭火。

如果建筑安装的自动喷水灭火系统没有动作，指挥员应安排消防员利用室内消火栓系统灭火，并安排建筑单位的技术人员迅速查清自动喷水灭火系统没有动作的原因，及时排除故障。自动喷水灭火系统常见故障及解决方法如下：

1）系统中其他组件正常，湿式报警阀后的压力表有显示且达到设计值，而水流指示器、水力警铃和压力开关不报警，这是由于火灾层配水管与配水干管之间的阀门关闭，打开此阀门即可解决问题。

2）水泵运转后水泵出水口处压力表压力上升，而水流指示器、水力警铃及压力开关不报警，要检查火灾层的配水管与配水干管之间的阀门以及湿式报警阀上、下的阀门是否关闭，若关闭，打开即可。

3）水泵不能起动，则需要通过水泵接合器利用消防车向系统及时供水。

2. 利用室内消火栓进行火灾扑救

建筑物一般设有室内消火栓灭火系统，利用该系统灭火，出水快且安全。消防人员应利用这些现有的消防设施，以避免人工铺设水带，费时费力，甚至贻误灭火时机。

消防人员应迅速将室内消火栓处的水枪、水带与消火栓连接，开启消火栓灭火，当系统水压不足时可按下消火栓箱内的消防起动按钮起动水泵。如果已经按下消防起动按钮，而水压没有上升，则应通知消防控制室或水泵房，让值班人员起动消防泵向室内消火栓系统加压，以保证火灾扑救的水量和水压。

当打开室内消火栓后无水或已经起动消防泵，而水压没有上升，则可能有以下两种原因：一是室内消火栓竖管上的阀门没有处于常开状态，只要打开该阀门即可。二是消防泵损坏或消防泵出口处的阀门未开，此时如果打开消防泵，出水口处的阀门能够正常供水，则说明系统正常；如果此时仍不能正常供水，则说明水泵损坏，应采用消防车通过水泵接合器向室内消火栓系统供水。

3. 消防水泵的人工起动

如果建筑物内的消防水泵没有起动，消防员可根据自己所处的位置和实际情况起动消防水泵。通常，消防水泵的起动位置设在消防控制室和消防水泵房。消防控制室有手动直接控制装置和多线联动起动按钮，消防水泵房内有电气控制柜起动按钮。而消火栓水泵除可在上述两处位置起动之外，还在每个室内消火栓箱内增加了一处直接起动按钮。消防员只要在任何一处按下起动按钮，都能使消防水泵起动。

特别要注意的是，对于消防泵的起动，在消防中控室的控制台上设有自动、手动、停止三个挡位，只有当指针指向自动挡位置时，水泵才能接受火灾信号自动起动。指针指向手动或停止挡时，则不会自动起动，此时不能误认为消防水泵损坏。当不能自动起动时，消防员可以通过上述位置的起动按钮进行人工起动，使消防水泵工作。

4. 通过水泵接合器供水

当建筑物发生火灾，在室内消防水泵可能因检修、停电或者出现其他故障而停止运转期间，或建筑物发生较大火灾，室内消防用水量不足时，需要从室外向室内消防管网提供或补充消防用水。在这种情况下，如果采用垂直铺设水带或沿楼梯铺设水带，不但供水速度慢，而且供水效果差，对于高层建筑尤其如此。此时，必须在第一时间通过水泵接合器向室内各灭火系统供水。同时，消防员要直接或敦促单位有关人员起动固定消防水泵，以充分保证火场的用水量。

4.5.4　自动灭火系统的手动起动

某些场所设有各类自动灭火系统，主要包括以下类型：

1）图书馆、档案馆、博物馆、通信、电子计算机房以及重要设备室设置的气体灭火系统。

2）寒冷和高温场所安装的预作用灭火系统。

3）火灾危险性大的厂房、仓房和高大空间的公共场所等安装有雨淋灭火系统。

4）用于防火分隔的水幕系统。

5）大型变压器等重要设备间安装的水喷雾灭火系统。

6）易燃液体较多的场所安装的泡沫灭火系统。

这些系统都能与火灾报警系统联动，当火灾报警信号确认后，消防控制室会自动打开控制系统起动的电磁阀，以开启相应的灭火系统及时将火扑灭。

当上述场所发生火灾时，消防队到场后要检查这些自动灭火系统是否已经开始工作。如果遇到故障不能自动起动，消防队员可在消防控制室按下起动开关，远程打开电磁阀，或到现场直接操作打开电磁阀灭火，有的系统还可以在消防水泵房应急操作。如果消防队到场后没有使用这些自动灭火系统灭火，而是使用消防队的移动灭火设备灭火，则达不到理想的灭火效果。特别是在安装有气体灭火系统和水喷雾灭火系统的场所发生火灾，如果盲目使用直流水枪扑救，有可能造成更大的损失。下面介绍两种最常见的自动灭火系统的人工起动方式。

1. 开式自动喷水灭火系统的人工起动

雨淋灭火系统、水幕灭火系统、水喷雾系统等开式自动喷水灭火系统是通过开启控制雨淋阀的传动管来起动系统。火灾发生时，正常情况下是通过火灾报警系统自动开启雨淋报警阀，并起动水泵后来灭火的。开式喷水灭火系统的一个显著特点是，需要火灾自动报警系统的火灾探测器发出报警信号，控制开启雨淋阀，由火灾自动报警控制器将自动控制信号传输至联动控制台，在联动控制台实现自动和手动起动供水泵。

当火灾发生时，如果开式自动喷水灭火系统没有自动开启，可以通过手动起动和现场紧急起动等人工方式来开启雨淋阀以启动系统。下面对这两种方式分别进行介绍。

（1）手动起动

手动起动是指在消防控制室根据火灾探测器判断雨淋保护区域发生火灾，按下手动按钮打开雨淋阀传动管上的电磁阀，使系统动作。手动按钮也可能设在保护区域附近，以便于就地操作，此种起动方式适用于设有雨淋阀的各种雨淋系统。

（2）现场紧急起动

现场紧急起动是利用雨淋阀上的现场紧急起动阀进行现场紧急起动。雨淋阀传导管上都设有手动快开阀门，在手动起动电磁阀失败后，可以到现场打开传动管上的阀门以紧急开启雨淋阀。

2. 气体灭火系统的人工起动

气体灭火系统起动分为自动起动和人工起动，其中，人工起动包括手动起动和储瓶间机械应急起动两种方式。

自动起动是当控制主机处于自动状态时，气体防护区内任意一只烟感探测器和任意一只温感探测器同时报警，控制主机发出声光报警命令，相对应气体防护区内声光讯响器报警，延时30s后，气体防护区内气体灭火剂喷洒，同时喷洒动作灯亮。这种起动方式无须人员监控，自动执行操作命令，且在延时状态可紧急停止。如果自动起动失败，可采用人工的方式起动气体灭火系统。

（1）手动起动

当气体灭火系统控制主机处于手动状态时，在控制主机上按下相对应气体防护区起动按钮，或在现场按下起动按钮，控制主机发出声光报警命令，相对应气体防护区内声光讯响器报警。延时30s后，气体防护区内气体灭火剂喷洒，同时喷洒动作灯亮起。这种起动方式的优点是不易误动作，不必依赖探测器，在延时状态可紧急停止，缺点是必须人员操作，且依赖于控制主机。

（2）机械应急起动操作

机械应急起动是指人工到储瓶间直接起动气瓶，释放灭火气体灭火。在进行机械手动起动时，对于设有 N_2 起动气瓶的气体灭火系统，是将储瓶间相应气体防护区的 N_2 气体启动瓶上的保险销拔除，按下按钮，气体防护区内气体灭火剂立即喷洒。对于低压二氧化碳灭火系统，在储瓶间转动释放器上旋钮至开放位置，可使灭火系统起动，释放灭火气体。采用机械手动起动的同时，喷洒动作指示灯亮起。该起动方式的优点是不会误动作，不必依赖电气设备，缺点是必须人员在储瓶间操作，易贻误灭火时机，且无紧急停止功能。

4.5.5 建筑物中通信设施的利用

在扑救建筑火灾中，消防部队除使用常规通信工具外，还可以采取以下两种方法进行通信。一是利用消防控制室内的消防广播系统指挥火灾扑救。消防指挥人员可以在消防控制室内利用消防广播系统指挥消防员的灭火行动，及时发布火场指挥部的命令，并提醒消防员在灭火中应注意的问题。二是利用对讲电话。如高层建筑在设计施工时，均安装了各楼层与水泵房、消防控制室等处的对讲电话插孔，消防员可携带电话机，将电话机插入电话插孔与有关人员进行通话，以保障信息畅通。

4.5.6 利用固定消防设施展开进攻

1. 利用消防电梯进攻

在高层建筑火灾扑救中应采取以“消防电梯为主、楼梯间为辅”的进攻路线。消防电梯就是为火灾发生后供消防人员及时到达火灾现场扑救火灾和为消防人员运送消防设备而设的，利用消防电梯进攻，其优点主要有两点：一是可以节省消防队员的体力，使其在火灾扑救中发挥更大作用；二是可以避免通过楼梯间进攻与疏散人员“撞车”，因为火灾时消防队员进攻路线与人员疏散路线方向相逆，如果通过楼梯进入火场，可能会贻误灭火战机。

消防电梯的停梯位置应在通过火情侦察已确认火灾层下面的3层，停梯后，灭火人员再步行经楼梯间进入火灾层。这是因为很多的消防电梯前室的防火门或防火卷帘处于敞开状态，如果消防队员乘坐消防电梯直接进入火灾层，将会直接威胁消防队员的人身安全。如果消防电梯因故障或其他原因不能使用，则只能通过楼梯间进入。

2. 利用防火分区堵截火势

(1) 水平堵截火势

目前的高层建筑的高层部分一般以每层为一个防火分区进行设计，而裙房部分一般在每层划分若干个防火分区，水平堵截火势是针对在同层设有多个防火分区的建筑而言。水平堵截火势必须以防火分区为重点进行设防，按照“先控制，后灭火”的原则，将火势控制在一个防火分区内，然后消灭。

基于此，第一，要调查清楚划分防火分区的防火墙走向，然后在部署灭火力量的同时，检查防火墙是否完好。有些单位在日常工作中往往因功能上的需要，私自在防火墙上挖洞或增设普通的门窗，火灾时火势往往会通过这些孔洞突破防火分区，致使火灾扩大蔓延。第二，若设置有防火卷帘或电控防火门，要在消防控制室控制或现场人工将其关闭。第三，在消防控制室将通过防火墙的风管内的防火阀关闭，以防止火势通过风管突破防火分区蔓延扩大。

(2) 竖向堵截火势

竖向堵截火势的重点是在火灾层上层和下层的电缆井、管道井、垃圾井等处设防，防止火势通过上述部位蔓延。另外还要对火灾层上一层的窗口设防，以防止火势通过窗口蔓延扩大。

思 考 题

1. 建筑消防设施的作用是什么？包括哪些部分？
2. 火灾自动报警系统的作用是什么？有哪些基本类型？
3. 防火分区的作用是什么？如何划分？
4. 防火分隔措施有哪些类型？
5. 火灾烟气控制有哪些方式？
6. 安全疏散的出口如何布置？
7. 安全疏散楼梯有哪些类型？各有何特点？
8. 建筑物的哪些部位应布置消防应急照明设施？
9. 建筑物的避难区域的作用是什么？有哪些类型？
10. 根据扑灭不同阶段火灾的需要，主要的固定灭火设施有哪些？
11. 湿式自动喷水灭火系统如何工作？
12. 如何利用固定消防设施进行人员疏散和抢救生命？
13. 哪些自动喷水灭火系统可以由人工起动？如何进行人工起动？
14. 气体灭火系统的起动方式有哪些？分别如何进行？

第 5 章

消防炮灭火技术

消防炮是一种能将一定流量、压力的灭火剂（如水、泡沫混合液或干粉等）通过能量转换，将势能（压力能）转化为动能，使灭火剂以非常高的速度从炮头出口喷出，形成射流灭火的装置。《消防炮通用技术条件》（GB 19156—2003）规定：水、泡沫混合液流量大于16L/s，或干粉喷射率大于7kg/s 的射流装置为消防炮。随着工业消防技术的发展，消防炮灭火技术得到了广泛应用，不仅应用在石油化工企业、油品装卸码头、飞机库、海上钻井平台和储油平台等易燃可燃液体相对集中场所的火灾扑救，而且逐渐弥补了自动喷水灭火系统的不足，用于扑救展览馆、大型体育馆、会展中心、大剧院等大空间建筑内部火灾。本章主要介绍消防炮的类型和结构、性能参数，在此基础上对固定消防炮系统和移动消防炮系统进行了介绍。

5.1 消防炮的类型

自 17 世纪中期消防炮产生以来，先后经历了从小流量到大流量，从近射程到远射程，从手动到自动控制的发展过程。目前，已有多种类型的消防炮，可较好地满足不同场所的需要。

5.1.1 按安装方式分类

按照安装方式，消防炮可分为固定消防炮和移动消防炮。

1. 固定消防炮

固定消防炮是指安装在固定支座上的消防炮，也包括固定安装在消防车上的消防炮。固定消防炮可安装在消防炮塔上对石油化工储存、运输和生产设备进行保护，也可安装在室内，用于大空间建筑的保护，或者安装在消防车或消防艇上，作为火场的移动消防力量。固定消防炮如图 5-1 所示，图示的两类消防炮通过底座上的法兰与固定管路相连，从而实现消防炮的固定安装。

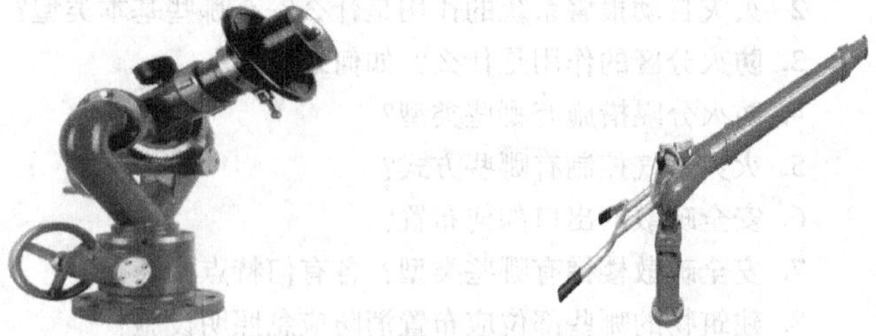

a)　　b)

图 5-1　固定消防炮

a）手轮式　b）手柄式

2. 移动消防炮

移动消防炮是指安装在可移动支座上的消防炮，包括固定安装在拖车上的消防炮。该炮通过水带与消防车相连，通过消防车向消防炮提供灭火介质，实施灭火。

移动消防炮主要由活动支架（支座）、水平回转节、俯仰回转节和喷嘴组成。按移动方式可为手抬式和拖车式，手抬式消防炮又可分为折叠式和不可折叠式。设置有水平和俯仰功能的移动消防炮，对炮本身的流量和重量有一定的要求。手抬式消防炮的流量不宜超过50L/s，重量不超过70kg，拖车式消防炮的重量不宜超过450kg。移动消防炮如图5-2所示，其中，图a为手抬式消防炮，该炮不可折叠，只能整体搬运；图b为折叠式消防炮，这种炮的炮体可折叠，储运空间小，单人搬运轻松快捷，握住并扳动任一前支架腿，可轻而易举地将折叠支架打开，整个展开和折叠操作只需10s；图c为拖车式消防炮，该炮自身重量较大，需借助于拖车移动。

a)　　b)　　c)

图5-2　移动消防炮

a）手抬式消防炮　b）折叠式消防炮　c）拖车式消防炮

5.1.2　按喷射灭火剂的种类分类

根据喷射灭火剂的种类，消防炮可分为水炮、泡沫炮和干粉炮。

1. 水炮

水炮是以水为灭火介质的消防炮。该类消防炮往往具有多种射流形式，一般可喷射直流水和雾状水。该炮适用于固体可燃物的火灾扑救，不得用于遇水发生化学反应的物质火灾扑救。

2. 泡沫炮

泡沫炮是以泡沫灭火剂为灭火介质的消防炮。按泡沫液吸入方式，泡沫炮可分为自吸式和非自吸式泡沫炮。自吸式泡沫炮能主动吸入空气形成泡沫，该炮可喷射蛋白、氟蛋白和水成膜等泡沫灭火剂。非自吸式泡沫炮不能吸入空气，一般用于喷射成膜氟蛋白和水成膜等泡沫灭火剂。泡沫炮适用于甲、乙、丙类液体和固体可燃物储存场所的火灾扑救，也可远距离扑救石油化工企业、飞机、油船及港口和码头等大中型场所中的液体火灾，不得用于扑救遇水发生化学反应而引起燃烧、爆炸等物质火灾。泡沫炮如图5-3所示，其中，图a是手动控制的自吸式泡沫炮，图b是电动控制的自吸式泡沫炮，这两类消防炮均能吸入空气，产生泡沫。

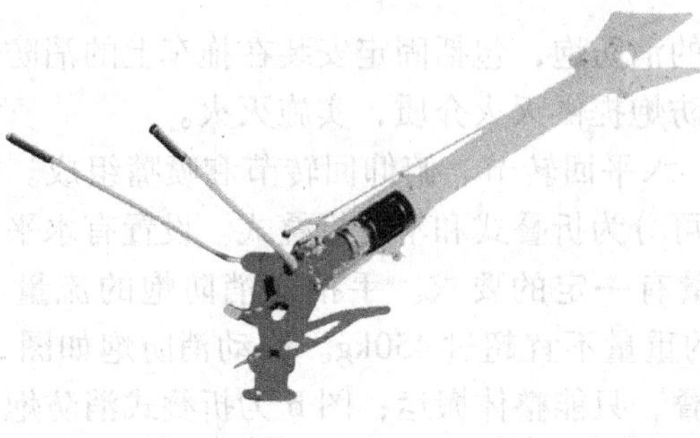

a)

b)

图 5-3 消防泡沫炮

a）手动式自吸泡沫炮 b）电动可调式自吸泡沫炮

3. 干粉炮

干粉炮是以干粉灭火剂为灭火介质的消防炮。由于该炮喷射的是固体灭火剂，在使用过程中必须经高压惰性气体携带才能进行喷射，所以在使用干粉炮时，必须配套设置惰性气体储存装置和相应的系统附件，如高压氮气储瓶、减压阀和控制阀等部件。干粉炮适用于扑救液化石油气、天然气等可燃气体火灾，其结构如图 5-4 所示。干粉炮的炮管呈圆筒形，且喷嘴结构比较简单，这主要是为了降低管道阻力，减少干粉的沉降。

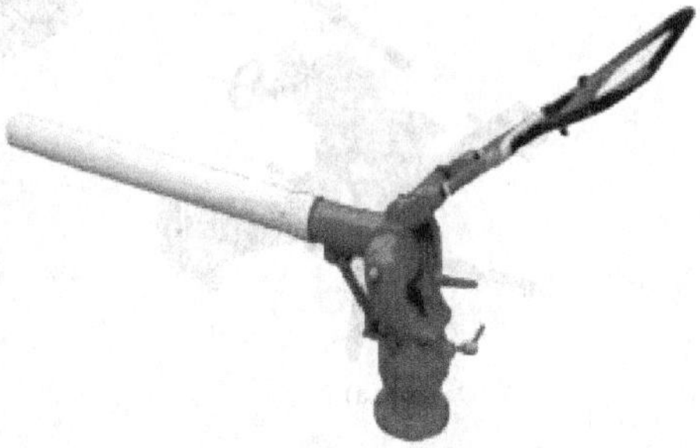

图 5-4 干粉炮

5.1.3 按控制方式分类

按照控制方式，消防炮可分为远控式、手动式、水力驱动式和智能型消防炮。

1. 远控式消防炮

远控式消防炮由操作人员通过驱动设备间接控制消防炮射流形态的消防炮，该类炮的驱动设备主要由电气设备、液压马达和气动马达等类型。远控消防炮能够实现远距离有线或无线控制，具有安全性高、操作简便和投资省等优点。其不仅用于固定式消防炮系统中，而且移动消防炮也逐渐具有了遥控功能。在远离火场的情况下，灭火人员也能进行操控，很好地保护了灭火人员的安全。远控消防炮如图 5-5 所示，其中，图 a 为固定电动遥控式消防炮，图 b 为移动电控消防炮，这些消防炮可以设置在火场深处，能较好地发挥灭火和控火作用。

根据《固定消防炮灭火系统设计规范》（GB 50338—2003）的规定，远控式消防炮系统一般用于下列场所：

1）有爆炸危险性的场所。

2）有大量有毒气体产生的场所。

3）燃烧猛烈，产生强烈辐射热的场所。

4）火灾蔓延面积较大且损失严重的场所。

5）高度超过 8m，且火灾危险性较大的室内场所。

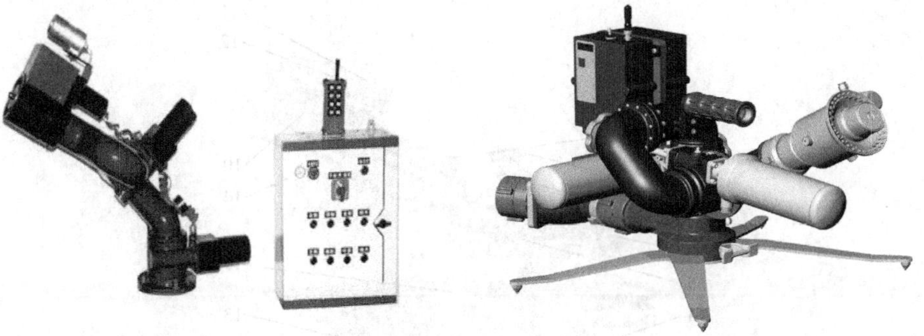

a)　　　　　　　　　　b)

图5-5　远控式消防炮

a）电动遥控式消防炮　b）移动电控消防炮

6）发生火灾时，灭火人员难以及时接近或撤离固定消防炮位的场所。

2. 手动式消防炮

手动式消防炮是由操作人员直接手动控制消防炮射流形态、回转及俯仰角度的消防炮。该炮具有操作简便、投资较省的优点。但对于一些火灾危险性大，发生火灾后人员不能靠近的场所，不宜设置手动消防炮。

3. 水力驱动式消防炮

水力驱动式消防炮主要以压力水为水平转动机构的动力，可在规定水平回转角度范围内自动往复回转摆动，因此又称自摆消防炮。自摆消防炮有移动式和固定式两类，如图5-6所示。由于该炮是水力驱动式结构，在操作控制使用过程中不会产生电火花，避免了因电火花而引起爆炸伤人事故。因此，可广泛应用于易燃易爆场所的消防安全保护。

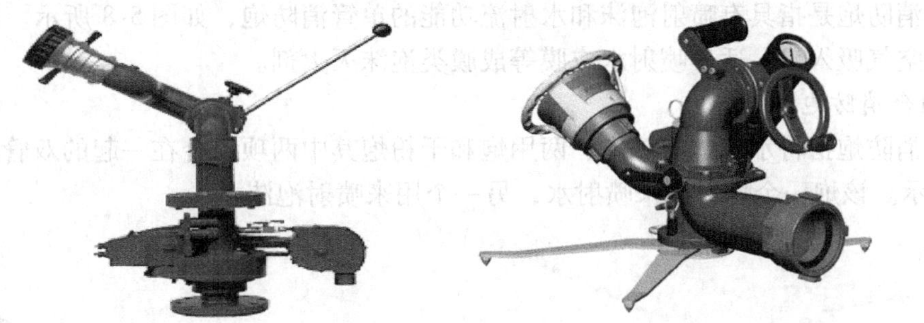

a)　　　　　　　　　　b)

图5-6　水力驱动式消防炮

a）固定式水力驱动消防炮　b）移动式水力驱动消防炮

4. 智能型消防炮

智能型消防炮是利用红外火灾探测技术或人工智能图像识别技术自动识别火情，判断火源点的位置，自动调整消防炮的回转和俯仰角度，使其喷射口对准起火点，实现精确定点灭火的设备，如图5-7所示。该炮是近几年发展起来的新型灭火设备，主要用于大空间场所室内火灾的扑救。

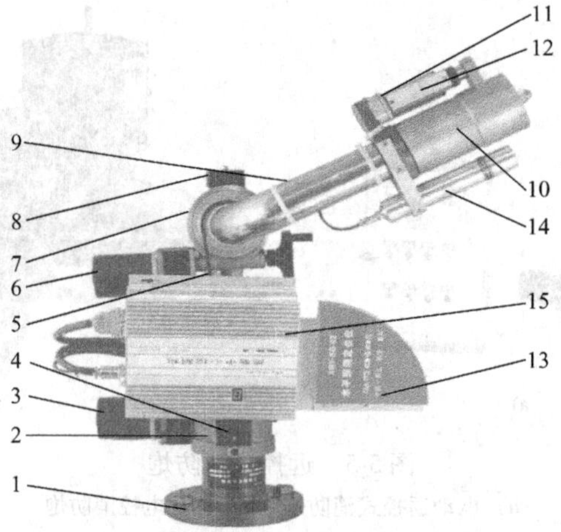

图 5-7　红外自动寻的智能型消防炮

1—消防炮基座　2—水平旋转关节　3—水平驱动电动机　4—水平行程开关　5—第一弯管　6—驱动电动机　7—垂直旋转关节　8—垂直行程开关　9—第二弯管　10—伸缩炮口　11—伸缩变化电动机　12—伸缩推杆　13—水平探测定位仪　14—垂直探测定位仪　15—炮载中心控制机

5.1.4　按使用功能分类

按使用功能分，消防炮可分为单用消防炮、两用消防炮和组合消防炮。

1. 单用消防炮

单用消防炮是用来喷射单一灭火剂的消防炮，如消防水炮、泡沫炮和干粉炮。

2. 两用消防炮

两用消防炮是指具有喷射泡沫和水射流功能的单管消防炮，如图 5-8 所示。该炮在炮管处不设置空气吸入口，适于喷射水成膜等成膜类泡沫灭火剂。

3. 组合消防炮

组合消防炮指将水炮、泡沫炮、两用炮和干粉炮其中两项组合在一起的双管消防炮，如图 5-9 所示。该炮一个炮管用来喷射水，另一个用来喷射泡沫。

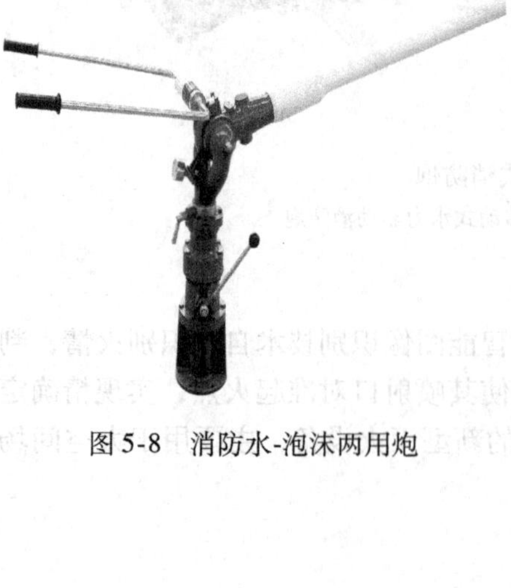

图 5-8　消防水-泡沫两用炮

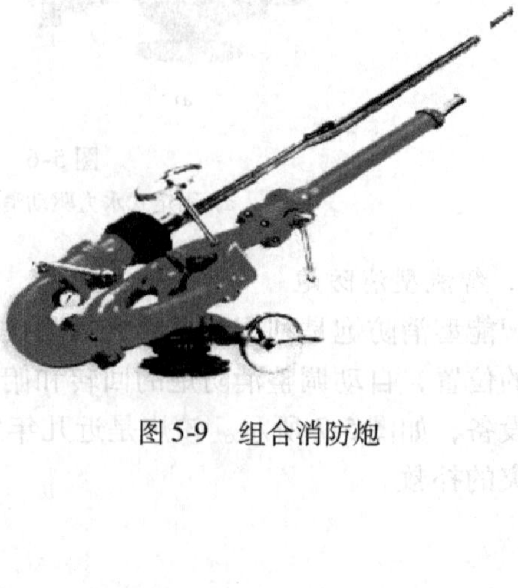

图 5-9　组合消防炮

5.1.5 消防炮类型的发展趋势

通过多年的研制与发展，已有多种类型的消防炮应用于消防工程。同时，为了规范消防工程的设计、安装和使用，我国已建立了消防炮的产品质量标准，编制了固定消防炮的设计安装规范，主要有《消防炮通用技术条件》、《固定消防炮灭火系统设计规范》、《远控消防炮系统通用技术条件》、《自动消防炮技术规程》和《室内固定消防炮选用及安装》图集。消防炮以其优良的性能，在火灾扑救中发挥着越来越重要的作用，其发展趋势主要有以下几方面。

1. 大流量

大规模的火灾，只有大流量的灭火剂施救才能快速生效。消防炮作为主要灭火设备，其流量呈逐渐增加的趋势。在十几年前，我国研发的消防炮最大流量仅达60L/s，消防泡沫炮最大流量只有64L/s，发展到现在已有70、80、100、120、150、180、200L/s等系列规格消防水炮，最大为250L/s的消防水炮也已投入批量生产和应用。在国外，消防炮最大流量已达到1333L/s，现已在英国北海油田钻井平台实际应用。

2. 远射程

远射程是指消防炮实际喷射的水平距离比较远。现代火灾大多具有燃烧速度快、燃烧剧烈、火场环境温度高和消防人员不易接近等特点。远距离向火场喷射灭火剂，不仅是快速灭火所必需的，也是对消防人员人身安全的有益保护。通常压力为0.8MPa时，消防水炮的射程可达60～70m；压力为1.6MPa时，消防水炮的射程可达到120～130m，目前国产消防水炮最大射程可达210m。

3. 喷射高度大

高大建筑物、大型易燃液体储罐和可燃气体储罐结构复杂，高度较高，这就要求消防炮的射高能够满足其灭火需要。目前国产消防水炮最大射高可达90～100m，国外生产的消防水炮射高可达150m。

4. 远控化

随着石油化工、码头、油库、机场等易燃易爆工程的高速发展，这些场所的火灾危险性越来越高。若在这些场所配备手动操作的消防炮系统，一旦发生火灾，消防人员很难直接进入现场操作。因此，在这类场所必须安装能远距离控制的远控消防炮系统，以保证灭火人员能在比较安全的位置控制消防炮。目前，不仅固定消防炮能够远控操作，移动消防炮也逐渐实现了远控化操作。

5. 智能化

为了能实现自动探测和自动灭火的功能，智能化是消防炮发展的一种趋势。红外线自动寻的消防炮就是智能型消防炮的一种，已广泛应用于展览馆等大型建筑中。

6. 重型化

对于固定安装于消防船上或消防车上的消防炮，因为灭火剂流量有增大趋势，所以要求车船造型也随之增大。

7. 小型化

火场中应用的移动消防炮，只有形体小、重量轻才能更方便移动，所以移动消防炮逐渐出现了折叠式、水力驱动式的消防炮，使消防炮炮体的集成化程度越来越高，部分消防炮呈小型化发展趋势。

5.2 消防炮的结构

消防炮的结构直接影响消防炮的性能，合理的结构形式能产生高质量的性能。消防炮主要由炮座、炮体（包括炮身和炮头）、操作部件和连接附件等组成。消防炮的结构如图 5-10、图 5-11 所示，图 5-10 是手柄式消防炮的结构图，图 5-11 是蜗轮蜗杆式消防炮的结构图。这两种炮的基本组件及其功能相同，只是实现俯仰和水平回转功能的控制原理不同，手柄式消防炮的转动是靠手柄的转动直接实现的，而蜗轮蜗杆式消防炮是靠蜗杆的传动实现的。

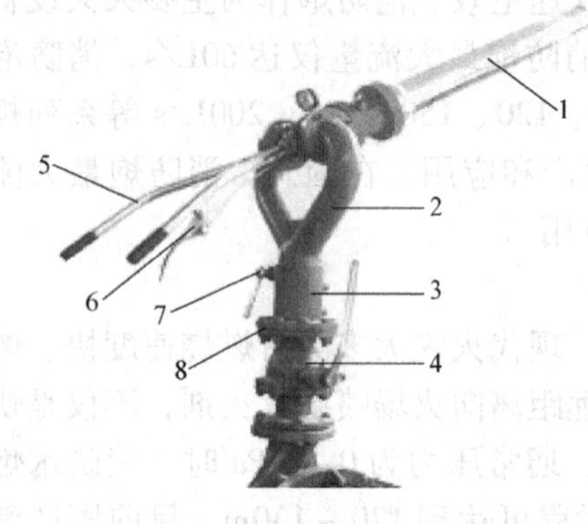

图 5-10　手柄式消防炮

1—炮管　2—炮身　3—炮座　4—球座
5—手柄　6—手刹　7—制动杆　8—转接法兰

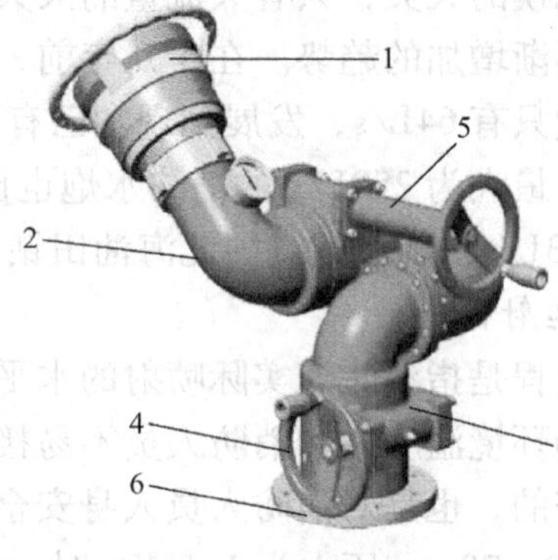

图 5-11　蜗轮蜗杆式消防炮

1—喷嘴　2—炮身　3—炮座　4—手轮
5—蜗杆轴　6—法兰式连接节

5.2.1 炮座及连接附件

炮座是用来支撑消防炮炮体的一段管路，该管路将灭火剂供给管道和消防炮炮体连接在一起。一般将炮座与水平回转机构组合在一起，使其具有控制炮体水平回转的功能。连接附件是将炮座与供液管路连接在一起的部件，主要有连接管、球阀、内扣式管牙接口等形式。

5.2.2 炮体

消防炮炮体包括炮身和炮头，主要用来实现消防炮水平回转和俯仰功能，并输送和释放灭火介质。

1. 炮身

炮身是一个过流部件，主要用来输送灭火介质和实现消防炮的水平回转和俯仰回转功能。炮身常设计成 S 形、U 形和 Y 形等三种形状，如图 5-12 所示。这种结构设计一方面是为了实现消防炮水平和俯仰回转功能，另一方面是这种弯曲结构促使炮管内的流体作高雷诺数的湍流运动，流体微团运动的随机性引起了强烈的动量、热量和质量传递，湍流的传递速率比层流高几个数量级，这种剧烈的运动对提高消防炮的射程具有重要意义。通过对比我国目前使用的消防炮发现，Y 形炮身的消防炮常为手柄式控制，而 S 形和 U 形消防炮常为手轮式或遥控式控制。

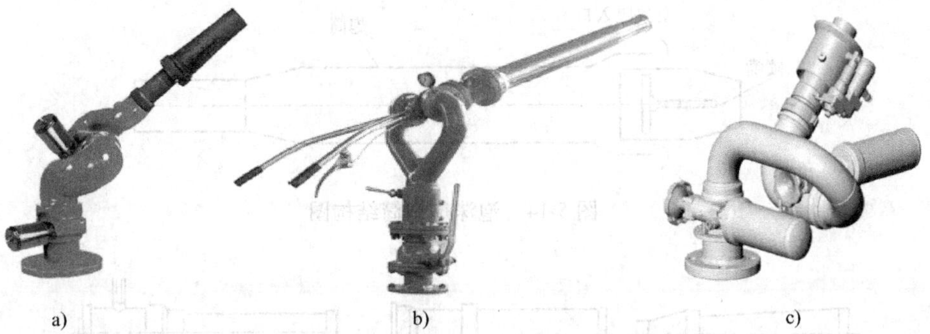

a)　　b)　　c)

图 5-12　炮身示意图

a）S 形炮身　b）Y 形炮身　c）U 形炮身

由于炮身的弯曲形状，使得内部流体的能量损失增加，为了减少水流的能量损失，在炮身设计时应注意如下问题：

1）炮身应尽量考虑使用单流道。

2）在炮身流道设计时，应尽量增大弯管的曲率半径。

3）炮身内流道应畅通，减少轴或其他的部件横穿流道。

4）在流道内可安装整流叶片，以减少旋涡引起的能量损失。研究表明，在流道内设置稳流器和助流片的消防炮比未设置的消防炮射程可增加 6% ~10%。

2. 炮头

炮头是将经炮身流出液体的势能转变为动能的部件，主要由喷管、稳流器和喷嘴三部分组成，如图 5-13 所示。

（1）喷管

对消防水炮而言，喷管又称为炮管，而对泡沫炮则称之为炮筒。喷管主要是将流经炮身的流体进行整流并喷射的部件。为了保证消防炮具有优良的喷射性能，必须使进入喷嘴的流体具有一定的流程。喷管主要用来消除横向回流，减少水力损失。充实水柱型炮管，通过直管向锥管过渡可以一定程度上进行整流，有利于提高射程。喷管的长度和收缩角直接影响消防炮的射程。增加喷管长度可使射程增加，但是喷管太长会使整个水炮的外形尺寸增加。一般喷管长度为其内径的 5 ~8 倍，喷管的锥度为 2°20′ ~3°15′时，消防水炮的性能较为理想。

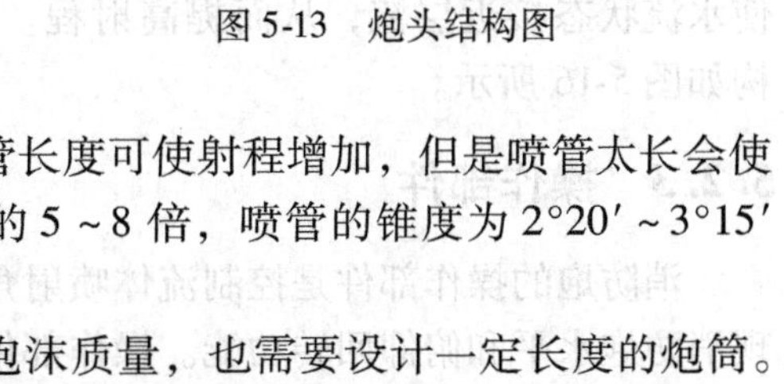

图 5-13　炮头结构图

对于泡沫炮来讲，为了取得理想的泡沫射程和泡沫质量，也需要设计一定长度的炮筒。炮筒出口多数是有收口的，这样能得到理想的发泡倍数和较远的射程。炮筒上一般设有空气吸入口，该口用来吸入空气形成泡沫。炮筒的结构如图 5-14 所示。

（2）喷嘴

喷嘴是最终实现射流的部件，是流体输送过程中的关键部位，直接决定了消防炮射流的形态。喷嘴结构主要有充实水柱型、导流式、直流-喷雾型、直筒圆柱体型和孔板式等五种类型。五种喷嘴结构如图 5-15 所示。其中图 a、图 b 和图 c 为非吸气型喷嘴，在喷射过程中

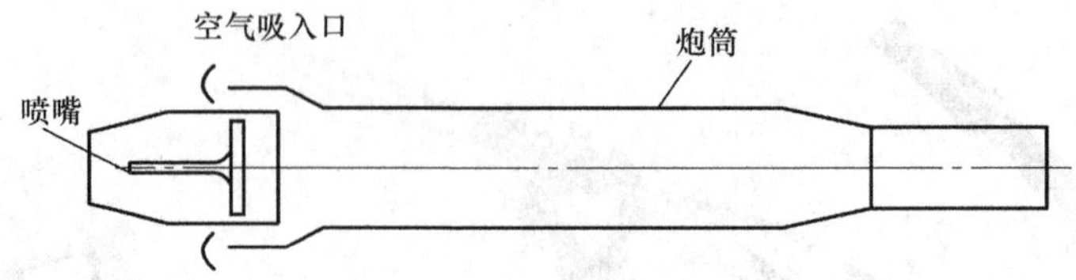

图 5-14　泡沫炮炮筒结构图

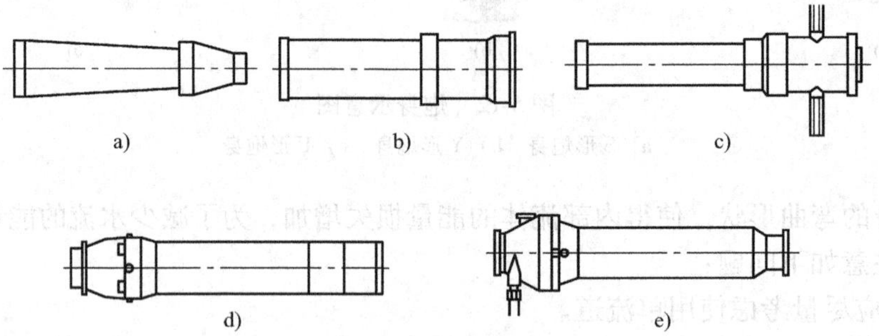

图 5-15　消防炮喷嘴

a）充实水柱型喷嘴　b）导流式喷嘴　c）直流-喷雾型喷嘴　d）直筒圆柱体型喷嘴　e）孔板式喷嘴

不吸入空气，可用于喷射水、水成膜泡沫混合液等灭火介质；图 d 和图 e 为吸气型喷嘴，在喷射过程中能吸入大量的空气，可用于喷射蛋白泡沫混合液、水成膜泡沫混合液和水等多种灭火介质。

（3）稳流器

液体流经炮体所引起的涡流和横向环流需要在相当长的直管段中才能稳定下来，为了尽快消除横向环流，缩短喷管长度，需要在喷管中安装稳流器。稳流器可增加流道中横向回流的碰撞机会，使横向水流尽快消失。另一方面可将过水断面分隔成许多小部分，各部分的水流横向尺寸减少，雷诺数降低，使水流状态接近层流，从而提高射程。稳流器的结构如图 5-16 所示。

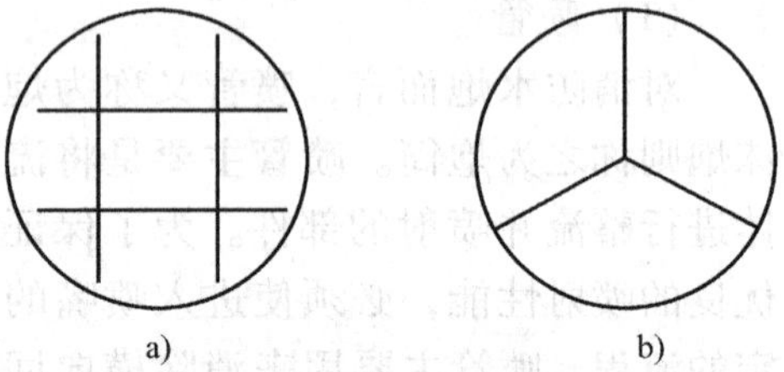

图 5-16　稳流器的结构

a）“井”字形整流器　b）“人”字形整流器

5.2.3　操作部件

消防炮的操作部件是控制流体喷射角度和喷射形态的动力单元。通过动力单元的驱动实现消防炮水平和俯仰回转功能。操作部件主要有手柄、手轮、交流或直流电动机、液压马达或液动活塞、气动马达或气缸等形式。通过这些部件可实现消防炮的手动控制、电动控制、液压和气压控制，其中手轮式、电控式、液控式、气控式的控制方式均采用蜗轮蜗杆传动，其装置如图 5-17 所示。图中蜗杆与蜗轮通过齿轮咬合，当蜗杆转动时，便带动齿轮旋转，从而实现消防炮的水平和俯仰回转功能。

图5-17 蜗轮蜗杆传动装置示意图

5.3 消防炮的性能参数

消防炮的灭火能力取决于消防炮的性能。应用与火场规模相匹配的消防炮，将会取得最佳的灭火效果。消防炮的性能参数主要包括两部分，一是技术性能参数，该参数主要体现了消防炮本身所能提供的性能；另一个是战术性能参数，即器材在实际应用过程中所表现出来的特性。

5.3.1 消防炮的技术性能参数

消防炮的技术参数是衡量其性能的重要指标。理想的流量和射程可以扩大消防炮的灭火控制范围，减少火源对消防装备和人员的威胁。此外，回转和俯仰角度关系到消防炮的灵活程度，也是影响消防炮灭火效果的重要参数。

1. 流量

消防炮的流量指单位时间内通过喷嘴的水量。随着消防炮技术的发展，其流量范围也在逐渐扩大。目前，流量在20～250L/s之间的消防炮均有相应的产品。美国某公司近期开发出一种大流量消防炮系统，该水炮流量为333～999L/s，射高为90～130m，射程为181～230m，且可实现液压和电动控制。目前，该炮已在实际工程中应用。

2. 射程

射程指消防炮喷嘴在水平面上的投影点至灭火介质连续喷洒最远点之间的距离。测量消防炮射程时，一般选择平坦的场地，并将仰角设为30°±2°，炮出口离地面垂直距离不超过3m，顺风向喷射，风速小于2m/s。以炮出口铅垂线与地面交点为原点，起动水泵使水炮或泡沫炮顺风向喷射，当炮的进口压力达到额定工作压力并稳定后，连续喷洒时间不少于10s，介质连续洒落的最远点与原点之间的距离即为炮的射程。

在《消防炮通用技术条件》中规定了国产消防炮流量、压力和射程三者之间的对应关系，具体要求见表5-1和表5-2，表中数据是检测消防炮性能的基本标准。从表中可以看出，消防炮的工作压力为1.4MPa时，流量可达到200L/s，射程可达100m左右。在灭火过程中，应允许水炮、泡沫炮和两用炮各流量段的工作压力超过规定压力的上限值，但不得超过1.6MPa，且每超过压力上限值0.1MPa时，相应的射程应增加5m。

表 5-1　消防水炮性能参数

流量/（L/s）	额定工作压力上限/MPa	射程/m	允差误差（%）
20	1.0	≥48	±8
25		≥50	
30		≥55	
40		≥60	
50		≥65	
60	1.2	≥70	±6
70		≥75	
80		≥80	
100		≥85	
120		≥90	±5
150	1.4	≥95	
180		≥100	±4
200		≥105	

表 5-2　消防泡沫炮性能参数

泡沫混合液流量/（L/s）	额定工作压力上限/MPa	射程/m	流量允差（%）	发泡倍数（20℃时）	25%的析液时间（20℃时）/min
24	1.0	≥40	±8	≥6	≥2.5
32		≥45			
40		≥50			
48		≥55			
64	1.2	≥60	±6		
70		≥65			
80		≥70			
100		≥75			
120		≥80	±5		
150	1.4	≥85			
180		≥90			
200		≥95			

3. 水平回转角

通过炮座的旋转，带动炮体在水平方向转动，消防炮水平摆动的范围即为水平回转角，如图 5-18 所示。该图表示水平回转角为 180°时，消防炮在 180°回转角范围内可任意旋转。在《消防炮通用技术条件》中规定了国产消防炮的水平回转角度，见表 5-3。由表中可以看出，水平回转角度一般不低于 90°，即在 90°回转角范围内可

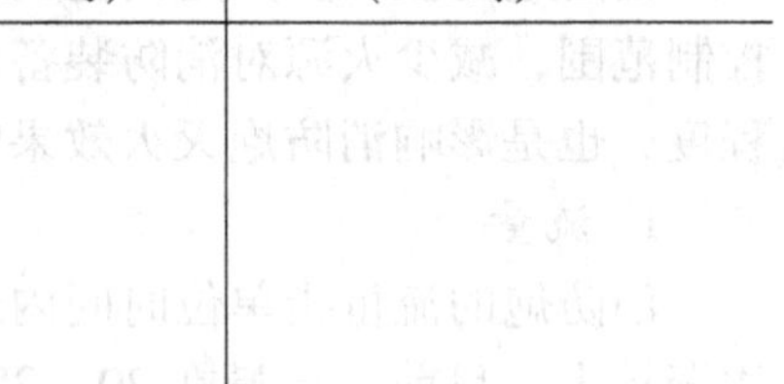

图 5-18　180°水平回转角示意图

任意旋转。

表 5-3　消防炮水平回转角

按使用方式	水平回转角（°）
地面固定式消防炮 举高固定式消防炮	≥180
常规消防车车载固定式消防炮	≥270
带有水平回转的移动式消防炮	≥90

4. 俯仰回转角

通过俯仰回转节的控制，使消防炮能俯仰转动，消防炮俯仰摆动的范围，即为俯仰回转角。以水平线为基线，向上仰起的角度即为仰角，在水平线以下的角度称为俯角，如图5-19所示。在《消防炮通用技术条件》中规定了国产消防炮的俯仰回转角度，见表5-4。由表中可以看出，消防炮的俯角度一般不超过 -70°，仰角不低于40°。

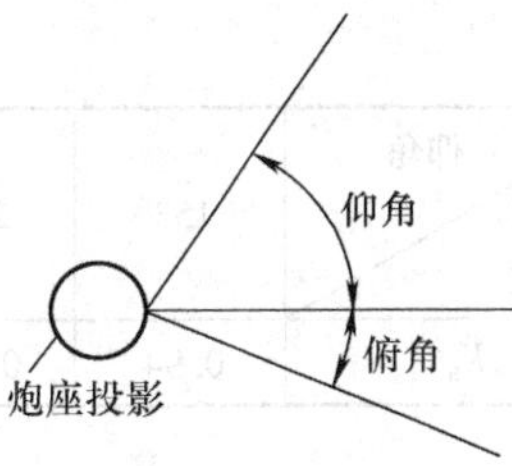

图 5-19　仰角和俯角示意图

表 5-4　消防炮的俯仰回转角

按使用方式分类	最小俯角（°）	最小仰角（°）
地面固定式消防炮	≤ -15	≥ +60
常规消防车车载固定式消防炮	≤ -15	≥ +45
举高固定式消防炮	≤ -70	≥ +40

为了便于了解这些性能参数在消防炮上的具体应用情况，分别列举了某公司生产的PS20—50型消防水炮和PP24—48型泡沫炮的性能参数，见表5-5。从表中可以看出，消防炮的流量、压力、射程和回转俯仰角度均遵循了上述的规律。

表 5-5　PS20—50 型和 PP24—48 型消防炮性能参数

型　号	PS20—50				PP24—48			
额定工作压力/MPa	1.0				1.0			
额定流量/（L/s）	20	30	40	50	24	32	40	48
射程/m	≥48	≥55	≥60	≥65	≥40	≥45	≥50	≥55
回转角度（°）	360							
俯仰角度（°）	-70 ~ 90							
出口通径/mm	80							

5.3.2　消防炮的战术性能参数

了解消防炮的战术性能参数，对火场中合理使用消防炮具有重要意义。消防炮的战术性能参数主要包括充实水柱、控制面积、控制周长和喷射高度等参数。

1. 充实水柱

水炮的充实水柱指由喷嘴起至射流90%的水量穿过直径为125cm圆圈的一段射流长度。在工作压力范围内，水炮的充实水柱随射程的增大而增大，随仰角的增大而减小。水炮充实水柱可按下式计算：

$$S_K = K_\theta S_N \tag{5-1}$$

式中 S_K——充实水柱（m）；

K_θ——充实水柱系数，见表5-6；

S_N——射程（m）。

表5-6 水炮充实水柱系数

仰角 / 充实水柱系数	15°	20°	25°	30°	35°	40°	45°	50°	55°	60°
K_θ	0.94	0.90	0.86	0.82	0.78	0.75	0.74	0.72	0.71	0.70

【例5-1】 SP40型固定式水炮，工作压力为100×10^4Pa，射程为70m，仰角为45°，计算其充实水柱。

解： 查表5-6可知，仰角为45°时，消防炮的K_θ为0.74，代入式（5-1）可得：

$$S_K = K_\theta S_N = (0.74\times70)\text{m} = 51.8\text{m}$$

2. 控制面积

控制面积指利用消防水炮能有效保护的面积，可按下式进行计算：

$$A_p = \frac{Q}{q_0} \tag{5-2}$$

式中 A_p——控制面积（m^2）；

Q——流量（L/s）；

q_0——火场供水强度［L/（s·m^2）］，对于火灾荷载密度不大于$48kg/m^2$的A类火灾，火场供水强度取$0.12L/s\cdot m^2$。

【例5-2】 已知SP40型固定式水炮流量为50L/s，计算其控制面积。

解：

$$A_p = \frac{Q}{q_0} = \frac{50}{0.12}\text{m}^2 = 416.7\text{m}^2$$

3. 控制周长

控制周长指利用消防水炮能有效保护的长度，可按下式进行计算：

$$L_p = \frac{A_P}{h_s} \tag{5-3}$$

式中 L_p——控制周长（m）；

A_p——控制面积（m^2）；

h_s——控制纵深（m），一般取10m。

【例5-3】 已知SP40型固定式水炮流量为50L/s，控制纵深为10m，计算其控制周长。

解： 由上例可知，SP40型消防炮的控制面积为$416.7m^2$，其控制周长为：

$$L_p = \frac{A_p}{h_s} = \frac{416.67}{10}\text{m} = 41.7\text{m}$$

4. 控制高度

控制高度指利用消防水炮能有效保护的高度，可按下式进行计算：

$$H = H_0 + S_K \sin\theta \tag{5-4}$$

式中　H——控制高度（m）；

H_0——设置高度（m）；

S_K——充实水柱（m）；

θ——仰角（°）。

【例5-4】　SP40型固定式水炮，工作压力为 100×10^4 Pa，仰角为45°，充实水柱为51.8m，水炮位置距地面垂直高度为20m，计算其控制高度。

解： $H = H_0 + S_K \sin\theta = 20 + 51.8\sin45° = \left(20 + 51.8 \times \frac{\sqrt{2}}{2}\right)\text{m} = 56.6\text{m}$

泡沫炮和干粉炮的战术性能参数和水炮的计算方法相同，SP40型水炮、PPY32型移动泡沫炮和GF10型车载干粉炮的战术性能参数见表5-7。由表中数据可以看出，GF10型干粉炮的控制面积仅有 40m^2，控制周长仅有8m，因此其战术性能相对较弱。

表5-7　SP40型水炮、PPY32型移动泡沫炮、GF10型车载干粉炮的战术性能参数

战术性能 / 型号	充实水（泡沫）柱/m	控制面积/m^2	控制周长/m	控制高度/m	控制纵深/m
SP40	51.8	416.7	41.7	56.6	10
PPY32	33.3	200	20	23.5	10
GF10	—	40	8	19.9	5

5.3.3　消防炮的性能曲线

消防炮的性能曲线是指按照消防炮的标准测试方法进行试验，获得的消防炮工作压力与流量和射程、仰角和射高，以及作用力和反作用力之间的关系曲线。这些关系曲线的变化规律可为火场中更好地应用消防炮提供理论依据。下面以消防水炮为例，对这些关系曲线进行分析。

消防水炮压力和流量之间的关系曲线如图5-20所示。图中共给出12种规格的消防水炮压力－流量关系曲线，由图可以看出，消防水炮的流量随压力的增大而增加，但对于小流量的消防炮，这种增加趋势并不是很明显。同时，从图中还可以看出，在压力为0.8MPa时，20～50型消防水炮的流量达到额定值；在压力为1.0MPa时，60～80型消防水炮的流量达到额定值；在压力为1.2MPa时，100～120型消防水炮的流量达到额定值；在压力为1.3MPa时，150型消防水炮的流量达到额定值；在压力为1.4MPa时，18～200型消防水炮的流量达到额定值；在仰角30°时，测得的消防水炮压力-射程之间的关系曲线如图5-21所示，由图可以看出消防水炮的射程随压力的增加而明显增大，其增加幅度高于压力对流量的影响。由此可以看出，增加消防炮的压力，并不是增加流量的有效方式，而增加压力，则能明显地提高射程。

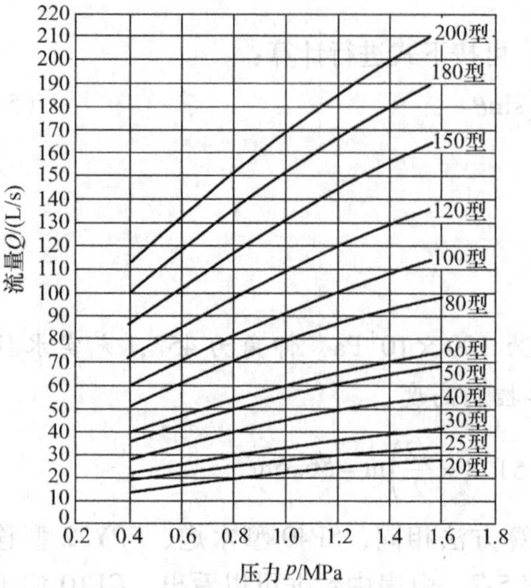

图 5-20　消防水炮的压力-流量曲线图

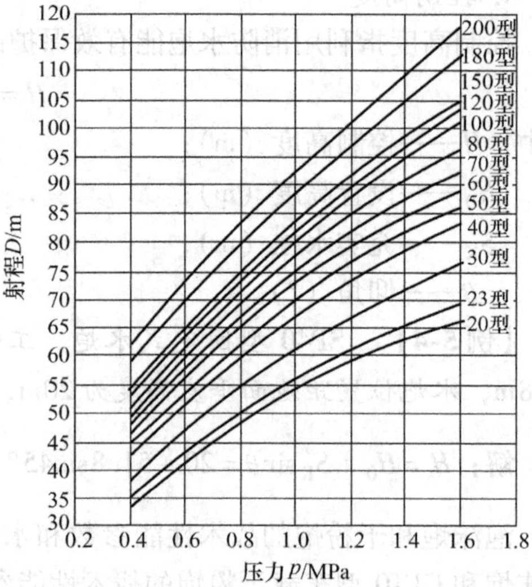

图 5-21　消防水炮压力-射程曲线图（仰角 30°）

消防水炮的喷射仰角、最大射高和最大射高点的水平距离（有效射程）之间存在一定的关系，其关系曲线如图 5-22 所示，图中给出了 30°、45°、60°、70°、80°和 90°六种仰角下，13 种规格消防炮的最大射高和在该点下对应的水平距离。由图中可以看出，随着仰角的增大，射高逐渐增加，而最大射高点对应的水平距离逐渐减小。同时，从图中还可以获得不同仰角下消防水炮的射高和最大射高点的水平距离，见表 5-8，表中为 60 型消防炮的相关数据。

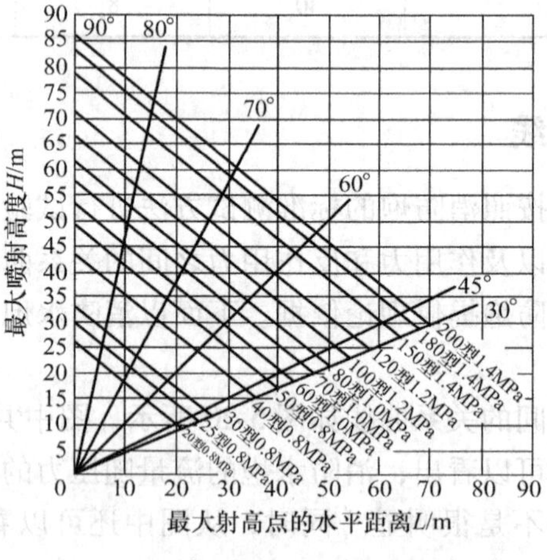

图 5-22　消防水炮喷射仰角-最大射高曲线图

表 5-8　60 型消防炮在压力 1.0MPa 下不同仰角下对应的射高和最大射高点的水平距离

仰　角	30°	45°	60°	70°	80°	90°
射高/m	17	20	30	37	45	53
最大射高点的水平距离/m	43	40	30	20	10	0

消防炮在使用过程中存在一定的反作用力，由于反作用力的存在，在一定程度上增加了消防炮的操控难度。消防炮的工作压力-反作用力之间的关系曲线如图5-23所示。由图可以看出，目前消防炮的反作用力较小，最小的仅有0.5kN左右，最大有12.5kN左右，且随着消防炮压力的增加，反作用力逐渐增大，但对于小规格的消防炮，随着压力的增加反作用力的增加不明显。

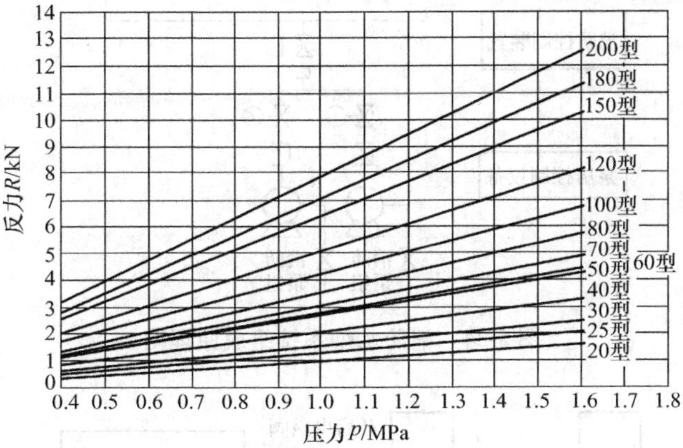

图5-23 消防炮压力-反力曲线图

5.4 固定消防炮灭火系统

固定消防炮灭火系统是由固定消防炮和相应配置的系统组件组成的固定灭火系统。根据喷射介质，固定消防炮系统可分为水炮系统、泡沫炮系统和干粉炮系统。

5.4.1 水炮系统

水炮系统是喷射水灭火剂的固定消防炮系统。该系统适用于一般固体可燃物火灾场所，不得用于扑救遇水发生化学反应而引起燃烧、爆炸等物质的火灾。

1. 系统的组成和工作原理

该系统主要由水源、消防泵组、管道、阀门、水炮、动力源和控制装置等组成。消防水炮系统组成原理如图5-24所示，其工作流程如图5-25所示。火灾发生时，火灾探测设备探测火警信号，并将信号传送到消防控制中心，控制主机接收火灾报警信号后，向解码器发出控制指令，调整消防炮俯仰角对准着火点，然后开启电磁阀，起动消防水泵向系统供水，消防炮喷水灭火。若值班人员先发现火灾，也可快速手动开启系统，进行喷水灭火。

2. 系统设计

消防水炮系统的设计主要包括设计射程、设计流量、设计参数的确定。

(1) 水炮的设计射程

水炮的设计射程应符合消防炮布置的要求。室内布置的水炮射程应按产品射程的指标值计算。室外布置的水炮射程可能受到风向和风力等因素的影响，因此应按产品射程指标值的90%计算。在实际工程中，由于动力配套能力、管路附件、炮塔高度等各种因素的影响，水炮的实际工作压力可能与产品的额定工作压力不同，此时应在产品规定的工作压力范围内

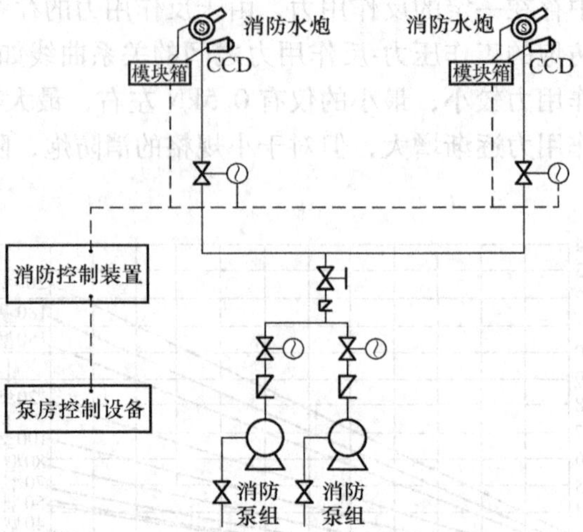

图 5-24　消防水炮系统组成原理图

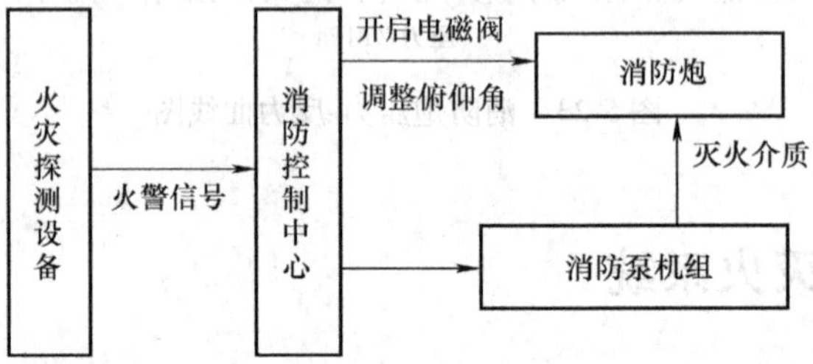

图 5-25　固定消防炮系统工作流程

选用。

水炮的设计射程可按下式确定：

$$D_s = D_{s0}\sqrt{\frac{p_e}{p_0}} \tag{5-5}$$

式中　D_s——水炮的设计射程（m）；

D_{s0}——水炮在额定工作压力时的射程（m）；

p_e——水炮的设计工作压力（MPa）；

p_0——水炮的额定工作压力（MPa）。

当上述计算的水炮设计射程不能满足消防炮布置的要求时，应调整原设定的水炮数量、布置位置或规格型号，直至达到要求为止。

（2）系统的设计流量

水炮系统的计算总流量应为系统中需要同时开启的水炮设计流量的总和，且不得小于灭火用水计算总流量及冷却用水计算总流量之和。

水炮的设计流量可按下式确定，且室外配置的水炮的额定流量不宜小于 30L/s：

$$Q_s = Q_{s0}\sqrt{\frac{p_e}{p_0}} \tag{5-6}$$

式中 Q_s——水炮的设计流量（L/s）；

Q_{s0}——水炮的额定流量（L/s）。

（3）系统的设计参数

1）系统用水供给时间。水炮系统灭火及冷却用水的连续供给时间应符合下列规定：

扑救室内火灾的灭火用水连续供给时间不应小于1.0h；扑救室外火灾的灭火用水连续供给时间不应小于2.0h；甲、乙、丙类液体储罐、液化烃储罐、石化生产装置和甲、乙、丙类液体、油品码头等冷却用水连续供给时间应符合国家标准《石油化工企业设计防火规范》和《装卸油品码头防火设计规范》等的规定。

2）系统用水供给强度。水炮系统灭火及冷却用水的供给强度应符合下列规定：

扑救室外火灾的灭火及冷却用水的供给强度和扑救室内一般固体物质火灾的供给强度应符合《自动喷水灭火系统设计规范》中的规定，其用水量应按两门水炮的水射流同时到达防护区任一部位的要求计算。民用建筑的用水量不应小于40L/s；工业建筑的用水量不应小于60L/s；甲、乙、丙类液体储罐、液化烃储罐和甲、乙、丙类液体、油品码头等冷却用水的供给强度应符合《石油化工企业设计防火规范》的规定；石化生产装置的冷却用水的供给强度不应小于16L/（min·m²）。

3）系统灭火面积及冷却面积。水炮系统灭火面积及冷却面积的计算应符合下列规定：

甲、乙、丙类液体储罐、液化烃储罐、石化生产装置冷却面积的计算应符合《石油化工企业设计防火规范》的规定；甲、乙、丙类液体、油品码头的冷却面积应按式（5-7）计算，其他场所的灭火面积及冷却面积应按照国家有关标准和规范或根据实际情况确定：

$$F = 3BL - f_{max} \tag{5-7}$$

式中 F——冷却面积（m^2）；

B——最大油舱的宽度（m）；

L——最大油舱的纵向长度（m）；

f_{max}——最大油舱的面积（m^2）。

（4）系统水力计算

1）系统的供水设计总流量应按下式计算：

$$Q = \sum N_p Q_p + \sum N_s Q_s + \sum N_m Q_m \tag{5-8}$$

式中 Q——系统供水设计总流量（L/s）；

N_p——系统中需要同时开启的泡沫炮的数量（门）；

N_s——系统中需要同时开启的水炮的数量（门）；

N_m——系统中需要同时开启的保护水幕喷头的数量（只）；

Q_p——泡沫炮的设计流量（L/s）；

Q_s——水炮的设计流量（L/s）；

Q_m——保护水幕喷头的设计流量（L/s）。

2）供水或供泡沫混合液管道总水头损失应按下式计算：

$$H = 0.0000107 \frac{V^2}{D^{1.3}} L + 0.01 \sum \varepsilon \frac{V^2}{2g} \tag{5-9}$$

式中 H——水泵出口至最不利点消防炮进口管道水头总损失（mH_2O）；

L——计算管道长度（m）；

V——设计流速（m/s）；

D——管道内径（m）；

g——重力加速度（m/s^2）；

ε——局部阻力系数。

3）消防水泵扬程应按下式计算：

$$p = z + H + p_e \tag{5-10}$$

式中 p——消防水泵扬程（mH_2O）；

z——最低引水位至最高位消防炮进口的垂直高度（m）；

H——水泵出口至最不利点消防炮进口管道水头总损失（mH_2O）；

p_e——泡沫（水）炮的设计工作压力（mH_2O）。

5.4.2 泡沫炮系统

泡沫炮系统是喷射泡沫灭火剂的固定消防炮系统。其适用于甲、乙、丙类液体、固体可燃物火灾的扑救，不得用于扑救遇水发生化学反应而引起燃烧、爆炸等物质的火灾。该系统在石化企业、展馆仓库、输油码头、机库船舶等场所有着广泛的应用。

1. 组成和工作原理

该系统主要由水源、泡沫罐、消防泵组、泡沫比例混合装置、管道、阀门、泡沫炮、动力源和控制装置等组成。泡沫炮系统组成原理如图5-26所示。与水炮灭火系统不同的是，泡沫炮系统中串接入泡沫液储罐及泡沫比例混合装置，当消防水泵启动后，压力水与泡沫液混合形成泡沫混合液，然后经泡沫炮喷射灭火。

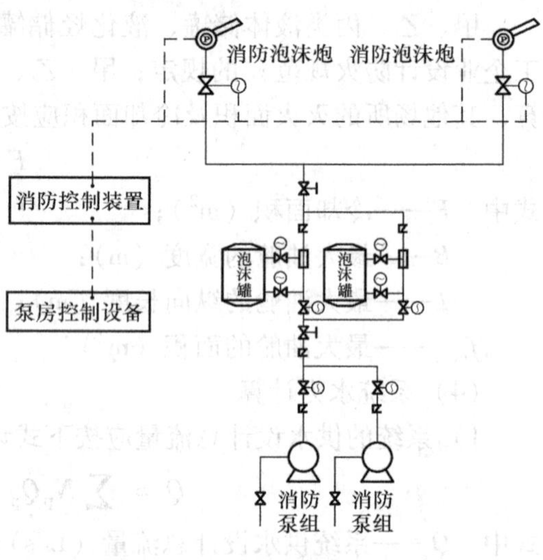

图5-26 消防泡沫炮系统组成原理图

2. 系统设计

泡沫炮系统的设计主要包括设计射程、设计流量、设计参数的确定。

（1）泡沫炮设计射程

泡沫炮和水炮设计射程的确定方法相同，可参考水炮部分内容，此处略。

（2）系统的设计流量

泡沫混合液设计总流量应为系统中需要同时开启的泡沫炮设计流量的总和，且不应小于灭火面积与供给强度的乘积。混合比的范围应符合国家标准《低倍数泡沫灭火系统设计规范》的规定，计算中应取规定范围的平均值。泡沫液设计总量应为其计算总量的1.2倍。

泡沫炮和水炮设计流量的计算方法相同，且室外配置的泡沫炮的额定流量不宜小于48L/s。

（3）设计参数

1）扑救甲、乙、丙类液体储罐区火灾及甲、乙、丙类液体、油品码头火灾等的泡沫混合液的连续供给时间和供给强度，应符合国家标准《石油化工企业设计防火规范》和《装卸油品码头防火设计规范》等的规定。

2）泡沫炮灭火面积的计算应符合下列规定：

甲、乙、丙类液体储罐区的灭火面积应按实际保护储罐中最大一个储罐横截面积计算。泡沫混合液的供给量应按两门泡沫炮计算；甲、乙、丙类液体、油品装卸码头的灭火面积应按油轮设计船型中最大油舱的面积计算；飞机库的灭火面积应符合《飞机库设计防火规范》的规定；其他场所的灭火面积应按照国家有关标准和规范或根据实际情况确定。

【例5-5】　某油品码头可停靠5万t级油轮，油品为甲类，油轮甲板在最高潮位时的高度为20m，油轮的最大宽度为20m，主油舱长×宽为50m×18m，供水管道*DN*200、长500m；*DN*150、长70m；泡沫混合液管道*DN*200、长500m；*DN*150、长60m。

(1) 泡沫炮选型计算：

主油舱面积：$(50\times18)\text{m}^2=900\text{m}^2$

选用6%型氟蛋白泡沫灭火剂，灭火强度为8.0L/(min·m²)

灭火用混合液流量：$(900\times8/60)\text{L/s}=120\text{L/s}$

根据泡沫炮的流量系列，可选120L/s的泡沫炮。

(2) 泡沫液储存量计算：

灭火时间为40min，混合比以6.5%计

灭火用泡沫液量：$(40\times60\times120\times6.5\%)\text{L}=18720\text{L}$

管道充满所需泡沫液量：$[\pi/4\times(2^2\times5000+1.5^2\times600)\times6.5\%]\text{L}=1089.4\text{L}$

泡沫液储存总量：$[(18720+1089.4)\times120\%]\text{L}=23771.3\text{L}$

(3) 冷却用水量计算：

冷却用水流量：$[(3\times20\times50-50\times18)\times2.5/60]\text{L/s}=87.5\text{L/s}$

根据水炮的流量系列，应选100L/s的水炮。

(4) 消防水罐储水量计算：

设计保护水幕同时开启2组，每组保护水幕喷头5只，每只流量3L/s；

保护水幕流量：$(2\times5\times3)\text{L/s}=30\text{L/s}$

泡沫系统用水量：$[120\times(100-6.5)\%\times40\times60+\pi/4\times(2^2\times5000+1.5^2\times600)]\text{L}=286.04\times10^3\text{L}$

冷却供水时间以6h计。

水炮和保护水幕用水量：$[(100+30)\times6\times3600]\text{L}=2808\times10^3\text{L}$

供水管道容积：$[\pi/4\times(2^2\times5000+1.5^2\times700)]\text{L}=16.93\times10^3\text{L}$

冷却供水量：$[(2808+16.93)\times120\%\times10^3]\text{L}=3389.9\times10^3\text{L}$

5.4.3　干粉炮系统

干粉炮系统是喷射干粉灭火剂的固定消防炮系统。该系统用于液化石油气、天然气等可燃气体火灾场所。

1. 系统的组成和工作原理

消防干粉炮灭火系统由消防干粉炮、管路及支架、干粉储罐、干粉产生装置、消防炮控制系统等组成。其组成原理如图5-27所示。干粉炮灭火系统与水炮、泡沫灭火系统不同，该系统中使用的是干粉罐和动力气体储瓶，而不是消防泵。火灾发生时，火灾探测设备探测

火警信号，并将信号传送到消防控制中心，在控制消防炮的同时，开启动力气体储瓶，驱动气体进入干粉罐，驱动干粉灭火剂经管路输送，干粉炮释放，实施灭火。

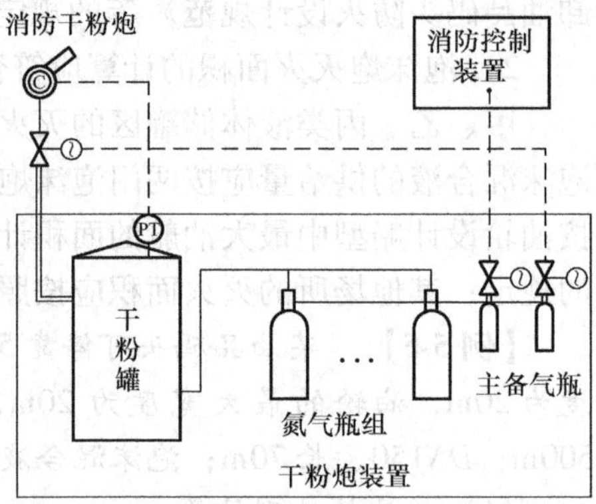

图 5-27 消防干粉炮组成原理图

2. 系统的设计

（1）干粉炮设计射程

室内布置的干粉炮射程应按产品射程指标值计算，室外布置的干粉炮射程应按产品射程指标值的90%计算。

（2）干粉炮系统喷射强度

干粉炮系统的单位面积干粉灭火剂供给量可按表5-9选取。

表 5-9 干粉炮系统的单位面积干粉灭火剂供给量

干 粉 种 类	单位面积干粉灭火剂供给量/（kg/m^2）
碳酸氢钠干粉	8.8
碳酸氢钾干粉	5.2
磷基干粉 碳酸铵干粉	3.6

（3）灭火面积

可燃气体装卸站台等场所的灭火面积可按保护场所中最大一个装置主体结构表面积的50%计算。

（4）连续喷射时间

干粉炮系统的干粉连续供给时间不应小于60s。

3. 设计要求

1）干粉设计用量应符合下列规定：

① 干粉计算总量应满足规定时间内需要同时开启干粉炮所需干粉总量的要求，并不应小于单位面积干粉灭火剂供给量与灭火面积的乘积；干粉设计总量应为计算总量的1.2倍。

② 在停靠大型液化石油气、天然气船的液化气码头装卸臂附近宜设置喷射量不小于2000kg干粉的干粉炮系统。

2）干粉炮系统应采用标准工业级氮气作为驱动气体，其含水量不应大于0.005%的体积比，干粉罐的驱动气体工作压力可根据射程要求分别选用1.4MPa、1.6MPa和1.8MPa。

3）干粉供给管道的总长度不宜大于20m。炮塔上安装的干粉炮与低位安装的干粉罐高度差不应大于10m。

4）干粉炮系统的气粉比应符合下列规定：

① 当干粉输送管道总长度大于10m且小于20m时，每千克干粉需配给50L氮气。

② 当干粉输送管道总长度不大于10m时，每千克干粉需配给40L氮气。

5.5　移动消防炮灭火系统

移动消防炮系统是指利用车载消防炮或移动消防炮进行灭火的消防炮系统。与固定灭火系统相比，移动消防炮灭火系统机动灵活，可根据火场的具体情况进行部署，尤其是对于一些存在爆炸危险性的大型石油化工火灾，当固定灭火设备遭到破坏后，移动消防炮对火灾扑救起着至关重要的作用。

5.5.1　车载消防炮

车载消防炮是指将消防炮固定安装在消防车上，通过消防车自身的输送系统，将灭火介质输送到消防炮，经喷嘴释放喷射到着火区域实施灭火的设备。车载消防炮灭火设备机动灵活，可根据火灾发生的地点，选择最适宜的灭火位置，有助于提高灭火效率。与水枪灭火相比，消防炮射程远、流量大，特别适用于大型火灾的扑救。车载消防炮主要有车载消防水炮、泡沫炮和干粉炮等三种类型，下面分别进行介绍。

1. 车载消防水炮

车载消防水炮灭火设备主要由消防车动力系统、控制系统、消防水炮、水储存和输送系统组成。消防水炮系统的开启方式如图5-28所示。由图可以看出，开启消防炮系统时，首先开启发动机怠速运转，接通水源，起动水泵，调节出口压力，打开消防炮出水管路的球阀，消防炮即可远距离喷水灭火。该形式的消防炮主要用于A类物质火灾的扑救和B类物质火灾中着火区设备的冷却。消防炮及载体设备如图5-29所示，图中分别标出了消防车各部分的功能，消防炮在整个设备中只起射水的作用。消防炮的供水管路如图5-30所示，水罐中的水经水泵加压后供给消防炮管路，以满足消防炮射水的需要。

开启发动机怠速运转 → 接通水源 → 开启水泵 → 开启消防炮出水管路

图5-28　车载消防水炮的开启方式

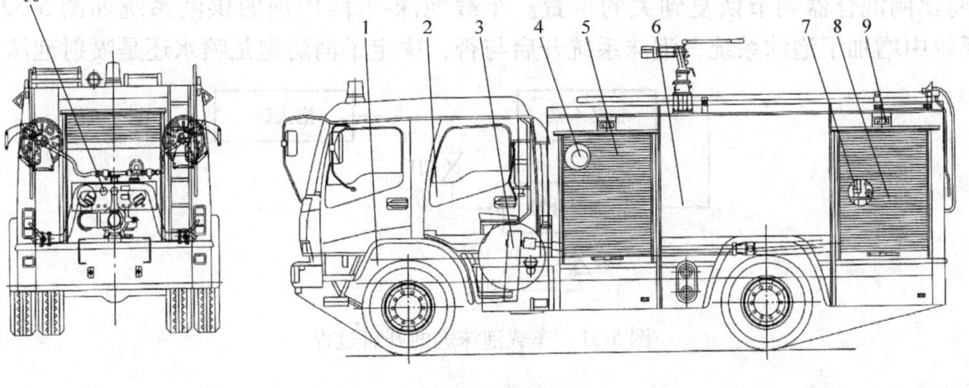

图5-29　消防炮及载体设备示意图

1—底盘改制总成　2—乘员室　3—驱力及传动装置　4—器材布置总成　5—器材箱
6—容罐装置总成　7—水泵管路总成　8—泵房　9—附加电器　10—仪表管路

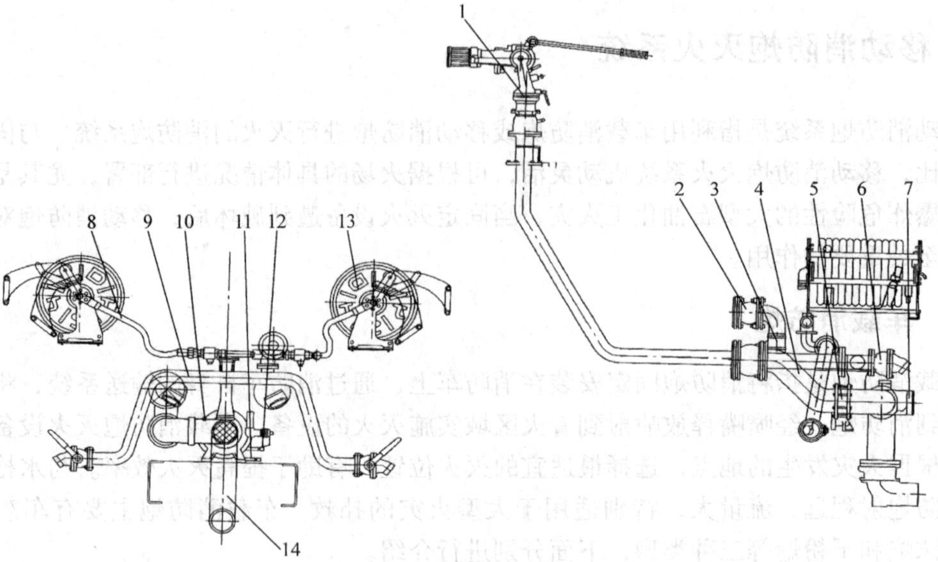

图 5-30 消防水炮供水管路总成

1—水炮 2—注水管路 3—注水球阀 4—后进水管路 5—球阀（或蝶阀） 6—后出水管路 7—外进水管路 8—上出水管路 9—侧出水管路 10—引水器放余水开关 11—泵放余水阀 12—冷却系统管路 13—中压盘 14—吸水管

2. 车载泡沫炮

车载泡沫炮灭火设备主要由消防车动力系统、控制系统、消防泡沫炮、泡沫混合装置、泡沫和水储存输送系统组成。与车载消防水炮不同的是，该类灭火设备中增加了泡沫混合装置，该装置一般为负压环泵比例式混合。车载消防泡沫炮的启动过程与车载消防水炮基本相同，只是在泡沫炮起动前，必须首先开启泡沫系统。车载消防泡沫炮的开启过程如图 5-31 所示，由图可以看出，首先开启消防泵，然后开启阀 1，使压力水进入比例混合器，再开启阀 2，使泡沫液流入系统中，然后调整好混合比，打开炮控制阀，驱动消防泵加压，消防炮开始喷射。待喷射完毕后，先关闭阀 2，水泵继续工作，清洗管道，清洗完毕后，再关闭阀 1，并将比例混合器调节恢复到关的位置。车载泡沫-水两用炮的供液系统如图 5-32 所示，在该系统中增加了泡沫系统，泡沫系统开启与否，决定了消防炮是喷水还是喷射泡沫。

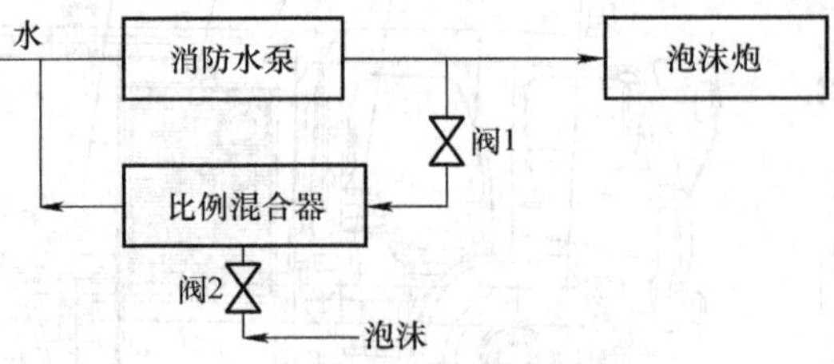

图 5-31 车载泡沫炮的开启过程

3. 车载干粉炮

车载干粉炮灭火设备主要由消防车动力系统、控制系统、灭火介质驱动与输送系统和干粉炮组成，用以扑救易燃液体、可燃气体和一般电器火灾。与车载水和泡沫炮灭火设备不

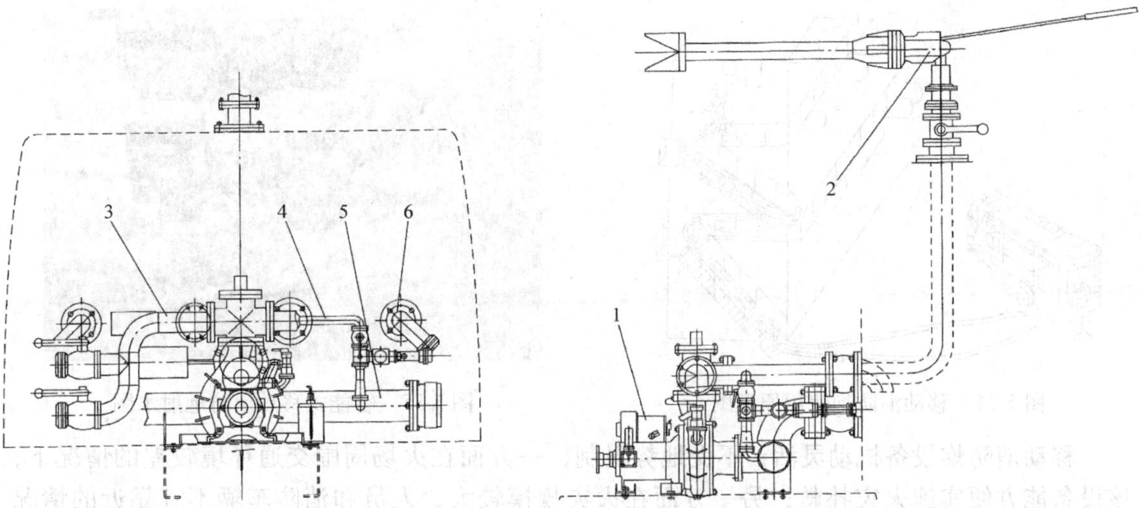

图5-32 车载泡沫-水两用炮的供液系统

1—水泵 2—泡沫-水两用炮 3—出水管 4—泡沫吸入系统 5—进水管 6—充水管

同，该设备需要一套气体驱动装置和干粉储存装置，如图5-33所示。图中有两个圆形的干粉储罐，多个驱动气体储瓶。该设备的操作是先开启气体驱动系统，动力气体进入汇集管，经减压阀减压后进入干粉罐，当干粉罐的干粉和气体充分混合，达到工作压力后，开启干粉炮对准火源，即可出粉灭火。

图5-33 干粉消防炮供粉系统

5.5.2 移动消防炮

移动消防炮需要与消防车等供水设备配套使用，具体应用方法如图5-34所示。首先用水带将消防车上的出水口和移动消防炮的进水口连接起来，打开出水球阀，驱动消防泵工作，灭火剂就会通过移动消防炮喷射出来。目前，移动消防炮有带架式、拖车式、手抬式和智能式等多种类型。智能式移动消防炮射水情况如图5-35所示，该炮是近几年内新研制的消防炮，能够实现远距离控制，并能实现水柱和水雾状射水。

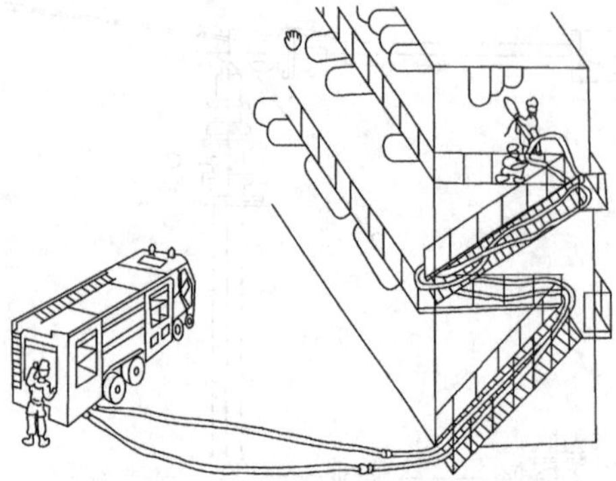

图 5-34　移动消防炮使用原理图

图 5-35　智能式移动消防炮射水图

移动消防炮设备机动灵活，不受地势限制，一方面在火场周围交通环境较差的情况下，该设备能方便实施火灾扑救；另一方面在火灾规模较大，人员和消防车辆不宜靠近的情况下，实施近距离扑救火灾。因此，《石油库设计规范》明确规定，“石油库所属的油品装卸码头小于5000t时，应配置一台30L/s的具有喷雾能力的移动水炮和一台500L推车式压力比例混合泡沫装置”。

5.5.3　系统的应用

移动消防炮是扑救大型火灾的主要消防力量，尤其是对于火灾规模大，辐射热强的火场，利用车载消防炮进行灭火，一方面有助于火灾的扑救，另一方面对消防人员起到一定的保护作用。下面举例说明移动消防炮的应用。

【例5-6】　某石油储备库中有一组油罐，平面布置如图5-36所示。该罐组共有4个相同的固定顶罐，用于存放汽油。单罐储油量为5000m^3，直径为22.6m，罐高为13.95m，每个罐顶部设有3个PC16型泡沫产生器。该罐组罐间距为0.6D（D为油罐直径），周围是全长1020m的环形车道，路宽5m。某天，该罐组内1号罐遭雷击爆炸起火，火势由油罐顶部围沿局部迅速向整个油罐围沿蔓延。下面分别对两种情况进行计算。

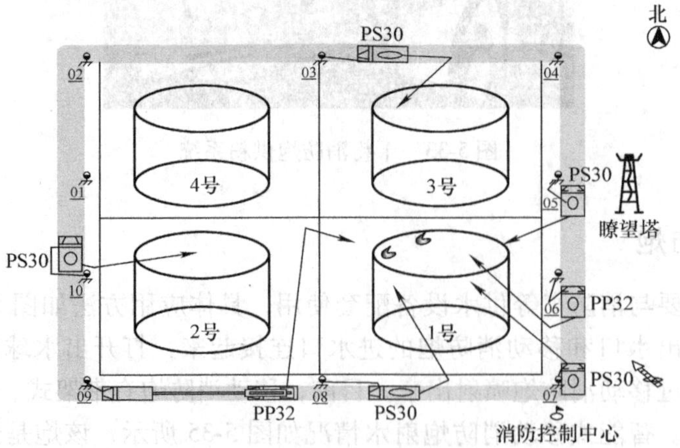

图 5-36　火场灭火力量分布

（1）当消防队到达现场时，发现固定灭火设施均已失效，若整个火场采用PP32型泡沫炮灭火，PS30型水炮进行冷却，连续进行20min灭火，才将火灭掉。灭火采用6%型的普通蛋白泡沫灭火剂，计算该火场需要的泡沫炮数量和最小灭火剂的用量。

（2）当消防队到达现场时，固定泡沫产生器已工作5min，若整个火场采用PP32型泡沫炮灭火，PS30型水炮进行冷却，连续20min将火灭掉，灭火后继续冷却10min，灭火采用6%型的普通蛋白泡沫灭火剂，若移动力量完全采用车载炮灭火和冷却，计算该火场需要的泡沫炮和水炮数量。

解（1）：因为固定灭火设施全部损坏，所以火场灭火力量主要依靠移动灭火装备。由题意知，火场燃烧面积为：

$$A = \frac{\pi D^2}{4} = \frac{3.14 \times 22.6^2}{4}\text{m}^2 = 401\text{m}^2$$

移动灭火系统的泡沫混合液供给强度取固定系统的1.2倍，所以移动设备的混合液供给强度为：$q = \frac{1.2 \times 6}{60} = 0.12\text{L/(s} \cdot \text{m}^2)$

火场所需泡沫灭火供给强度为：$Q_h = Aq = (401 \times 0.12)\text{L/s} = 48.12\text{L/s}$

所需泡沫炮的数量为：$n = \frac{48.12}{32} = 1.5$

所以需要两辆型号为PP32的车载泡沫炮灭火装备。

灭火所需的最小灭火剂用量：

$$Q_p = fAqt = (0.06 \times 401 \times 0.12 \times 20 \times 60 \times 10^{-3})\text{m}^3 = 3.65\text{m}^3$$

$$Q_s = fAqt = (0.94 \times 401 \times 0.12 \times 20 \times 60 \times 10^{-3})\text{m}^3 = 54.3\text{m}^3$$

所需泡沫液为3.65m^3，灭火用水量为54.3m^3，因此在用车载泡沫炮的灭火过程中，需要配备不小上述的灭火剂供给力量。

火场采用移动设备进行冷却，冷却强度为$0.8\text{L/(s} \cdot \text{m)}$。

冷却范围为着火罐周围1.5D范围内的油罐，按周长的一半冷却，着火罐按全部周长冷却，冷却周长为：

$$L = \pi D + 3 \times \frac{1}{2}\pi D = (3.14 \times 22.6 + 3 \times 0.5 \times 3.14 \times 22.6)\text{m} = 177.5\text{m}$$

冷却用水量为：

$$Q_{1s} = Lq_1 = (177.5 \times 0.8)\text{L/s} = 142\text{L/s}$$

冷却需水量为：

$$Q_1 = Lq_1 t = (177.5 \times 0.8 \times 20 \times 60 \times 10^{-3})\text{m}^3 = 170.4\text{m}^3$$

所需水炮数量为：

$$n = \frac{142}{30} = 4.73$$

火场需要5门PS30型消防水炮对着火罐和邻近罐进行冷却，具体布置已反映在图5-36中。

在灭火过程中为了保证灭火的连续性，可采用大型水罐车进行接力供水或运水供水，如果附近水源充足，最好就近供水。

解（2）：对比题中所给（1）和（2）两种情况可以发现，这两种场景中只是相差固定设备是否有效，而第二种场景中固定设施仍然部分有效，所以在确定火场燃烧面积时应扣除固定设施能保护的面积，然后再确定需要的消防炮的数量，其余的计算方法同第一种情况。

火场燃烧面积为：

$$A=\frac{\pi D^2}{4}=\frac{3.14\times 22.6^2}{4}\text{m}^2=401\text{m}^2$$

固定泡沫产生器控制的着火面积为：

$$A_{固}=2\times\frac{16\times 60}{6}\text{m}^2=320\text{m}^2$$

移动灭火设备需要控制的面积为：

$$A_{移}=A_{灭}-A_{固}=(401-320)\text{m}^2=81\text{m}^2$$

以上分别阐述了四种常见移动式消防炮的应用情况，无论是哪种消防炮，在灭火过程中均应注意如下问题：

1）由于消防炮的冲击力较大，在灭浮顶储罐火灾时，容易造成浮顶的倾斜，使着火面积进一步扩大，不利于灭火，因此不宜用消防炮设备扑救大型浮顶储罐火灾。

2）消防炮用水量较大，在使用时要采取消防用水的保障措施。

3）消防车停靠位置应占据着火位置的上风向，减少火场环境对灭火过程的影响。

思考题

1. 简述固定消防炮的定义，并分析固定消防炮主要应用在哪些场所。
2. 简述固定消防炮主要由哪几部分组成，并分析各部分的作用。
3. 指出消防炮的技术性能参数主要有哪些，定性分析这些参数之间的关系。
4. 已知 SP40 型固定式水炮流量为 60L/s，控制纵深为 10m，计算其控制面积和周长。
5. 某固定顶油罐，用于存放原油。单罐储油量为 10000m^3，直径为 44m，罐高为 14m，罐顶部设有 4 个 PC16 型泡沫产生器。某天，该罐遭雷击爆炸起火，火势由油罐顶部围沿局部迅速向整个油罐围沿蔓延。当消防队到达现场时，发现固定灭火设施均已失效，若整个火场采用 PP32 型泡沫炮灭火，PS40 型水炮进行冷却，连续进行 30min 才将火灭掉。灭火采用 6% 型的普通蛋白泡沫灭火剂，计算该火场需要的泡沫炮数量和最小灭火剂的用量。

第 6 章

细水雾灭火技术

细水雾灭火技术在消防方面的应用始于20世纪40年代，但应用范围有限。主要原因是当时水喷淋灭火技术作为主要发展和研究方向，细水雾灭火技术没有得到深入研究，故一直发展比较缓慢。随着科学技术的进步，人们防灭火观念的转变，特别是发现卤代烷灭火剂对大气臭氧层有破坏作用以及1987年《蒙特利尔破坏臭氧层物质的管制议定书》签署之后，细水雾灭火技术作为哈龙灭火技术的主要替代之一受到关注和重视，在20世纪90年代得到飞跃性的发展。

我国20世纪90年代末开始进行细水雾灭火系统的研究开发和试验工作，后相继开发出相应的细水雾灭火系统。目前，北京、江苏、山西和河南等省市的主管部门已制定了相应的细水雾灭火系统设计、施工及验收的地方性技术标准。

6.1 细水雾灭火技术概述

6.1.1 细水雾的定义

1996年，美国消防联合会细水雾灭火系统技术委员会提交了细水雾规范（NFPA 750, Standard on Water Mist Fire Protection Systems），并获得了美国消防联合会的批准。该规范中把细水雾定义为：在最小设计工作压力下，距离喷嘴1.0m处的平面上，测得水雾最粗部分的水微粒直径$D_{v0.99}$不大于1000μm。

2013年我国正式颁布实施了《细水雾灭火系统技术规范》（GB 50898—2013）。此前，北京、江苏省、山西省和河南省等省市的主管部门已制定了相应的细水雾灭火系统设计、施工及验收的地方性技术标准。细水雾的定义是：在喷头最小工作压力下，喷头轴线向下1.0m处的平面上，测得雾滴直径$D_{v0.99}$小于1000μm，或$D_{v0.5}$小于300μm的水雾。而在国家标准《细水雾灭火系统技术规范》中，将细水雾定义为：水在最小设计工作压力下，经喷头喷出并在喷头轴线下向1.0m处的平面上形成的直径$D_{v0.50}$小于200μm，$D_{v0.99}$小于400μm的水雾滴。

细水雾是由大小不一的液滴组成的，为了直观表示其粗细程度和便于分析，可以采用平均直径或特征直径的概念来表示雾滴的大小。平均直径可分为多种形式，不同的表示方法侧重表达的雾滴特征不同，在描述细水雾的粗细时体积平均直径和索态尔平均直径较为常用。特征直径也称为代表性直径，用D_{vf}表示，指累计体积比为f时的所有颗粒的最大直径。如雾滴直径$D_{v0.99}$就表示喷雾液体总体积中，99%是由直径小于等于该数值的液滴组成的，另1%是由直径大于该数值的液滴组成。这种表示方法比单一的平均粒径能更好地表示细水雾的颗粒特性，以上对细水雾的定义就采用了这种表示方法。各种粒径表征方法的详细介绍见表 6-1。

表 6-1 雾滴粒径的表征方法

类型	名 称	表 达 式	含 义
平均直径	长度平均直径	$D_{10}=\frac{1}{N}\sum_{i=1}^{N}D_i$	是简单的数量平均值，表示所有颗粒的平均直径的大小
	面积平均直径	$D_{20}=\left(\frac{1}{N}\sum_{i=1}^{N}D_i^2\right)^2$	指表面积与所有颗粒平均表面积相等的粒子的直径
	体积平均直径（VMD）	$D_{30}=\left(\frac{1}{N}\sum_{i=1}^{N}D_i^3\right)^3$	指体积与所有颗粒平均体积相等的粒子的直径
	索态尔平均直径（SMD）	$D_{32}=\frac{\sum_{i=1}^{N}D_i^3}{\sum_{i=1}^{N}D_i^2}$	指体积与面积的比值与所有颗粒体积与表面积比值相等的粒子的直径，即区域内所有雾滴总体积与总表面积的比值
特征直径	$D_{v0.1}$		表示占总体积 10% 的雾滴粒径等于或小于该数值
	$D_{v0.5}$（d_{50}，d_m，MMD）		表示中值尺寸，即占总体积 50% 的雾滴粒径等于或小于该数值，而另外 50% 大于该数值
	$D_{v0.9}$		表示占总体积 90% 的雾滴粒径等于或小于该数值

6.1.2 细水雾的分类

细水雾其实是相对于水喷雾的概念，它是通过高压、气动、撞击及超声波等方法产生的水微粒。在 NFPA 750 中按照喷射水雾中水微粒的大小分布，将细水雾分为 3 级，如图 6-1 所示。

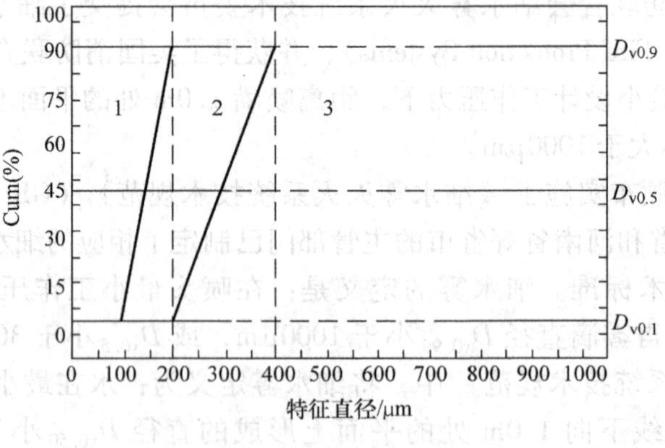

图 6-1 细水雾的分类

1. I 级细水雾

I 级细水雾为 $D_{v0.1}=100\mu m$ 同 $D_{v0.9}=200\mu m$ 连线左侧部分的细水雾。即累积体积占水雾总体积 10% 的水雾颗粒中，最大雾滴的尺寸≤100μm，占水雾总体积 90% 的水雾颗粒中，最大雾滴的尺寸≤200μm。I 级细水雾为最细的细水雾，可用于扑救电气设备火灾。

2. Ⅱ级细水雾

Ⅱ级细水雾是Ⅰ级细水雾的界限与 $D_{v0.1}=200\mu m$ 同 $D_{v0.9}=400\mu m$ 连线之间部分的细水雾。即水雾累积体积占水雾总体积10%的水雾颗粒中，最大雾滴的尺寸≤200μm，占水雾总体积90%的水雾颗粒中，最大雾滴的尺寸≤400μm。这类细水雾可以通过压力喷射喷头，双相流喷头及许多冲击式喷头产生。由于有较大的水雾颗粒存在，相对于Ⅰ级细水雾而言，Ⅱ级细水雾更容易产生较大的流量，可用于扑救B类火灾。

3. Ⅲ级细水雾

Ⅲ级细水雾为Ⅱ级细水雾分界线右侧至 $D_{v0.99}=1000\mu m$ 之间的细水雾。即累积体积占水雾总体积10%的水雾颗粒中，最大雾滴的尺寸≤400μm，占水雾总体积99 %的水雾颗粒中，最大雾滴的尺寸≤1000μm。这种细水雾主要由中压、小孔口喷头、各种冲击式喷头产生的，并且它们可以得到较大流量。这类细水雾适于A类易燃物，且在某些特定环境下，也可用来控制或扑灭B类火灾。

6.1.3 细水雾灭火特点

与其他灭火技术相比，细水雾灭火具有独特的优越性能，具体表现如下：

1）灭火机理先进，灭火范围广。细水雾灭火时大量吸热汽化，不仅能够降低火场温度，而且同时稀释了氧浓度，相较于其他水灭火技术灭火效率更高。再者，细水雾突破了“水不能灭油火和电气火灾”的禁区，可以用于A、B、C、D等各类火灾，适应性强。细水雾灭火时还能方便地到达火场中隐蔽的角落，减小重新起火复燃的概率。

2）冷却效率高，屏蔽热辐射。水的汽化潜热远大于水升温需要的热量，雾滴汽化过程要吸收大量的热量，能有效降低保护区的温度。雾滴汽化产生的水蒸气对高温热辐射有一定的隔离屏蔽作用，减轻热辐射对人体的灼伤，并使灭火人员有可能接近燃烧区。完全雾化的高速喷射可彻底渗透到深层的余烬中，提高灭火效率。

3）对设备无损坏，对环境无污染。细水雾对环境、保护对象、燃料均无任何污染和损害，是理想的环保型产品。而且，细水雾灭火时的耗水量极低，水渍残留很少，可避免大量积水对设备和环境造成的二次污染。再者，细水雾良好的电绝缘性能，消除了水介质对电气设备的损害，使其能安全可靠地用于带电设备火灾的扑救。对于燃烧区域的高温设备，如燃气轮机舱、发电机房，由于细水雾是散落在设备上的，因此设备冷却平缓而均匀，避免了热冲击对设备的损害。

4）可部分吸收烟尘和毒气。油类、橡胶等燃烧时会产生大量的浓烟和毒气，它们对人体的危害甚至比火灾本身更大。而细水雾比表面积非常大，与有害气体接触的机会多，能够溶解、吸附部分浓烟和毒气，净化火灾周围环境，为人员疏散争取宝贵的时间，有利于人员的安全疏散。

5）可用于敞开环境的灭火。惰性气体类灭火剂的灭火浓度一般要求较高，要求灭火环境封闭。而细水雾灭火时对环境的封闭性没有要求，且对火势猛烈、蔓延速度快的火灾，灭火性能更佳。

6）水作为灭火剂，来源广泛，价格低廉，因此细水雾灭火系统运行成本低，维护方便。

6.1.4 细水雾灭火技术的应用范围

1. 细水雾可应用的火灾

细水雾可用于扑救下列场所火灾：

1）A类火灾，即固体表面火灾及纸张等部分固体深位火灾，例如，图书馆、档案馆、贵重设备室、文物库、磁带库、珍品室等危险场所固体火灾。

2）B类火灾，即可燃液体火灾，例如，液压站、润滑油库、喷漆生产线、柴油发电机房、燃油锅炉房、直燃机房等危险场所可燃液体火灾。

3）C类火灾，即可燃气体火灾，例如，燃气轮机房、燃气锅炉房、直燃机房、煤气站等危险场所可燃气体火灾。

4）电气设备火灾，例如，油浸电力变压器、配电室、电厂的控制室、油开关柜室、计算机房、通信机房、中央控制室、大型电缆室、电缆隧道等危险场所电气设备火灾。

5）其他适于细水雾灭火系统的危险场所火灾，例如，地铁站厅、候机楼、医院候诊室等人群密集的公共场所的火灾。

2. 细水雾不可应用的火灾

细水雾不得用于扑救下列场所火灾：

1）含有遇水发生反应造成燃烧、爆炸或产生大量有害物质的场所，如钾、钠、镁、锂、钛、锆、铂等活泼金属；过氧化钾、过氧化钠、过氧化钡、过氧化镁等过氧化物，以及碳化钙、碳化铝、碳化钠、碳化钾等碳化物。

2）含有遇水造成剧烈沸溢的低温液化气体等场所，如液化石油气储罐等。

6.2 细水雾成雾及灭火机理

6.2.1 细水雾成雾机理

细水雾的形成是通过对水介质进行雾化，以增加单位体积液体的表面积，来提高吸热效率，并且使雾化流向适当的方向分散，促进其与火焰的相互作用，达到利用汽化吸热冷却可燃物、体积膨胀隔氧以及吸收热辐射、降低热回馈等效应来削弱燃烧化学反应速度的效果。

对水进行雾化的方法很多，其中具有代表性的有以下几类：

1）压力雾化：即将水增压，由喷头高速喷出形成细水雾。

2）双流体雾化：即依靠气体（如N_2或CO_2气体等）的喷流，将水进行雾化。

3）撞击雾化：即将水冲击金属板，从而形成细水雾。

4）离心雾化：即将水供给高速旋转的杯或圆盘，由离心力使水雾化。

5）超声波雾化：即借助于声波、超声波等作用，使液体振动而进行分裂的振动雾化。

6）静电雾化：即将水加以高压静电，使其雾化。

在产生细水雾的喷头中，大多使用上述第1）、2）、3）种方法。其中压力式喷头结构较为简单，主要依靠水压在喷头内部产生强烈的旋转运动。当旋转流体从喷口流出时，由于离心力的作用将液体雾化为小液滴。在5~6个大气压力下，能产生平均直径为90~100μm的细水雾。

双流体式喷头结构较为复杂，需要两套管线，依靠高速流动的气动力作用将液体雾化，能产生平均直径为30μm左右的细水雾。在有些场合用氮气辅助雾化会取得较好的灭火效果。

撞击式喷头依靠惯性动量的传递将液体雾化，产生的雾滴粒径相对粗糙，一般很难产生滴径小于200μm的细水雾。

图6-2为目前常见的一种压力式喷头——直通式旋流雾化喷头。该喷头由主体和螺杆组合而成。液体经圆形进液通道通过喷嘴入口分流进入螺杆上的螺旋槽中，沿切线方向流入旋流室，并在螺旋流道内高速旋转，然后经喷孔喷出雾化，其喷雾的效果如图6-3所示。

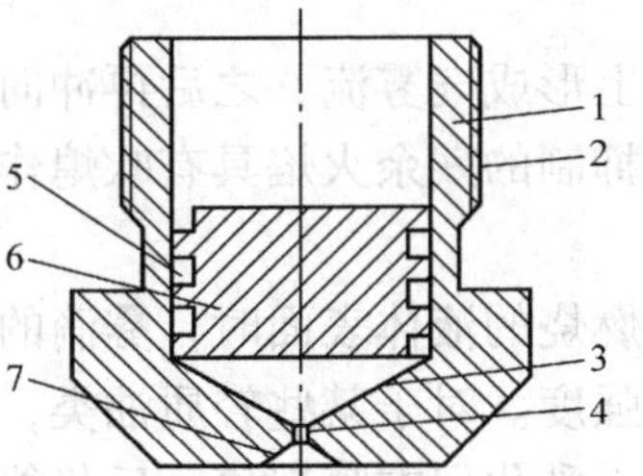

图6-2　直通式旋流雾化喷头示意图

1—主体　2—连接螺纹　3—内锥角　4—喷孔
5—螺旋流道　6—螺杆　7—外锥角

图6-3　直通式旋流雾化喷头雾场图

6.2.2　细水雾灭火机理

细水雾与火焰相互作用时，其灭火机理比较复杂，主要有气相冷却机理、湿润冷却燃料表面、稀释氧气和气态可燃物等多种灭火机理。细水雾这些灭火机理相辅相成、共同发挥作用，对于不同的火灾场所，各种机理起作用的大小也不同。下面，就对细水雾的各个灭火机理进行简要介绍。

1. 气相冷却机理

火灾发生过程中，火源周围将产生大量的高温气流，细水雾通过传导与对流两种传热方式，可对高温气流和气态燃烧产物进行冷却，这就是细水雾的气相冷却机理。冷却的快慢取决于雾滴吸热蒸发速率，而该速率又与雾滴粒径表面积、对流换热系数以及雾滴与周围气流的相对速度有关系。细水雾的雾滴直径一般分布在50~200μm的范围内，表面积大，使雾滴与高温气流相互作用时，能迅速吸热汽化，快速降低高温气流的温度。因而细水雾在抑制传热方面拥有较大的优势。

细水雾汽化为水蒸气的过程是相当迅速的，当火场温度为1000K时，不同直径雾滴的蒸发时间见表6-2。在一定温度下，随着雾滴直径减小，雾滴蒸发时间急剧降低，细水雾能在很短的时间内迅速汽化，这对灭火是非常有利的。

表6-2　不同直径雾滴的蒸发时间

雾滴直径/μm	2000	1500	100	500	100	50
蒸发时间/s	4.291	2.414	1.073	0.268	0.011	0.003

2. 湿润冷却燃料表面

细水雾射流中直径较小的雾滴在穿过火焰时会完全蒸发，而直径较大的一些雾滴，能穿过火焰到达燃料表面。这些雾滴到达燃料表面后便在燃料表面吸热蒸发，对燃料表面进行直接冷却。细水雾的这一灭火机理对扑灭固体火焰起到良好的灭火作用。

3. 稀释氧气和气态可燃物

细水雾雾滴与火焰相互作用时，吸收热量后迅速汽化成水蒸气，体积可增大1700多倍。在这个过程中，水蒸气在火焰周围形成屏障，阻止新鲜空气进入，使燃烧区域的氧气和气态可燃物浓度降低，抑制或中断燃烧。

4. 对火焰的冲击作用

从喷嘴喷出的高速雾流会首先作用在周围的气体上形成气雾流，之后再冲向燃烧物。这种高速气雾流对火焰有冲击、拉伸作用，对受细水雾抑制的残余火焰具有吹熄作用。

5. 乳化作用

对于不溶于水的可燃液体，当细水雾喷射到正在燃烧的液体表面时，雾滴的冲击作用将造成液体表层乳化，乳化层的难燃性可大大降低燃烧强度。对于某些轻质油类，乳化层只能在连续喷射水雾条件下存在，但对粘度大的重质油类，乳化层在喷射停止后仍能保持相当长的时间，对防止复燃十分有利。

6. 降低热辐射作用

细水雾在灭火过程中，水雾蒸发能够吸收火源周围的部分热辐射，在燃烧区周围形成高强度的吸热屏障，阻断热辐射的传递，降低对燃料的热反馈。细水雾对热辐射的降低能促进反应区的温度下降，同时还可以减少固体可燃物的分解和液体可燃物的汽化蒸发，从而降低反应区的可燃气体积分量，使得火焰更容易熄灭。

6.3 细水雾灭火性能及影响因素

6.3.1 细水雾灭火性能

细水雾作为一种灭火剂，其灭火的有效性与细水雾的雾滴大小、尺寸分布、雾滴速度、雾通量、射程及喷雾锥角等有很大关系。一般描述细水雾灭火有效性包括以下几个方面的特征参数。

1. 喷头工作压力 p

喷头工作压力是细水雾最重要的特征参数。按工作压力值，一般可将细水雾喷头分为低压、中压和高压三种类型。对于单相喷头来说，低压和中压细水雾喷头所产生的雾滴较粗，流量较大；高压细水雾喷头产生的雾滴较细，流量较小。

2. 喷头流量 Q

喷头流量即喷头的喷雾流量，是单位时间内由喷头喷射出的所有粒径雾滴的总体积（体积流量）或总质量（质量流量）。流量的大小与喷头射流出口的截面积及流速直接相关。

3. 细水雾粒径分布 $f(d)$

细水雾的雾滴大小和粒径分布是影响其灭火效能的重要参数。通常可以用算数正态分布、对数正态分布和 Rosin-Rammler 分布等来描述液滴尺寸分布的规律。其中最常用的是 Rosin-Rammler 分布，分布函数为：

$$f(d) = e^{-(d_i/x)^N} \tag{6-1}$$

式中 d_i——第 i 个直径分段的雾滴平均直径；

$f(d)$——粒径大于或等于 d_i 的所有雾滴的质量分数；

x——尺寸参数，反映整个水雾的粒径大小；

N——分布参数，反映整个水雾中粒径的分散程度。

4. 雾滴动量 M_v

雾滴动量 M_v 由质量 M 和离开喷口后的运动速度 $\vec{v}$ 决定，其大小代表雾滴运动惯性的大小，对细水雾的灭火性能影响较大，决定了雾滴的运动距离及其对火焰的穿透能力。

5. 喷雾角 θ

喷雾角 θ 是指细水雾喷出后在喷头下方水雾影响范围所形成的锥角，其大小影响到喷头的安装高度和火灾保护范围。θ 大的喷头一般用于安装高度受限制而保护范围较宽的场所；而 θ 小的喷头一般用于安装高度较高，火焰燃烧区较集中的场所。喷雾角 θ 的大小主要由喷头的喷口结构所决定，与工作压力 p 和流量 Q 的关系不大。

6. 喷雾射程 H

喷雾射程 H 是指水平喷射细水雾时，雾滴失去动能所达到的位置与喷头之间的水平距离。喷雾射程 H 的大小决定了喷头安装的适用高度，它与雾滴动量 M_v 直接相关，与喷头的工作压力 p 和粒径分布 $f(d)$ 间接相关。人们通常将 H 作为细水雾喷头的最大安装高度。

7. 保护直径 D

保护直径 D 是指距喷头下方垂直距离 1m 处的平面内细水雾（90% ~95% 以上的细水雾）所覆盖的圆的直径，保护直径 D 是细水雾喷头制造商必须提供的技术指标。

6.3.2 细水雾灭火影响因素

影响细水雾灭火性能的因素很多，除了以上的主要特征参数外，还受以下几方面因素的影响。

1. 障碍物及通风条件

当细水雾与火源间存在障碍物，特别是障碍物完全遮挡火焰时，其阻挡作用会使细水雾在障碍物表面沉积下来。从而降低了水雾通量和雾滴动量，使雾滴不能直接作用到火焰根部，细水雾的汽化吸热、冷却燃料表面等灭火机制不能充分发挥。所以对于有障碍物火焰，在完全遮挡的情况下，普通细水雾很难快速有效熄灭火焰。在火焰被局部遮挡的情况下，只有部分细水雾能够进入火焰区域，灭火时间会相应延长。且火焰距离障碍物越近，火焰隐蔽性和稳定性越强，障碍物对灭火效率影响越大。在这种情况下，可通过增大细水雾工作压力，提高雾通量来缩短灭火时间。

火场区的通风条件也会影响到细水雾的灭火效果。有关研究认为防护空间的自然通风或主动通风对细水雾灭火效能都有一定的影响。

2. 燃料类型及火灾尺度

燃料沸点和闪点的高低会对细水雾的灭火效果产生一定的影响，较高闪点的燃料火通常较容易被细水雾熄灭。这主要是因为在施加细水雾后，高闪点的燃料火因火焰温度很快被细水雾降低到闪点以下，迅速熄灭，而低闪点的燃料火在施加细水雾后虽然很快被熄灭，但是原来的火焰区域还存在许多较高温度的燃料蒸气，这些高温蒸气需要较多的细水雾和较长的时间来降温。

火灾尺度越大，细水雾抑制熄灭越容易，灭火时间越短。这是由于火灾尺度越大，燃烧耗氧量也越大，随着细水雾隔绝氧气窒息作用的发挥，火场区氧含量迅速降低，使得大尺度火灾相对容易熄灭。

3. 添加剂

添加剂的存在有助于改善细水雾雾滴的粘滞特性，有助于提高水雾喷射的冲量及分布均匀性，有助于提高雾滴的表面张力，可破坏燃烧反应链或形成不溶于燃料的抗溶剂覆盖在燃料表面，隔绝空气与燃料的接触，从而达到灭火效果。所以添加剂存在与否也影响细水雾的灭火性能。

目前，细水雾灭火系统中较为常用的添加剂主要分为无机金属盐（氯化亚铁、氯化钠、氢氧化钠、氢氧化钾等）和有机化合物两大类。

6.4 固定式细水雾灭火系统

6.4.1 细水雾灭火系统的分类

目前已有的细水雾灭火系统一般可按系统工作压力、流相、应用方式、操作方式和安装方式划分为6大类15种系统，详见表6-3。

表6-3 细水雾系统的分类

<table>
<tr><th>序号</th><th>分类依据</th><th colspan="2">系统名称</th><th>系统特点</th></tr>
<tr><td rowspan="3">1</td><td rowspan="3">系统工作压力</td><td colspan="2">高压细水雾系统</td><td>$p>3.45\mathrm{MPa}$</td></tr>
<tr><td colspan="2">中压细水雾系统</td><td>$1.21\mathrm{MPa}<p<3.45\mathrm{MPa}$</td></tr>
<tr><td colspan="2">低压细水雾系统</td><td>$p<1.21\ \mathrm{MPa}$</td></tr>
<tr><td rowspan="3">2</td><td rowspan="3">系统流相</td><td colspan="2">单相流细水雾系统</td><td>采用单管供水至每个喷头的细水雾灭火系统</td></tr>
<tr><td rowspan="2">两相流细水雾系统</td><td>气水同管</td><td>高压氮气与水在管道内混合，通过喷嘴喷出水雾</td></tr>
<tr><td>气水异管</td><td>高压氮气和水分别通过管道与喷嘴相连，在喷嘴内混合后，喷出水雾</td></tr>
<tr><td rowspan="3">3</td><td rowspan="3">系统应用方式</td><td colspan="2">全空间用细水雾系统</td><td>指设计和安装成用来保护整个封闭空间里的所有保护对象的应用方式</td></tr>
<tr><td colspan="2">局部应用细水雾系统</td><td>保护封闭、敞开、半敞开空间内的某个物体</td></tr>
<tr><td colspan="2">区域应用细水雾系统</td><td>保护封闭空间内的特定部分</td></tr>
</table>

（续）

序号	分类依据	系统名称	系统特点
4	系统操作方式	湿式细水雾系统	采用闭式喷嘴，管道长期充压力水
		雨淋细水雾系统	采用开式喷嘴，管道为空管，需探测系统起动
		预作用细水雾系统	采用闭式喷嘴，管道充压缩空气，需探测系统起动
		干式细水雾系统	采用闭式喷嘴，管道充压缩空气，不需探测系统，管道泄压后自动起动系统
5	安装方式	预安装系统	储水瓶组，氮气瓶和控制阀已组装在一起，施工现场只需安装管道和喷嘴
6	供水方式	瓶组式	采用储水容器、储气容器进行加压供水的细水雾灭火系统，只能供给一定量的水或间歇供水
		泵组式	采用泵组进行供水的细水雾灭火系统，以持续供水

6.4.2　细水雾灭火系统的组成

按照使用场所和灭火的不同要求，细水雾灭火系统的组成不完全相同。但一般而言，细水雾灭火系统主要由供水装置、过滤装置、控制阀、细水雾喷头等组件和供水管道组成。

1. 供水装置

瓶组式系统的供水装置由储水容器、储气容器和压力显示装置等部件组成，储水容器、储气容器应设置安全泄放阀。同一系统中的储水容器或储气容器，其规格、充装量和充装压力应分别一致。

泵组式系统的供水装置宜由储水箱、消防水泵、水泵控制柜（盘）、安全阀等部件组成，并应符合下列规定：

1）储水箱应采用密封结构，并应采用不锈钢或其他能保证水质的材料。

2）储水箱应具有防尘、防藻的技术措施。

3）储水箱应具有保证自动补水的装置，并应设置液位显示、高低液位报警装置和溢流、透气及放空装置。

4）消防水泵的测试和泄流水宜回流至储水箱。

5）消防水泵应具有自动和手动起动功能，主备泵应具有自动切换功能，并应能手动操作停泵；稳压泵应具有自动起停功能。

6）消防水泵宜具有自动巡检运行功能，巡检周期不宜大于7天；巡检时，若遇到消防信号应能立即退出巡检，进入消防运行状态；若发现故障应有声、光报警，并应有记录和存储功能。

2. 过滤装置

为防止喷雾头被杂质堵塞，在水源进入水泵之前或水泵的出水口应设过滤，应根据水源的水质情况，选用过滤网合适的目数。在过滤器处应设有检查、更换、排除杂质的设施。

3. 控制阀

控制阀应设在与供水管连接处的干管上，并且便于人员接近、平常易于检查、不冻结的地方。在水灭火系统中，能起控制供水、起动报警器的专用阀门装置，习惯上称为报警控制阀。每一喷水灭火系统至少应配备一套报警控制阀，一般由标准闸阀和专用报警阀并联而成。

4. 细水雾喷头

细水雾喷头是细水雾灭火系统最为关键的部件。按照其形式来划分，现有几种常用的喷头可分为冲击式喷头、压力射流喷头和气雾化喷头；根据喷头压力的大小可将喷头分为三类：低压喷头、中压喷头和高压喷头。在细水雾系统中，大多数冲击式喷头和所有的气雾化喷头都在低压范围内工作，只有少数压力式喷头在高压范围内工作。

喷头应从以下几个方面进行选择：

1）适用范围。

2）喷头的流量特性。

3）保护空间的最大高度。

4）喷头溅水盘或顶端距被保护物的最大距离。

5）喷头之间的最大间距和最小间距。

6）每个喷头的最大保护面积。

7）喷头距墙的最大距离。

8）喷头最大和最小工作压力。

5. 管网

细水雾灭火系统管网应采用不锈钢无缝钢管或铜及铜合金拉制管。系统管道连接件的材质应与管道相同。系统管道应采用专用接头或法兰连接，也可采用焊接，焊接时应使用氩弧焊工艺。当系统最大工作压力小于等于 1.20MPa 时，系统管道可采用螺纹联接。

图 6-4 是诸多细水雾灭火系统中的一个，该系统由水箱、阀门、电动机、离心式水泵、蓄能器、流量计、测试系统、压力表、喷头、联动控制系统、探测系统、连接管路等部分组成。

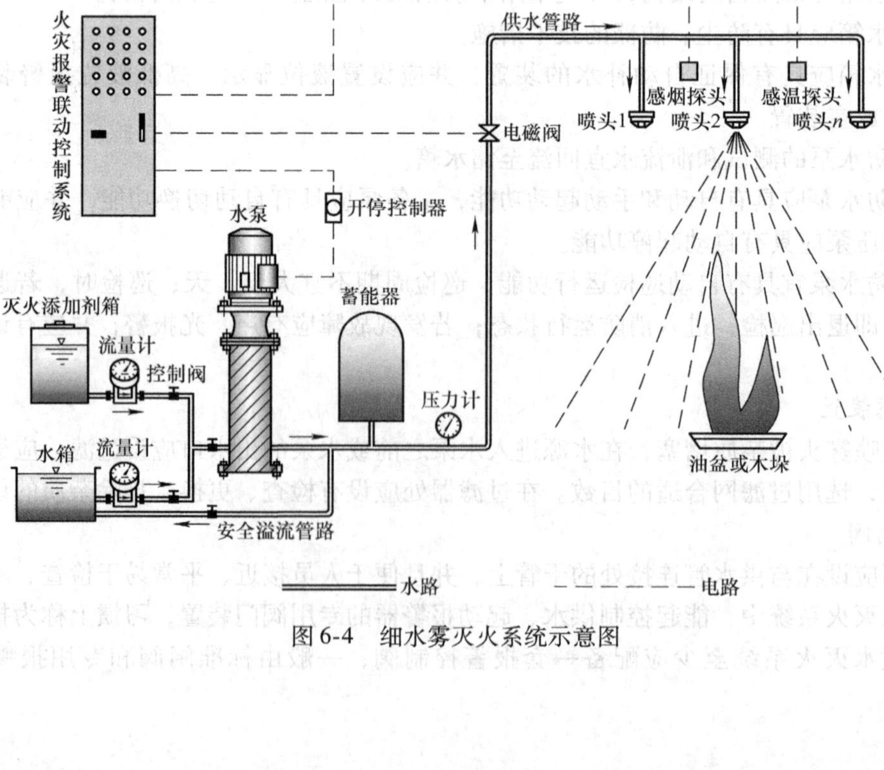

图 6-4　细水雾灭火系统示意图

6.4.3　细水雾灭火系统的操作与控制

细水雾灭火系统应设有自动控制、手动控制和应急操作三种起动方式。当采用火灾探测器报警时，细水雾灭火系统的自动控制应在接收到两个独立的火灾信号后才能起动系统。手动操作装置应设在防护区外便于操作的地方，并应能在一处完成系统起动的全部操作。局部应用灭火系统的手动操作装置应设在保护对象附近。

6.4.4　细水雾灭火系统的设计

1. 设计参数

由于细水雾的灭火机理复杂，灭火影响因素众多，其设计参数应根据实体火灾模拟试验结果确定。但这种要求使细水雾灭火系统的设计难度大大增加。因此，目前多以经验值来确定设计参数。我国各细水雾地方标准对设计参数的规定有所不同，本书提供的设计参数依据标准为河南省地方标准《细水雾灭火系统设计、施工及验收规范》（DBJ41/T 074—2006）。

（1）设计喷雾强度和持续喷雾时间

在进行系统设计时，细水雾灭火系统设计喷雾强度、持续喷雾时间不应小于表6-4的规定。对于特殊对象的保护，应与生产厂家的技术参数相符。

表6-4　细水雾灭火系统设计基本参数

<table>
<tr><th colspan="2" rowspan="2">设计参数和压力等级
保护场所</th><th colspan="2">设计喷雾强度/（L/min·m²）</th><th colspan="2">持续喷雾时间/min</th></tr>
<tr><th>高压系统</th><th>中、低压系统</th><th>高压系统</th><th>中、低压系统</th></tr>
<tr><td rowspan="2">A类火灾</td><td>图书馆、档案馆和文物库等</td><td>0.8</td><td rowspan="2">2.0</td><td colspan="2" rowspan="2">15</td></tr>
<tr><td>其他</td><td>1.0</td></tr>
<tr><td colspan="2">B类火灾</td><td>0.8</td><td>1.5</td><td>10</td><td>15</td></tr>
<tr><td rowspan="3">带电设备火灾</td><td>计算机房、控制室等弱电防护空间</td><td>0.8</td><td>1.5</td><td>10</td><td>15</td></tr>
<tr><td>油浸变压器室、油浸电抗器室，有可燃介质的电容器室等含油设备</td><td>0.8</td><td>1.5</td><td colspan="2">15</td></tr>
<tr><td>电缆隧道、电缆夹层等</td><td>1.0</td><td>2.0</td><td colspan="2">15</td></tr>
<tr><td colspan="2">其他火灾</td><td>0.8</td><td>1.5</td><td>15</td><td>30</td></tr>
</table>

（2）响应时间

细水雾灭火系统的响应时间不应大于45s。

（3）保护面积

采用全淹没应用方式的火灾危险场所，细水雾灭火系统的保护面积可按区域使用面积确定；采用局部应用和分区应用方式的火灾危险场所，其保护面积应按保护对象的外表面面积确定。细水雾灭火系统中一个防护区的保护面积不宜大于1000m^2。

2. 喷头布置

细水雾喷头的平面布置方式可为正方形、矩形、长方形、菱形或线形。喷头的安装间距应考虑保护对象的应用方式和系统压力，按供货商提供的喷头参数进行合理布置，若无具体设计参数，可参考表6-5的规定。

表6-5 细水雾喷头的安装间距 （单位：m）

系统压力应用方式 / 安装要求		高压系统		中、低压系统	
		全淹没应用	分区应用 局部应用	全淹没应用	分区应用 局部应用
安装间距		4.0	2.5	3.5	2.5
最大安装高度		10.0	8.0	8.0	8.0
距保护对象的安装距离	最大	—	5.0	—	5.0
	最小	0.33			

3. 水力计算

（1）细水雾喷头的流量

$$q = K\sqrt{10p} \tag{6-2}$$

式中 q——喷头的流量（L/min）；

p——喷头的压力（MPa）；

K——喷头流量特性系数。

（2）系统的计算流量

$$Q_j = \sum_{i=1}^{n} q_i \tag{6-3}$$

式中 Q_j——系统的计算流量（L/min）；

n——系统起动后同时喷雾的水雾喷头的数量；

q_i——喷头的实际流量（L/min），应按喷头的实际工作压力 p_i（MPa）计算。

（3）系统的设计流量

$$Q_s = kQ_j \tag{6-4}$$

式中 Q_s——系统设计流量（L/min）；

k——安全系数，应取1.05~1.10。

（4）系统设计储水量

$$W_c = Q_s t \tag{6-5}$$

式中 W_c——储水量（L）；

t——持续喷雾时间（min）。

在火灾情况下能保证连续补水时泵组式储水箱的储水容量可减去火灾时系统持续喷雾时间内的补充水量。

容器式系统水容器数量应按下式计算：

$$N = \frac{W_c}{\lambda V_0} \tag{6-6}$$

式中 N——水容器数量（个）；

λ——充装率（%），应取0.85；

V_0——单个水容器容积（L）。

（5）管道水头损失

目前，我国各细水雾地方标准对细水雾灭火系统管道水头损失计算方法的要求基本相同。对低压细水雾灭火系统，可按海登-威廉（Hazen-Williams）公式计算：

$$p_f = 0.605 \times \frac{LQ^{1.85}}{C^{1.85} d^{4.87}} \times 10^5 \tag{6-7}$$

式中　p_f——管道的水头损失（MPa）；

L——管道长度（m）；

Q——管道的流量（L/min）；

d——管道的实际内径（mm）；

C——管道的摩阻系数，对于铜管或不锈钢管 $C=150$。

中压、高压细水雾灭火系统可按达西-威斯巴赫（Darcy-Weishach）公式计算：

$$p_f = 2.252 \frac{fL\rho Q^2}{d_i^5} \tag{6-8}$$

式中　p_f——管道的沿程压力损失（MPa）；

f——摩阻系数，根据雷诺数、管道内壁粗糙度系数查图6-5（穆迪图）取得；

ρ——水的密度（kg/m^3）；

Q——流量（L/min）；

d_i——管道的内径（mm）；

L——管道的长度（m）。

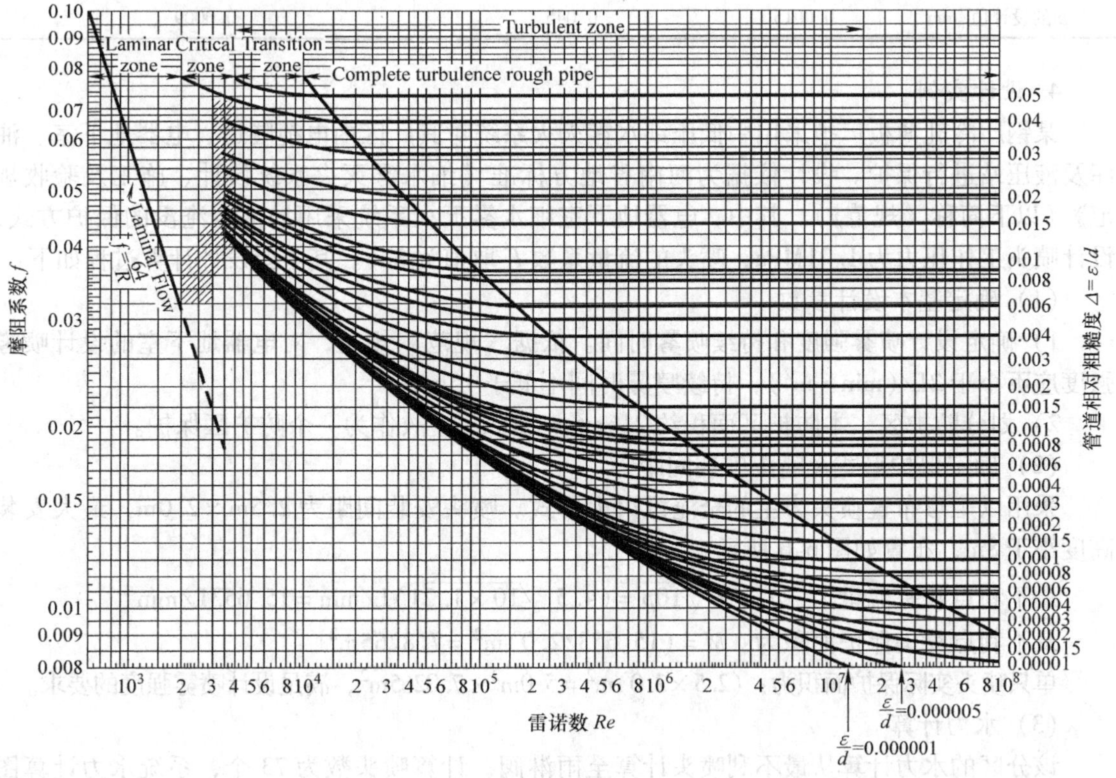

图6-5　穆迪图

雷诺数按下式计算：

$$R_e = 21.22\frac{Q\rho}{d\mu} \tag{6-9}$$

式中 Q——流量（L/min）；

μ——水的粘度 Pa·s，取值见表 6-6；

d——管道的内径（mm）；

ρ——介质密度（kg/m^3）。

表 6-6 水在各温度下的粘度 μ 的近似值

温度/℃	4.4	10.0	15.6	21.1	26.7	32.2	37.8	40.0	50.0
运动粘度 μ/Pa·s	1.5	1.3	1.1	0.95	0.85	0.74	0.66	0.65	0.55
密度/(kg/m^3)	999.9	999.7	998.8	998.0	996.6	995.4	993.6	992.2	988.1

管道相对粗糙度为：

$$\Delta = \frac{\varepsilon}{d} \tag{6-10}$$

式中 Δ——管道相对粗糙度；

ε——管壁绝对粗糙度（mm），见表 6-7。

表 6-7 绝对粗糙度或管壁不规则性的推荐使用值

管路材料	铜、镍铜	不锈钢（等同熟铁管）	不锈钢拉制管（由制造商注明）
ε 的设计值/mm	0.0015	0.045	0.0009

4. 设计实例

某钢厂冷轧薄板厂拟采用中低压细水雾灭火系统对其厂区内电缆隧道、电器地下室、油库及液压站进行保护。设计依据为河南省地方标准《细水雾灭火系统设计、施工及验收规范》（以下简称《规范》）。其中，电器地下室细水雾灭火系统采用局部全淹没的保护方式，设计喷头工作压力为 1.21MPa，喷头的流量系数 K 取值为 3.5。其主要设计计算过程如下：

（1）确定基本设计参数

1）确定设计喷雾强度和持续喷雾时间。依据《规范》规定，对电器地下室的设计喷雾强度应不小于 $2L/(min \cdot m^2)$，持续喷雾时间不低于 15min。

2）划分防护区。本防护区面积约 $216m^2 < 1000m^2$，故作为一个防护区保护。

（2）确定保护形式及喷头安装间距

采用以矩形布置喷头为主的全淹没灭火形式。喷头安装间距为 2.5m×2.0m，最大安装高度小于 8m，布置如图 6-6 所示。

最不利点喷头流量为：$q_1 = k\sqrt{10p} = (4.5\sqrt{10 \times 1.21})L/min = 15.653L/min$

最不利点喷头保护面积为：$M = (15.653/2.0)m^2 = 7.8265m^2$

单只喷头实际保护面积为：$(2.5 \times 2.0)m^2 = 5.0m^2 < 7.8265m^2$，满足设计喷雾强度的要求。

（3）水力计算

该分区的水力计算从最不利喷头计算至雨淋阀，计算喷头数为 73 个，系统水力计算图如图 6-7 所示。

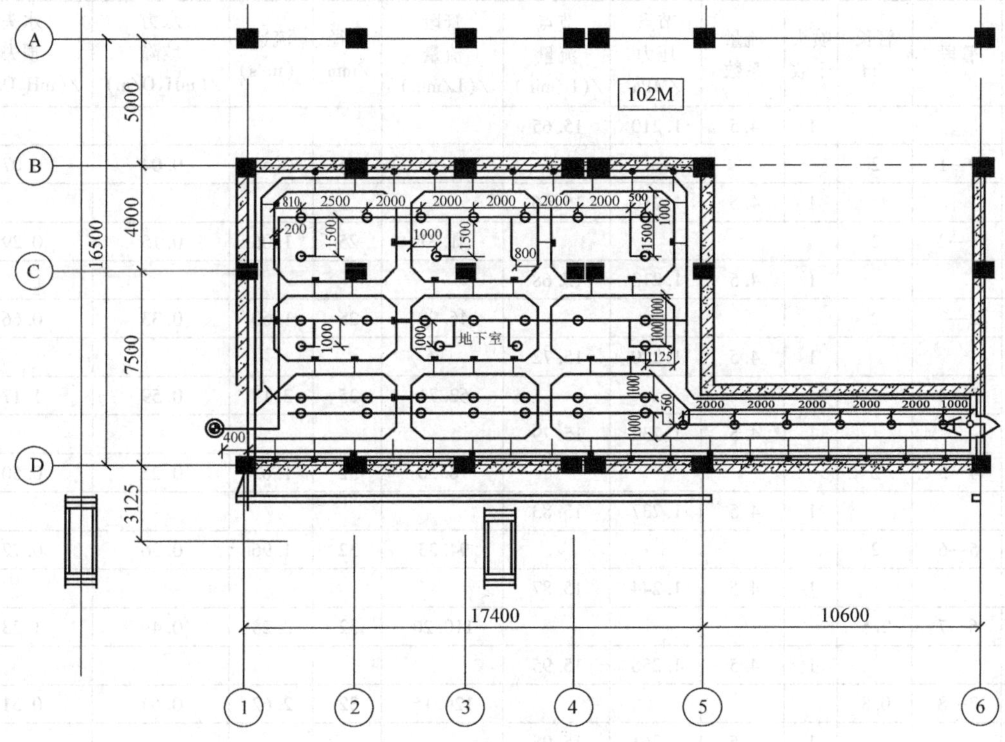

图6-6　喷头布置平面图

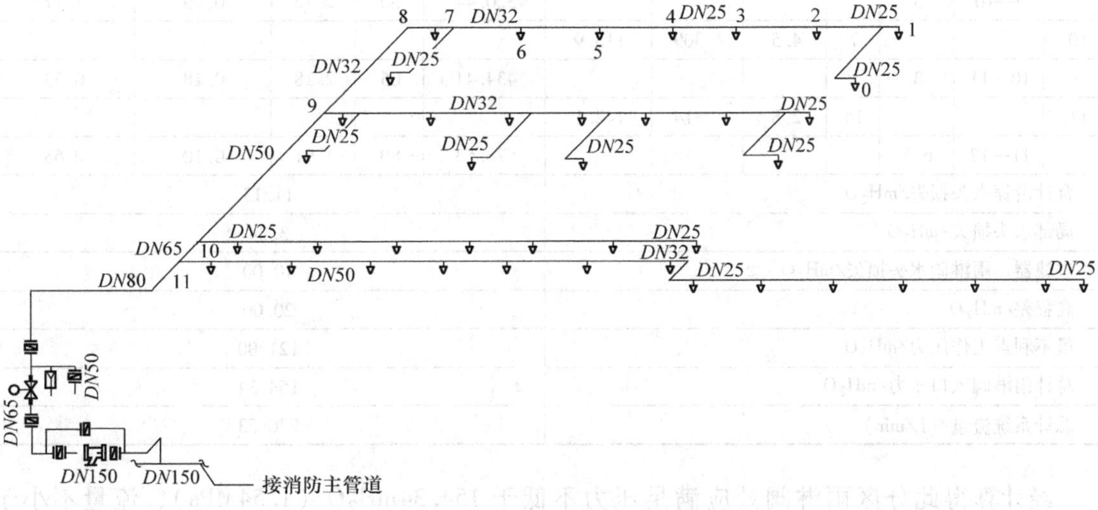

图6-7　系统水力计算图

管道沿程损失根据达西-威斯巴赫计算公式计算，局部水头损失取沿程水头损失的30%。配水支管流量及水头损失计算见表6-8。

表 6-8　水力计算表

节点编号	管段	管长/m	喷头个数	流量系数	节点压力/MPa	节点流量/(L/min)	管段流量/(L/min)	管径/mm	流速/(m/s)	水力坡降/(mH_2O/m)	水头损失/(mH_2O/m)
0			1	4.5	1.210	15.65					
	0—1	2					15.65	25	0.53	0.04	0.07
1			1	4.5	1.210	15.66					
	1—2	2					31.31	25	1.06	0.15	0.29
2			1	4.5	1.213	15.68					
	2—3	2					46.99	25	1.60	0.33	0.66
3			1	4.5	1.220	15.72					
	3—4	2					62.71	25	2.13	0.59	1.17
4			1	4.5	1.232	15.79					
	4—5	2					78.50	32	1.63	0.25	0.50
5			1	4.5	1.237	15.83					
	5—6	2					94.33	32	1.96	0.36	0.72
6			1	4.5	1.244	15.87					
	6—7	2.5					110.20	32	2.28	0.49	1.23
7			1	4.5	1.256	15.95					
	7—8	0.8					126.15	32	2.62	0.64	0.51
8			1	4.5	1.261	15.98					
	8—9	4.4					142.14	32	2.95	0.82	3.59
9			11	4.5	1.297	178.3					
	9—10	3					320.44	50	2.72	0.39	1.17
10			7	4.5	1.309	113.9					
	10—11	3					434.41	65	2.18	0.18	0.53
11			14	2.8	1.314	142.1					
	11—12	6.5					576.53	80	1.91	0.10	0.68
合计沿程水头损失/mH_2O							11.13				
局部水头损失/mH_2O							3.34				
过滤器，雨淋阀水头损失/mH_2O							10.00				
高程差/mH_2O							20.00				
最不利点工作压力/mH_2O							121.00				
总计雨淋阀入口压力/mH_2O							154.34				
总计系统流量/(L/min)							576.53				

经计算得此分区雨淋阀处应满足压力不低于 154.34mH_2O（1.54MPa），流量不小于 576.5L/min（34.59m^3/h）。

6.5　移动式细水雾灭火装备

细水雾灭火技术除以固定式灭火系统的形式得到应用外，移动式的细水雾灭火装备也因其具有灵活、高效等特点而逐渐被消防人员所重视。各种形式的移动式细水雾灭火装备被开发出来，并得到了推广和使用。随着细水雾灭火技术的不断发展，这些移动式装备仍然在不断改进和逐步完善。因此，目前各厂家生产的同类产品的特点、性能都有所不同，并没有形成统一的产品规格和型号，也没有通用的技术标准进行规范。鉴于这种情况，本节主要从基本组成、工作原理和适用范围等方面对细水雾消防车、细水雾摩托车和细水雾灭火装置等进行简要介绍，同时选取有代表性的性能参数供读者参考。

6.5.1 细水雾消防车

细水雾灭火耗水量小，在保证连续供水的条件下，所需的储水装置体积小、总质量轻，因此，按照整车质量划分，现有的细水雾消防车一般都为轻型消防车。此外，还有一些由面包车和皮卡车等小型车辆改装的细水雾消防车，习惯上被称为微型细水雾消防车。

1. 轻型细水雾消防车

轻型细水雾消防车如图6-8所示，适用于各种类型火灾的扑救，持续灭火能力强，可在一定程度上替代传统的水罐消防车、泵浦消防车、干粉消防车和泡沫消防车。国内某公司生产的五十铃型细水雾消防车，配备有高压细水雾喷枪、高压细水雾隔离带和一门高压细水雾远程炮。细水雾喷枪可利用车载绞盘，近距离接近火场，最多可实施4把喷枪同时灭火，用于初中期火灾的控制和扑救。细水雾隔离带可用于大面积火场的防火分隔，阻隔热辐射及阻挡烟气，有利于保护火场物品及人员的安全，其长度标配为（4×20）m。该消防车也可同时使用2把细水雾喷枪及2条20m细水雾隔离带，隔离及灭火同时进行。细水雾远程炮的流量为340L/min，射程可达50m，能同时进行水平方向360°旋转和50°俯仰，可对较大型的火灾进行控制和灭火。

图6-8 轻型细水雾消防车

2. 微型细水雾消防车

微型细水雾消防车有皮卡型和面包型两种，装备有高压单流体细水雾灭火装置，自带动力、水箱和外供水消防接口，图6-9为皮卡微型细水雾消防车。微型细水雾消防车可选装各类抢险救援或通信指挥设备，具有勘验、灭火、消防宣传、现场指挥和救援等多种功能。适合于企业消防队以及高速公路、城市和乡镇使用。

图 6-9 皮卡微型细水雾消防车

6.5.2 细水雾消防摩托车

1. 两轮细水雾消防摩托车

两轮细水雾消防摩托车是将细水雾灭火装置与两轮摩托车集装在一起的一种新型消防装备，可供单人驾驶和操作，如图 6-10 所示。车辆装备有储水罐，设于车体后座上部或一侧，能够储存一定的灭火用水量，在灭火时也可以进行补水，以满足长时间灭火的要求。

图 6-10 两轮细水雾消防摩托车

两轮细水雾消防摩托车小巧灵活，受交通拥堵的影响很小，且具有较强的灭火能力。如某消防公司生产的两轮细水雾消防摩托车，细水雾系统工作压力为 8MPa、流量为 12L/min，自备水量可保持 5min 持续喷雾灭火，且在灭火同时可以进行补水。

两轮细水雾消防摩托车适合城市交通工具火灾、居民住宅初期火灾或者对火灾进行早期抑制，是一种高效、机动、灭火迅速的消防设备。

2. 三轮细水雾消防摩托车

三轮细水雾消防摩托车如图 6-11 所示，是我国特有的消防产品。其功能和特点与两轮摩托车类似，但底盘承载能力比两轮摩托车大，可乘坐 2～3 名成员，并配有较大容积的储水装置，还可配置消防手抬泵和破拆工具等。某三轮细水雾消防摩托车的装备配置见表 6-9。

图 6-11 三轮细水雾消防摩托车

三轮细水雾消防摩托车行驶速度较慢，且受到城市交通管制的限制，因此不适合在城市中使用，但可用于乡镇、港口、码头和大中型企业，尤其适于加强农村消防建设，在农村道路狭窄、消防车辆不便到达的环境下发挥作用。

表6-9　三轮细水雾消防摩托车的装备配置

装备名称	主要参数	数　量
高压细水雾泵组	4.8kW，流量：45～58L/min	1套
高压软管	20m/盘	2盘
高压细水雾枪	有效射程：15～20m，出水压力：3～5MPa	2支
水箱	容积：150L	1只
消防手抬泵	9.6kW，最大出水量：35～45t/h	1台
水带	ϕ65mm×25m	4盘
开关式直流水枪	ϕ65mm	2支
三分水器	ϕ80mm/ϕ65mm	1支
应急箱	战斗服、头盔、消防靴、手套、腰带、强光手电	2箱
破拆工具		1套
警灯警报		1组

3. 四轮细水雾消防摩托车

四轮细水雾消防摩托车行驶稳定性比两轮和三轮摩托都好，并且具有一定的越野能力，可在各种不同的地形条件下行驶，如图6-12所示。其底盘承载能力较大，能乘坐2～3名消防员，水箱储水量较大，并可携带其他的消防设备。但是，这种消防摩托车造价较高，通常用于城市的消防巡逻和森林防火。表6-10为某种用于森林防火的四轮细水雾消防摩托车的主要性能参数。

图6-12　四轮细水雾消防摩托车

表6-10　森林防火四轮细水雾消防摩托车主要性能参数

整车参数	
油箱容积/L	12.5
离地间隙/mm	183
高/mm	1320
长/mm	2200
宽/mm	1230
轮距/mm	1265
转弯半径/mm	3277
空车质量/kg	380
最大承载量（包括驾乘人员和消防附件）/kg	250
拖车时拖钩接受的最大垂直载荷/kg	11
拖拉质量/kg	200

（续）

消防附件参数		
BJ4A 消防泵	数量	1 台
进水管	数量	1 根
	规格	ϕ40 mm × 4 m
出水带	数量	1 盘
	规格	ϕ40 mm × 20 m
水箱	容积	200 L
细水雾高压泵	功率	1.5 kW
	流量	6 ~ 8 L/min
	压力	8 ~ 10 MPa
水管绞盘	水管长度	50 m

6.5.3 推车式细水雾灭火装置

推车式细水雾灭火装置轻便灵活，操作简单，装置自身储存有一定的灭火用水量，可由单人手推至火场使用，能够在火灾发生时迅速喷出细水雾，控制和扑救初起火灾。一般设置于保护场所内或保护对象附近，主要有动力式和气动式两种类型。

1. 动力式推车细水雾灭火装置

动力式推车细水雾灭火装置由水箱、水泵、原动机、推车、高压软管及软管卷盘和细水雾喷枪等组成，如图 6-13 所示。这类装置以汽油机、柴油机或电动机为动力源，通过水泵加压供水，高压水沿高压软管从喷枪处喷出，形成满足灭火需要的高压细水雾。当自带水箱中的水用完后，也可以使用消防管网、生活用水、生产用水或天然水源等作为外供水源，实现持续灭火。

图 6-13　动力式推车细水雾灭火装置

动力式推车细水雾灭火装置可用于消防车无法抵达的场所，适用于高层建筑工程、地铁、隧道、大型商场、化工单元、中小型油库、厂房车间、变配电室、城镇工业园和高级厨房等场所。

2. 气动式推车细水雾灭火装置

气动式推车细水雾灭火装置由高压储水罐、高压气瓶、推车、高压软管和细水雾喷枪等组成，如图 6-14 所示。当装置选配单相流细水雾喷枪时，储存于高压气瓶中的压缩空气仅作为驱动动力使用，灭火时压缩空气进入储水罐，驱动水沿高压软管流向细水雾喷枪，喷出后形成灭火用细水雾。当装置选配两相流细水雾喷枪时，压缩空气同时作为

图 6-14　气动式推车细水雾灭火装置

驱动动力和雾化气体使用，灭火时一路进入储水罐给水加压，另一路进入细水雾喷枪，在喷枪中与水混合形成细水雾喷出。

气动式推车细水雾灭火装置喷雾持续时间的长短由储水量决定，某品牌两种型号的气动式两相流推车细水雾灭火装置的技术参数见表6-11。

表6-11 气动式推车细水雾灭火装置技术参数

参数		QWLT35	QWLT50
高压气瓶	工作容积/L	6.8	6.8
	公称压力/MPa	30±1	30±1
	储存气体	压缩空气	压缩空气
储水罐	容积/L	35	50
	工作压力/MPa	0.8±0.1	0.8±0.1
喷射性能	直流连续喷射时间/s	≥90	≥110
	喷雾连续喷射时间/s	≥105	≥140
	直流喷射距离/m	≥15	≥15
	喷雾喷射距离/m	≥7	≥7
水雾粒径	直流喷射平均粒径/μm	160	160
	喷雾喷射平均粒径/μm	70	70
灭火级别		4A/144B	4A/144B
总重量（充满灭火剂和压缩空气）/kg		80	100

气动式推车细水雾灭火装置具有移动方便、灭火效率高、操作简单方便、二次充装成本低、使用寿命长等优点，可用于缺水或无水场所、无外动力源或不允许使用外动力的场所。该装置尤其适用于人员密集场所、洁净厂房、无菌实验室、古建筑、图书馆、档案室、军事装备、有防爆和防静电要求的场所。

6.5.4 背负式细水雾灭火装置

背负式细水雾灭火装置是一种便于携带的高效灭火装备，适合于单兵作战。根据装置的动力源不同，可分为气动型和电动型两种。气动型主要由储水瓶、加压气瓶、细水雾喷枪和背托架等部件所组成，如图6-15a所示，工作时由气瓶中的压缩空气为水提供压力。电动型主要由水罐、电动机、水泵、蓄电池和细水雾喷枪等部件组成，如图6-15b所示，整个装置中没有压力容器，工作时由直流电机驱动水泵给水加压。气动型背负式细水雾灭火装置可配置单相流或两相流细水雾喷枪，其中后者的应用更为广泛。电动型背负式细水雾灭火装置配置单相流细水雾喷枪。

有些背负式细水雾灭火装置还可与空气呼吸器组合，如图6-15c和图6-15d所示。带空气呼吸器的背负式细水雾灭火装置，既能满足消防队员进行火灾侦察时呼吸的需要，又能够扑灭初期或小型的A、B、C类及电气设备火灾，可避免贻误时机造成火灾蔓延而需投入大量人力物力进行灭火，适用于建筑物内的火灾场所。

背负式细水雾灭火装置具有体积小、重量轻、易起动、性能可靠、用水量少、可持续灭火能力强等特点。如某公司的该类产品总重为22.2kg，射程为15～18m，有效喷射时间为22～30s，补充灭火剂时间少于60s，可重复补充5000次。该装置主要适用于消防部队和企、事业单位专职消防员使用。

a)　　b)　　c)　　d)

图6-15　背负式细水雾灭火装置

a）气动型　b）电动型　c）气动型带空气呼吸器　d）电动型带空气呼吸器

思　考　题

1. 细水雾的定义是什么？
2. 细水雾灭火的主要机理包括哪些？
3. 影响细水雾灭火的因素有哪些？
4. 细水雾成雾的方法有哪几种？
5. 表征细水雾灭火性能的基本参数有哪些？
6. 目前细水雾系统可以分为哪几类？
7. 细水雾灭火系统主要由哪些组件组成？
8. 细水雾灭火技术在哪些领域可以应用？

第 7 章

泡沫灭火技术

泡沫是泡沫灭火剂水溶液充气形成的大量微小气泡群，能够悬浮于液体表面形成隔绝层，主要通过阻止燃料蒸发来抑制和扑灭火灾。泡沫灭火技术是随着石油工业的发展而产生的，目前被广泛应用于生产、加工、储存、运输和使用甲、乙、丙类液体的场所，是甲、乙、丙类液体储罐区和石油化工生产装置区的重要灭火手段。随着泡沫灭火技术的发展，泡沫对扑救某些固体火灾也显现出良好的效果，从而进一步拓展了该技术的应用领域。

7.1 泡沫灭火技术概述

7.1.1 泡沫灭火技术的发展历史

19 世纪，随着石油工业的发展，石油及其产品的火灾频频发生，传统灭火剂——水对其无能为力，所以从 19 世纪末人们就致力开发扑救液体燃料火灾的方法和灭火剂。1900 年劳兰特发明了由硫酸铝水溶液与碳酸氢钠及皂角草素水溶液发生化学反应而产生化学泡沫的灭火方法。在此基础上，1925 年厄克特研制出了干法化学泡沫。随后，出现了化学泡沫灭火装置并得到了应用。1922 年，美国标准石油公司的詹宁斯把动物胶和硫酸亚铁注射到汽油的表面，防止其蒸发起火，这是世界上最早把蛋白泡沫用于消防。后来德国的威森保鲁和斯培玛发现，蛋白质加水分解物是最好的泡沫灭火剂。他们把蛋白质加水分解物与硫酸亚铁水溶液作为两种溶液分别放置，使用时混合起来，吸入空气搅拌发泡。以后他们又在蛋白质加水分解物中添加硫酸亚铁盐，作为一种浓缩剂使用，开发了现在的蛋白泡沫液。这种泡沫液以 5% 的含量（体积分数）与淡水、海水组成混合液，可产生 8 倍的泡沫，能稳定停留在石油的表面。德国汉堡的斯塔玛公司至今还在销售这种泡沫液。1932 年，德国的托塔尔公司正式建造工厂，开始生产蛋白泡沫液。随后，空气泡沫系统被开出来并逐步推广应用。20 世纪 60 年代，瑞典首先开发了高背压泡沫产生器以及适用于固定顶油罐的半液下喷射泡沫灭火系统。其后随着氟蛋白泡沫灭火剂、水成膜泡沫灭火剂和成膜氟蛋白泡沫灭火剂等的开发与应用，美国、英国等国又开发了适用于固定顶油罐的液下喷射泡沫灭火系统。

高倍数泡沫灭火技术产生于 20 世纪 50 年代，其发展和应用是从英国煤矿安全研究机构解决煤矿火灾难题的研究工作开始的。研究发现，当含水表面活性溶剂的体积膨胀到原液体积的 1000 倍时，形成的半稳定性泡沫可以沿坑道流动，能被压送至远处进行灭火。20 世纪 60 年代，瑞典等国对船舶机舱、泵船进行了高倍数泡沫灭火的模拟实验。

之后，高倍数泡沫灭火技术在英国、美国、日本、丹麦、瑞典、荷兰等国得到推广应用。为了满足室外应用过程中对泡沫抗风性能的要求，后来又发展了中倍数泡沫灭火技术。

我国在20世纪50年代后期开始生产蛋白泡沫灭火剂，继而又成功研制了氟蛋白泡沫灭火剂和抗溶泡沫灭火剂。1963年至1976年，在天津使用自主开发的泡沫灭火设备和泡沫灭火剂对100~5000m^3油罐成功地进行了包括液上和液下喷射泡沫技术的系列灭火实验。从此，我国开始全面推广应用空气泡沫灭火技术。从20世纪70年代中期到80年代中期，研制生产了高背压泡沫产生器、中倍数泡沫产生器和高倍数泡沫产生器，此后又开发生产了平衡压力式比例混合装置。20世纪80年代后期，我国开发了高倍数泡沫灭火剂和高倍数泡沫灭火系统的相关设备。泡沫灭火技术的有关规范也先后颁布，该项技术在我国开始得到广泛应用。近年来，在我国低倍数泡沫灭火系统先后成功扑灭过10000m^3凝析油内浮顶储罐全液面火灾、150000m^3原油浮顶储罐封闭区火灾、100000m^3原油浮顶储罐密封区火灾等多起大型石油储罐火灾。

7.1.2 泡沫灭火技术的应用范围

泡沫灭火技术主要应用于液体火灾的扑救，也被用于某些特殊灾害场所的火灾防护，其灭火应用范围如下。

1. 可燃和易燃液体储罐火灾

可燃和易燃液体储罐是泡沫灭火技术最主要的防护对象。自泡沫灭火技术产生以来，成功扑灭了许多露天液体储罐火灾。这些实践证明，泡沫灭火技术是扑救可燃易燃液体储罐火灾最有效的手段。因此，泡沫灭火技术是目前保护可燃和易燃液体储罐的首选方案。

2. 室内的可燃和易燃液体火灾

为满足生产、实验和生活等需要，很多时候必须在室内储存和使用可燃和易燃液体。这些储存于室内的可燃和易燃液体具有泄漏和着火的危险，泡沫灭火技术可以有效处置这类火灾。

3. 生产加工区域火灾

许多工业生产工艺需要使用可燃和易燃液体，这些可燃和易燃液体一般会通过管路输送至工业装置内部的油箱。对于这类生产加工装置的火灾，使用泡沫来控制和灭火非常合适。但需要注意的是，如果装置中的可燃和易燃液体火灾沿垂直方向迅速蔓延，或在有压的情况下由孔口喷出形成喷雾燃烧，泡沫就不能有效灭火。

4. 未燃烧的液体表面

在火灾发生时，泡沫可用于扑救液体表面的火灾，也可用于覆盖那些并未燃烧的易燃和可燃液体表面，阻止和抑制可燃蒸气的挥发，降低其着火的可能性。

5. 特殊危险场所火灾

泡沫灭火技术还适用于某些特殊的危险场所，为其提供保护。参照美国的NFPA标准，表7-1中列出了适合用泡沫进行消防保护的一些特殊危险场所，同时给出了这些场所中适用的泡沫灭火系统类型。

表 7-1　适用泡沫灭火系统的危险场所

适用的泡沫灭火系统类型			泡沫喷雾	高倍数泡沫	泡沫-水喷淋
参考标准			NFPA11	NFPA11A	NFPA16
场所类型	飞机	飞机库	√	√	√
		屋顶直升机停机坪	√		√
		飞机引擎测试装置	√	√	√
	封闭储料堆	闪点在100℃以下的可燃液体		√[a]	
		闪点在100℃或100℃以上的可燃液体		√[a]	
		低密度易燃物（如：泡沫橡胶、泡沫塑料、成卷的薄纸或皱纹纸）		√[a]	
		高密度易燃物（如：成卷的纸张）		√[a]	
		容器（如：纸箱，口袋，纤维桶）中的易燃物		√[a]	
	核电站	轻水核电站		√	√
		核子研究反应堆		√	√
	仓库	普通仓库		√	
		货架式原料仓库		√	
		橡胶轮胎仓库		√	
		卷纸仓库		√	
		档案馆和数据存储中心的库房		√	
		货架式桶装液体仓库			
	轮船	机舱	√		√
		石油和化学品运输船的甲板			
	其他特殊场所	液化天然气的生产、储藏和处理装置	√	√	√
		化工、印染、制药和塑料工厂	√		√
		木材加工设备	√		
		加热炉	√		
		移动表面采矿设备	√	√	
		装卸过程中的油槽车	√		√
		汽车加油站	√		
		使用易燃或可燃液体浸渍和涂覆的处理工艺	√		
		有机涂料制造厂	√	√[a]	
		使用化学药剂的实验室	√		√
		卧式常压储罐	√		
		泵房	√		
		浸渍槽	√		
		发动机试验间	√		
		变压器房		√	

注：表中√[a]表示需要与自动喷水灭火系统联用。

7.1.3 泡沫灭火技术应用中应注意的问题

低倍数泡沫灭火技术和高倍数泡沫灭火技术都有其自身的局限性，在实际应用中应注意以下问题。

1. 低倍数泡沫灭火技术

1）低倍数泡沫只适用于扑救平面火，而不适用于扑救立体火灾。

2）除抗溶性泡沫外，其他类型的低倍数泡沫灭火剂不适用于极性溶液。

3）不同型号和品牌的泡沫灭火剂不兼容，因而不能混合储存。

4）泡沫混合液90%以上由水组成，因而使用泡沫灭火时，应考虑易燃物质的忌水性和导电性。

5）泡沫比例混合装置、泡沫产生装置和泡沫输送装置的性能都会影响泡沫灭火系统的应用效果，因此，在选择和应用泡沫灭火系统时，应仔细考虑这些装置的流量、压力和混合比等参数。

2. 中倍数和高倍数泡沫灭火技术

1）一般情况下，中倍数和高倍数泡沫不能应用于有压液体火灾和高压气体火灾。

2）通常情况下，中倍数和高倍数泡沫不能应用于以下物质的火灾：

① 能产生足以维持自身燃烧的氧气或氧化剂的化学物质，如硝酸纤维素。

② 没有设置围挡设施的电气设备。

③ 与水反应的金属，如 Na 和 K。

④ 与水反应的化合物，如 P_2O_5。

⑤ 可燃的液化气。

7.2 泡沫灭火系统关键组件

7.2.1 泡沫比例混合装置

泡沫比例混合装置的功用是将泡沫液与水按比例混合成泡沫混合液。目前泡沫比例混合装置有以下几种类型。

1. 环泵式泡沫比例混合器

环泵式泡沫比例混合器是利用文丘里管原理的第一代产品，它安装在消防泵的旁通回路上，其进口与泵的出口相接，出口与泵的进口相接。消防泵工作时大股液流流向系统终端，小股液流经环泵式泡沫比例混合器回流到泵的进口，如图7-1所示。当回流的小股液流经过比例混合器时，在其腔内形成一定的负压，泡沫液储罐内的泡沫液在大气压力作用下被吸到腔内与水混合形成浓度较高的泡沫混合液。然后，这些高浓度混合液

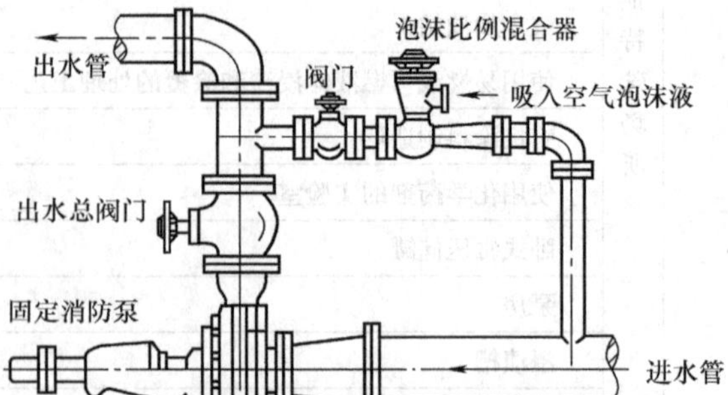

图7-1 环泵式泡沫比例混合器混合流程示意图

流到消防泵进口与水进一步混合后抽到泵的出口，如此循环往复一定时间后其泡沫混合液的混合比达到产生灭火泡沫要求的正常值。根据其工作原理，消防泵进出口压力、泡沫液储罐液面与比例混合器的高差是影响泡沫混合液混合比的两方面因素。消防泵进口压力由泵轴心与水池、水罐等储水设施液面的高差决定，进口压力越小，在一定范围内混合比越大，反之混合比越小，零或负压较理想；进口压力一定时出口压力越高，在一定范围内混合比越高，反之越小；在重力的作用下，泡沫液储罐液面越高，混合比越高，反之越小。

2. 压力式泡沫比例混合装置

压力式泡沫比例混合装置分为标准压力比例混合装置（见图7-2）和隔膜式压力比例混合装置（见图7-3），主要由比例混合器、泡沫液压力储罐及管路构成。从比例混合器向泡沫液储罐内分别引入两根管路，用文丘里管、孔板或文丘里管与孔板组合，在其比例混合器内的两极管路之间制造流体动压差。系统工作时压力高的管路向泡沫液储罐内充水，压力低的管路将泡沫液引进比例混合器，即用水置换泡沫液的方式实现泡沫液与水混合，其泡沫混合液的混合比靠更换孔板来调整。

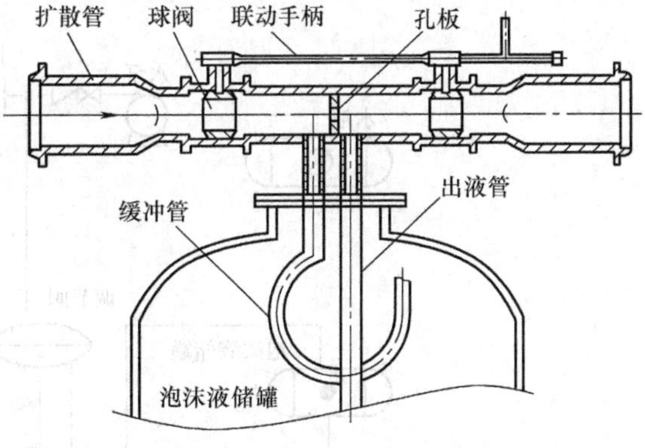

图7-2　标准压力比例混合装置

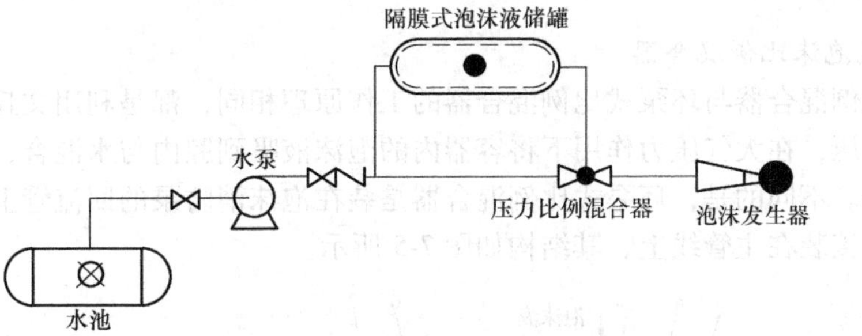

图7-3　隔膜式压力比例混合装置混合流程示意图

标准压力比例混合装置是利用泡沫液与水短时间内不混合，能在两者之间形成分界面的现象，工作时将压力水直接充入储罐内泡沫液液面上。它适用于蛋白类泡沫液，不适用于与水之间不能形成稳定界面，水充入储罐后很快与泡沫液混合的某些合成类泡沫液，如高倍数数泡沫液、水成膜泡沫液等。由于该比例混合装置工作时泡沫液与水直接接触，泡沫灭火系统一经使用，储罐内泡沫液即使剩余也不能再用，所以不便于系统调试及日常试验等。

隔膜式压力比例混合装置克服了标准压力比例混合装置的缺点，它用隔膜将泡沫液与水隔开，系统工作时泡沫液与水不直接接触，泡沫液一次未使用完可再次使用，便于调试和日常试验等。

3. 平衡压力式比例混合装置

平衡压力式比例混合装置通常由泡沫液泵、混合器、平衡压力流量控制阀及管道等组成，如图7-4所示。平衡压力流量控制阀由隔膜腔、阀杆和节流阀组成。隔膜腔下部通过导管与泡沫液泵出口管道相连，上部通过导管与水管道相通，其作用是通过控制泡沫液的回流量控制泡沫混合液混合比。平衡压力式比例混合装置的工作原理是，泡沫液泵供给的泡沫液一股进入混合器，另一股经平衡压力流量控制阀回流到泡沫液储罐。当水压升高时，表明系统供水量增大，泡沫液供给量也应增大。此时，平衡压力流量控制阀的隔膜带动阀杆向下，节流阀的节流口减小，泡沫液回流量减小，供应系统的泡沫液量增大。同理，水压降低时供应系统的泡沫液量减小。平衡压力式比例混合装置的比例混合精度较高，适用的泡沫混合液流量范围较大，泡沫液储罐为常压储罐。

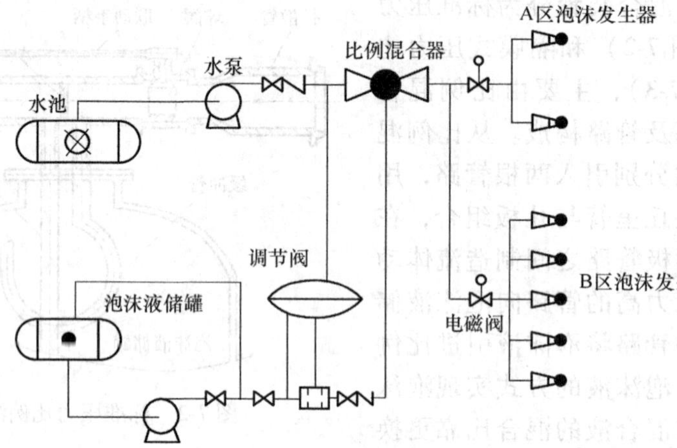

图 7-4　平衡压力式比例混合器装置和流程示意图

4. 管线式泡沫比例混合器

管线式比例混合器与环泵式比例混合器的工作原理相同，都是利用文丘里管的原理在混合腔内形成负压，在大气压力作用下将容器内的泡沫液吸到腔内与水混合，所以它们又称负压比例混合器。不同的是，环泵式比例混合器是装在泡沫消防泵的回流管上的，而管线式比例混合器则直接装在主管线上，其结构如图 7-5 所示。

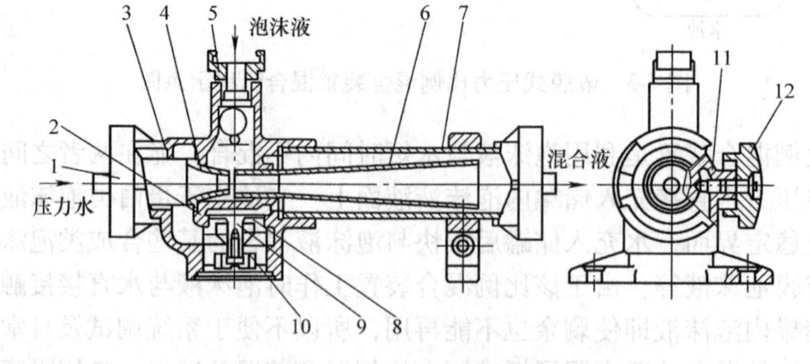

图 7-5　管线式比例混合器

1—管牙接口　2—混合器本体　3—过滤网　4—喷嘴　5—吸液管接口　6—扩散管
7—外接管　8—底阀座　9—底阀芯　10—橡胶膜片　11—调节阀芯　12—调节手柄

管线式比例混合器的工作压力通常在 0.7 ~ 1.3MPa 范围内，压力损失一般为进口压力的三分之一以上，混合比精度通常较差。因此，它主要用于移动式泡沫灭火系统，且许多是与泡沫炮、泡沫枪、泡沫产生器装配一体使用的，而在固定式泡沫灭火系统中很少使用。

5. 计量注入式比例混合装置

计量注入式比例混合装置是近年发展起来的一种新型比例混合装置。该装置主要由泡沫液泵、水泵、流量计、电子控制器和泡沫液储罐等组成。其基本原理为：利用流量计实时监控系统运行条件，并向电子控制器反馈流量信号，电子控制器接收到相应流量数据的电信号后，会控制泡沫液泵按相应流量供给泡沫液，以达到维持恒定混合比的目的。其运行不受水压影响，也不会因补充泡沫液而中断。图7-6为一典型计量注入式比例混合装置的流程图。该流程在水管道上设有流量计，主要监测水的流量，并利用变量泡沫液泵控制泡沫液的流量。在工程中，也可同时在泡沫液管路上设置流量计，进行泡沫液流量的监测。另外，可使用变频技术来控制泡沫液泵的流量。对于该类型的装置来说，流量测量的准确性将直接影响混合比的精确性。

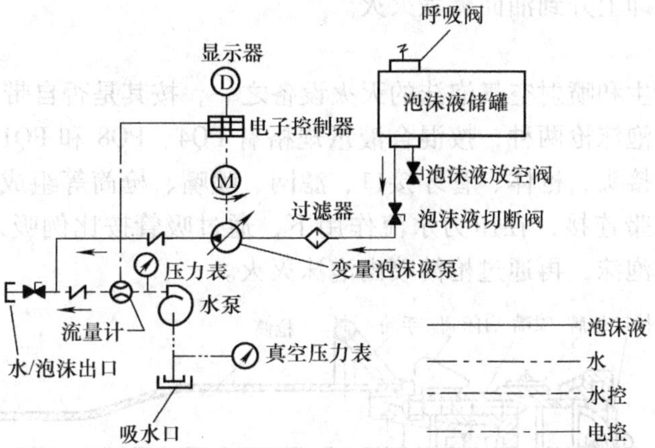

图7-6　计量注入式比例混合装置

7.2.2　泡沫产生装置

泡沫产生装置的作用是将空气与混合液充分混合，产生并喷射泡沫，实施灭火。

1. 横式泡沫产生器

横式泡沫产生器是一种固定水平安装在油罐罐壁顶部，产生和喷射低倍空气泡沫的灭火设备，如图7-7所示。目前，横式泡沫产生器有PC4、PC8、PC16、PC24四种规格，额定工作压力为0.5MPa，发泡倍数大于5倍。其工作原理为：当混合液沿管道流过产生器孔板时，突然节流，流速增大，形成负压，使大量空气吸入产生器内，与混合液初步形成泡沫。然后，经过击散片的分散作用，使混合液与空气得到进一步充分混合，形成空气泡沫。泡沫将产生器出口的玻璃盖冲破，在导板的作用下沿罐壁流向着火的液面，将火扑灭。

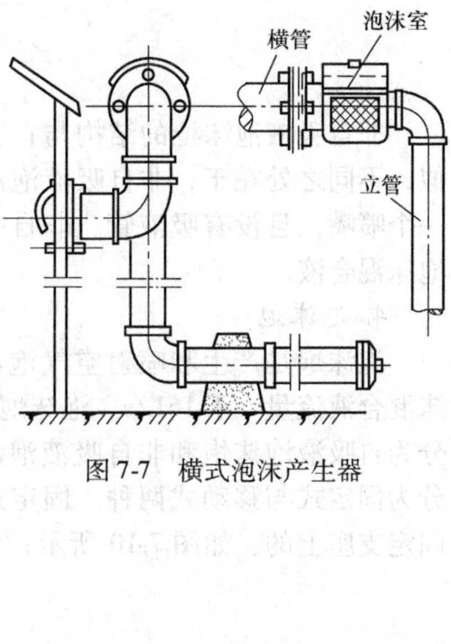

图7-7　横式泡沫产生器

2. 高背压泡沫产生器

高背压泡沫产生器是为液下喷射泡沫灭火系统配套的一种低倍泡沫发生装置，如图 7-8 所示。目前，我国的高背压泡沫产生器有 PCY8、PCY16、PCY24 和 PCY32 四种型号，发泡倍数为 2 ~4 倍，额定进口压力为 0.7MPa，最大出口压力约为 0.2MPa。其工作原理为：高背压泡沫产生器的喷嘴前通过水带接口或法兰盘连接泡沫混合液管路，扩散管末端连接泡沫管线。工作时由消防水泵输送来的具有一定压力的泡沫混合液通过喷嘴喷出，在混合室内产生负压，吸入空气，随后进入混合管。在混合管中，空气与泡沫混合液经过搅拌、混合，形成大量微细的气液混合物。这种气液混合物进入管径逐渐扩大的扩散管后，流速降低而压力相应上升，从扩散管流出后则形成具有一定压力的泡沫，再通过泡沫管线从下部喷入油罐，克服油层静压即上升到油面覆盖灭火。

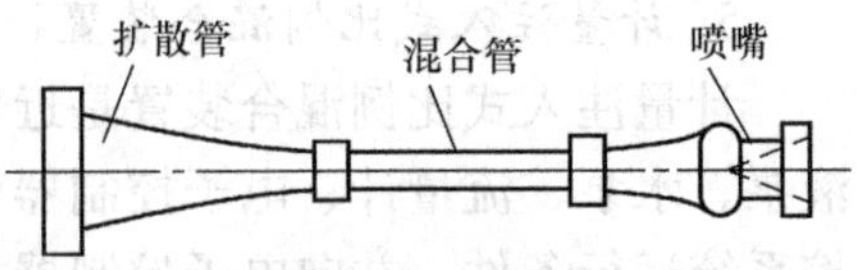

图 7-8　高背压泡沫产生器外形图

3. 泡沫枪

泡沫枪是用来产生和喷射空气泡沫的灭火设备之一，按其是否自带吸液装置可分为自吸液泡沫枪和非自吸液泡沫枪两种，按混合液量规格有 PQ4、PQ8 和 PQ16 三种。自吸液泡沫枪由吸液管、吸液管接头、枪体、管牙接口、滤网、喷嘴、枪筒等组成，如图 7-9 所示。工作时泡沫枪进口与水带连接，在压力水流作用下，通过吸管按比例吸入泡沫液，形成混合液，并吸入空气形成泡沫，再通过枪筒喷出泡沫灭火。

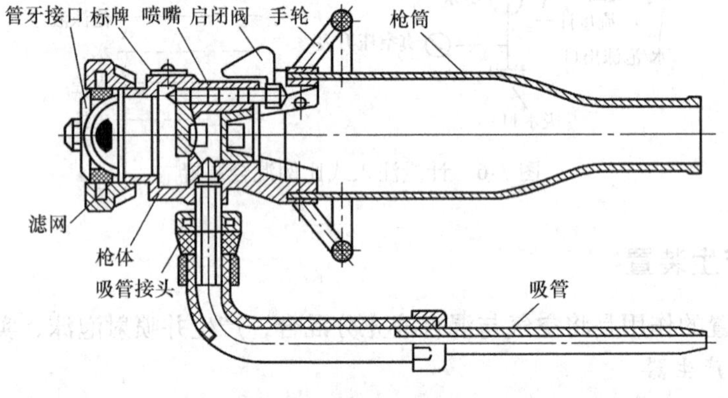

图 7-9　自吸液泡沫枪

非自吸液泡沫枪的结构与自吸液泡沫枪大致相似，不同之处在于，非自吸液泡沫枪的枪筒内只有一个喷嘴，且没有吸液管。非自吸液泡沫枪应供给泡沫混合液。

4. 泡沫炮

泡沫炮是产生和喷射空气泡沫的大型设备，泡沫混合液流量大于16L/s。泡沫炮按泡沫液吸入方式分为自吸液泡沫炮和非自吸液泡沫炮；按安装方式分为固定式与移动式两种。固定式泡沫炮是安装在固定支座上的，如图 7-10 所示；移动式泡沫炮是安

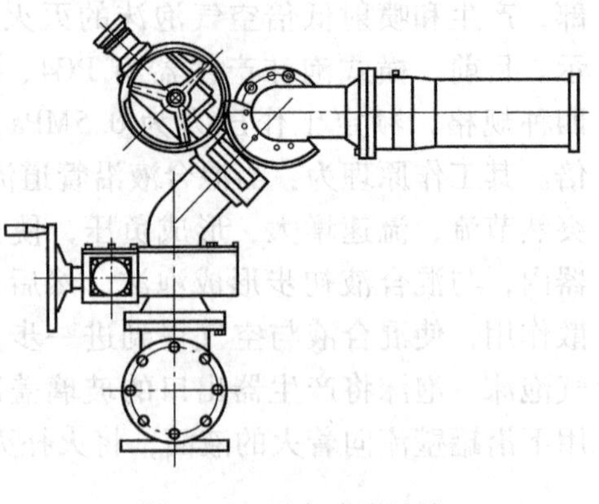

图 7-10　固定式泡沫炮

装在可移动支座上的，包括车载式、拖车式、手抬式等。

5. 泡沫钩管

泡沫钩管是一种移动式泡沫灭火设备，用来产生和喷射空气泡沫，扑救油罐火灾。目前泡沫钩管只有一种，其泡沫混合液量为16L/s。钩管上端有弯形喷管，使用时钩管挂在着火的油罐上，向罐内喷射泡沫。其下端装有口径65mm的管牙接口，与空气泡沫产生器连接。当混合液通过泡沫产生器时，孔板周围形成负压，这时由空气孔吸入大量空气与混合液混合，产生泡沫，并从弯形喷管喷出。泡沫钩管的结构和使用情况如图7-11和图7-12所示。

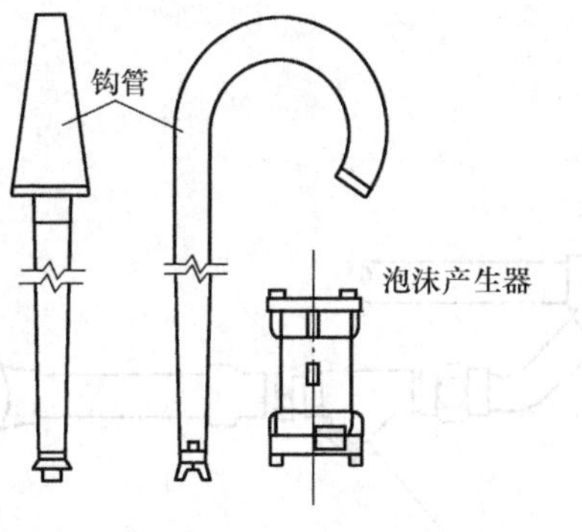

图7-11　泡沫钩管

图7-12　泡沫钩管使用图

6. 升降式泡沫管架

升降式泡沫管架是一种借助水的压力自动升起的移动式泡沫产生与喷射装置，主要用于扑救高度6.5～11m的油罐火灾。目前升降式泡沫管架只有一种，其泡沫发生量为100L/s，如图7-13所示。

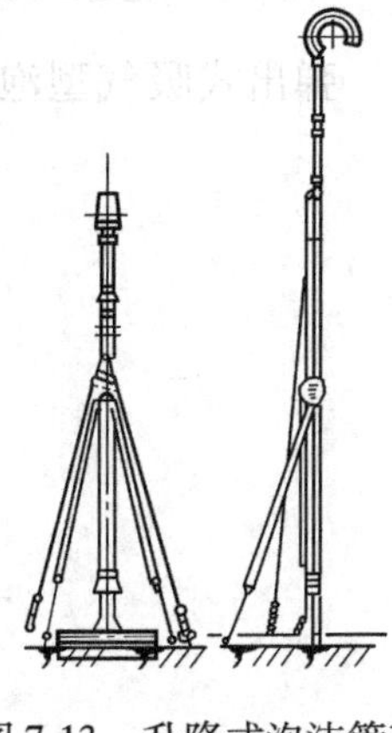
图7-13　升降式泡沫管架

管架座是支撑整个泡沫管架的基础，用来固定管架体。管架体以一根铝合金管为主体，上部安装伸缩套管，底部连接座上有两个进口。每个进口都有65mm口径的管牙接口，用来连接分叉和水带。在连接座上有一个放水阀，可以放尽管架中的存水。撑脚管也是两根可以伸缩的套管，用来支撑泡沫管架。制动装置由抱闸刹车、制动手柄以及拉索组成，其作用原理是当伸缩套管在水压作用下伸到适当的高度时，扳下制动手柄，使拉索拉紧抱闸，即能将其固定在适当的高度上。伸缩套管在0.2～0.3MPa的水压作用下可以伸长到需要的高度，以便把弯形管挂在罐壁上。另有两根钢丝绳拉索，用来启闭控制阀，并配合撑脚管支撑泡沫管架。控制阀用来关闭或开启泡沫管架的水流道，以便控制水压使伸缩管动作。连接管是一根铝管，一端连接控制阀，另一端连接泡沫产生器和弯形钩管。泡沫产生器腰部有空气孔，内部有一块钢质的孔板，用来控制空气和泡沫混合液的流量。

7. 泡沫喷头

泡沫喷头用于泡沫喷淋系统，根据喷头能否吸入空气分为吸气型和非吸气型。

(1) 吸气型

吸气型泡沫喷头能够吸入空气，混合液经过空气的机械搅拌作用，再加上喷头前金属网的阻挡作用形成泡沫。目前常用的吸气型泡沫喷头有三种。

悬挂式吸气型泡沫喷头如图7-14所示。该种类型喷头悬挂在被保护物体的顶部上方某一高度，工作时泡沫从上向下以喷淋的形式均匀地洒落在被保护物体的表面。

侧挂式泡沫喷头如图7-15所示。该种类型喷头置于被保护物体的侧面，距被保护物体有一定的距离，泡沫从侧面喷洒到被保护物体表面，将被保护物体从四面包围住。

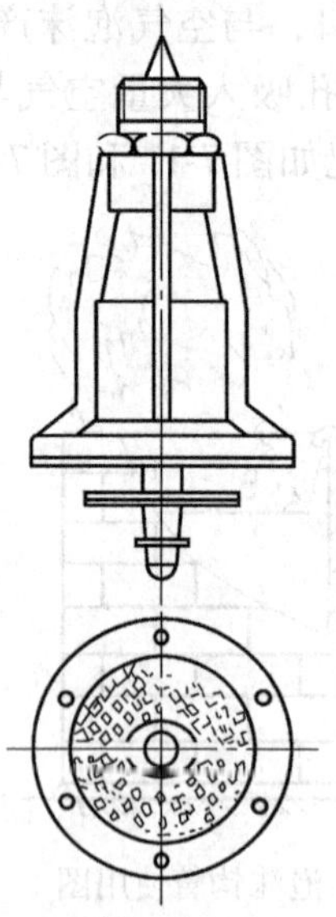

图7-14 悬挂式吸气型泡沫喷头

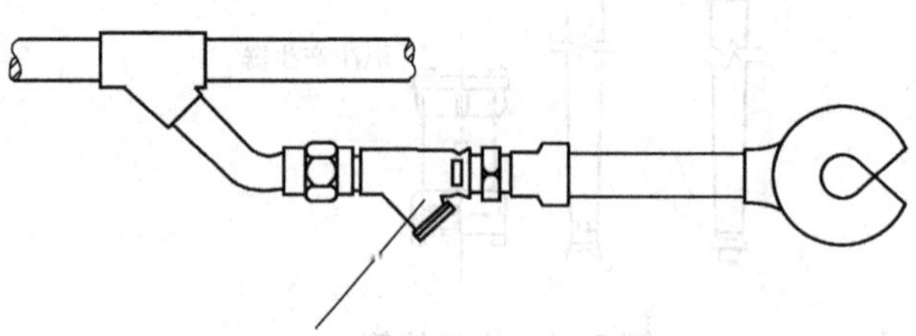

图7-15 侧挂式吸气型泡沫喷头

弹出式吸气型泡沫喷头如图7-16所示。这种泡沫喷头置于被保护物体的下部地面上。

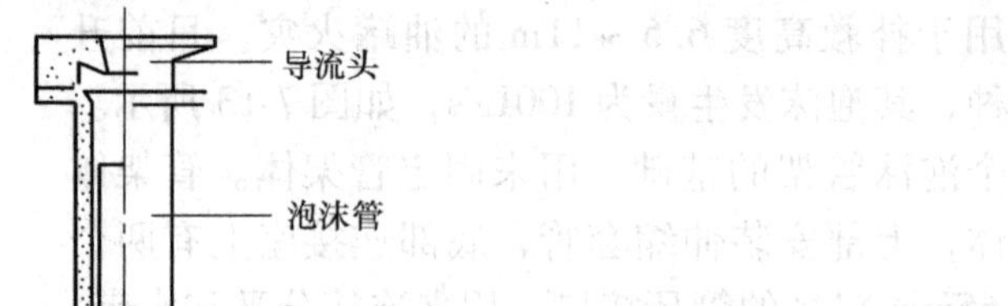

图7-16 弹出式吸气型泡沫喷头

平时喷头在地面以下，喷头顶部和地面相平。使用时，喷头借助混合液的压力，弹射出地面，吸入空气，形成泡沫，在导流板的作用下，将泡沫喷洒在被保护的物体上。

(2) 非吸气型

非吸气型泡沫喷头没有吸入空气的结构，从喷头喷出的是雾状泡沫混合液。由于没有空气机械搅拌作用，泡沫发泡倍数较低。非吸气型泡沫喷头一般多采用悬挂式，有时也可以侧挂。这种泡沫喷头也可用水喷雾喷头代替。目前常用的非吸气型泡沫喷头分为旋流式（见图7-17）、撞击式（见图7-18）、扩散式（见图7-19）和喷洒式（见图7-20）。

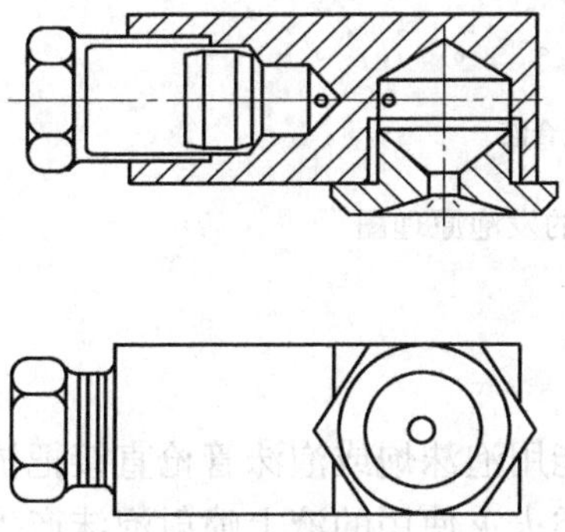

图7-17 旋流式非吸气型泡沫喷头

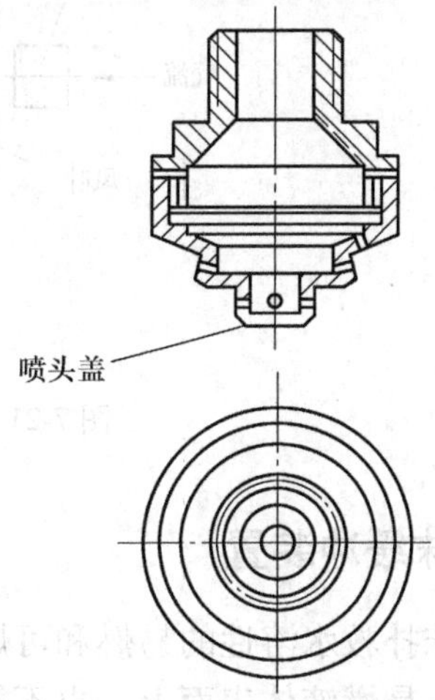

图7-18 撞击式非吸气型泡沫喷头

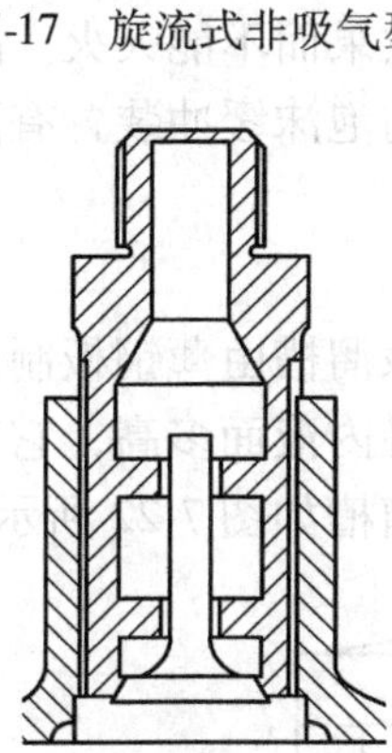

图7-19 扩散式非吸气型泡沫喷头

图7-20 喷洒式非吸气型泡沫喷头

8. 高倍数泡沫产生器

高倍数泡沫产生器是产生并喷放高倍数泡沫的装置。工作时通过喷嘴以雾化形式将高倍泡沫液与水的混合液均匀喷向产生器的发泡网，在网的内表面形成一层混合液薄膜，由风叶送来的气流将混合液薄膜吹胀成大量的气泡（泡沫群），其原理如图 7-21 所示。根据驱动风叶的原动机类型，高倍数泡沫发生器大致可分为三种形式：电动机驱动式、内燃机驱动式和水力驱动式。其中，水力驱动式高倍数泡沫产生器又可分为水轮机驱动式和水流反作用力式两种。

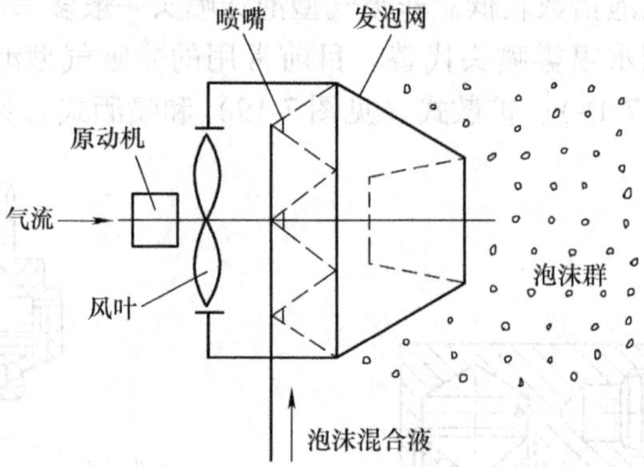

图 7-21 高倍数泡沫的发泡原理图

7.2.3 泡沫缓冲装置

抗溶泡沫扑救水溶性的易燃和可燃液体时不能用泡沫炮或泡沫管枪直接把抗溶泡沫喷到水溶性可燃、易燃液体表面上，也不能用扑救油类火灾使用的液上喷射泡沫产生器直接将泡沫喷到储罐液体表面，因为这样会将液面搅动，失去抗溶效果而不能灭火。故必须在水溶性可燃和易燃液体储罐内安装泡沫缓冲装置。目前我国常用的泡沫缓冲装置有泡沫溜槽和泡沫降落槽等。

1. 泡沫溜槽

泡沫溜槽适用于拱顶罐或锥顶罐，不适用于浮顶罐。该溜槽由薄钢板制成，与罐内壁牢固地相连，以便泡沫从罐的顶部螺旋形下降到罐底。无论罐内液面多高，它都能使泡沫缓慢流到液体表面，不会冲击液面，可以顺利扑灭火灾。泡沫溜槽如图 7-22 所示。

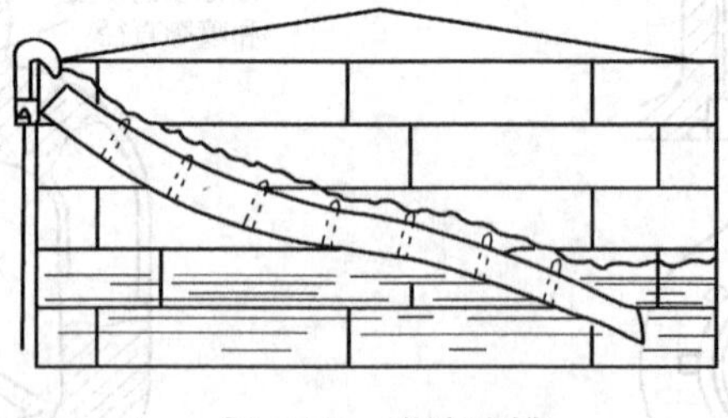

图 7-22 泡沫溜槽

2. 泡沫降落槽

泡沫降落槽由罐外泡沫产生器和罐内降落槽组成。泡沫通过液体表面上方的第一个开口流出。该装置采用导流板保护开口，防止泡沫通过更高的开口流出。由于设置了溢出口，所以泡沫降落到液体表面的最大距离受到限制。泡沫降落槽如图 7-23 所示。

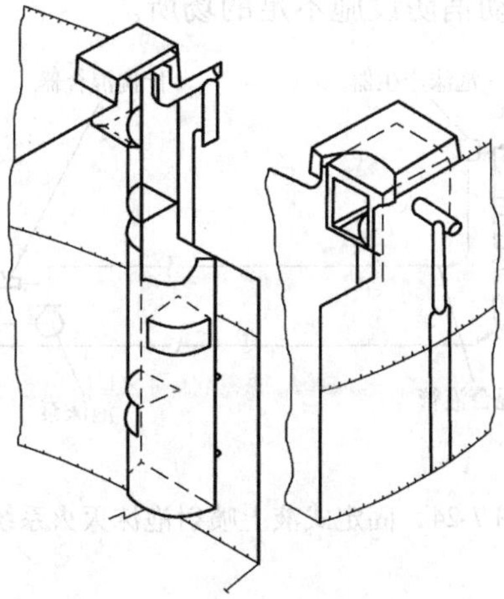

图 7-23　泡沫降落槽

7.2.4　泡沫堰板

泡沫堰板是设置在浮顶储罐的浮顶上靠外缘的一圈挡板，其作用是围封泡沫，将泡沫的覆盖面积控制在罐壁与浮顶之间的环形面积内，这样可减小泡沫覆盖面积，避免不必要的浪费。因为浮顶罐发生火灾后，仅在浮顶与罐壁的密封槽内燃烧，浮顶的中部为不可燃材料，不会燃烧。

7.3　低倍数泡沫灭火系统的类型与设计

7.3.1　储罐区低倍数泡沫灭火系统

1. 系统类型

根据保护对象的规模、火灾危险性、总体布置、扑救难易程度、消防站的设置情况等因素，保护对象需要安装全部或部分泡沫灭火设备，甚至不安装固定泡沫灭火设备，采用移动方式灭火，这样形成以下三种系统形式：

（1）固定式泡沫灭火系统

固定式泡沫灭火系统一般由消防水源、消防水泵、泡沫比例混合装置、泡沫产生器等设备或组件通过固定钢制（或合金）管道连接起来，永久安装在使用场所。目前，固定式泡沫系统可设计为手动控制系统，即手动起动泡沫消防泵和有关阀门，向储罐内排放泡沫实施灭火；也可设计为自动控制系统，即首先靠火灾自动报警及联动控制系统自动起动泡沫消防泵及有关阀门向储罐内排放泡沫，实施灭火，自动操纵出现故障时，由手动起动系统。固定式泡沫灭火系统如图 7-24 和图 7-25 所示。

固定式泡沫灭火系统具有起动及时、安全可靠、长期处于战备状态，且操作方便及自动化程度高等优点。但固定式泡沫灭火系统投资大，设备利用率低，平时维护管理复杂，因此，固定式泡沫灭火系统适合用于甲、乙、丙类液体总储量或单罐的容量大、火灾危险性大、布置集中、扑救困难且机动消防设施不足的场所。

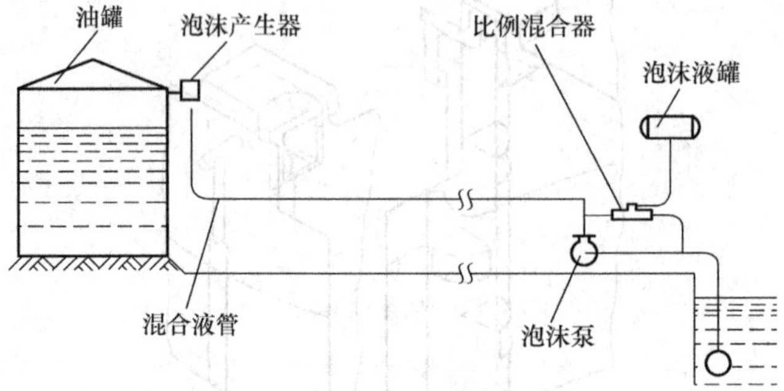

图 7-24　固定式液上喷射泡沫灭火系统

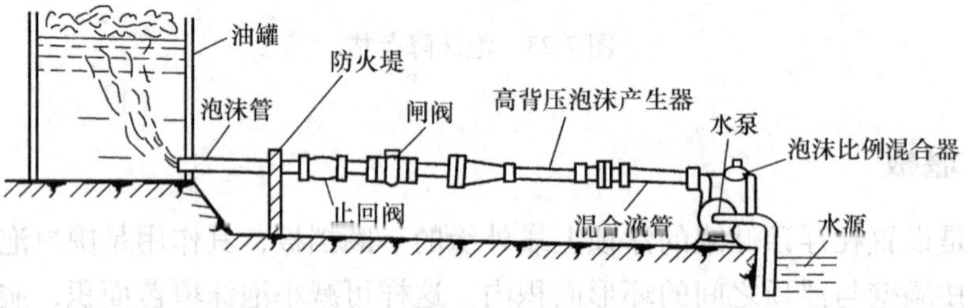

图 7-25　固定式液下喷射泡沫灭火系统

（2）半固定式泡沫灭火系统

半固定式泡沫灭火系统仅设有泡沫产生器及部分混合液管道，并留有接口，如图 7-26 所示。火灾时，需临时调集泡沫消防车或机动消防水泵等，在火场组织泡沫灭火力量，将混合液通过水带打入预留的接口进入管道内，经泡沫产生器产生泡沫实施灭火。

图 7-26　半固定式液上喷射泡沫灭火系统

1—泡沫消防车　2—油罐　3—泡沫产生器　4—泡沫混合液管道　5—地上式消火栓

半固定式泡沫灭火系统具有设备简单、投资省、不需经常维护、管理方便、机动灵活等特点。与移动式泡沫灭火系统相比，其灭火效率高，操作便利，火场上劳动强度低。但与固定式泡沫灭火系统相比，其扑救火灾不及时，不适用于特别大的储罐。

采用半固定式泡沫灭火系统时，储罐区应有足够的消防力量和充足的消防水源，灭火需要的泡沫液一般由消防车携带（若使用泵浦消防车，还应配备泡沫液）。另外，预留接口应设在防火堤外，接口上应有闷盖。

(3) 移动式泡沫灭火系统

用水带将消防车或机动消防泵、泡沫比例混合装置、移动式泡沫产生装置等连接组成的灭火系统即为移动式泡沫灭火系统，如图7-27所示。设置移动式泡沫灭火系统的甲、乙、丙类流体储罐区，其储罐上未安装固定泡沫产生器或泡沫管道，当被保护储罐发生火灾时，靠移动式泡沫产生装置向着火储罐内供给泡沫灭火。需要指出，移动式泡沫灭火系统的各组成部分都是针对所保护的储罐区设计的，在泡沫混合液供给量、机动设施到场时间等方面都有要求，而不是随意组合的。有些单位设置了泡沫泵站并在储罐区安装了环形泡沫混合液管道，着火时连接泡沫枪喷射泡沫灭火。因为其泡沫产生装置为移动式，所以应视为移动式泡沫灭火系统。

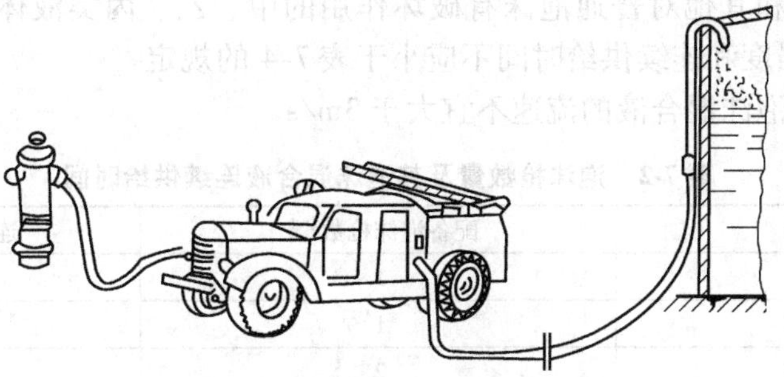

图7-27　移动式泡沫灭火系统示意图

2. 泡沫喷射方式

储罐区泡沫灭火系统主要有液上和液下两种泡沫喷射形式。

(1) 液上喷射泡沫灭火系统

液上喷射泡沫灭火系统是指将泡沫从燃烧液体上方施加到燃烧液体表面上实现灭火的泡沫系统。它有固定式、半固定式、移动式三种，如图7-24、图7-26和图7-27所示。液上喷射泡沫灭火系统具有结构较简单、安装检修便利、易调试且各种类型的泡沫液均可使用等优点。其缺点是系统的泡沫产生器和部分管线易受到储罐燃烧爆炸的破坏而失去灭火作用。它适用于固定顶储罐、外浮顶储罐和内浮顶储罐。

(2) 液下喷射泡沫灭火系统

液下喷射泡沫灭火系统是指泡沫从液面下喷入被保护储罐内的泡沫系统，有固定式（见图7-25）和半固定式两种形式。与液上喷射泡沫灭火系统相比，该系统具有许多优点：

1）泡沫产生器不是安装在罐体上，而是安装在储罐的防火堤外，产生的泡沫通过管道喷射到油品中，因此，储罐一旦发生先爆炸后燃烧，泡沫灭火系统则不易遭到破坏，从而提高了系统的可靠度。

2）由于泡沫是从液下到达燃烧液面，不通过高温火焰，不沿灼热的罐壁流入，减少了泡沫的损失，提高了灭火效率。

3）泡沫在上浮过程中，使罐内冷油和热油对流，起到一定的冷却作用，有利于灭火。

液下喷射泡沫灭火系统适用于部分非水溶性甲、乙、丙类液体常压固定顶储罐，不适用于水溶性甲、乙、丙类液体储罐，也不适用于外浮顶和内浮顶储罐。闪点低于23℃、沸点低于38℃的非水溶性甲类液体储罐若采用液下喷射泡沫系统，由于泡沫会加剧液体的翻腾挥发，可能灭不了火。粘度过大的丙类液体储罐若采用液下喷射泡沫系统，泡沫可能难于从液下到达液面。

3. 液上喷射泡沫灭火系统的设计计算

（1）设计基本要求

1）设置固定式泡沫灭火系统的储罐区，应配置用于扑救液体流散火灾的辅助泡沫枪，泡沫枪的数量及其泡沫混合液连续供给时间不应小于表7-2的规定。每支辅助泡沫枪的泡沫混合液流量不应小于240L/min。

2）非水溶性液体储罐液上喷射系统，其泡沫混合液供给强度和连续供给时间不应小于表7-3的规定。

3）水溶性液体和其他对普通泡沫有破坏作用的甲、乙、丙类液体储罐液上喷射系统，其泡沫混合液供给强度和连续供给时间不应小于表7-4的规定。

4）管路中水和泡沫混合液的流速不宜大于3m/s。

表7-2　泡沫枪数量及其泡沫混合液连续供给时间

储罐直径/m	配备泡沫枪数/支	连续供给时间/min
≤10	1	10
>10且≤20	1	20
>20且≤30	2	20
>30且≤40	2	30
>40	3	30

表7-3　泡沫混合液供给强度和连续供给时间

系统形式	泡沫种类	供给强度/［L/（min·m²）］	连续供给时间/min	
			甲、乙类液体	丙类液体
固定、半固定式系统	蛋白	6.0	40	30
	氟蛋白、水成膜、成膜氟蛋白	5.0	45	30
移动式系统	蛋白、氟蛋白	8.0	60	45
	水成膜、成膜氟蛋白	6.5	60	45

注：1. 如果采用大于表中规定的混合液供给强度，则混合液连续供给时间可按相应的比例缩短，但不得小于表中规定时间的80%。
2. 沸点低于45℃的烃类液体，设置泡沫灭火系统的适用性及其泡沫混合液供给强度，应由试验确定。

表7-4　水溶性液体储罐泡沫混合液供给强度和连续供给时间

液体类别	供给强度/［L/（min·m²）］	连续供给时间/min
丙酮、异丙醇、甲基异丁酮	12	30
甲醇、乙醇、正丁醇、丁酮、丙烯腈、醋酸乙酯、醋酸丁酯	12	25
含氧添加剂含量体积比大于10%的汽油	6	40

（2）燃烧面积

燃烧面积指火灾时的着火面积，也就是灭火时需要用泡沫覆盖的面积。固定顶储罐、浅盘式和浮盘采用易熔材料制作的内浮顶储罐，燃烧面积应为储罐的横截面积：

$$A = \frac{\pi D^2}{4} \tag{7-1}$$

式中 A——燃烧面积（m^2）；

D——储罐直径（m）。

外浮顶储罐和单、双盘式内浮顶储罐，燃烧面积应为罐壁与泡沫堰板间的环形面积，即：

$$A = \frac{\pi}{4}[D^2 - (D-2a)^2] \tag{7-2}$$

式中 a——泡沫堰板与罐壁的距离（m）。

（3）泡沫产生器设置数量

固定顶储罐、浅盘式和浮盘采用易熔材料制作的内浮顶储罐的泡沫产生器，其设置数量按下式计算确定：

$$n_1 = \frac{RA}{q_1} \tag{7-3}$$

式中 n_1——泡沫产生器的数量；

R——泡沫混合液供给强度［L/(min·m^2)］；

q_1——每个泡沫产生器的混合液流量（L/min）。

在选择泡沫产生器的型号时，应注意型号不宜过大，以免泡沫产生器设置数量太少。这样可减小泡沫的流动距离，有利于喷出的泡沫快速覆盖燃烧面积灭火。另外，按式（7-3）计算出的泡沫产生器设置数量不应小于表7-5的要求。

表7-5 泡沫产生器设置数量

储罐直径/m	泡沫产生器数量/个
≤10	1
10＞且≤25	2
25＞且≤30	3
30＞且≤35	4

注：对于直径大于35m且小于50m的储罐，其横截面积每增加300㎡，应至少增加1个泡沫产生器。

外浮顶储罐和单、双盘式内浮顶储罐的泡沫产生器设置数量可根据每个泡沫产生器的最大保护周长确定，但应保证泡沫混合液供给强度。单个泡沫产生器的最大保护周长见表7-6。

表7-6 单个泡沫产生器的最大保护周长

泡沫喷射口设置位置	堰板高度/m		保护周长/m
管壁顶部、密封或挡雨板上方	软密封	≥0.9	24
	机械密封	<0.6	12
		≥0.6	24
金属挡雨板下部	<0.6		18
	≥0.6		24

注：当采用从挡雨板下部喷射泡沫的方式时，挡雨板必须是不含任何可燃材料的金属板。

（4）泡沫混合液流量的计算

泡沫混合液设计流量，应按储罐上设置的泡沫产生器与该储罐的辅助泡沫枪的流量之和计算，且应按流量之和最大的储罐确定：

$$Q=k(Q_1+Q_2)=k(n_1q_1+n_2q_2) \tag{7-4}$$

式中 Q——系统泡沫混合液设计流量（L/min）；

k——裕度系数，取 $k\geqslant 1.05$；

Q_1——扑救储罐火灾的泡沫产生器混合液流量（L/min）；

Q_2——扑救流散液体火灾泡沫枪混合液流量（L/min）。

n_2——泡沫枪设置数量；

q_2——每支泡沫枪的混合液流量。

泡沫混合液设计流量也可按供给强度计算：

$$Q=k(RA+n_2q_2) \tag{7-5}$$

（5）泡沫液总储量的计算

泡沫灭火系统的泡沫液总储量应满足扑救一次火灾所需最大用量和管道内混合液剩余量之和的要求：

$$W_p=f(n_1q_1t_1+n_2q_2t_2+V)\times 10^{-3} \tag{7-6}$$

或

$$W_p=f(RAt_1+n_2q_2t_2+V)\times 10^{-3} \tag{7-7}$$

式中 W_p——泡沫液储量（m^3）；

f——混合比，3%或6%；

t_1——泡沫产生器混合液延续供给时间（min）；

t_2——泡沫枪混合液延续供给时间（min）。

V——系统管道内泡沫混合液剩余量（L）。

（6）灭火用水储量的计算

灭火用水储量可按下式计算：

$$W_s=(1-f)(n_1q_1t_1+n_2q_2t_2+V)\times 10^{-3} \tag{7-8}$$

式中 W_s——灭火用水储量（m^3）。

（7）泡沫泵和水泵流量的计算

当采用环泵式负压比例混合流程时，泡沫泵流量应为系统泡沫混合液设计流量的1.1倍。

当采用平衡压力比例混合流程时，水泵的流量为：

$$Q_s=(1-f)Q \tag{7-9}$$

泡沫液泵的流量为：

$$Q_p=fQ \tag{7-10}$$

上两式中 Q_s——水泵流量（L/min）；

Q_p——泡沫液泵流量（L/min）。

（8）混合液管道的水头损失计算

当泡沫混合液管道采用普通钢管时，沿程水头损失应按下式计算：

$$i=0.000007\frac{V^2}{d_j^{1.3}} \tag{7-11}$$

式中 i——每米管道的水头损失（MPa/m）；

V——管道内水或泡沫混合液的平均流速（m/s）；

d_j——管道的计算内径（m），取值应按管道的内径减小1mm确定。

当采用不锈钢管或铜管时，可按下式计算：

$$i = 105 C_h^{-1.85} d_j^{-4.87} q_g^{1.85} \tag{7-12}$$

式中　i—管道的单位长度水头损失（kPa/m）；

q_g—给水设计流量（m^3/s）；

C_h——海澄-威廉系数，铜管、不锈钢管取130。

泡沫混合液管道的局部水头损失，宜采用当量长度法计算。

（9）泵扬程的计算

水泵或泡沫混合液泵的扬程或系统入口的供给压力应按下式计算：

$$H = \sum h + p_0 + h_z \tag{7-13}$$

式中　H—水泵或泡沫混合液泵的扬程或系统入口的供给压力（MPa）；

$\sum h$——管道沿程和局部的水头损失的累计值（MPa）；

p_0——最不利点处泡沫产生装置或泡沫喷射装置的工作压力（MPa）；

h_z——最不利点处泡沫产生装置或泡沫喷射装置与消防水池的最低水位或系统水平供水引入管中心线之间的静压差（MPa）。

（10）设计示例

某油罐区，设其最大储罐为地上钢质汽油油罐，容量为5000m^3，直径为23m，试进行泡沫灭火系统的设计计算。

解：1）选用系统类型和泡沫液种类。

该储罐区选用液上喷射泡沫灭火系统保护，且采用蛋白泡沫液。

2）确定系统设计技术参数。

泡沫混合液供给强度：$R = 6.0\text{L/min}\cdot\text{m}^2$

混合液连续供给时间：$t_1 = 40\text{min}$

3）确定泡沫产生器数量。

油罐横截面积：$A = \pi D^2/4 = (3.14 \times 23^2/4)\text{m}^2 = 415\text{m}^2$

选用PC16型泡沫产生器，所需数量为：$n_1 = RA/q_1 = (6.0 \times 415/960)$个≈3个

每个泡沫产生器的混合液流量：$q_1 = (6.0 \times 415/3)\text{L/min} = 830\text{L/min}$

4）确定泡沫枪设置数量及其混合液连续供给时间。

该油罐需设置2支PQ8型泡沫枪，其混合液连续供给时间为20min，每支泡沫枪混合液流量$q_2 = 480\text{L/min}$。

5）计算混合液设计流量。

$$Q = k(n_1 q_1 + n_2 q_2) = [1.05 \times (3 \times 830 + 2 \times 480)/60]\text{L/s} = 61\text{L/s}$$

6）确定泡沫液储量。

$$W_p = f(n_1 q_1 t_1 + n_2 q_2 t_2) \times 10^{-3} = [0.06 \times (3 \times 830 \times 40 + 2 \times 480 \times 20) \times 10^{-3}]\text{m}^3 = 7.2\text{m}^3$$

7）确定灭火用水储量。

$$\begin{aligned} W_s &= (1-f)(n_1 q_1 t_1 + n_2 q_2 t_2) \times 10^{-3} \\ &= [(1-0.06) \times (3 \times 830 \times 40 + 2 \times 480 \times 20) \times 10^{-3}]\text{m}^3 = 112.8\text{m}^3 \end{aligned}$$

8）泡沫泵流量计算。

采用环泵比例混合流程，则混合液泵流量为$1.1Q=(1.1\times61)\mathrm{L/s}=67\mathrm{L/s}$

4. 液下喷射泡沫灭火系统的设计计算

（1）设计基本要求

1）泡沫混合液供给强度不应小于5 L/min·m^2，沸点低于45℃的非水溶性液体、储存温度超过50℃或粘度大于40mm^2/s的非水溶性液体，其泡沫混合液供给强度应由试验确定。

2）液下喷射泡沫灭火系统的泡沫混合液连续供给时间不应小于40min。

3）对于甲、乙类液体泡沫进入油品的速度不应大于3m/s，对于丙类液体泡沫进入油品的速度不应大于6m/s。

4）液下喷射泡沫灭火系统的泡沫发泡倍数宜按3倍计算。

5）液下喷射泡沫喷射管前的泡沫管道内的泡沫流速宜为3~9m/s。

（2）泡沫喷射口设置数量和直径的确定

泡沫喷射口设置数量应由储罐直径确定，其值不应小于表7-7的规定。

表7-7 泡沫喷射口设置数量

储罐直径/m	喷射口数量/个
≤23	1
>23 且≤33	2
>33 且≤40	3

注：对于直径大于40m的储罐，其横截面积每增加400m^2，应至少增加一个泡沫喷射口。

泡沫喷射口的直径可按下式计算确定：

$$D=\sqrt{\frac{4Nqn}{60000\pi VN_{\mathrm{p}}}} \tag{7-14}$$

式中 D——泡沫喷射口直径（m）；

N——高背压泡沫产生器的设置数量；

q——每个高背压泡沫产生器的混合液流量（L/min）；

n——泡沫发泡倍数；

V——泡沫进入油品的速度（m/s）；

N_{p}——泡沫喷射口的设置数量。

（3）泡沫管道压力损失计算

泡沫管道的压力损失计算与水不同，泡沫管道单位管长的压力损失可按下式计算：

$$h=CQ_{\mathrm{p}}^{1.72} \tag{7-15}$$

式中 h——每10m泡沫管道的压力损失（Pa/10m）；

C——管道压力损失系数，见表7-8；

Q_{p}——泡沫流量（L/s）。

表7-8 管道压力损失系数 *C*

管径/mm	管道压力损失系数 *C*
100	12.920
150	2.140

（续）

管径/mm	管道压力损失系数 C
200	0.555
250	0.210
300	0.111
350	0.071

泡沫管道总压力损失包括沿程压力损失和局部压力损失两部分，局部压力损失宜采用当量长度法计算。泡沫管道上的阀门和部分管件的当量长度见表7-9。

表7-9 泡沫管道上阀门和部分管件的当量长度 （单位：m）

管件种类 \ 公称直径/mm	150	200	250	300
闸阀	1.25	1.50	1.75	2.00
90°弯头	4.25	5.00	6.75	8.00
旋启式逆止阀	12.00	15.25	20.50	24.50

（4）高背压泡沫产生器设置数量和出口压力的计算

高背压泡沫产生器设置数量的确定可参考液上喷射泡沫灭火系统产生器设置数量的确定方法。

高背压泡沫产生器的出口压力应大于泡沫管道压力损失和罐内液体静压力之和，可按下式计算：

$$p_y \geqslant \sum h_w + \gamma h \tag{7-16}$$

式中 p_y——高背压泡沫产生器的出口压力（MPa）；

$\sum h_w$——泡沫管道的总压力损失（MPa）；

γ——油品重度（kN/m^3）；

h——储罐在最高液位时，泡沫喷射口中心线与液面的垂直距离（m）。

7.3.2 泡沫-水喷淋系统

1. 系统类型

传统的泡沫-喷淋系统采用吸气型喷头，主要以泡沫来灭火。成膜类泡沫液研制成功后，相继出现了采用泡沫-水两用喷头乃至水喷头的泡沫-水喷淋系统。泡沫-水喷淋系统是将传统泡沫喷淋系统与自动喷水系统相结合的灭火系统，由喷头、报警阀组、水流报警装置（水流指示器或压力开关）等组件，以及管道、泡沫液与水供给设施组成，并能在发生火灾时按预定时间与供给强度向防护区依次喷洒泡沫与水。这种系统具备灭火、冷却双重功效，并且可采用标准水喷头，使系统安装方便、造价低，正在取代传统的泡沫-喷淋系统。

泡沫-水喷淋系统可用于下列场所：① 具有非水溶性液体泄漏火灾危险的室内场所；② 存放量不超过$25L/m^2$时或超过$25L/m^2$时但有缓冲物的水溶性液体的室内场所。

依据自动喷水灭火系统的分类方式，泡沫-水喷淋系统可分为雨淋系统和闭式系统两大类。其中闭式系统又可进一步细分为预作用系统、干式系统和湿式系统三种形式。

1）泡沫-水雨淋系统。使用开式喷头，由安装在与喷头同一区域的火灾自动探测系统控制开启的泡沫-水喷淋系统。

2）闭式泡沫-水喷淋系统。采用闭式洒水喷头的泡沫-水喷淋系统。

3）泡沫-水预作用系统。在发生火灾后，由安装在与喷头同一区域的火灾探测系统控制开启相关设备与组件，使灭火介质充满系统管道并从开启的喷头依次喷洒泡沫与水的闭式泡沫-水喷淋系统。

4）泡沫-水干式系统。由系统管道中充装的具有一定压力的空气或氮气控制开启的闭式泡沫-水喷淋系统。

5）泡沫-水湿式系统。由系统管道中充装的有压泡沫预混液或水控制开启的闭式泡沫-水喷淋系统。

2. 泡沫-水雨淋系统设计计算

（1）设计基本要求

1）当保护非水溶性液体时，泡沫混合液供给强度不应小于表 7-10 的规定；当保护水溶性液体时，其混合液供给强度和连续供给时间应由试验确定。

表 7-10　泡沫混合液供给强度

泡沫液种类	喷头设置高度/m	泡沫混合液供给强度/［L/(min·m²)］
蛋白、氟蛋白	≤10	8
	>10	10
水成膜、成膜氟蛋白	≤10	6.5
	>10	8

2）泡沫混合液连续供给时间不应小于 10min，泡沫混合液与水的连续供给时间之和不应小于 60min。

3）水和泡沫混合液在主管道内的流速不宜大于 5m/s，在支管道内的流速不应大于 10m/s。

4）自雨淋阀开启至系统各喷头达到设计喷洒流量的时间不得超过 60s。

5）任意四个相邻喷头组成的四边形保护面积内的平均泡沫混合液供给强度不应小于设计供给强度。

（2）保护面积的确定

泡沫-水雨淋系统的保护面积应按保护场所内的水平面面积或水平面投影面积确定。

（3）设计流量

泡沫-水雨淋系统的设计流量，应按雨淋阀控制的喷头的流量之和确定。多个雨淋阀并联的雨淋系统，其系统设计流量应按同时启用雨淋阀的流量之和的最大值确定。

3. 闭式泡沫-水喷淋系统设计计算

（1）设计基本要求

1）泡沫混合液供给强度不应小于 6.5 L/（min·m²）。

2）泡沫混合液连续供给时间不应小于 10min，泡沫混合液与水的连续供给时间之和不应小于 60min。

3）水和泡沫混合液在主管道内的流速不宜大于5m/s，在支管道内的流速不应大于10m/s。

4）最不利水力条件下，泡沫混合液或水的平均供给强度不应小于规定值；最有利水力条件下，系统设计流量不应超出泡沫液供给能力。

（2）作用面积

系统的作用面积应为465m²；当防护区面积小于465m²时，可按防护区实际面积确定；当试验值不同于上述规定时，可采用试验值。

作用面积宜为矩形，其长边应平行于配水支管，其长度不宜小于作用面积平方根的1.2倍。

（3）设计流量

泡沫混合液与水的设计流量应按下式计算：

$$Q = \frac{1}{60}\sum_{i=1}^{n} q_i \tag{7-17}$$

式中 Q——泡沫-水喷淋系统的设计流量（L/s）；

q_i——最有利水力条件处作用面积内各喷头节点的流量（L/min）；

n——最有利水力条件处防护区或作用面积内的喷头数。

7.4 高、中倍数泡沫灭火系统的类型与设计

7.4.1 高倍数泡沫灭火系统

高倍数泡沫灭火系统是指泡沫发泡倍数大于200倍的泡沫灭火系统。

1. 系统类型

高倍泡沫系统一般由消防水源、消防水泵、泡沫比例混合装置、泡沫产生器以及连接管道等组成。按应用方式，高倍数泡沫灭火系统分为全淹没、局部应用和移动式三种类型。全淹没系统为固定式自动系统，局部应用系统分为固定与半固定两种方式。

（1）全淹没高倍数泡沫灭火系统

全淹没高倍数泡沫灭火系统是由固定式泡沫产生器将泡沫喷放到封闭或被围挡的防护区内，并在规定的时间内达到一定泡沫淹没深度的灭火系统，如图7-28所示。全淹没高倍数泡沫灭火系统特别适用于大面积有限空间的A类和B类火灾的防护，封闭空间越大，高倍数泡沫的灭火效能高和成本低等特点越显著。有些被保护区域可能是不完全封闭空间，但只要被保护对象是用不燃烧体围挡起来，形成可阻止泡沫流失的有限空间即可。全淹没系统的控制应同时具备自动、手动和机械应急起动三种方式。

（2）局部应用高倍数泡沫灭火系统

局部应用高倍数泡沫灭火系统是一种用管路输送水和高倍数泡沫灭火剂，并且直接或通过导泡筒将高倍数泡沫输送到火灾区域的固定式或半固定式灭火系统。这种系统可应用于下列场所：① 四周不完全封闭的A类火灾与B类火灾场所；② 天然气液化站与接收站的集液池或储罐围堰区。

该系统的组成与工作原理与全淹没式灭火系统基本相同。如系统采用半固定安装方式，

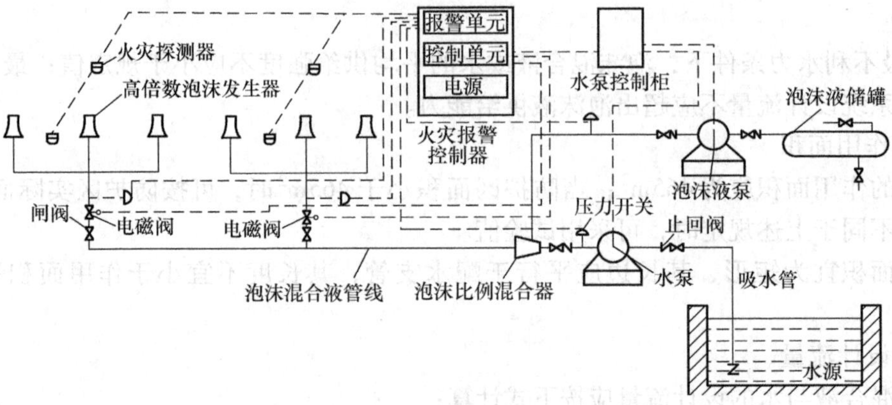

图 7-28　全淹没高倍数泡沫灭火系统

可简化灭火系统，降低工程造价。半固定局部应用高倍数泡沫灭火系统组成如图 7-29 所示。

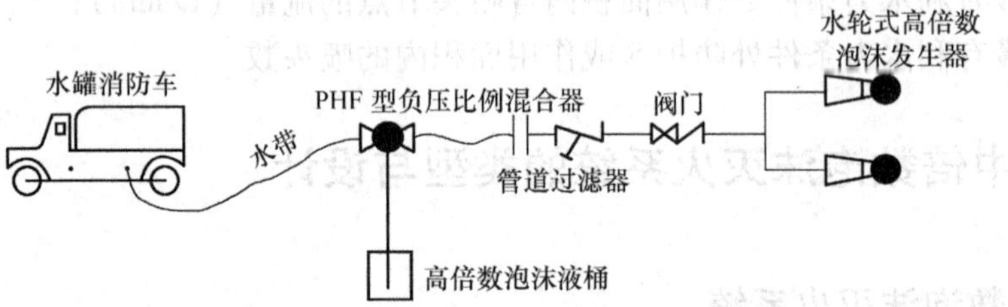

图 7-29　半固定局部应用高倍数泡沫灭火系统

（3）移动式高倍数泡沫灭火系统

移动式高倍数泡沫灭火系统是指由移动式高倍数泡沫产生装置直接或通过导泡筒将泡沫喷射到火灾部位的灭火系统。该系统的装置可以是车载式，也可以是便携式。发生火灾时，由消防车携带一台或数台高倍数泡沫产生器以及与之配套使用的泡沫比例混合器、泡沫液桶、导泡筒等赶赴火场，利用水带、分水器等将这些设备连接好，在确保消防车的供水压力下，即可产生泡沫灭火。该系统可以作为固定式灭火系统的补充来使用。在无固定式灭火系统时，可将其作为主要灭火设施。

移动式高倍数泡沫灭火系统可用于下列场所：① 发生火灾的部位难以确定或人员难以接近的场所；② 流淌的 B 类火灾场所；③ 发生火灾时需要排烟、降温或排除有害气体的封闭空间。

2. 系统设计计算

（1）设计基本要求

1）当用于扑救 A 类火灾时，泡沫淹没深度不应小于最高保护对象高度的 1.1 倍，且应高于最高保护对象最高点 0.6m；当用于扑救 B 类火灾时，汽油、煤油、柴油或苯火灾的泡沫淹没深度应高于起火部位 2m，其他 B 类火灾的泡沫淹没深度应由试验确定。

2）泡沫的淹没时间不应超过表 7-11 的规定。系统自接到火灾信号至开始喷放泡沫的延时不应超过 1min。

表7-11 泡沫淹没时间 （单位：min）

可燃物	高倍数泡沫灭火系统单独使用	高倍数泡沫灭火系统与自动喷水灭火系统联合使用
闪点不超过40℃的液体	2	3
闪点超过40℃的液体	3	4
发泡橡胶、发泡塑料、成卷的织物或皱纹纸等低密度可燃物	3	4
成卷的纸、压制牛皮纸、涂料纸、纸板箱、纤维圆筒、橡胶轮胎等高密度可燃物	5	7

注：水溶性液体的淹没时间应由试验确定。

3）当用于扑救A类火灾时，泡沫液和水的连续供给时间不应少于25min；当用于扑救B类火灾时，不应小于15min。

4）对于A类火灾，单独使用高倍数泡沫灭火系统时，泡沫淹没体积的保持时间应大于60min；与自动喷水灭火系统联合使用时，应大于30min。

（2）泡沫淹没体积

泡沫淹没体积指保护空间内能够被高倍数泡沫充满的净容积，可按下式计算：

$$V = SH - V_g \tag{7-18}$$

式中 V——淹没体积（m^3）；

S——防护区地面面积（m^2）；

H——泡沫淹没深度（m）；

V_g——固定的机器设备等不燃物体所占的体积（m^3）。

（3）泡沫最小供给速率

泡沫最小供给速率指单位时间内向防护空间喷射的高倍数泡沫的体积，可按下式计算：

$$R = \left(\frac{V}{T} + R_S\right) C_N C_L \tag{7-19}$$

式中 R——泡沫最小供给速率（m^3/min）；

T——淹没时间（min）；

C_N——泡沫破裂补偿系数，宜取1.15；

C_L——泡沫泄漏补偿系数，宜取1.05～1.2；

R_S——喷水造成的泡沫破泡率（m^3/min）。

高倍数泡沫灭火系统单独使用时，不考虑喷水造成的泡沫破泡率，即$R_S=0$；高倍数泡沫灭火系统与自动喷水灭火系统联合使用时，喷水造成的泡沫破泡率可按下式计算：

$$R_S = L_S Q_Y \tag{7-20}$$

式中 L_S——泡沫破泡率与水喷头排放速率之比（m^3/L），应取0.0748；

Q_Y——预计动作的最大水喷头数目总流量（L/min）。

（4）高倍数泡沫产生器设置数量

高倍数泡沫灭火系统所需泡沫产生器的数量应保证总的泡沫供给量不小于防护区要求的泡沫最小供给速率，因此可按下式计算确定：

$$N = \frac{R}{r} \tag{7-21}$$

式中 N——防护区高倍数泡沫产生器的设置数量（台）。

R——防护区的泡沫最小供给速率（m^3/min）；

r——每台高倍数泡沫产生器的额定泡沫供给量（m^3/min）；

（5）泡沫混合液流量计算

高倍数泡沫灭火系统的混合液流量应按最大一个防护区考虑，根据该防护区内设置的高倍数泡沫产生器数量，按下式计算确定：

$$Q_h = Nq_h \tag{7-22}$$

式中 Q_h——高倍数泡沫灭火系统的泡沫混合液流量（L/min）；

N——高倍数泡沫产生器的设置数量；

q_h——每台高倍数泡沫产生器的额定混合液流量（L/min）。

7.4.2 中倍数泡沫灭火系统

中倍数泡沫灭火系统是指泡沫发泡倍数为 21～200 的泡沫灭火系统。

1. 系统类型

中倍数泡沫灭火系统与高倍数泡沫灭火系统类似，也可以分为全淹没、局部应用和移动式三种系统形式。此外，中倍数泡沫灭火系统也可以用于保护油罐。

（1）全淹没中倍数泡沫灭火系统

全淹没中倍数泡沫灭火系统由固定中倍数泡沫产生器、泡沫比例混合器、消防泵组、管路及其附件等组成，通过固定的中倍数泡沫产生器将泡沫喷放到封闭或被围挡的防护区内，并在规定的时间内达到一定泡沫淹没深度的灭火系统。该系统可用于小型封闭空间场所与设有阻止泡沫流失的固定围墙或其他围挡设施的小场所。与高倍数泡沫相比，中倍数泡沫的发泡倍数低，在泡沫混合液供给流量相同的条件下，单位时间内产生的泡沫体积比高倍数泡沫要小很多。因此，全淹没中倍数泡沫灭火系统一般用于小型场所。

（2）局部应用式中倍数泡沫灭火系统

局部应用式中倍数泡沫灭火系统由固定或半固定中倍数泡沫产生器、泡沫比例混合器、消防泵组、管路及其附件等组成，通过固定或半固定的中倍数泡沫产生器直接或通过导泡筒将泡沫喷放到火灾部位实施灭火。该系统适用于保护下述场所：

1）四周不完全封闭的 A 类火灾场所。

2）限定位置的流散 B 类火灾场所。

3）固定位置面积不大于 $100m^2$ 的流淌 B 类火灾场所。

（3）移动式中倍数泡沫灭火系统

移动式中倍数泡沫灭火系统由水罐消防车或手抬机动泵、比例混合器或泡沫消防车、手提式或车载式泡沫产生器、泡沫液桶、水带及其附件等组成，可通过移动式中倍数泡沫产生装置直接或通过导泡筒将泡沫喷放到火灾部位实施灭火。该系统适用于下列场所：

1）发生火灾的部位难以确定或人员难以接近的较小火灾场所；

2）流散的 B 类火灾场所；

3）不大于 $100m^2$ 的流淌 B 类火灾场所。

（4）油罐固定式中倍数泡沫灭火系统

油罐固定式中倍数泡沫灭火系统采用液上喷射形式，其组成与固定式液上喷射低倍数泡沫灭火系统类似，但是采用的是中倍数泡沫产生器。

2. 系统设计计算

(1) 设计基本要求

全淹没中倍数泡沫灭火系统的设计参数宜由试验确定，也可采用高倍数泡沫灭火系统的设计参数。

对于A类火灾场所，局部应用系统的设计应符合下列规定：

1）覆盖保护对象的时间不应大于2 min。

2）覆盖保护对象最高点的厚度宜由试验确定，也可依照高倍数泡沫灭火系统的要求确定。

3）泡沫混合液连续供给时间不应小于12min。

对于流散B类火灾场所或面积不大于100m^{2}的流淌B类火灾场所，局部应用系统或移动式系统的泡沫混合液供给强度与连续供给时间，应符合下列规定：

1）沸点不低于45℃的非水溶性液体，泡沫混合液供给强度应大于4L/(min·m^2)。

2）室内场所的泡沫混合液连续供给时间应大于10min。

3）室外场所的泡沫混合液连续供给时间应大于15min。

4）水溶性液体、沸点低于45℃的非水溶性液体，设置泡沫灭火系统的适用性及其泡沫混合液供给强度，应由试验确定。

油罐固定式中倍数泡沫灭火系统泡沫混合液供给强度不应小于4L/(min·m^2)，连续供给时间不应小于30min。

(2) 设计基本方法

全淹没和局部应用中倍数泡沫灭火系统的设计计算方法可参照高倍数泡沫灭火系统进行；油罐固定式中倍数泡沫灭火系统的设计计算方法可参照储罐区低倍数泡沫灭火系统进行。

7.5 移动推车式泡沫灭火装备

推车式泡沫灭火装置是一种小型的轻便式泡沫灭火装置，操作迅速简便、可靠性强，可机动、灵活地扑灭初期灭火，也可配合大型固定式泡沫灭火系统起辅助扑救作用。该装置可用于市政住宅区、厂矿企业、油库、化工部门、热处理车间和加油站等场所。

7.5.1 组成与工作原理

推车式泡沫灭火装置主要由常压泡沫液罐、管线式比例混合器、泡沫枪、水带及推车底盘等构成，如图7-30所示。使用时可由消防管网或城市供水管网、消防车、手抬消防泵提供压力水源，经比例混合器按一定的比例（3%或6%）与泡沫储罐内的泡沫液形成泡沫混合液，再通过泡沫枪形成泡沫喷出实施灭火。

图7-30 推车式泡沫灭火装置

7.5.2 使用与维护

装置使用时，在管线式比例混合器的出口端依次接好水带和泡沫枪，并将提供压力水的水带与管线式比例混合器的入口端接牢，确认比例混合器的混合比调节手柄的指示与储罐内泡沫液的混合比类型一致，起动压力水源后，泡沫枪即可产生泡沫射流。

推车式泡沫灭火装置的维护应满足以下要求：

1）设备使用后，必须购置同类型的泡沫液进行补充罐装，罐装完毕后应拧紧加液口盖，以防设备移动时泡沫液溅出。

2）推车式泡沫灭火装置的罐体材料为耐腐蚀性玻璃钢，严禁使用硬物敲打、磕碰，以防罐体损坏漏液。

3）长期不使用时，应每年对泡沫液质量复检一次，如发现变质应及时更换。

4）设备每次使用后，应认真清洗消防水带并将其晾干后再缠绕在设备卷盘上。

5）泡沫液储罐应每3年清洗一次。

7.5.3 主要参数

推车式泡沫灭火装置的喷射时间主要受其泡沫液罐容积影响，几种不同型号的推车式泡沫灭火装置的主要参数见表7-12。

表7-12 推车式泡沫灭火装置主要参数

型　号	工作压力/MPa	混合比	发泡倍数	射程/m	喷射时间/min
PY8/100	0.6~0.8	3.0%~6%	≥5	≥15	≥25
PY8/200					25~50
PY8/300					35~70
PY8/400					50~100
PY8/500					60~120

思考题

1. 比较液上喷射泡沫灭火系统和液下喷射泡沫灭火系统的优缺点。
2. 液下喷射泡沫灭火系统能否用于水溶性甲、乙、丙类液体储罐和浮顶罐？为什么？
3. 设有固定泡沫灭火系统的储罐区，为何要考虑配置泡沫管枪？
4. 高背压泡沫产生器的出口压力应满足什么要求？
5. 泡沫缓冲装置的作用及常用的装置有哪些？
6. 固定式、半固定式、移动式泡沫灭火系统的组成是什么？
7. 有一储存汽油的固定顶罐，直径为20m，现设置液上喷射泡沫灭火系统进行保护，试确定泡沫产生器的数量和泡沫液的储量。
8. 某储存原油的外浮顶罐，罐直径为36m，泡沫堰板距罐壁0.6m，泡沫喷射口设于挡雨板上方，试确定泡沫产生器的数量和储存泡沫液量。

第 8 章 新型灭火技术

为了进一步满足消防安全的需要，一些新型灭火技术不断涌现，主要有自动跟踪定位射流灭火系统、简易自动喷水灭火技术、压缩空气泡沫灭火技术、火探管灭火技术以及气溶胶和超细干粉等多种灭火技术。自动跟踪定位射流灭火系统、简易自动喷水灭火技术和压缩空气泡沫灭火技术是以水为主要灭火剂的技术形式，其中，自动跟踪定位射流灭火系统主要用于大空间火灾的防护，简易自动喷水灭火技术可用于小型歌舞娱乐场所的消防安全保护，压缩空气泡沫灭火技术可用于固体和可燃液体的消防安全保护。火探管灭火技术、气溶胶以及超细干粉等灭火技术主要用来替代哈龙灭火技术，可用于电气火灾防护。本章主要介绍这些新型灭火技术的应用方式、工作原理、技术特点和适用范围等内容。

8.1 自动跟踪定位射流灭火系统

自动跟踪定位射流灭火系统是利用红外线、数字图像或其他火灾探测组件对火焰、温度等进行探测，从而实现火灾早期的自动跟踪定位，并运用自动控制方式来实现灭火的各种室内外固定射流灭火系统。该系统主要由带探测组件及自动控制部分的灭火装置和消防供液部分组成，其具有智能化程度高、灭火速度快的特点，能全天候实施监测和灭火。自动跟踪定位射流灭火系统的出现，较好地解决了大空间建筑中消防安全设计的难题，尤其适用于空间高度高、体量大、火场升温较慢，难以设置传统闭式自动喷水灭火系统的场所，如大剧院、音乐厅、会展中心、候机楼和体育馆等大空间建筑中。

自动跟踪定位射流灭火系统形式的不同主要体现在灭火装置方面，因此，系统的分类主要根据灭火装置的不同进行分类。按灭火装置额定流量大小可分为自动消防炮灭火装置和自动射流灭火装置。若额定流量大于16L/s则为自动消防炮灭火装置，若额定流量不大于16L/s则为自动射流灭火装置。

8.1.1 自动射流灭火系统

根据我国现有产品现状，依据《大空间智能型主动喷水灭火系统设计规范》（CECS 263—2009）的规定，自动射流灭火装置主要包括大空间智能灭火装置、自动扫描射水灭火装置和自动扫描射水高空水炮三种灭火装置。

1. 系统的类型

（1）大空间智能灭火装置

大空间智能灭火装置主要由智能型红外探测组件、标准型大空间大流量喷头和电磁阀组三部分组成，其外形如图 8-1 所示。由图可以看出，该装置的智能型红外探测组件和大空间、大流量喷头为独立设备。该装置通过红外探测组件联动控制电磁阀，以实现喷头的喷水控制。当火灾发生时，探测器立即启动进行探测，待发现火源后，迅速将火灾信号传递给控制中心，控制中心发出指令，开启电磁阀，起动水泵，喷头喷水灭火。待火源被扑灭后，探测器再次发出信号关闭电磁阀，喷头停止喷水，喷头布水如图 8-2 所示。由图可以看出，该喷头的布水形式类似于传统的喷淋系统，布水面为一个圆形面，当喷头开启后，它便在水流冲击下进行 360°全方位旋转射水，从而实现对着火点及周边圆形区域进行洒水灭火。该装置的这种布水形式具有较强的灭火和防止火灾蔓延的能力，适合安装在火灾危险较大、火灾蔓延较快的场所，其设计参数见表 8-1。由表可以看出，该装置的流量一般不小于 5L/s，保护半径在 6m 以内，可用于空间高度在 6 ~ 25m 范围内的建筑的消防安全保护。

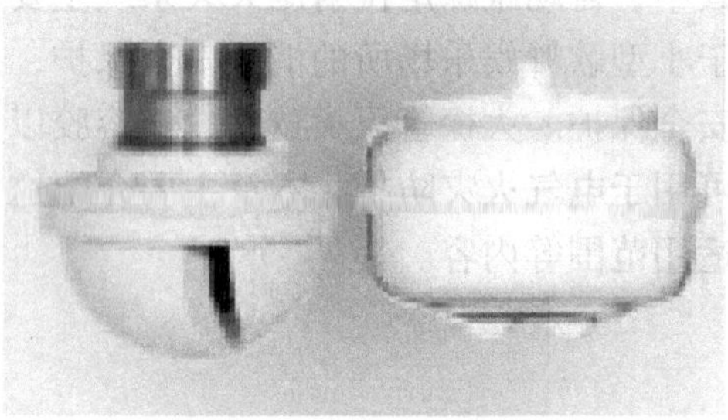

图 8-1　大空间智能灭火装置实物图

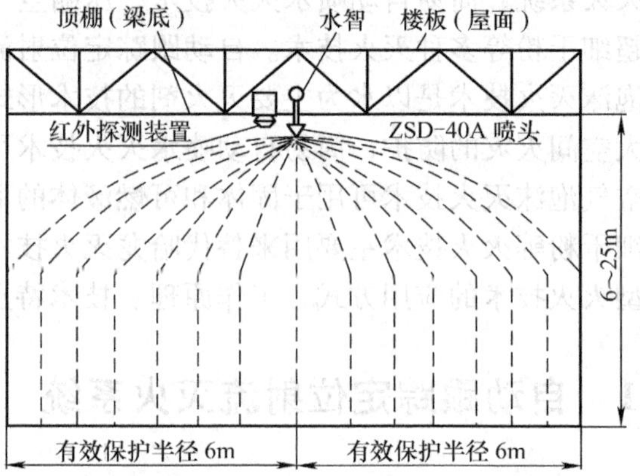

图 8-2　大空间智能灭火装置布水图

表 8-1　三种智能型主动喷水灭火系统的设计参数

装 置 类 型	流量/(L/s)	保护半径/m	工作压力/MPa	起动时间/s	安装高度/m	喷 水 方 式
大空间智能灭火装置	≥5	≤6	0. 25	≤30	6 ~ 25	着火点及周边圆形区域扫描洒水
自动扫描射水灭火装置	≥2	≤6	0. 2	≤20	2. 5 ~ 6	着火点及周边扇形区域扫描射水
自动扫描射水高空水炮	≥5	≤20	0. 6	≤25	6 ~ 20	着火点及周边矩形区域扫描射水

（2）自动扫描射水灭火装置

自动扫描射水灭火装置主要由智能型探测组件、扫描射水喷头、机械传动装置和电磁阀组四大部分组成，其外形如图 8-3 所示。由图可以看出，该装置的智能型探测组件、扫描射水喷头和机械传动装置为一体化设置，其起动有一级起动和水平扫描定位两个过程。一级探测器的功能是在一个半径为 6m 的圆锥体空间范围内探测火灾，一旦发现火灾，该装置就会立即起动，并把信号传输给中心控制器，控制器发出指令，驱动水平方向寻的机构开始运动，它随着二级探测器来寻找火源的位置，作水平探测。当它在水平方向找到火源后便立即定位，把喷水口指向火源所在位置，并开启电磁阀，起动消防泵，实施喷水灭火。当火熄灭后，可自动关闭水泵和电磁阀，又重新回复到监视状态。自动扫描射水灭火装置的射水形式如图 8-4 所示，该装置的灭火射水面为一个扇形面，主要对着火点及周边扇形区域扫描射水，其设计参数见表8-1。由表可以看出，该装置的流量不小于2L/s，保护半径在6m以内，可用于空间高度在2.5~6m范围内的建筑的消防安全保护。

图8-3　自动扫描射水灭火装置实物图

图8-4　自动扫描射水灭火装置射水图

（3）自动扫描射水高空水炮灭火装置

自动扫描射水高空水炮灭火装置主要由智能型红外探测组件、自动扫描射水高空水炮、机械传动装置和电磁阀组四大部分组成，其外形如图8-5所示。由图可以看出，该装置的智能型红外探测组件、自动扫描射水高空水炮和机械传动装置为一体化设置。一旦发生火灾，该装置会立即起动，对火源进行水平方向和垂直方向的二维扫描，待火源位置确定后，中央控制器会发出指令，进行报警，同时起动水泵、打开电磁阀，灭火装置对准火源进行射水灭火，待扑灭火源后，中央控制器再次发出指令，停止射水。若有新的火源，灭火装置将重复上述过程，待全部火源被扑灭后重新回到监控状态。高空水炮的射水形式如图8-6所示，该装置的布水面近似为一个矩形面，主要对着火点及周边矩形区域扫描射水，其设计参数见表8-1。由该表可以看出，该装置的流量不小于5L/s，保护半径在20m以内，可用于空间高度为6~20m的建筑的消防安全保护。

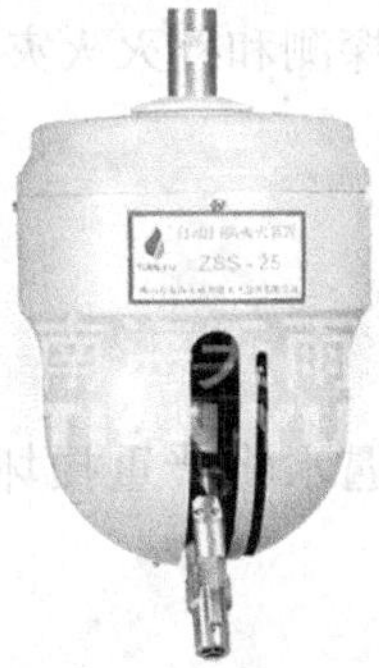

图8-5　自动扫描射水高空水炮灭火装置

图8-6　自动扫描射水高空水炮射水形式

2. 系统的优缺点

自动射流灭火系统是基于自动探测、控制和定点喷水灭火的一种技术，该系统在应用过程中存在一定的优势与不足。

（1）优点

1）采用人工智能技术，可主动探测寻找并判定火源，探测定位范围小、位置准确。

2）可主动开启进行喷水灭火，灭火速度较快，并可根据火源情况多次重复启闭。

3）大空间智能灭火装置为洒水型灭火装置，喷头洒水水滴颗粒大，对火场穿透能力强，灭火效果好；而自动扫描灭火装置和自动扫描射水高空水炮灭火装置为射水型灭火装置，射水水柱水量集中，扑灭早期火灾效果好。

4）安装方式灵活，既不需贴顶安装，又不需集热装置，因此简化了施工过程。

（2）缺点

1）大空间智能灭火装置在布置方式上与雨淋系统相似，是根据保护面积进行的一种“满天星”式的布置。该类布置方式用于采光屋面的建筑时，具有一定的局限性，因此只能认为该装置是雨淋系统的改进和发展。

2）自动扫描射水灭火装置和自动扫描射水高空水炮灭火装置的布水形式，一个是扇形面，另一个是矩形面，其喷水范围较小，虽对着火范围较小的火灾有迅速发现并集中水量扑灭的能力，但对切断及控制火灾的蔓延则效果不明显，故不适用于火灾危险性较大的严重危险等级场所。

3）在仓库类建筑中，由于高架货架或货物堆积有可能会影响该装置的火灾探测和洒水灭火，因此在仓库类建筑中应慎用该装置。

3. 适用范围

根据自动射流灭火系统的灭火性能和应用特点，该装置适用的场所和不适用的场所如下：

（1）适用范围

1）设置自动射流灭火系统场所的环境温度应不低于4℃，且不高于55℃。

2）自动射流灭火系统适用于扑灭大空间场所的A类火灾，如会展中心和展览馆的大空间门厅、展厅和中庭等场所，详细的适用场所可参考《大空间智能型主动喷水灭火系统技术规程》。

3）凡按照国家有关消防设计规范应设置自动喷水灭火系统，且火灾类别为A类的场所，由于空间高度较高，采用自动喷水灭火系统难以有效探测和扑灭火灾，该场所中可设置自动射流灭火系统。

（2）不适用的场所

1）在正常情况下采用明火生产的场所。

2）火灾类别为B、C、D、E和F类火灾的场所。

3）存在较多遇水发生剧烈化学反应物品的场所，或遇水将严重损坏贵重物品的场所，如档案库、贵重资料库、博物馆珍藏室等。

4）存在因洒水而导致液体喷溅或沸溢的场所。

5）严禁管道漏水的场所。

4. 系统的选用原则

在选用自动射流灭火系统时，具体应选择大空间智能灭火装置、自动扫描射水灭火装置和自动扫描射水高空水炮灭火装置中的哪一种，应根据设置场所的火灾类别、火灾特点、环境条件、空间高度、保护区域的形状和保护区域内障碍物的情况来确定，在选择上应遵循以下原则：

（1）火灾危险等级为中危险级或轻危险级的场所可采用大空间智能型主动喷水灭火系

统中的任何一种类型的装置。

（2）火灾危险等级为严重危险级的场所，如舞台的葡萄架下部、演播室、电影摄影棚的上方应采用大空间智能型喷水灭火装置。

（3）边墙式安装时宜采用自动扫描射水灭火装置或自动扫描射水高空水炮喷水灭火装置，这两个装置在功能上相似，但自动扫描射水灭火装置的射水流量、工作压力、保护半径以及安装高度都比高空水炮喷水灭火装置要小，其造价相对较低。所以在一些高度不太高、面积不太大的中、轻危险级场所应优先考虑自动扫描射水灭火装置。

8.1.2　自动消防炮灭火系统

自动消防炮灭火系统是指能自动完成火灾探测、火灾报警、火源瞄准和喷射灭火剂灭火的消防炮灭火系统。为满足设置场所的需要，该系统主要有两种形式，一种是轨道式自动消防炮灭火系统，该系统根据火灾自动报警信号，消防炮沿轨道自动移动至火警区域，实现自动定位和灭火功能，其主要满足在高架库中货架对射流存在遮挡场所的消防安全需要。另一种是隐蔽式自动消防炮灭火系统，该系统根据火灾自动报警信号，消防炮自动从隐蔽处移出，实现自动定位和灭火功能，其主要用于对环境美观要求较高的场所。

1. 系统的组成及工作原理

自动消防炮灭火系统由火灾探测器、火焰定位器、消防水炮、解码器、控制主机、控制盘和相应的供水设备组成，其系统结构如图 8-7 所示。该系统中主要包括火灾探测、控制中心、消防炮和消防联动控制装备四大部分。

（1）火灾探测设备

智能型消防炮的火灾探测器主要包括两种。一种是双波段红外火焰探测器，该探测器属于感火焰型火灾探测器，采用红外 CCD 和彩色 CCD 传感器作为探测元件，获取监控现场的红外图像和彩色图像，通过对序列图像的亮度、颜色、纹理、运动等特性进行分析而确认火灾。该种探测对烃类物质和含碳化合物燃烧时的红外辐射具有高度敏感性，适用于无烟液体、气体火灾、有烟火灾及有爆燃危险性的场所。另一种为线型光束感烟火灾探测器，又称光截面火灾探测器，是一种线型火灾探测器，采用高强度红外发光点阵作为发射器，以高分辨率红外 CCD 作为接收器，通过分析发射器光斑图像的强度、形状、纹理等特征的变化来探测火灾，该类型探测器适宜安装在发生火灾后产生烟雾较大或容易产生阴燃的场所。

（2）控制设备

控制设备一般设置在消防控制室内，包括火灾监控管理主机、视频处理设备、硬盘录像机以及火灾报警设备。该部分主要实现监控现场设备的运行管理、火灾信息提取、火灾报警、火灾现场图像监控和其他设备的联动控制等功能。

对于确认为真实的火情信息，由信息处理主机驱动相关位置的消防炮进行扫描并锁定着火点，在无人状态下，主机自动起动消防泵、电磁阀等设备，使系统进行喷水灭火，与此同时，控制设备自动显示对应报警区域的现场图像，开启硬盘录像机进行记录，然后通过联动控制器起动消防联动设备，并发出声光报警信号。

（3）消防炮

消防炮接到控制主机命令后，炮体承载的红外火焰定位装置在水平方向上作大角度扫

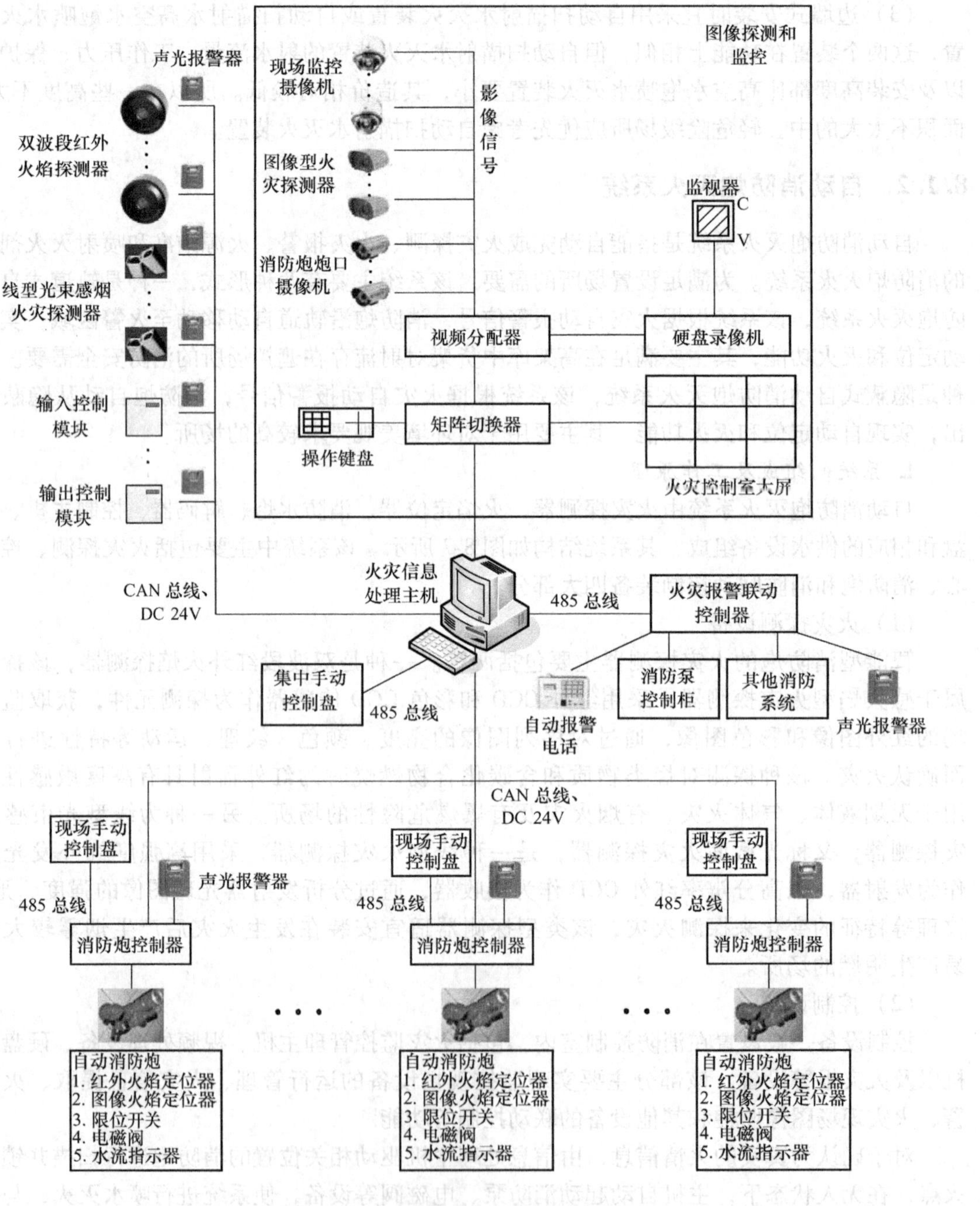

图 8-7　智能型消防炮灭火系统结构图

描，当它回转中发现火源后即发出火情信号，消防炮控制器马上进行垂直方向大角度扫描，同样在运行中发现火源后即发出火情信号，炮口立即停止转动，接着再通过图像火焰定位装置的微调定位，实现对着火点的精确瞄准。锁定火源后，消防炮按照事先约定好的自动调整和补偿程序调整，然后进行喷水灭火。

红外线自动寻的消防水炮的控制流程如图 8-8 所示，图中分别显示了该系统自动和手动启动过程。当红外线探测器探测到火灾信号时，向系统信息处理主机发出报警信号，信号处理主机通过通信接口向火灾自动报警系统发出报警信号，并通过显示器显示准确的火灾报警地址信息，同时消防炮集中控制盘自动起动相应位置的消防炮，消防炮上的水平、垂直扫描探测机构进行搜索定位并锁定着火源后，起动水泵，打开电动阀，实施喷水灭火，待火源熄灭后，回复到初始状态。在整个搜索、定位及灭火过程中录像机都自动进行全程实时录像。该系统除自动控制功能外，还有消防控制室的手动控制和现场手动控制功能。手动控制是指由值班人员在控制中心手动操作控制消防炮，并开启系统。现场应急操作是指值班人员直接打开火源最近处的消防炮现场控制箱进行操作，该系统可根据现场的火灾场景，选择任一种控制方式来开启系统。

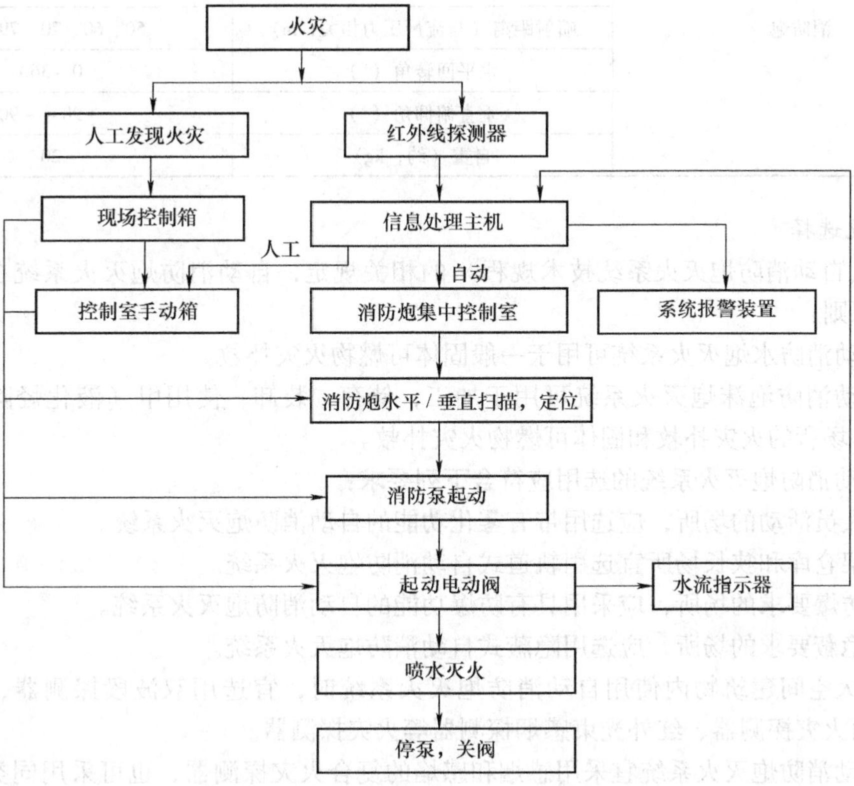

图 8-8　红外线自动寻的消防水炮控制流程

红外线自动寻的消防炮系统的性能与探测器、寻的机构和消防炮的性能有关，该类消防炮能达到的性能指标见表 8-2。从表中可以看出，红外探测器的响应速度为 500ms 以下，响应速度很快，并且能实现全方位水平回转和上下俯仰，能较好地实现消防安全保护。

表 8-2 红外线自动寻的消防炮的主要技术参数

项 目		参 数
红外探测器	工作电压/V	DC6
	响应速度/ms	<500
	探测距离/m	≥80
	监控范围（°）	水平：0～360，垂直：0～90
寻的机构	工作电压/V	DC 24
	最大探测距离/m	≥80
	响应速度/ms	<500
	水平回转角（°）	0～360
	垂直俯仰角（°）	+90～-90
消防炮	额定工作压力/MPa	1.0
	最大工作压力/MPa	1.6
	流量/(L/s)	20、30、40、50、60
	喷射距离（与流量压力相关，m）	50、60、70、79、84
	水平回转角（°）	0～360
	垂直俯仰角（°）	+90～-90
	自重（约，kg）	20

2. 系统选择

根据《自动消防炮灭火系统技术规程》的相关规定，自动消防炮灭火系统在选用时应遵循如下原则：

1）自动消防水炮灭火系统可用于一般固体可燃物火灾扑救。

2）自动消防泡沫炮灭火系统可用于加工，储存，装卸，使用甲（液化烃除外）、乙、丙类液体等场所的火灾扑救和固体可燃物火灾扑救。

3）自动消防炮灭火系统的选用应符合下列要求：

① 有人员活动的场所，应选用带有雾化功能的自动消防炮灭火系统。

② 高架仓库和狭长场所宜选用轨道式自动消防炮灭火系统。

③ 有防爆要求的场所，应采用具有防爆功能的自动消防炮灭火系统。

④ 有隐蔽要求的场所，应选用隐蔽式自动消防炮灭火系统。

4）在大空间建筑物内使用自动消防炮灭火系统时，宜选用双波段探测器、火焰探测器、光截面火灾探测器、红外光束感烟探测器等火灾探测器。

5）自动消防炮灭火系统宜采用感烟和感焰的复合火灾探测器，也可采用同类型或不同类型火焰探测器组合进行探测。

8.2 压缩空气泡沫灭火技术

压缩空气泡沫灭火技术始于 20 世纪 30 年代，最早出现在德国，80 年代开始在西方国家得到较为广泛的应用，90 年代后期，压缩空气泡沫灭火技术进入我国并开始应用。

压缩空气泡沫灭火技术的核心设备为压缩空气泡沫系统（Compressed Air Foam System，简称 CAFS），也有称为“OS 泡沫灭火系统”的。所谓“OS”系统，“O”是“ONE”的缩写，“S”是“SEVEN”的缩写，是指一滴水经过“OS”泡沫灭火系统后变成七个泡，故也称“一七泡沫灭火系统”。目前压缩空气泡沫灭火设备的生产厂家主要有：美国的大力公司（darley），加拿大的斯纳弗尔公司（Snuffer）和费厄富莱克斯公司（Fireflex）公司，德国的施密茨有限责任公司（Gimaex-Schmitz）和琦格勒公司（Ziegler）以及奥地利的卢森宝亚国际有限公司（Rosenbauer International AG）。我国上海华夏震旦消防设备有限公司和湖北省江南东风专用特种汽车有限公司等多个厂家也生产该产品。

8.2.1　组成及工作原理

1. 系统组成

压缩空气泡沫系统主要由水泵、空气压缩机、泡沫注入系统和控制系统四部分组成，其组成结构如图 8-9 所示。图中按照压缩空气泡沫的产生流程，给出了组成压缩空气泡沫系统的关键组件，各组成部分的功能如下：

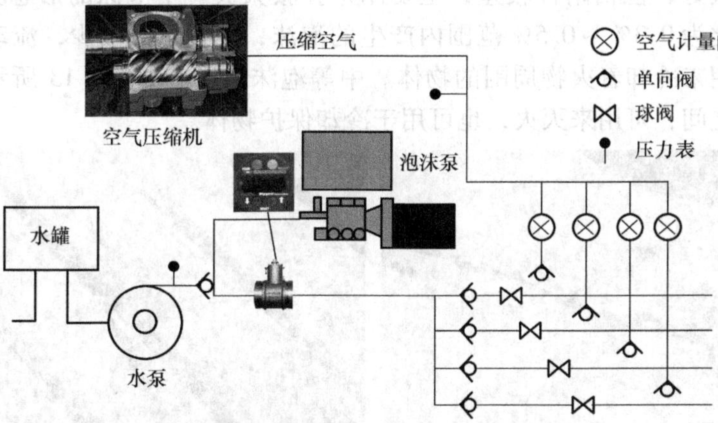

图 8-9　压缩空气泡沫系统的组成

1）水泵主要作为供水设备，向整个系统提供压力水。

2）空气压缩机主要向系统提供压缩空气。通过压缩空气与泡沫混合液混合，产生泡沫。该装置在进气口处安装有调幅进气阀，该阀可根据水泵出水压力自动调整系统的进气量，使空气压缩机的出口压力与水泵的出口压力差保持在 ±5% 的范围内，实现系统的压力平衡。

3）泡沫注入系统主要向系统提供泡沫液。该装置具有较好的混合精度，根据系统的需要，可自动或手动调整混合比，其混合比调节范围在 0.1% ~6.0% 之间，能较好地保证泡沫质量。

4）控制系统是一个精确、复杂的自动化系统，它把水泵、空气压缩机和泡沫注入系统有机地结合在一起，实现了水、泡沫液和压缩空气的精确混合，从而产生理想的灭火泡沫。

2. 系统的工作原理

压缩空气泡沫系统的工作流程如图 8-10 所示。当水流经水泵后，压力水先同泡沫液按一定比例混合，形成混合液，混合液再同压缩空气按一定比例在管路或水带中预混，然后通过喷射装置，即可产生压缩空气泡沫。在此过程中，水、空气和泡沫液三者之间的压力平衡和流量混合比例主要由控制系统自动控制，从而实现三者之间的动态平衡，以产生火场所需的泡沫类型。

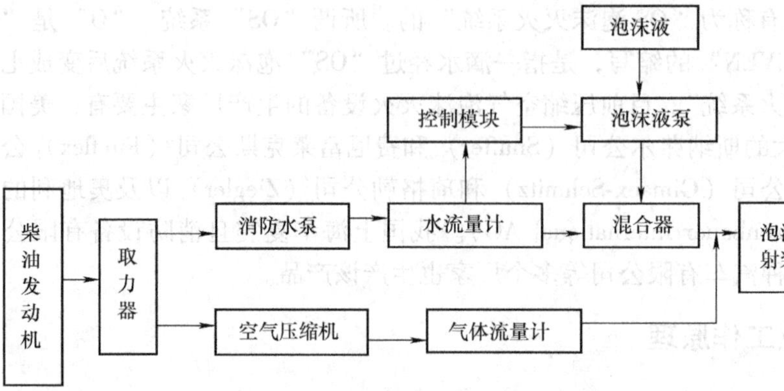

图 8-10　压缩空气泡沫系统工作流程图

压缩空气泡沫可分为湿泡沫、中等泡沫和干泡沫，三者之间的主要区别在于泡沫的粘附性和流动性不同。湿泡沫的形态如图 8-11 所示，该泡沫的混合比为 0.1% ~0.3%，其含水量较大，流动性较好，但粘附性较差，主要用来扑救火灾。干泡沫的形态如图 8-12 所示，该泡沫是在混合比为 0.3% ~0.5% 范围内产生的泡沫，其含水量较少，流动性较差，但粘附性较好，主要用来冷却着火物周围的物体。中等泡沫的形态如图 8-13 所示，该泡沫介于湿泡沫和干泡沫之间，可用来灭火，也可用于冷却保护物体。

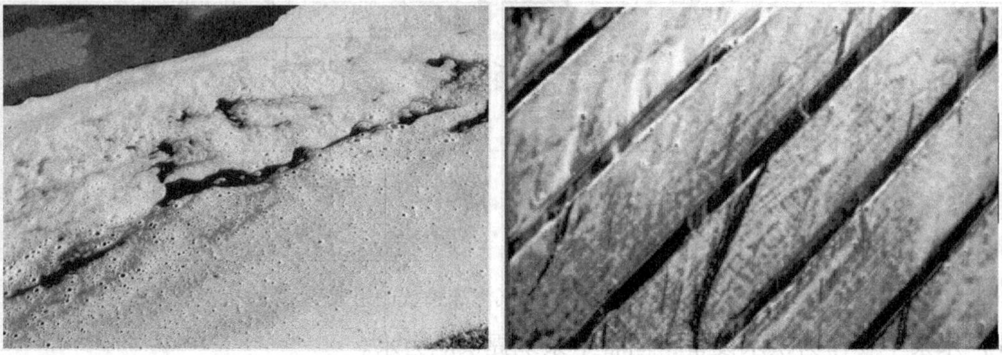

a)　　b)

图 8-11　湿泡沫的形态

a）湿泡沫　b）湿泡沫在固体物上的附着情况

a)　　b)

图 8-12　干泡沫的形态

a）干泡沫　b）干泡沫在固体物上的附着情况

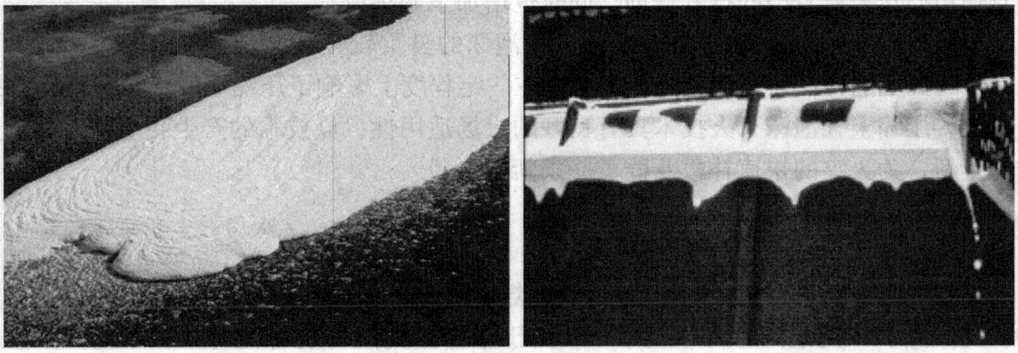

a) b)

图 8-13 中等泡沫的形态

a）中等泡沫 b）中等泡沫在固体物上的附着情况

8.2.2 优缺点

1. 优点

1）能够形成高质量的泡沫，提高了灭火的有效性。与普通泡沫灭火系统的吸入式注气法不同，该技术是通过主动注入压缩空气后形成泡沫，因此形成的泡沫更为细致、均匀，具有较高动能，有利于喷射灭火。

2）大大降低了水带的载荷，增加了射程。因为压缩空气泡沫中注入了大量的空气，同水带中充满相同体积的水或B类泡沫相比，减轻了水带的载荷，这样不仅提高了灭火的机动性，而且增加了泡沫的输送距离。因此，该技术适合于高层建筑火灾的扑救。另外，当空气压缩机独立工作时，该压缩空气泡沫系统可作为抢险救援设备的气源，也可以喷射压缩空气，驱散火场烟雾和有毒气体。

3）发泡倍数易于控制，便于火场中的战术应用。通过控制压缩空气与泡沫液的流量，可改变系统的发泡倍数。在灭火时，通常需要使用低倍数泡沫灭火，用高倍数泡沫进行隔离防火。压缩空气泡沫灭火系统恰恰能够产生发泡倍数范围较宽的泡沫，其发泡倍数范围为4~10。发泡倍数低于4的泡沫流散过快，泡沫层难以在燃料表面保持较长时间，而发泡倍数高于10的泡沫太“干”、太轻，难以穿透火焰到达燃料表层，该系统产生的泡沫正好介于两者之间。此外，压缩空气泡沫具有储能作用，系统在无法工作的情况下，消防员仍能通过储能水带进行灭火，从而获得几十秒灭火时间。

4）经济、环保性能好。该灭火技术中主要使用A类泡沫灭火剂，该灭火剂的混合比仅为0.1%~1.0%，正常灭火使用比例不超过0.3%，作防火保护时也不超过0.5%，泡沫液用量较少，且生成的泡沫能粘附在物体的表面，可有效保留24小时。同水相比，该技术的灭火效率提高了20倍，水利用率提高了8倍，因此该灭火技术表现了较好的灭火经济性。另外，A类泡沫灭火剂没有异味，喷出后呈雪花状，在很短的时间内便融化成液体，对环境造成的污染小，有利于事后的清理。

2. 缺点

1）由于该技术设备中增加了空气压缩机，使系统的复杂程度增加，其故障率相应提高，且使用操作需要专门的技术培训，同时也增加了购买成本。

2）由于含有大量的空气，使得压缩空气泡沫的自重较轻，降低了泡沫的穿透能力，且A类泡沫的抗烧能力不强，当火灾较大时，在一定程度上影响了压缩空气泡沫的灭火效果。

总之，压缩空气泡沫灭火技术具有良好的火场适用性，该技术的产生和应用促进了火场战术的革新，为火灾的快速扑救开辟了一条新的途径。

8.2.3 适用范围

压缩空气泡沫灭火技术主要用来扑救A类火灾，也可扑救普通的B类火灾，但A类泡沫的抗烧性低于B类泡沫。在该技术中，由于泡沫的类型与混合比有关，因此，在应用时要根据具体的场所选取合适的混合比。该技术的典型应用场所及对应的泡沫混合比例见表8-3。当混合比在0.3%时，系统产生湿泡沫，可用于多种A类火灾的扑救，同时，在这个混合比下的泡沫也可作为中等泡沫使用，主要起隔离或灭火的作用。当混合比在0.3%～0.5%时，系统产生干泡沫，主要用来进行防护。当混合比在0.5%～1.0%时，则可用于B类火灾的扑救。

表8-3 压缩空气泡沫灭火技术的典型应用

泡沫发生装置	泡沫比例	用途
CAFS，湿泡沫	0.3%	（1）通用灭火；（2）框架内外灭火；（3）野外灭火
CAFS，中等泡沫	0.3%	（1）框架内灭火；（2）添充空间；（3）野外防火隔离带
CAFS，中等泡沫	0.3%～0.5%	（1）防火保护
	0.5%～1.0%	（2）B类火灾
中倍数泡沫发生器	0.5%～1.0%	（1）地下室和封闭空间灭火；（2）野外防火隔离带
CAFS，干泡沫	0.3%～0.5%	（1）玻璃和树脂等表面的防火保护；（2）严密的防火保护

8.2.4 压缩空气泡沫消防车

压缩空气泡沫消防车是将压缩空气泡沫的产生及控制装置与消防车组合为一体，以车载的方式实施灭火的一种消防装备。该设备机动灵活、可扑救多种场所的火灾，尤其是压缩空气A类泡沫车表现出良好的灭火剂输送能力和对建筑火灾的灭火性能，可部分解决超高层建筑的火灾扑救。

根据压缩空气泡沫系统的结构，压缩空气泡沫消防车可分为两种类型。一种是车与压缩空气泡沫系统共用动力装置的大型消防车（见图8-14），该车在灭火时需要将车的动力装置转移给压缩空气泡沫系统，因此该车通常不能边行进边灭火。另一种是车与压缩空气泡沫系统各设有一套动力装置的中小型压缩空气泡沫消防车，如图8-15所示，该车能够边行进边灭火。此外，还有一种简易组装型压缩空气泡沫消防车，如图8-16所示，该车结构简单，操作方便，比较适用于小型火灾的扑救。

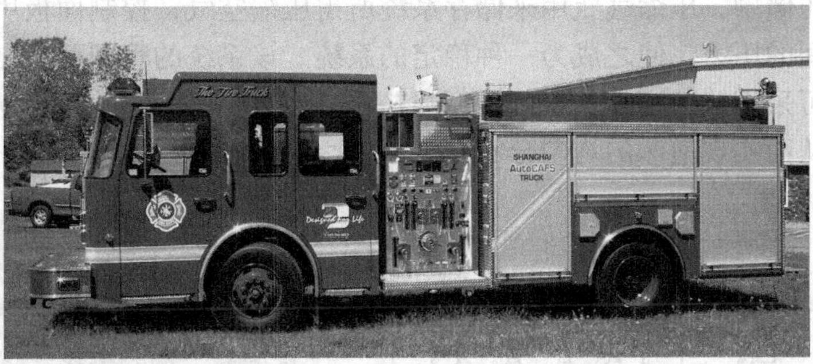

图 8-14　车载式压缩空气泡沫消防车外观图

图 8-15　独立集成式压缩空气泡沫消防车外观图

图 8-16　简易组装型压缩空气泡沫消防车

8.2.5　固定式压缩空气泡沫灭火系统

固定式压缩空气泡沫灭火系统是将水、压缩空气和泡沫灭火剂按适当的比例混合，然后经固定管网输送和喷嘴释放，从而实施灭火的系统。该系统是一种雨淋式系统，能对设置场所提供一种整体性保护。

固定式压缩空气泡沫灭火系统的结构如图 8-17 所示。该系统主要由泡沫液储罐、压缩气瓶、控制面板及相应附件组成，实物如图 8-18 所示。在这些组件中，泡沫液储罐可采用无囊式不锈钢常压储罐，压缩气瓶用来储存系统所需压缩空气，控制面板用来调解水、空气和泡沫液三者之间的压力，使之成为一种稳定的系统。该系统的管网可与自动喷水灭火系统管网合用，喷头可采用旋转型喷头。旋转型喷头是一种水力驱动式装置，在泡沫的冲击下，自行旋转喷射，从而实现泡沫的均匀分布。

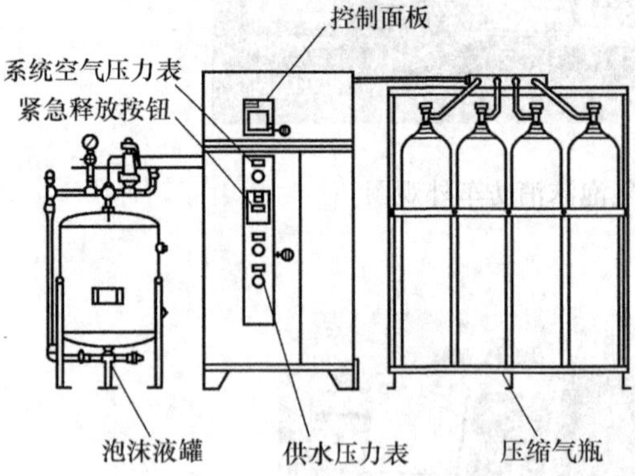

图 8-17　固定压缩空气泡沫灭火系统结构图

图 8-18　固定压缩空气泡沫灭火系统实物图

当发生火灾时，系统自动启动，压缩空气、水和泡沫液一起注入混合室中，在混合室内形成压缩空气泡沫，然后经管网输送到保护区域，喷头喷射实施灭火，其混合流程如图 8-19 所示。该系统可通过电动、气动和手动方式进行控制，其主要用于可燃和易燃液体场所的保护。

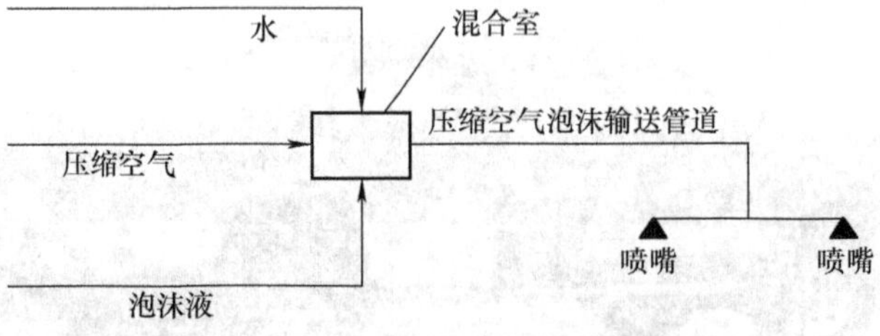

图 8-19　压缩空气泡沫系统的混合流程

8.2.6　便携式压缩空气泡沫枪

便携式压缩空气泡沫枪主要有两种形式：一种是完全独立的背负式压缩空气泡沫灭火装置。该装置主要由混合液储存装置、压缩气瓶和喷嘴三部分组成，能独立生成压缩空气泡沫，其外形结构如图 8-20 所示，图 a 为国外某公司的产品，图 b 为国内某公司的产品，两种产品的性能指标见表 8-4。国内外两种产品除液体容量相差一半外，其他方面的性能比较接近，喷射距离均能达到 10m 左右的，从而保障了灭火速度和消防人员的安全，该装置特别适合于一些小型火灾的扑救。

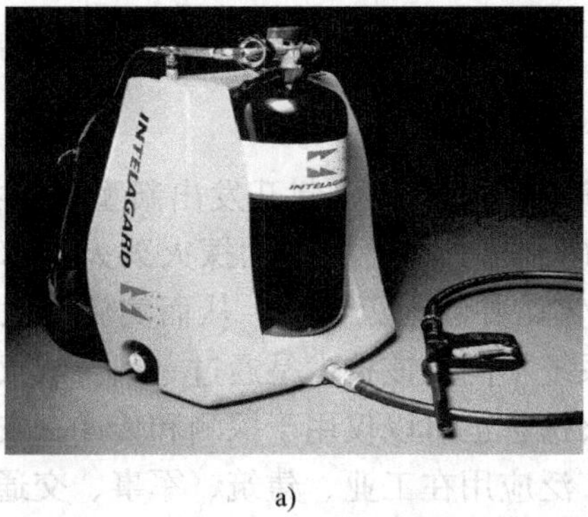

a)

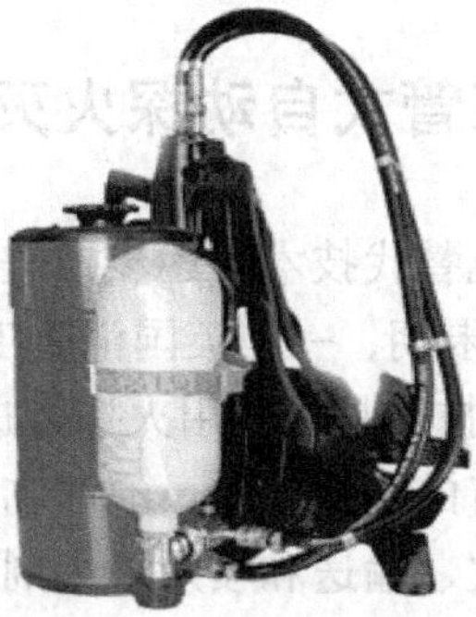

b)

图 8-20 便携式压缩空气泡沫枪

a）国外某公司产品 b）国内某公司产品

表 8-4 便携式压缩空气泡沫枪的性能指标

	国内产品	国外产品
装满灭火剂的整机质量	23.0kg	22.7kg
喷枪质量	1.0kg	—
灭火装置外形尺寸	279mm×415mm×570mm	287mm×404mm×541mm
喷枪尺寸	530mm×211 mm	—
灭火剂充装量	9.0L	18.9L
空气瓶	2L/30MPa	15~30MPa
工作压力	0.75MPa	0.69MPa
灭火剂喷洒距离	6.5~7.0m 开花	12.2m
	17~18m 直流	
灭火剂消耗量	0.4L/s	—
功能时间	22~23s	—
灭火剂	A 类泡沫液	AFFF\A 类等泡沫液均可

另一种是半独立型的压缩空气泡沫喷射器。该装置主要由压缩气瓶和喷枪两部分组成，灭火剂需要由消防车等设备提供，其外观和灭火应用如图 8-21 所示。该装置具有较大的喷射强度和有效射程，从而能实现消防员在 27m 外的安全距离处进行灭火。

a)

b)

图 8-21 压缩空气泡沫喷射器

a）压缩空气泡沫喷射器外观图 b）压缩空气泡沫喷射器灭火图

8.3 火探管式自动探火灭火技术

随着哈龙替代技术的逐步推进，各国的研究机构不断研制开发出新型灭火技术。在20世纪90年代末期，一位英国消防工程师首次研制出火探管式自动探火灭火技术，简称“火探系统”。该技术是指利用火探管进行探测火灾，并喷射灭火剂，从而实施灭火的一种技术形式。与现有的各种气体、泡沫和干粉灭火系统不同，该技术是通过一条合成火探管来直接完成探测火灾、输送和喷射灭火剂的过程。火探管也可以仅用于探测和传递火灾信号，间接地控制其他灭火装置进行灭火。火探系统可广泛应用在工业、建筑、军事、交通、运输、航空航天等领域。2005年山西省出台了地方标准《火探管式自动探火灭火装置设计、施工及验收规范》（DBJ 04-231—2005），为火探系统的应用及推广提供了标准和依据。

8.3.1 类型及工作原理

标准的火探系统可分为直接式和间接式两种系统。

1. 直接式系统

直接式系统如图8-22所示。该系统主要由灭火剂储存容器、容器阀和火探管三部分组成。火探管通过容器阀直接连接在灭火剂储存容器上，遇到火灾时，沿火探管上线性均布的诸多探测点会对火源进行探测，当火场温度达到火探管的动作温度时，火探管发生爆破，灭火剂直接通过爆破孔释放，从而实施灭火。

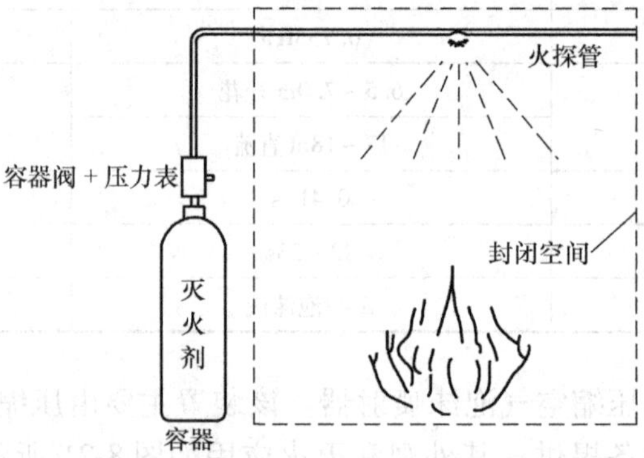

图8-22 直接式火探系统

2. 间接式系统

间接式系统如图8-23所示。该系统是由灭火剂储存容器、容器阀、火探管、释放管及喷嘴五部分组成。火探管通过容器阀直接连接在灭火剂容器上，遇到火灾时，沿火探管线性均布的诸多探测点会对着火点进行探测。当火场温度达到火探管的动作温度时，火探管发生爆破，利用火探管中压力的突然下降打开容器阀，灭火剂经释放管及喷嘴释放，从而实施灭火。图8-24为直接式和间接式火探系统对比图。间接式系统的结构比直接式系统复杂，直接式是由一根火探管完成火灾探测和输送灭火剂过程，而间接式是由两根管完成该过程，即由火探管进行火灾探测，释放管进行输送灭火剂，然后经喷嘴进行喷射。

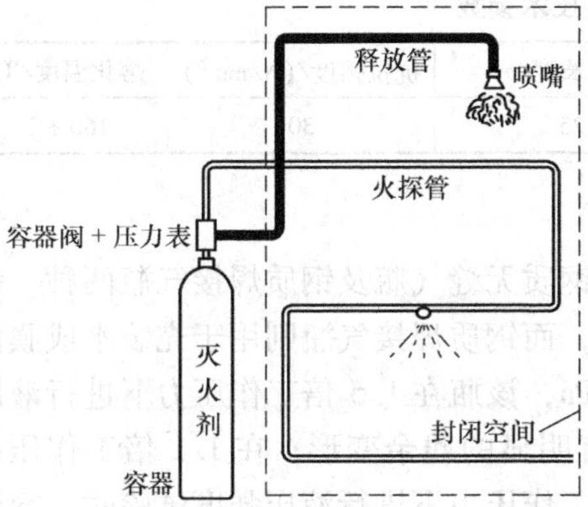

图 8-23 间接式火探系统

图 8-24 火探系统实物图（左侧为间接式系统，右侧为直接式系统）

由于目前国内主要以二氧化碳和七氟丙烷作为火探系统的灭火剂，所以直接式和间接式火探灭火装置可以分为二氧化碳式和七氟丙烷式两种装置，其灭火装置的规格及型号见表 8-5。直接式灭火装置的灭火剂量相对较小，有效保护范围较小，而间接式灭火装置的灭火剂量较大，有效保护范围较大。在应用该系统时，可根据场所的具体情况来选择相应的灭火装置。

表 8-5 火探灭火装置规格及型号

装置类型	灭火剂充装量/kg	有效保护范围/m³	公称压力/MPa	最大工作压力/MPa	火探管长度/m	释放管长度/m	系统类型
二氧化碳火探灭火装置	3	1.2	5.17	15	25	—	直接式
	6	4.0				—	
	6	4.0				12	间接式
	45	30				12	
七氟丙烷火探灭火装置	1	1.4	1.0	1.8	20	—	直接式
	3	4.2			25	12	间接式
	6	8.5				12	

8.3.2 主要组件

火探系统主要由火探管、储存容器、容器阀、释放管和喷嘴等组件组成。

1. 火探管

火探管是一种充压的非金属软管，外观似一根普通塑料管。该管具有良好的抗漏性、耐高压性、柔韧性、绝缘性和感温性，在一定温度范围内爆破，喷射灭火药剂或传递火灾信号。标准火探管的主要技术参数见表 8-6。火探管的标准长度为 25m，其抗拉强度不小于 30N/mm²，当工作压力大于 1.0MPa 时，该管在 -20～55℃的环境中不会产生低温脆裂现象及高温软化变形现象。火探管的最大特点就是对温度的感知非常灵敏，该管在（140±2）℃温度环境，保持 2min，应不动作；在（160±2）℃的温度环境，应在 20s 内动作。

表 8-6 标准火探管的主要技术参数

内径/mm	壁厚/mm	密度/(g/cm^3)	标准长度/m	抗拉强度/(N/mm^2)	熔化温度/℃
4.0±0.04	1.0±0.1	1.05±0.1	25	30	160±2

2. 储存容器

储存容器用于充装灭火剂，常用的灭火剂容器有钢质无缝气瓶及钢质焊接气瓶两种。钢质无缝气瓶适用于充装二氧化碳、七氟丙烷等灭火剂，而钢质焊接气瓶则用于充装水成膜泡沫及干粉等灭火剂。无缝钢瓶的最大工作压力为15MPa，该瓶在1.5倍工作压力下进行液压强度试验，保持3min，不应出现渗漏现象，并且没有明显的残余变形；在1.1倍工作压力下进行液压强度试验时，容器应无气泡泄漏；在3倍工作压力下进行液压强度试验时，容器不得有破裂现象。根据《火探管式自动探火灭火装置设计、施工及验收规范》的相关规定，火探系统灭火装置容器规格见表8-7。

表 8-7 火探系统灭火装置容器规格

名　称	容器高度/mm	容器外径/mm
直接式火探管式自动探火灭火装置（3kg）	740	116
间接式火探管式自动探火灭火装置（3kg）	800	116
间接式火探管式自动探火灭火装置（6kg）	890	155
间接式火探管式自动探火灭火装置（45kg）	1650	268

3. 容器阀

容器阀是储存容器的封堵部件，主要用来将灭火剂封堵在容器瓶内，其控制方式有手动和自动两种方式。直接式系统的容器阀只起到开启容器的作用，而间接式系统的容器阀除起到开启容器的作用外，还起到开启释放管通道的作用。一般情况下，容器阀上设有压力表和泄压口，以便于检测储瓶内的压力，并保证储瓶的安全。

容器阀的阀体材料一般采用铜合金制作。该阀用于封堵不同的灭火剂时，其工作压力要求不同，用于封堵泡沫和干粉灭火剂的容器阀工作压力不小于1.2MPa，用于封堵二氧化碳灭火剂的容器阀工作压力不小于15MPa，用于封堵七氟丙烷灭火剂的容器阀工作压力不小于4.2MPa。

4. 释放管

释放管主要用于间接式系统，标准的间接式系统释放管采用8mm铜合金无缝管，工作压力不小于10MPa。释放管的长度根据采用的灭火剂而定，一般为6~12m。

5. 喷嘴

喷嘴采用耐腐蚀材料制成。进行盐雾腐蚀试验后，喷嘴内外不得有明显的腐蚀损坏，也不得有性能上的下降。喷嘴在喷射时应当均匀、平稳，实验用水盘内的水应无飞溅现象。喷嘴在布置时，应使防护区内灭火剂分布均匀。

6. 灭火剂

标准火探系统可选择二氧化碳、七氟丙烷、干粉和轻水泡沫等四种灭火剂。目前的产品主要是以二氧化碳和七氟丙烷为灭火剂，还没有利用其他种类灭火剂的产品。

8.3.3 系统的特点

火探系统与其他灭火系统相比，其优点主要体现在以下几方面：

1）该系统集火灾探测与灭火于一体，反应时间短，系统起动快，能将火灾扑灭在初期阶段，可有效减少火灾带来的经济损失。

2）该系统不受外部电源的控制，安全性较高。

3）火探管为软性物，可伸进各种窄小和复杂易燃空间或设备中。因此，特别适合在狭小的封闭空间内使用。

4）该系统体积小，安装使用灵活，即可大面积安装使用，也可对单个设备进行保护，其应用情况如图8-25所示。该系统对大型设备间进行保护时，可多点布置。若对汽车等小型设备进行消防保护时，一套系统即可满足要求。

a)

b)

图8-25 火探系统应用实例图
a）电子设备间 b）汽车

火探系统在应用中的不足主要体现在以下几方面：

1）该系统主要是对设备的一种局部防护，不能对空间形成整体性保护，当火灾发生在设备以外的地方，或初期阶段没能控制住火灾时，则难于有效扑救火灾。

2）该系统设备相对分散，不便于集中维护管理。

8.3.4 系统适用范围

根据《火探管式自动探火灭火装置设计、施工及验收规范》的相关规定，火探系统可用于如下场所：

1）广播电视发射塔内的微波机房、分米波机房、米波机房、变配电室和不间断电源室。

2）通信系统的程控交换机房、控制室和信令转接点室。

3）发电厂的控制室、电子设备间、计算机房、继电器室、变配电间，电缆交叉、密集及中间接头等部位。

4）变配电柜、电梯控制柜、带槽盒的电线电缆槽或桥架。

5）其他场所外壳相对密闭的特殊或重要的机柜设备。

8.3.5 设置要求

为保证火探系统的灭火有效性，该系统在应用时需注意以下问题：

1）由于火探系统使用的灭火剂种类不同，因此在选型上应保证所采用的灭火剂类型与保护对象的火灾种类相适应。

2）火探灭火系统一般是将容积较小的空间或空间较大场所里相对密闭、容积较小的设备作为防护区，当采用直接式火探灭火装置时，防护区的容积不应大于 $10m^3$；当采用间接式火探灭火装置时，防护区的容积不应大于 $100m^3$。

3）采用火探系统保护的设备和场所，如该场所采用难燃或不燃材料装修、采用阻燃的电线电缆且采取了规范要求的防火封堵措施时，可不再设其他的自动灭火系统。

4）火探管的布置应保证距被保护处的距离不应超过1m，具体布置方式如图8-26所示。当被保护的空间较大时，可将火探管进行分层布置，从而保证火探管距被保护处的距离不应超过1m。

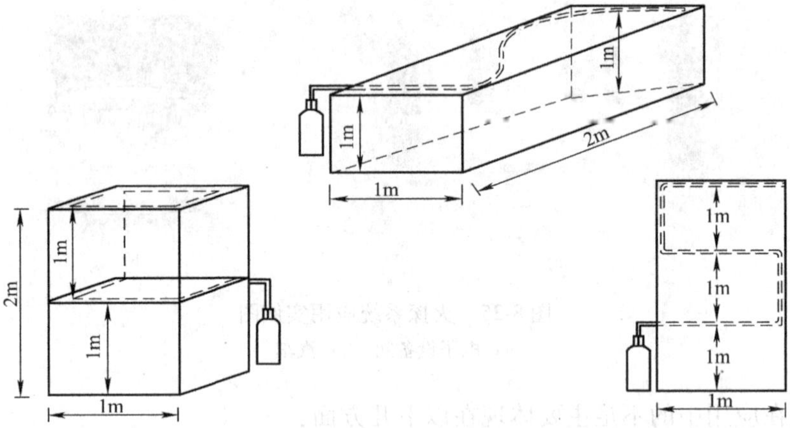

图8-26　火探管的布置图

8.3.6 灭火剂用量计算

系统的灭火剂设计用量应根据保护对象的火灾特点和防护区的体积确定。该系统的灭火剂用量分设计用量和实际用量两种情况。

1. 设计参数

根据《火探管式自动探火灭火装置设计、施工及验收规范》中的相关规定，火探系统的设计参数与火探管长度应符合表8-8的规定。

表8-8　火探管式自动探火灭火装置技术参数

火探管式自动探火灭火装置类型	最大工作压力/MPa	工作温度范围/℃	单位体积所需灭火剂最小用量/(kg/m^3)	火探管的最大长度/m	ϕ8mm 释放管最大长度/m
二氧化碳直接式	15	0~49	2.5	25	—
二氧化碳间接式	15	0~49	1.5	25	12
七氟丙烷直接式	1.8	0~50	0.7	20	—
七氟丙烷间接式	1.8	0~50	0.7	25	12

2. 灭火剂用量计算

火探系统的灭火剂用量分设计用量和实际用量两种情况，其设计用量和实际用量按如下方法进行计算。

（1）设计用量

火探系统的设计用量可按下式进行计算：

$$M = QV \tag{8-1}$$

式中 M——火探管式自动探火灭火装置的灭火剂设计用量（kg）；

Q——单位容积所需灭火剂的最小用量（kg/m^3）；

V——防护区的容积（m^3）。

（2）灭火剂的实际用量应按下式进行计算，且实际用量不应小于设计用量。

$$G = PN \tag{8-2}$$

$$G \geqslant M \tag{8-3}$$

式中 G——灭火剂的实际用量（kg）；

P——单个火探系统储存容器的灭火剂充装量（kg）；

N——火探系统储存容器的数量。

下面用实例说明火探系统灭火剂用量的计算方法。

【例8-1】 如用火探系统保护一个配电柜，该配电柜的尺寸为600mm × 600mm × 2000mm，试确定火探系统的灭火剂用量，并配置相应规格的火探装置。

解：以配电柜作为一个独立的防护区，该防护区的容积为：

$$V = (0.6 \times 0.6 \times 2)\,m^3 = 0.72m^3$$

由于该防护区的容积较小，因此选用直接式二氧化碳式火探系统，其灭火剂用量为：

$$M = (0.72 \times 2.5)\,kg = 1.8kg$$

因此，对该配电柜选用2kg二氧化碳直接式火探管自动灭火装置即可满足要求。

8.4 氮气灭火技术

随着哈龙替代技术研究的不断深入，氮气作为惰性灭火气体，引起了人们的广泛关注，国内外的相关研究机构从灭火浓度、系统压力和灭火效果等多方面对气态氮气灭火系统进行了深入研究，目前，氮气灭火系统（IG-100）已研制成功，并逐渐应用到实际工程中。氮气灭火系统是指由灭火剂储存或供给设备、管道、喷嘴及阀门等组件组成，能够自动起动系统，释放灭火剂，从而实施灭火的装置。为了规范氮气灭火系统的设计安装，我国先后出台了地方性标准《IG-100气体灭火系统设计、施工及验收规范》（DBJ 15-47—2005）和《氮气IG-100灭火系统设计规范》（DB43/T 481—2009），《储罐式固定管网氮气灭火系统设计施工及验收规范》已经通过审查。但到目前为止，该系统仍然没有国家级的规范或标准。

8.4.1 系统的类型

氮气灭火系统按照灭火剂的供给形式可分为瓶组式和工业管网式，按照管网的布置形式分为组合分配式和单元独立式，无论哪种类型，该系统均以全淹没式的灭火方式实施灭火。

1. 瓶组式氮气IG-100灭火系统

瓶组式氮气灭火系统是指用储气瓶储存灭火剂的系统形式，其结构形式如图8-27所示。该灭火系统主要由储气瓶、管网、减压阀、电磁阀、选择阀和喷头等设备组成，其中储瓶主要用来储存灭火剂，一般采用无缝钢瓶，其储存压力为15MPa（20℃）和20MPa（20℃）两种情况。管网用来输送灭火剂。为了保证管网的安全运行，在高压气体进入管网干管入口之前应进行减压，减压孔板后的最高压力应小于10.5MPa。电磁阀用来控制起动气瓶的起停，选择阀主要用于组合分配系统中，喷嘴用于喷射灭火剂。

图8-27　IG-100灭火系统

2. 工业管网供气的氮气IG-100灭火系统

工业管网供气的氮气灭火系统指由钢铁、化工和石油工业等企业的氮气储罐、液氮低温储槽（含汽化装置）、阀门站（含安全泄放装置）、氮气主管道和切断阀等设备组成的工业管网提供氮气的系统形式。钢铁、石化等企业因生产工艺需要使用大量的工业氮气，其工业氮气管网几乎遍布了全部生产区。因此，如果工业管网中氮气主管常年保证气压为0.8～3.0MPa，则可作为氮气灭火系统的气源。若这些场所某些防护区中无氮气主管道作为气源，则仍采用瓶组式氮气灭火系统。

3. 组合分配式系统

组合分配式氮气灭火系统是指用一套灭火剂储存装置，保护两个及以上防护区的系统形式，其系统结构形式如图8-28所示。该系统能够同时保护多个防护区，但不能同时扑救多个防护区的火灾，一般用于不会同时着火的多个防护区的保护。其灭火剂的储量以最大一个防护区的灭火剂用量为基准，一旦某一防护区着火，即将灭火剂释放到相应的防护区中去。因此，该系统具有较好的经济性。

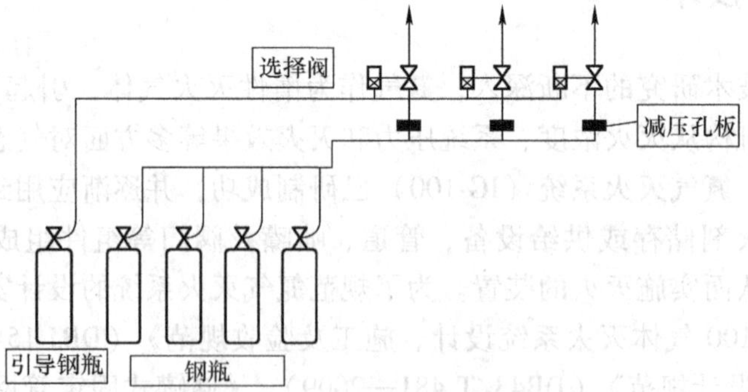

图8-28　组合分配式氮气灭火系统

4. 单元独立式系统

单元独立式系统是指用一套灭火剂储存装置，保护一个防护区的氮气灭火系统。该系统结构简单，安全性高，但由于灭火剂用量较大，设备较多，系统的造价较高。

8.4.2 系统的工作原理

氮气 IG-100 灭火系统的工作流程如图 8-29 所示。当防护区发生火灾时，火灾探测器（如感烟、感温、感光等）探测到火灾，立即发出火灾报警信号，并将信号传到灭火控制器。经控制器确认后，发出联动控制指令，起动防护区内的报警装置，发出声、光报警信号，并关闭防火阀、通风口和空调系统等开口，然后发出灭火指令。灭火装置起动，延时 30s 后，打开电磁阀、选择阀（组合分配系统）和灭火剂储瓶上的容器阀。灭火剂经减压装置减压后，经管路输送，由喷嘴释放到防护区中，从而实施灭火。此时，设置在管路上的信号反馈装置动作，将灭火剂释放的信号反馈至控制盘，同时起动防护区门外的放气指示装置。

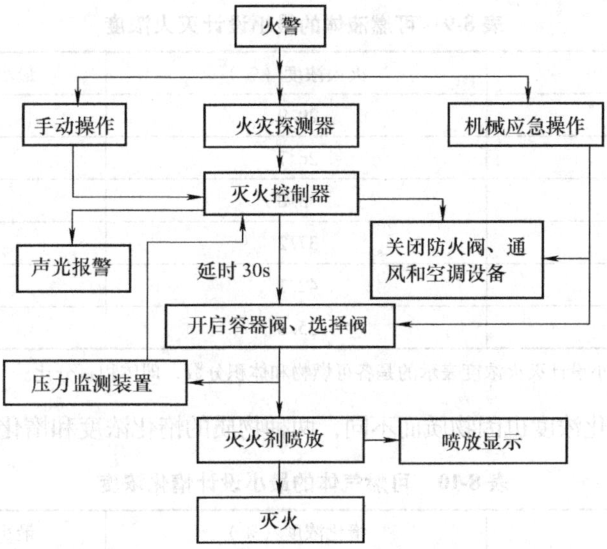

图 8-29 氮气 IG-100 灭火系统工作流程图

该系统除自动起动外，还应同时设置手动和机械应急操作两种控制方式，一旦自动起动方式失效，其他的控制方式应能保证系统的正常起动。瓶组式氮气系统的起动控制装置由驱动装置、控制盘、信号反馈装置、低泄高封阀等组成。工业管网供气形式的起动控制装置由释放阀、可复位释放阀、氮气驱动装置、信号反馈装置、气体检测报警仪、控制器、电源、防泄漏防误动作球阀等部件组成，并应符合下列要求：

1）释放阀应采用自动和机械操作方式，阀门的工作压力不应小于系统的最大供气压力，并应便于手动操作，方便检查、维护。

2）释放阀在系统起动时，应在可复位释放阀的动作之前或同时打开。

3）当系统处于正常工作状态时，起动控制装置应能实时反应防护区内的氧含量，当出现氧含量降至 18% 及以下时，应给出报警信号，并将信号反馈至消防控制室，实施消防广播系统联动，通知防护区内人员疏散。

4）当系统起动时，灭火剂喷放后，防护区内氧含量降至 12% 时，气体检测报警仪应将信号反馈至起动控制装置，实施关闭可复位释放阀。

8.4.3 灭火剂用量计算

氮气 IG-100 灭火系统灭火剂用量计算包括灭火设计用量或惰化设计用量计算、系统喷放后的管网、集流管和储瓶内剩余量及灭火剂储量三部分。

1. 设计浓度

目前我国没有国家级氮气 IG-100 灭火系统设计规范或标准，在此处参考了地方性标准《氮气 IG-100 灭火系统设计规范》（DB43/T 481—2009）的相关规定。

1）固体表面火灾的灭火浓度为31%。

2）电气火灾的灭火浓度为31.9%。

3）可燃液体的灭火浓度因物质的不同而不同，几种典型可燃液体的灭火浓度见表 8-9。

表 8-9 可燃液体的最小设计灭火浓度

可燃物名称	灭火浓度（%）	最小设计灭火浓度（%）
丙酮	29.9	38.9
乙腈	26.7	34.7
100 号航空汽油	35.8	46.5
1-丁醇	37.2	48.4
环己酮	42.1	54.7
2 号柴油	35.8	46.5

注：表中灭火浓度和最小设计灭火浓度表示的是各可燃物和体积分数，即体积百分比。

4）可燃气体的惰化浓度也因物质而不同，两种物质的惰化浓度和惰化设计浓度见表 8-10。

表 8-10 可燃气体的最小设计惰化浓度

可燃物名称	惰化浓度（%）	最小设计惰化浓度（%）
甲烷	43.0	47.3
丙烷	49.0	53.9

注：表中惰化浓度和最小设计惰化浓度表示可燃物的体积分数，即体积百分比。

5）氮气 IG-100 灭火系统的设计灭火浓度不应小于灭火浓度的 1.3 倍，惰化设计浓度不应小于惰化浓度的 1.1 倍。

6）当几种可燃物共存或混合时，其设计灭火浓度或设计惰化浓度，应按其中最大的灭火浓度或惰化浓度确定。

2. 灭火剂用量的计算

防护区灭火设计用量或惰化设计用量应按下面两式求得：

$$W = KK_b \cdot \frac{V}{S} \ln\left(\frac{100}{100 - C}\right) \tag{8-4}$$

$$S = 0.7997 + 0.00293T \tag{8-5}$$

式中 W——全淹没灭火设计用量或惰化设计用量（kg）；

K——防护区海拔高度修正系数，可参照《氮气灭火系统设计规范》中附录 E 中的数据；

V——防护区的净容积（m^3）；

S——压力为101.3kPa时，对应防护区最低环境温度下，单位质量的灭火剂所占的体积，（按（DB43/T 481—2009）标准中附录F的规定取值）（m^3/kg），也可由式（8-5）计算；

T——防护区的最低环境温度（℃）；

C——防护区灭火设计浓度或惰化设计浓度（%）；

K_b——开口补偿系数，可由下式计算：

$$K_b = 1 + 30\frac{A_0}{A} \tag{8-6}$$

式中 A_0——开口总面积（m^2）；

A——防护区的内侧面、底面、顶面（包括其中的开口）的总面积（m^2）。

3. 灭火剂剩余量和储存用量

瓶组式氮气IG-100灭火系统喷放后的管网、集流管和储瓶内剩余量之和由下式计算：

$$W_c = 1.80V_0 + 1.52(V_1 + V_2) \tag{8-7}$$

式中 W_c——喷放后的管网、集流管和储瓶内剩余量之和（kg）；

V_0——系统全部储存容器的总容积（m^3）；

V_1——减压孔板前管网管道容积（m^3）；

V_2——减压孔板后管网管道容积（m^3）。

灭火剂储存量应为灭火设计用量或惰化设计用量与系统剩余量之和。

【例8-2】 如某计算机房需设置氮气IG-100灭火系统，房间尺寸为5m×5m×4m，室温为20℃，开口面积共$2m^2$，试确定该系统的灭火剂设计用量。

解：防护区的总面积：$A = (5\times5 + 5\times4 + 5\times4)m^2 \times 2 = 130m^2$

开口补偿系数K_b：$K_b = 1 + 30\frac{A_0}{A} = 1 + 30\times\frac{2}{130} = 1.46$

最低环境温度下的单位质量体积：$S = 0.7997 + 0.00293T = (0.7997 + 0.00293\times 20)m^3/kg = 0.8583m^3/kg$

防护区净容积为：$V = (5\times5\times4)m^3 = 100m^3$

设计灭火浓度为：$C = 0.319\times1.3 = 0.4147$

氮气IG－100灭火剂设计用量为：

$$\begin{aligned} W &= KK_b\frac{V}{S}\ln\left(\frac{100}{100-C}\right) \\ &= \left[1\times1.46\times\frac{100}{0.8583}\ln\left(\frac{100}{100-41.47}\right)\right]kg \\ &= 91.11kg \end{aligned}$$

8.4.4 系统的应用范围

氮气IG-100灭火系统的设计，应遵循国家有关方针和政策，做到安全可靠、技术先进、经济合理。氮气IG-100作为众多哈龙灭火剂替代产品之一，可用于电气火灾、固体表面火灾、液体火灾和灭火前能切断气源的气体火灾，而不适用于与氮气灭火剂发生化学反应的物质储存场所的消防保护。

8.4.5 防护区的设计要求

氮气 IG-100 灭火系统的防护区设置时，应满足如下要求：

1）在划分防护区时，宜以单个封闭空间划分为一个防护区，且一个防护区的面积不宜大于 $800m^2$，容积不宜大于 $3600m^3$。

2）对气体、液体、电气火灾和固体表面火灾，在灭火剂喷放前不能自动关闭的开口，其面积不应大于防护区总内表面积的 3%。

3）防护区围护结构及门窗的耐火极限均不宜低于 0.5h，吊顶的耐火极限不宜低于 0.25h，且防护区围护结构承受内压的允许压强，不宜低于 1200Pa，若封闭严密的灭火防护区应设泄压口，且泄压口宜设置在外墙上。

4）两个及两个以上的防护区采用组合分配系统时，一套组合分配系统保护的防护区数量不应超过 8 个。

5）防护区的最低环境温度不应低于 -10℃。

8.5 气溶胶灭火技术

气溶胶灭火技术是近几年开发研制的一种新型灭火技术。该技术具有无毒、无腐蚀、对环境无污染（不损耗大气臭氧层）、灭火快速高效和设计安装维护简便易行、造价低等特点。实践证明，该技术在某些特定的场合具有较好的应用效果。因此，热气溶胶灭火装置作为一种哈龙替代物已被列入了《气体灭火系统设计规范》（GB 50370—2005）。

气溶胶灭火技术按产生方式可分为热气溶胶灭火技术和冷气溶胶灭火技术。热气溶胶灭火技术指通过燃烧反应产生热气溶胶灭火剂实施灭火的技术形式。冷气溶胶灭火技术指利用机械或高压气流将固体超细灭火微粒分散于气体中而形成灭火气溶胶实施灭火的技术形式。目前在实际应用中主要以热气溶胶灭火技术为主，因此本节主要介绍热气溶胶灭火技术。

8.5.1 热气溶胶灭火剂

由氧化剂、还原剂（也称可燃剂）、黏合剂、燃速调节剂等物质构成的固体混合药剂，在起动电流或热效应作用下，经过药剂自身的氧化还原燃烧反应生成灭火气溶胶，这种方法产生的气溶胶称为热气溶胶灭火剂。热气溶胶固定颗粒的尺寸一般在 $10^{-3} \sim 1\mu m$ 之间，通过无规则的布朗运动迅速弥漫至整个火灾空间，以全淹没的方式实施灭火。热气溶胶灭火剂由两种成分组成：一种是固体微粒，主要有金属氧化物（MeO）、碳酸盐（$MeCO_3$）及碳酸氢盐（$MeHCO_3$）；另外一种是气体，主要有 N_2、少量的 CO_2、微量的 CO、NO_x、O_2、水蒸气和极少量的碳氢化合物。大多数气溶胶灭火剂中固体微粒占灭火剂总质量的 40%（体积比约为 2%），其余 60% 为气体（体积比约为 98%）。正因为如此，热气溶胶灭火时具有气体灭火的特性，即不易降落、可以绕过障碍物、可全淹没灭火。

8.5.2 类型

热气溶胶灭火技术按照药剂中氧化剂的种类主要分为 K 型和 S 型；按照产品结构分为有管网系统和预制系统；按照产品的安装方式分为落地式和悬挂式。

1. K 型气溶胶灭火技术

K 型气溶胶灭火技术也称钾盐类灭火技术，始于 20 世纪 60 年代中期的前苏联。该技术的特征是气溶胶发生剂采用钾的硝酸盐、氯酸盐及高氯酸盐作为主氧化剂。钾盐类气溶胶灭火技术虽产生较早，但最初并未得到广泛的应用。自从《蒙特利尔破坏臭氧层物质管制议定书》签署后，该技术才作为一种哈龙替代品逐渐受到认可和重视，目前该技术已较为完善。

由于钾盐是极易吸湿或易溶水的物质，且能与水生成强碱性溶液，因此 K 型气溶胶灭火技术可能会对精密仪器设备、文物、档案等造成二次损害。当灭火剂释放后，其微粒沉降于被保护物表面或其内部后，将会与空气中的水结合形成一种发黄发粘的强碱性导电液膜。这种液膜可破坏精密仪器电路板的绝缘性，对文物和精密仪器等造成腐蚀，或使纸质档案发黄、变脆等。为了解决 K 型气溶胶灭火技术的缺陷，S 型气溶胶灭火技术应运而生。

2. S 型气溶胶灭火技术

S 型气溶胶灭火技术也称锶盐类气溶胶灭火技术。该技术的核心是采用了以硝酸锶为主氧化剂，硝酸钾为辅氧化剂的新型复合氧化剂。与 K 型气溶胶相比，该技术主要有两方面优点：一是主氧化剂硝酸锶的分解产物为 SrO、$Sr(OH)_2$ 和 $SrCO_3$，这三种物质不会吸收空气中的水分，也不会形成具有导电性和腐蚀性的电解质液膜，从而避免了对设备的损害。二是采用少量硝酸钾作辅氧化剂，使灭火气溶胶保证了较高的灭火效率和合理的喷放速度。目前 S 型气溶胶灭火技术是灭火气溶胶行业的主流技术。

3. 管网灭火系统

按一定的应用条件进行设计计算，将灭火剂从储存装置经由干管支管输送至喷放组件实施喷放的灭火系统。

4. 预制灭火系统

按一定的应用条件，将灭火剂储存装置和喷放组件等预先设计、组装成套，且具有联动控制功能的灭火系统。

5. 落地式热气溶胶灭火装置

落地式灭火装置主要由药筒、气体发生器、箱体三部分组成。药筒装在气体发生器中，不同型号的箱体可装有不同数量的气体发生器。该装置外形和内部结构分别如图 8-30 和图 8-31 所示。

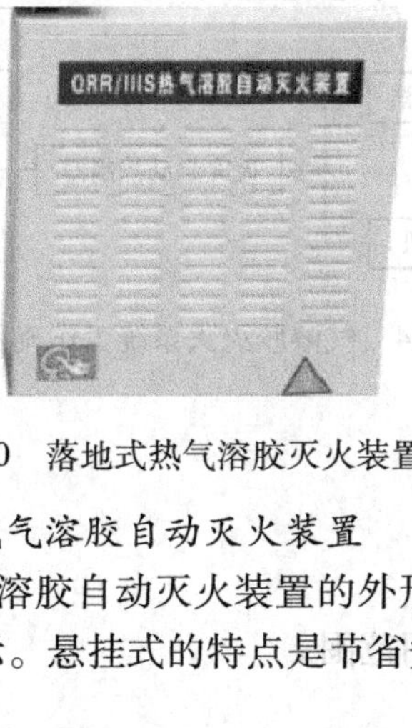

图 8-30　落地式热气溶胶灭火装置外形

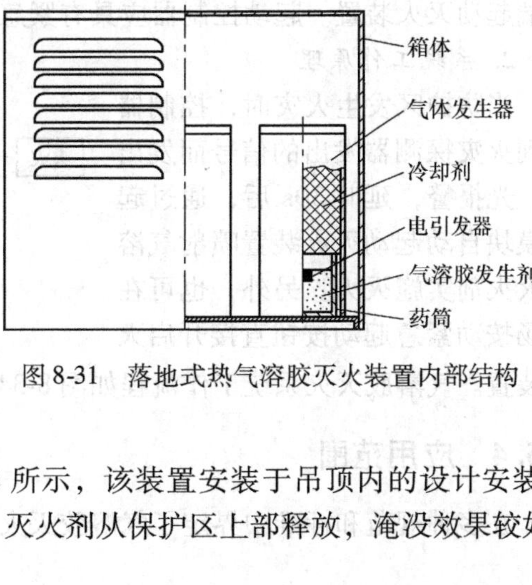

图 8-31　落地式热气溶胶灭火装置内部结构

6. 悬挂式气溶胶自动灭火装置

悬挂式气溶胶自动灭火装置的外形如图 8-32 所示，该装置安装于吊顶内的设计安装图如图 8-33 所示。悬挂式的特点是节省安装空间，灭火剂从保护区上部释放，淹没效果较好。

图 8-32 悬挂式气溶胶自动灭火装置外形图

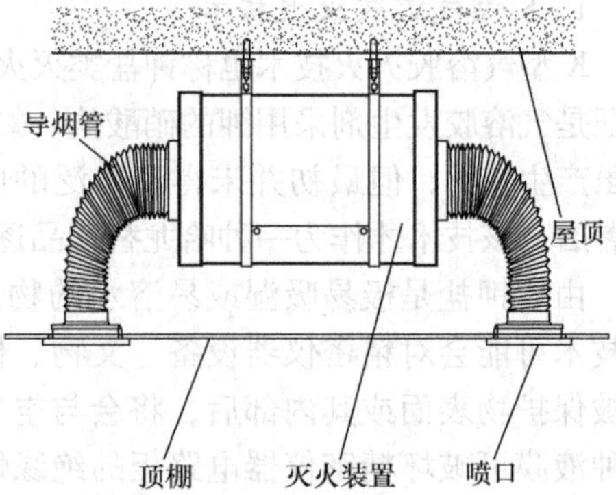

图 8-33 悬挂式气溶胶自动灭火装置安装于吊顶内的设计安装图

8.5.3 气溶胶灭火系统的组成及工作原理

1. 系统的组成

气溶胶灭火系统一般由灭火装置和火灾探测控制装置两部分组成。

（1）灭火装置

灭火装置是气溶胶灭火系统的主体，通常由引发器、气溶胶产生剂和发生器、冷却装置(剂)、反馈元件及外壳等组件组成。该装置平时用于储存气溶胶灭火剂，火灾时使气溶胶灭火剂发生化学反应，产生灭火气溶胶并喷射出，实施灭火。它是一种为满足特定功能需要而具有特殊结构的反应装置。设置时可根据防护区的特点和防护区所需的灭火剂用量以及灭火装置的规格，选用单台或多台灭火装置组合来满足灭火要求。

（2）探测控制装置

气溶胶灭火系统的探测控制装置有火灾探测器和分区启动控制器等，其功能与其他灭火系统的探测控制装置相同。

1）火灾探测器。用于探测火灾并发出报警信号。

2）起动控制器。起动控制器接收火灾探测器发出的火灾信号后，作出判断，并通过输出端起动灭火装置。起动控制器应具有紧急起动按钮和紧急停止按钮。

2. 系统工作原理

当防护区发生火灾时，控制器收到火灾探测器发出的信号而发出声、光报警，延时30s后，通过起动模块自动起动灭火装置喷射气溶胶灭火剂实施灭火。另外，也可在现场按动紧急起动按钮直接开启灭火装置。气溶胶灭火系统工作流程如图8-34所示。

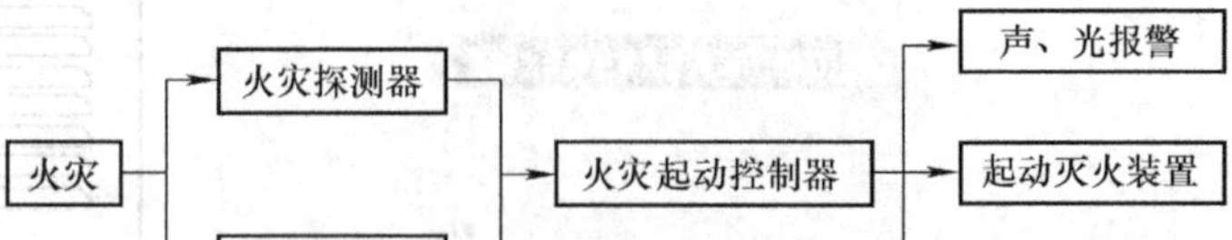

图 8-34 气溶胶灭火系统工作流程

8.5.4 应用范围

在多种规范和标准中界定了气溶胶灭火技术的应用范围。

1. 国家及企业标准对气溶胶灭火装置配置的有关规定

（1）气体灭火系统设计规范

在《气体灭火系统设计规范》（GB 50370—2005）中，热气溶胶预制灭火装置作为气体灭火系统的一种类型被列入其中，适用于气体灭火系统可保护的场所。但热气溶胶预制灭火系统不应设置在人员密集场所、有爆炸危险性的场所及有超净要求的场所。K型及其他型热气溶胶预制灭火系统不得用于电子计算机房、通信机房等场所。

（2）钢铁冶金企业设计防火规范

《钢铁冶金企业设计防火规范》（GB 50414—2007）规定了自动灭火系统的设置场所，其中说明在控制室、电气室、通信中心、操作室、调度室、部分变压器室、有可燃介质的电容器室和激光焊接室等特殊贵重的设备室，“宜”设置S型气溶胶灭火装置。

（3）中国石油天然气集团公司企业标准

中国石油天然气集团公司的企业标准《气溶胶灭火系统技术规范》（Q/CNPC 112—2005）规定变电室、配电室、发电机房、电缆夹层、电缆井沟、电缆隧道、机电控制柜、开关柜、仪表柜等无人、相对封闭、空间较小、易发生电气火灾的工业电气场所适用气溶胶灭火系统。

（4）中国联通企业标准

中国联通企业标准《通信机房安全标准》（QB/CU 034—2006）规定对于局部机房气体灭火系统宜选用七氟丙烷、IG541惰性气体、二氧化碳气体、S型热气溶胶等，不宜使用灭火剂喷放后对通信设备有影响的K型或其他型气溶胶；设在民用建筑内或结构荷载较小的基站、单独建设的基站机房，应使用符合建筑结构荷载标准的S型气溶胶自动灭火装置。

2. 消防部门对使用热气溶胶灭火装置的有关要求

在2006~2007年间，我国福建、广东、贵州、湖北、重庆、浙江等省市消防部门相继发布了《关于全力做好推广应用哈龙替代气体灭火系统新技术工作的通知》。通知要求，为完成哈龙替代工作，根据国家有关规定，允许使用的气体灭火系统产品有四类，包括热气溶胶、二氧化碳、七氟丙烷和IG541气体。S型气溶胶预制灭火系统作为重要的哈龙替代物进行推广，可应用的场所有：一是仍在使用哈龙（1211、1301）灭火系统的场所；二是按国家标准技术规范应该设置气体灭火系统但目前仍未设置的场所；三是变配电房、电子计算机房、可燃油油浸电力变压器、充可燃油的高压电容器和多油开关室等需要设计气体灭火系统的场所；四是气体灭火系统设置不当，产品不符合《气体灭火系统及性能要求和试验方法》（GA 400—2002）要求的场所；五是中、高压容器的准入和使用、报废不符合《气瓶安全监察规程》规定的场所等。

8.5.5 气溶胶灭火装置的设计

1. 设计要求

（1）灭火密度

根据《气体灭火系统设计规范》规定，灭火密度是指在101kPa大气压和规定的温度条件下，扑灭单位容积内某种火灾所需固体热气溶胶发生剂的质量。在该规范中对气溶胶灭火剂灭火密度的规定如下：

1）气溶胶灭固体表面火灾的灭火密度为100g/m^3。

2）对于通信机房和电子计算机房等场所的电气设备火灾，S型热气溶胶的灭火设计密度不应小于$130g/m^3$。

3）对于电缆隧道（夹层、井）及自备发电机房火灾，S型和K型热气溶胶的灭火设计密度不应小于$140g/m^3$。

除以上规定外，S型和K型热气溶胶对其他可燃物的灭火密度应经试验确定。其他型热气溶胶的灭火密度应经试验确定。

（2）喷放时间和喷口温度

热气溶胶灭火剂在通信机房、电子计算机房等防护区使用时，灭火剂喷放时间不应大于90s，喷口温度不应大于150℃；在其他防护区，喷放时间不应大于120s，喷口温度不应大于180℃。

（3）灭火浸渍时间

灭火浸渍时间应符合下列规定：对于木材、纸张、织物等固体表面火灾，应采用20min；对于通信机房、电子计算机房等防护区火灾及其他固体表面火灾，应采用10min。

2. 设计用量计算

气溶胶灭火系统的设计用量应按下式计算：

$$W = C_2 K_v V \tag{8-8}$$

式中 W——灭火剂设计用量（kg）；

C_2——灭火设计密度（kg/m^3）；

V——防护区净容积（m^3）；

K_v——容积修正系数；$V < 500m^3$，$K_v = 1.0$；$500m^3 \leqslant V < 1000m^3$，$K_v = 1.1$；$V \geqslant 1000m^3$，$K_v = 1.2$。

【例8-3】 某通信传输站作为一单独防护区，其长、宽、高分别为5.6m、5m、3.5m，其中含建筑实体体积为$23m^3$，试为该场所选配适宜的气溶胶灭火装置。

解：（1）计算防护区净容积：$V = (5.6 \times 5 \times 3.5)m^3 - 23m^3 = 75m^3$

（2）计算灭火剂设计用量：$W = C_2 K_v V$

由上述可知，C_2取$0.13kg/m^3$，K_v取1。

$$W = (0.13 \times 1 \times 75)kg = 9.75kg$$

可选10kg灭火装置一台。

8.6 超细干粉灭火技术

超细干粉灭火技术是在传统干粉灭火技术的基础上发展起来的，以超细干粉灭火剂和灭火装置为主要研究内容的一项新型灭火技术。与传统干粉灭火技术相比，其灭火剂粉末粒径更小，比表面积更大，灭火效能更高，应用方式更加灵活。为了规范超细干粉灭火技术的应用，河南、安徽和山东等省先后出台了地方性标准，如《脉冲超细干粉自动灭火装置配置设计规范》（DB 41/340—2004）、《脉冲超细干粉灭火规范》（DB 34/T494—2005）和《超细干粉灭火系统设计、施工及验收规范》（DB37/T 1317—2009），至今仍没有国家级规范或标准。

8.6.1 超细干粉灭火剂

根据公共安全行业标准《超细干粉灭火剂》(GA 578—2005)的规定，超细干粉灭火剂指 90%(质量百分比)粒径小于或等于 20μm 的固体粉末灭火剂。该灭火剂的粉粒粒径较小，比表面积较大，活性较高，受热时分解速度较快，捕获自由基能力较强，因此该类灭火剂具有较高的灭火效果。由于该类灭火剂的颗粒小，粉粒更容易悬浮和均匀分散，因此可在某种程度上实现全淹没式灭火。

8.6.2 超细干粉灭火装置及分类

超细干粉灭火装置是指以超细干粉为灭火剂，通过自动或手动方式起动并进行灭火的装置。超细干粉灭火装置有多种分类形式：按驱动方式与灭火剂储存形式可分为储压式和非储压式；按管网的布置方式可分为有管网式和无管网式；按保护方式可分为全淹没式和局部应用式。

1. 储压式超细干粉自动灭火装置

储压式超细干粉自动灭火装置是指超细干粉灭火剂由有压气体驱动喷射的自动灭火装置。该类装置通常以 N_2 或 CO_2 为动力气体，当接收到火灾信号后，起动元件迅速释放有压气体驱动灭火剂喷射出来。某种储压式超细干粉自动灭火装置如图 8-35 所示。此外，还有一种超细干粉自动灭火装置也是储压式超细干粉自动灭火装置，该装置也是采用有压气体驱动喷射灭火剂，但由于灭火剂量和气体量均较大，有压气体需另储存于专用气瓶中，因此这种装置又被称为储气瓶式超细干粉灭火装置，其实物如图 8-36 所示。

图 8-35 气体内置式超细干粉灭火装置

图 8-36 气体外置式超细干粉灭火装置

2. 非储压式超细干粉自动灭火装置

非储压式超细干粉自动灭火装置的药剂以常压方式储存。起动时通过化学燃烧反应产生驱动气体，因此又称为燃气式。其工作原理是：当火灾发生后，灭火装置接到起动组件或热敏线传递的温度信号，固态气体发生剂迅速产生大量气体(N_2 或 CO_2)。由于气体膨胀而产生的压力将底部密封的铝箔冲破，并将超细干粉送入火场，在保护区范围内形成局部淹没状态，使火焰在 N_2、CO_2 的物理作用和超细干粉的化学作用下被扑灭。

非储压式超细干粉自动灭火装置具有释放灭火剂时间短、冲击力大且不受环境因素影响的优点。因此，该类装置对突发恶性火灾扑救比较及时，且对开敞空间的火灾扑救比较有效。但在使用时应特别注意，该类装置在启动过程中产生的冲击波有可能引发二次灾害，因此在大量应用或应用于某些特定场所时应加以防范。

3. 管网超细干粉灭火系统

管网超细干粉灭火系统（包括预制灭火系统，如柜式灭火系统）主要由灭火剂储罐部件、储气瓶组件、安全防护装置、灭火起动装置、管道、喷嘴等部件组成，是由管道输送灭火剂，通过设置在防护区或保护对象上的喷头喷出灭火的系统。该灭火系统同时具有电控自动、电控手动及应急机械起动三种起动方式。

4. 无管网超细干粉灭火系统

由储压悬挂式或非贮压悬挂式超细干粉灭火装置及控制组件等组成的灭火系统。与管网灭火系统相比，该系统结构简单，设置安装方面，使用方式灵活，可广泛应用在多种场所。该灭火系统可采用温控起动、热引发起动和电引发启动三种起动方式。

此外，脉冲式超细干粉灭火装置是无管网超细干粉自动灭火装置中的一种，该装置是由脉冲超细干粉灭火装置、起动组件或热敏线、消防电源及显示盘等组成。当火灾发生时，该装置瞬间起动，脉冲喷射超细干粉灭火剂，具有响应速度快，灭火时间短的特点。目前北京、河南、山西、安徽等多个省市编制了专门的脉冲超细干粉灭火装置设计规范。根据相关规范，脉冲超细干粉自动灭火装置按是否需要外部消防报警设备起动分为有源型和无源型两种。

（1）无源型

无源型脉冲超细干粉自动灭火装置是在火灾发生后，无需外部消防报警设备，灭火装置能自发起动，脉冲式喷射超细干粉的自动灭火装置，适用于无人值守场所。该装置实物如图8-37所示。

（2）有源型

有源型脉冲超细干粉自动灭火装置是在火灾发生后，依靠外部消防报警设备，手动或自动起动，脉冲式喷射超细干粉的灭火装置，适用于经常有人停留的场所。该装置实物如图8-38所示。

图8-37　无源型脉冲超细干粉自动灭火装置图

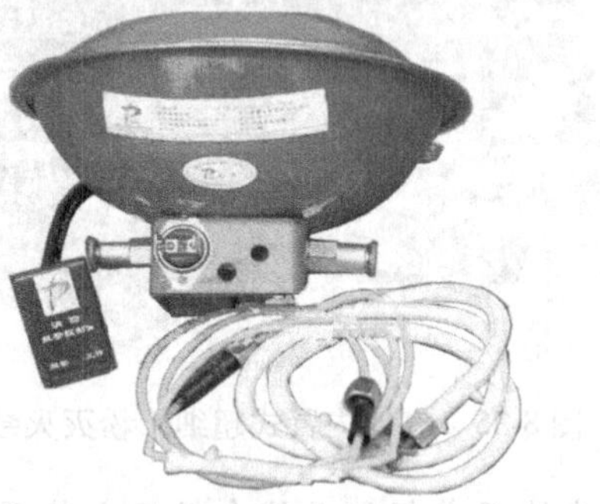

图8-38　有源型脉冲超细干粉自动灭火装置

5. 全淹没式灭火系统

全淹没式灭火系统是指在规定时间内，向防护区喷放一定浓度的超细干粉灭火剂，并使其均匀地充满整个防护区的灭火系统。该系统应用于扑救封闭空间的火灾。为了保证灭火的有效性，当采用管网式全淹没系统时，其灭火剂喷射时间不应大于30s。

6. 局部应用灭火系统

局部应用灭火系统是指向保护对象或认为危险的区域直接喷放超细干粉灭火剂的灭火系统。该系统应用于扑救不需封闭空间条件的具体保护对象的火灾。当采用室内管网局部应用灭火系统时，其超细干粉灭火剂喷射时间不应小于10s；用于室外或有复燃危险的室内局部应用灭火系统，其超细干粉灭火剂喷射时间不应小于15s。

8.6.3 适用范围

根据超细干粉灭火剂的特点，超细干粉灭火技术可用于以下物质火灾的保护：

1）A类火灾：指可燃固体表面火灾。如木、棉、麻、纸、橡胶、塑料等物质的火灾。

2）B类火灾：指液体或可熔化固体火灾。如汽油、柴油、重油、润滑油、有机溶剂、石蜡等物质的火灾。

3）C类火灾：指可燃气体火灾。如液化气、天然气及乙炔等气体火灾。

4）带电设备火灾：指带电物体燃烧的火灾。如变电站、发电机房、泵房及电缆沟等带电设备火灾。

5）F类火灾：烹饪器内的烹饪物火灾（如动植物油脂）。

该灭火技术不适用于扑救下列物质火灾：

1）在无空气参与反应的条件下，仍能发生氧化反应的化学物质与强氧化剂的火灾。如硝化纤维、炸药、氧化氮、氟等。

2）活泼金属及氢化物的火灾。如钾、钠、镁、钛、铀、钚、氢化钾、氢化钠等。

8.6.4 灭火剂用量计算

根据《超细干粉灭火系统设计、施工及验收规范》（DB37/T 1317—2009）的规定，超细干粉灭火系统灭火剂用量的计算分为管网灭火系统与无管网灭火系统灭火剂用量计算。

1. 管网式全淹没灭火系统灭火剂用量

超细干粉灭火剂的设计用量应按下列各式计算

$$m = K_1[CV + \sum(K_{oi}A_{oi})] \tag{8-9}$$

$$V = V_v - V_g + V_z \tag{8-10}$$

$$V_z = Q_z t \tag{8-11}$$

$$K_{oi} = 1.1 \quad A_{oi} \leqslant 5\% A_v$$

$$K_{oi} = 1.2 \quad 5\% A_v < A_{oi} \leqslant 10\% A_v$$

$$K_{oi} = 1.3 \quad 10 A_v < \% A_{oi} \leqslant 15\% A_v$$

式中 m——超细干粉灭火剂设计用量（kg）；

C——超细干粉灭火剂设计灭火浓度，该值不得小于1.2倍国家法定检验机构出具的生产厂家灭火剂灭火效能有效注册数据；

K_1——配置场所危险等级补偿系数，按表8-11取值；

K_{oi}——防护区不密封度补偿量（kg/m^2）；

V——防护区净容积（m^3）；

V_v——防护区容积（m^3）；

V_g——防护区内不燃烧体和难燃烧体的总体积（m^3）。

V_z——不能切断的通风系统的附加体积（m^3）；

Q_z——通风流量（m^3/s）；

t——超细干粉灭火剂有效喷射时间（s）；

A_v——防护区内的侧面、底面、顶面的总内表面积（m^2）；

A_{oi}——不能自动关闭的防护区开门面积（m^2）。

表 8-11　配置场所危险等级补偿系数

危险等级	严重危险级	中危险级	轻危险级
补偿系数 K_1	1.5	1.1	1.0

2. 无管网式全淹没灭火系统灭火剂用量

无管网式全淹没灭火系统灭火剂用量应按下式计算

$$m = C(V_v - V_g)K_1K_2K_3 \quad (8\text{-}12)$$

式中　m——超细干粉灭火剂设计用量（kg）；

C——超细干粉灭火剂设计灭火浓度，该值不得小于1.2倍国家法定检验机构出具的生产厂家灭火剂灭火效能有效注册数据；

K_1——配置场所危险等级补偿系数，按表8-11取值；

K_2——防护区不密封度补系数，按表8-12取值；

K_3——防护区喷射不均匀度补偿系数，按表8-13取值；

V_v——防护区容积（m^3）；

V_g——防护区内不燃烧体和难燃烧体的总体积（m^3）。

表 8-12　无管网灭火系统防护区不密封度补偿系数

不密封度 Φ	$\Phi \leqslant 5\%$	$5\% < \Phi \leqslant 10\%$	$10\% < \Phi \leqslant 15\%$
补偿系数 K_2	≥1.1	≥1.2	≥1.3

表 8-13　超细干粉灭火装置喷射不均匀补偿系数

灭火装置类型	储压悬挂式	非储压悬挂式
补偿系数 K_3	≥1.0	≥1.5

【例 8-4】　某通信机房（严重危险等级）拟采用无管网储压悬挂式超细干粉灭火系统保护，其长、宽、高分别为10m、5m和4m，其中建筑实体体积为20m^3，该场所不能关闭的开口面积占总面积的8%。拟采用额定充装量2kg储压悬挂式超细干粉灭火装置，该灭火装置内充装的超细干粉灭火剂灭火效能注册数据为0.06kg/m^3，试确定该场所所需超细干粉灭火装置的数量。

解：根据式（8-12）可知，该场所超细干粉灭火剂的设计用量为

$$V = (10 \times 5 \times 4 - 20)m^3 = 180m^3$$

$$m = C(V_v - V_g)K_1K_2K_3$$

$$m = (0.06 \times 180 \times 1.5 \times 1.2 \times 1.0)kg = 19.44kg$$

$$n = (19.44/2)个 = 9.72个$$

该场所所需超细干粉灭火装置的数量为10个。

8.6.5　超细干粉灭火装置的几种特殊应用形式

超细干粉灭火装置起动速度快、灭火效率高，除应用于常规保护场所外，还可应用于汽车发动机舱以及森林、草原等特殊场所。

1. 车用超细干粉灭火装置

车用超细干粉灭火装置适用于汽车、火车的发动机舱等小空间场所的火灾扑救，使用时一般直接安装于保护位置。车用自动灭火装置有储压式和非储压式两种形式。车用非储压式超细干粉灭火装置如图 8-39 所示。该装置安装于公交车后置发动机舱内，一旦发生火情，迅速起动扑救火灾，可为乘客逃生争取时间。车用储压式超细干粉灭火装置如图 8-40 所示，该装置可单独安置于小汽车的前置发动机舱内，对小汽车的自燃具有显著的灭火效果。

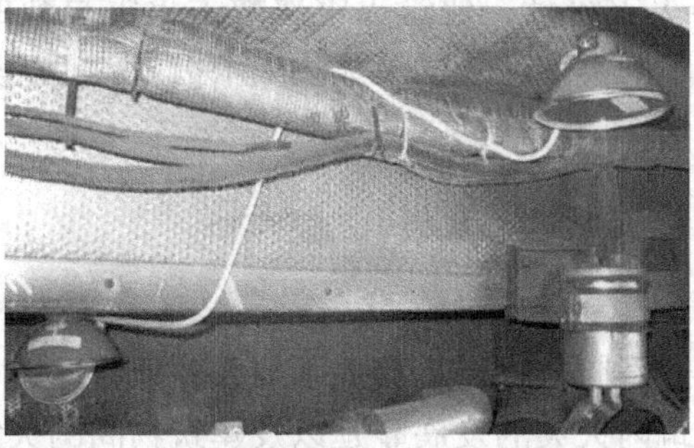

图 8-39　车用非储压式超细干粉灭火装置

图 8-40　车用储压式超细干粉灭火装置

2. 森林用灭火装置

森林用超细干粉灭火装置用于扑救森林和草原火灾，也可用于火灾时开辟防火阻隔带，保护重点位置和协助人员避险。此类灭火装置按使用方式不同分为手投式、悬挂式和机载式森林灭火弹。手投式装置小巧轻便，使用时只需将其投入着火区域即可。悬挂式装置悬挂于树上使用。机载式灭火弹装药量一般大于 50kg，使用时采用空投或飞机吊挂的形式。据资料显示，森林用超细干粉灭火装置对于扑救消防水源缺乏的山林、草原火灾，具有显著灭火效果。

3. 超细干粉灭火器

超细干粉灭火器是超细干粉灭火装置的一种形式，按使用方法分为手提式及推车式两种。其外观与常规的干粉灭火器基本相同，但灭火效果比普通灭火器好，其重量却只有普通灭火器的三分之一。超细干粉灭火器按成分不同可分为 ABC 类和 BC 类。特种超细干粉灭火器也可用于扑救烷基铝、镁、锌、钠等 D 类火灾。

思　考　题

1. 对比自动射流灭火系统和自动消防炮灭火系统的异同。

2. 简述压缩空气泡沫灭火系统的工作原理，并分析该技术的优缺点。

3. 若用火探系统保护某一电子控制设备，该设备的尺寸为 6000mm × 1000mm × 2000mm，试确定火探系统的灭火剂用量，并配置相应规格的火探装置。

4. 某控制室拟设置氮气 IG-100 灭火系统，房间尺寸为 10m × 30m × 4m，室温为 20℃，开口面积共 $4m^2$，试确定该系统灭火剂的设计用量。

5. 简述气溶胶灭火技术的类型，并分析该技术在应用时需注意的问题。

6. 举例说明超细干粉灭火技术可用于哪些场所中？

第 9 章

建筑火灾扑救

建筑一般指供人居住、工作、学习、生产、经营、娱乐、储藏物品以及进行其他社会活动的场所。建筑火灾是最常见的火灾，据历年火灾统计，建筑火灾次数占火灾总数的90%以上。因此，了解建筑火灾的蔓延规律，掌握不同类型建筑的灭火技战术措施，是迅速扑灭建筑火灾，减少火灾损失的关键。

9.1 建筑火灾的蔓延扩散

建筑发生火灾后，由于其结构、形式和用途不同，火灾特点差别较大，但普遍遵循着建筑火灾发展蔓延的一般规律。本节主要介绍建筑内火灾的发展蔓延以及建筑物间的火灾蔓延形式。

9.1.1 建筑火灾的发展过程

一般来说，建筑火灾最初发生在某个房间或室内某一个区域，然后由此蔓延到相邻的房间或区域，以及整个楼层，最后蔓延到整个建筑。

1. 建筑火灾的发展阶段

建筑室内火灾大体分成三个主要阶段，即：火灾初期增长阶段（或称轰燃前火灾阶段）、火灾的充分发展阶段（或称轰燃后火灾阶段）及火灾减弱阶段（或称火灾的冷却阶段）。各阶段特点简述如下。

（1）火灾初期增长阶段（Fire growth period）

刚起火时，着火区域的体积不大，其燃烧状况与开放环境中的燃烧差不多，如果没有外来干预，火区将逐渐增大。不久，火灾的规模便增大到房间的体积对火灾燃烧发生明显影响的阶段。就是说，自这时起，房间的通风状况对火区的继续发展将发挥重要作用。在这一阶段中，总的热释放速率不高，室内的平均温度还比较低。不过在火焰和着火物体附近存在局部高温。

（2）火灾充分发展阶段（Fully developed period）

在室内火灾初期阶段后期，如果房间的通风足够好，火灾规模将迅速增大，室内的可燃物在高温作用下释放出可燃气体。当房间火灾温度达到一定值时，聚集在房间内的可燃气体突然起火，火焰充满整个房间，室内所有可燃物表面均处在燃烧中，这种现象通常称之为轰燃。轰燃标志着室内火灾由初期增长阶段转到充分发展阶段。轰燃是室内火灾最显著的特点之一，它标志着火灾已到全面发展燃烧阶段。如果人们在轰燃之前还没有从室内逃出的话，就不可能幸存。

火灾燃烧进入这一阶段后，燃烧强度仍在增加，热释放速率逐渐达到某一最大值，室内温度经常会升到800℃以上。因而会严重地损坏室内的设备及建筑物本身的结构，甚至造成建筑物的部分毁坏或全部倒塌。而且高温烟气还会携带着相当多的可燃组分从着火房间的开口窜出，可能将火焰扩展到邻近房间或相邻建筑物中。

(3) 火灾减弱阶段（Decay period）

随着室内可燃物的挥发分大量消耗，燃烧速率减小，着火区域开始逐渐冷却。一般认为，此阶段是从室内平均温度降到其峰值的80%左右时开始的。最后明火燃烧无法维持，火焰熄灭，可燃固体变为赤热的焦炭。这些焦炭按照固定碳燃烧的形式继续燃烧，不过燃烧速率已比较缓慢。由于燃烧放出的热量不会很快散失，此时室内平均温度仍然较高。

以上是室内火灾的自然发展过程，没有涉及人们的灭火行动。实际上一旦发生火灾，人们总是会尽力扑救的，这些行动会或多或少地改变火灾发展进程。如果在轰燃前能将火扑灭，就可以有效地保护人员的生命安全和室内的财产设备，因而火灾初期的探测报警和及时扑救具有重要的意义。火灾进入充分发展阶段后，灭火就比较困难了，但有效的扑救仍可以抑制过高温度的出现、控制火灾的蔓延，从而尽量减少火灾损失。

若火灾尚未发展到减弱阶段就被扑灭了，可燃物中会含有较多的可燃挥发分，而且着火区域周围的温度在一段时间内还会比平时高得多，可燃挥发分可能继续析出。如果达到了合适的温度与浓度，还会再次出现有焰燃烧。因此灭火后应当注意这种“死灰复燃”问题。

2. 建筑物内火灾蔓延途径

火灾蔓延的实质是热的传递。火由起火房间向外蔓延主要通过热传导、热对流和热辐射三种方式。大量的火灾事例表明，火灾从着火房间向外蔓延主要有如下途径：

(1) 内墙门

建筑物内房间起火，最后蔓延到整个建筑物，大多是因为墙上的门未能把火挡住。火烧穿内墙门，扩散到走廊，再通过相邻房间的门进入相邻房间引起燃烧。通常走廊内即使没有任何可燃物，高温热气流和未完全燃烧产物的扩散，仍能把火灾蔓延到很远的房间。

(2) 房间隔墙

房间隔墙如果由可燃材料建造，或者虽然采用不燃、难燃材料建造，但耐火性能较差，火灾时就容易被烧穿或无法隔火。相邻房间隔墙的可燃物，可能会因为火焰接触或墙的导热及辐射而自燃着火，使火灾蔓延到相邻房间。

(3) 楼板上的孔洞和建筑物内的各种管道竖井

由于建筑物使用功能的需要，建筑物中设有许多竖向井道和开口部位，如楼梯井、电梯井、管道井、电缆井、垃圾井、通风和排烟竖井等。这些竖井管道和开口部位贯穿若干楼层甚至所有楼层。在建筑物发生火灾时，会产生烟囱效应，导致火势迅速向上层蔓延。

(4) 穿越楼板、墙壁的管线和缝隙

室内发生火灾时，可燃物质燃烧后形成的正压，会驱使火焰和热气流通过室内的孔洞缝隙，如玻璃幕墙缝隙和各类管道穿越楼板、墙壁的缝隙等，将火灾蔓延出去；此外，穿过房间的金属管线在火灾高温作用下，有时也会因热传导将热量传到相邻或上层房间一侧，引起相邻或上层房间着火。

(5) 闷顶

建筑闷顶内着火，或火势通过闷顶的人孔等开口部位进入闷顶内部时，由于闷顶内往往没有防火分隔，空间较大，很容易使火势水平蔓延，并通过闷顶内的孔洞向四周及下部的房间蔓延，且在蔓延的过程中不易被发现。

(6) 外墙窗口

室内火灾发展到全面燃烧阶段，大量高温烟气和火焰会喷出窗口，烧穿上层窗口或直接通过打开的上层窗口引起火灾向上层蔓延。外墙窗口涌出的高温烟气和火焰除了造成建筑物层间蔓延之外，高温火焰的热辐射还会对相邻建筑物及其他可燃物构成威胁。

3. 建筑物内火灾蔓延模式

建筑物内火灾的发展，表现在火焰和燃烧产物通过各种蔓延途径，从一个房间向另一个房间或其他区域蔓延。根据不同类型建筑物，火焰和燃烧产物蔓延的典型模式可划分为三种。

(1) 走廊式平面布置的楼层内火灾蔓延模式

平面设计为走廊式的建筑，在楼层的一个房间内发生火灾时，燃烧所引起的烟气和火势沿整个楼层蔓延，其蔓延过程如图 9-1 所示。

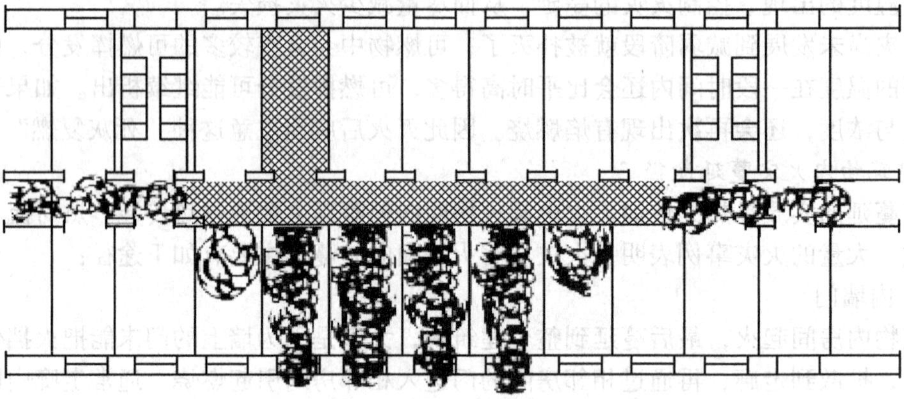

图 9-1　火灾在走廊式平面布置的楼层内蔓延示意图

(2) 单元式平面布置的楼层内火灾蔓延模式

采用单元式平面布置的建筑，火灾主要在一套房间内蔓延，较少在一个单元内蔓延。但火势较大时也可能通过楼梯间、电梯间、外墙窗口等蔓延到其他单元，其蔓延过程如图 9-2 所示。

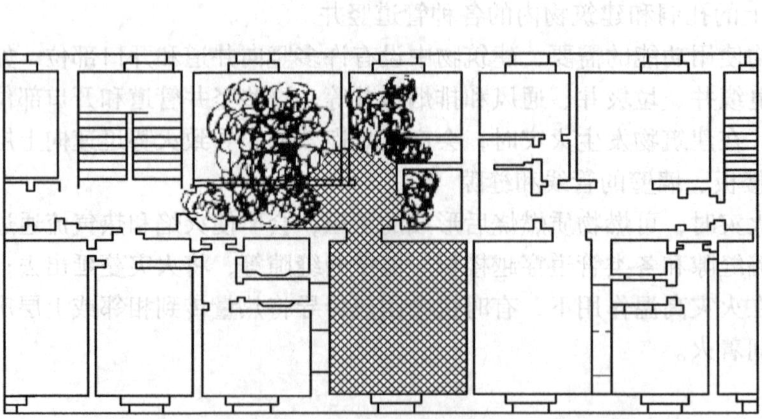

图 9-2　火灾在单元式平面布置的楼层内蔓延示意图

(3) 地下室火灾蔓延模式

地下室发生火灾时，由于燃烧区域新鲜空气补充量不足，会延缓燃烧，并析出大量有毒气体和烟气。有毒气体和烟气通过竖向蔓延途径向上部扩散，对楼内人员造成危害，并使楼梯间形成浓密的烟雾区，其蔓延过程如图9-3所示。

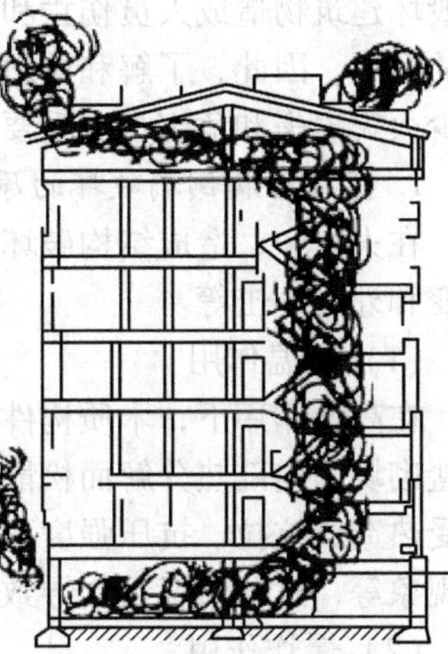

图9-3 地下室火灾时烟雾沿楼梯蔓延示意图

4. 建筑物间火灾蔓延方式

火灾从着火建筑向邻近建筑物蔓延的方式主要有热对流、热辐射和飞火三种。

(1) 热对流

热对流即通过火焰和高温烟气与邻近建筑物直接接触，使之不断加热，引起可燃物燃烧，如图9-4所示。

(2) 热辐射

热辐射，即以辐射形式传递热能量，引起附近建筑物着火，如图9-5所示。

图9-4 热对流引起邻近建筑物着火示意图

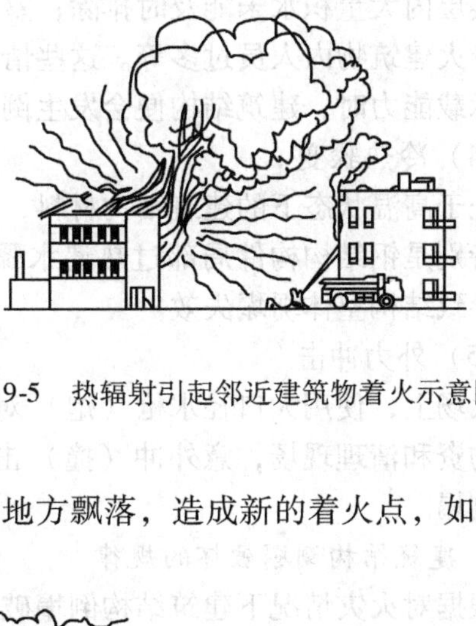

图9-5 热辐射引起邻近建筑物着火示意图

(3) 飞火

飞火，即在风和热气流作用下，燃烧物向较远的地方飘落，造成新的着火点，如图9-6所示。

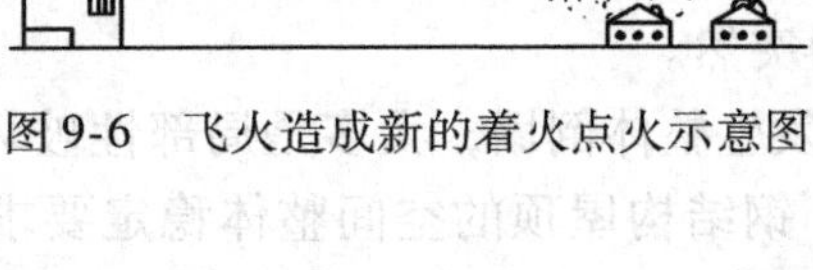

图9-6 飞火造成新的着火点火示意图

9.1.2 建筑结构倒塌破坏

在火灾条件下，由于燃烧和高温作用，往往使建筑物结构部分或整体丧失承载能力，导致结构局部发生破坏或整体倒塌。建筑结构因火灾发生倒塌破坏的后果是十分严重的，除直接毁坏建筑物造成人员伤亡和设备损坏外，还会造成火灾进一步蔓延扩大，影响灭火救援工作的开展。因此，了解和熟悉建筑结构在火灾条件下发生坍塌破坏的原因、规律和征兆，对减少火灾损失和危害具有重要的意义。

1. 建筑结构倒塌破坏的原因

在火灾中，造成结构破坏甚至倒塌的主要原因有高温作用、爆炸作用、附加荷载、冷热骤变和外力冲击等。

（1）高温作用

在高温作用下，木质构件表面炭化，削弱了荷载断面；钢结构因受热产生塑性变形；硅酸盐砌块因内部热分解而松散；预应力钢筋混凝土结构因受热而失去预加应力；钢筋混凝土因受热造成抗拉、抗压强度下降，特别是保护层因受热发生剥落，甚至发生钢筋与混凝土剥离现象等，这些情况都会导致构件的承载能力降低。

（2）爆炸作用

火灾时，建筑物内发生爆炸，爆炸产生的冲击波、压力波和振动，破坏了建筑物的主要承重构件和结构稳定性，导致建筑物发生局部破坏或整体倒塌。

（3）附加荷载

火灾发生后的附加荷载主要有：上部结构局部倒塌重压在下部楼板上；灭火时用水过量，楼层内大量积水未能及时排除；室内储存物品（如棉花、纸张等）大量吸收灭火用水；进入着火建筑物内人员过多等。这些情况都能导致建筑物内附加荷载加大，当超过建筑物构件的承载能力时，建筑结构便会发生倒塌。

（4）冷热骤变

处于高温状态下的建筑结构材料，在消防射流的作用下，会造成结构表面收缩开裂或变形，特别是钢结构构件局部过热遇水骤冷时会发生较大变形，使钢结构失去静态平衡稳定性，导致结构整体坍塌失效。

（5）外力冲击

火场上，使用大口径水枪（炮）对承重构件进行直接冲击，或使用大型机械设备疏散重要物资和清理现场，意外冲（撞）击了承重柱或承重墙时，可能会导致建筑结构局部或整体倒塌。

2. 建筑结构倒塌破坏的规律

根据对火灾情况下建筑结构倒塌破坏的大量调查研究和分析，建筑结构倒塌破坏的一般规律如下。

1）建筑结构倒塌破坏的次序一般是先吊顶，后屋顶，最后是墙、柱。

2）木结构和钢结构建筑都易于发生倒塌破坏；预应力钢筋混凝土构件不仅易于坍塌破坏，而且破坏发生得早，来得突然。

3）木结构屋顶一般很少发生整体倒塌，大多是局部性破坏；钢结构屋顶易发生整体倒塌或大部分破坏。这是因为：钢结构屋顶的空间整体稳定要求在屋架之间连接很多支撑杆件，在火灾情况下，这些支撑杆件一旦失去作用时，则导致结构整体或大部分丧失空间整体作用而倒塌。

4）在结构形式中，简支构件、悬臂构件等静定结构比连续梁等超静定结构易于发生倒塌破坏；三铰拱薄壳结构屋顶的倒塌破坏大多是整片的。其原因是这些屋顶结构一般是靠钢拉杆或四周止推结构提供止推力的，火灾时，一旦钢拉杆或止推结构失去作用，则屋架即发生整片破坏。桁架结构在火灾条件下不仅破坏发生得早，而且往往是大面积的破坏。这种破坏特性是由于组成桁架的断面尺寸小引起的，同时也与桁架的几何组成有关。

5）预制楼板、砖墙的混合结构，装配式钢筋混凝土结构，现浇混凝土无梁的板柱结构，以及单跨单层的砌体且缺乏横墙的结构等，易发生连续倒塌。

3. 建筑结构倒塌破坏的前兆

建筑物倒塌除了由爆炸引发瞬间发生外，一般都要经过一定的燃烧时间，室内必然存在着较高的温度。因此，建筑结构倒塌破坏前会出现一些征兆。

（1）结构变形

建筑结构变形，表明建筑物正在逐步失去原有的承载能力和稳定性。如建筑结构部分或整体倾斜、承重钢构件大幅度弯曲、承重墙墙面外鼓或出现较大裂缝、楼板下沉、墙体或楼板变形造成玻璃幕墙成片破碎等，这些情况都是建筑物发生倒塌破坏前的重要征兆。

（2）异常声响

建筑结构倒塌破坏前，一般会发出咔嚓或叽叽嘎嘎的声响，且声音由小到大，直到倒塌破坏发生。

火场上，一旦发生上述异常情况，要及时采取有力措施，包括采取紧急撤退行动等，避免人员伤亡。

9.2 灭火的战术原则与组织指挥

在我国，公安消防部队承担发生火灾时主要的灭火职责。在接到火灾报警后，公安消防部队必须立即赶往火灾现场，在指挥员的带领下迅速展开灭火。

9.2.1 灭火战术原则

灭火战应当遵循一定的作战原则科学有序地开展。

1. 救人第一原则

救人第一是指在火场上，消防人员要把疏散和营救被困人员作为优先考虑和竭力实现的首要目标。当火场上有人受到火势、浓烟、爆炸、倒塌、化学物质和辐射伤害等威胁时，排除险情，积极抢救人命是消防队的第一任务。火场指挥员要组织消防人员尽快将被困人员抢救出来，坚持救人第一的原则，才能最大限度地减少人员伤亡。

坚持救人第一原则，必须结合火灾实际，正确决策，合理用兵。可以先救人后灭火，也可以边救人边灭火，有时为救人也可以先灭火。

2. 集中力量原则

集中力量是指在灭火战斗中把灭火所需兵力集中调派到火场，并部署在火场的主要方面，使力量与火势对比形成相对的优势，保证火场上有足够的灭火力量来控制火势，消灭火灾。

集中力量包含两层含义，第一层含义指要在火灾发生后及时调派足够的灭火力量赶到火灾现场，避免由于分散调派，造成兵力零散到场，而不能迅速形成足够一次性灭火的力量，贻误灭火最佳时机，导致火势进一步蔓延扩大的情况发生。集中调派力量的多少，取决于火灾对象的性质、规模，火势的大小和现有灭火力量。为合理地集中调派力量，可一次性调出第一出动力量和适时调集增援力量。即在接到火警时，按照火灾对象的灭火预案或报警人提供的实际情况，集中调派首批灭火力量。再根据第一出动力量的反馈，决定是否调集和适时调集增援力量。

集中力量的第二层含义是在灭火力量集中调派于火场后，必须集中使用，将兵力集中部署在火场的主要方面。所谓火场的主要方面，就是能够影响或决定整个灭火战斗成败的战斗任务、战斗行动，或者火场火势蔓延扩大的关键部位，或者涉及抢救人命和贵重财产的地方。

3. 准确迅速原则

准确迅速就是以最快的速度，在最短的时间内，采取准确迅速的战斗行动和有效措施控制火灾蔓延，与火灾蔓延速度争时间、抢速度，实现迅速消灭火灾的目的。火灾造成的损失与着火时间的长短成正比，要最大限度地减少火灾损失，就必须尽最大能力做到接警反应及时，灭火行动准确迅速。

4. “先控制，后消灭”原则

“先控制，后消灭”是指消防队到达火场后，要先把主要力量部署在火场上火势蔓延的主要方面，对发展的火势实施有效控制，为迅速消灭火灾创造有利条件；在控制火势的同时，集中兵力向火源展开全面进攻，逐一或全面彻底消灭火灾。“先控制，后消灭”的原则，是经过实践证明的有效原则，是指导扑救已经猛烈发展或者有迅速蔓延趋势火灾的战术原则。

一方面，火灾发生后发展很快，尤其当火势借助大风，燃烧物又是易燃易爆危险品或气体时，蔓延速度极快。因此灭火战术必须要先注重于控制火势的发展蔓延，当遏制住火灾扩大势头后，才能迅速灭火。

另一方面，对于发展迅速的火灾，当第一出动力量到达火场时，火灾往往正处于发展阶段，甚至猛烈燃烧阶段，火势相对于最先到场的灭火力量来说，一般在整体上较强。因此，先期到场的消防力量必须集中兵力于火场的主要方面，阻止火势的进一步蔓延扩大，将其限制在一定的燃烧范围之内，积极等待增援。只有这样，才能为消灭火灾创造有利条件。

对火灾的控制要选择正确的控制部位，同时还要针对不同的火灾，选择不同的控制方法。一般来说，控制火势的方法有以下六种：

（1）直接向燃烧区射水

例如，建筑物火灾已发展到外部，或在建筑物内向楼层上部蔓延，或露天火灾向下风方向蔓延等，可选择火势蔓延方向直接向燃烧区射水进行控制。

（2）遮挡

在着火物与邻近受火灾威胁的物体之间，用水幕隔离热的传递，或用难燃、不燃物对受热威胁物体进行遮盖保护，防止灾情扩大。

（3）开辟隔离带

对可能造成火烧连营的大面积火灾，要在下风方向适当地段拆除可燃建筑物、疏散或清除一切可燃物，开辟防火隔离带。

（4）冷却

对燃烧的和邻近燃烧的液体或气体储罐，应保持射水进行冷却，防止储罐变形破坏或爆炸，防止油品沸溢，阻止可燃液体流散，制止气体外喷扩散。

(5) 破拆建筑结构

对建筑内部火灾，如闷顶、空心墙、地板下面等部位的火灾，需要进行建筑物局部结构的破拆，以便向内部射水控制火势。

(6) 关阀断料

油气储运生产中，如可燃气体或液体从容器或管道破裂口喷出着火，关闭其进料阀，切断或减少燃料的物料源，能迅速控制火势。

在火势发展初步得到有效控制，火场已集聚了充足灭火力量的条件下，可抓住有利时机，彻底扑灭火灾。火场中的灭火有利时机包括：火灾的初期阶段；石油化工装置设备爆炸之前，或第一次爆炸后至再次爆炸前；建筑物倒塌之前；原油、重质油罐火灾在沸溢喷溅之前或喷溅后的短暂时间内。

5. 充分利用固定设施，固移结合原则

在扑救高层建筑、石油化工等火灾时，必须充分依靠固定消防设施，充分发挥固定消防设施的作用。相关内容，见本书第4章。

9.2.2 灭火组织指挥

灭火组织指挥是指灭火指挥员及其指挥机关对灭火救援行动进行的组织领导活动。无论扑救什么样的火灾，消防队到场后，指挥员都需要对灭火救援行动实施组织指挥。实践表明，灭火救援的成败，不仅在于人力和灭火技术装备的优劣，更取决于火场指挥员的组织指挥能力与水平。

1. 灭火组织指挥的层次

我国消防部队的灭火组织指挥，按到场指挥员的最高级别，可分为总队、支队、大队、中队和班五个指挥层次。在灭火救援实践中，通常又把中队长及其以下指挥员的灭火组织指挥称为基层灭火指挥；把大队长或支队部门首长参加的灭火组织指挥称为中层灭火组织指挥；把支队长或总队长及其部门首长参加的灭火组织指挥称为高级灭火组织指挥。

2. 灭火组织指挥的程序

灭火组织指挥程序是灭火救援组织指挥活动进行和发展的基本阶段和步骤。虽然火场的情况千差万别，组织指挥活动的具体目标、内容、方法和要求不尽相同，但指挥员必须遵循火场组织指挥运作的规律，并按照相对固定的程序进行。

(1) 组织侦查，掌握情况

指挥员应根据灭火作战计划提供的原始信息及接警出动时指挥中心的指令，根据报警及着火目标的有关人员提供的情况，以及自身亲临火场的观察判断，掌握基本情况。同时，迅速派出经验丰富的侦察人员去一线侦察，并采取各种有效侦察手段，查明火场主要情况。

(2) 制定指挥决策

灭火作战指挥决策是指挥员对灭火救援意图和行动的方案作出的决定。指挥员的正确部署来源于正确的决策，正确的决策来源于正确的判断，正确的判断来源于周到和必要的侦察，以及对于各种侦察材料的连贯思考。

(3) 下达行动命令

命令的内容主要包括：火情的判断结论、灭火救援行动意图（营救生命、保护相邻建筑物、控制火势、灭火等)、主要进攻方向及突破口(或控制火势的控制要点)、力量部署、受令者的任务、完成行动准备的时限和执行中应注意的事项等。

(4) 组织协同行动

现代灭火战斗涉及固定灭火设施和设备与各种移动式消防装备的联用,消防部门与着火单位内部灭火力量的协同,救人与灭火行动的协同,前方灭火与后方供水的协同等。指挥员要根据统一的灭火救援行动方案,在统一指挥下,组织参加灭火救援的各种力量按目的、时间、地点协调一致行动,充分发挥整体威力。

(5) 组织火场保障

火场保障主要包括火场侦察保障、警戒保障、照明保障、供水保障、通信保障和医疗救护保障等。其中,尤其要做好火场主要方面和执行主要任务的保障工作,如灭火剂、车辆用油、通信联络和救援运输等保障。

(6) 监督检查

监督检查针对的是消防部队的灭火救援准备和灭火救援行动情况,重点是对受领任务的理解程度、执行情况以及执行中存在的问题、各种火场保障情况等。

3. 灭火组织指挥决策

灭火组织指挥决策是火场指挥员根据火情和灭火救援力量情况,对灭火救援行动进行运筹谋划、确定灭火救援方案的思维活动和工作过程。正确的决策是灭火救援行动的依据,是取得灭火救援成功的基本保证。

(1) 决策的主要依据

决策的主要依据包括火场基本情况、到场灭火救援力量、起火单位(部位)建筑布局和内部消防设施、消防水源以及气象条件等。其中火场基本情况指起火点位置、燃烧物质性质、燃烧面积以及火势发展蔓延方向,有无人员被困、抢救疏散的通道,有无毒气、爆炸、倒塌以及重要物资受到火势威胁等。

(2) 决策的内容

决策内容通常包括:灭火救援行动意图、实施行动的主要方面、灭火救援力量部署、灭火救援协同行动和灭火作战保障等。灭火救援行动意图是指挥员对灭火救援行动的总体设想,即要达到的灭火救援行动目的和目标,以及采取的主要灭火救援措施与方法。实施行动的主要方面即在火场上投入主要灭火救援力量的方面,一般与火场的主要方面一致。灭火救援力量部署是指挥员对参战力量进行的力量编组、任务区分、灭火阵地设置、火场水源使用分配等的确定工作。

(3) 决策的程序

灭火组织指挥决策过程有着自身的规律和工作程序。概括起来,科学的决策程序应有五个步骤。

1) 第一步是判定险情。就是对火灾现场情况进行初步判定,分析和判断火场险情程度及其发展的趋势,确定火场的主要方面。

2) 第二步是确定行动意图。在判定险情的基础上,确定灭火救援行动目的和目标,以及采取的主要灭火救援措施与方法。

3) 第三步是拟制行动方案。即根据火场的灭火救援有利条件和到场的灭火救援力量,制定一种或多种灭火救援行动方案。

4）第四步是选定行动方案。火场指挥员通过对已提出的方案进行分析评估，甚至初步可行性试验，最终确定一个可行有效的行动实施方案。

5）第五步是决策实施。在实施过程中，应加强信息反馈，并采用追踪检查和决策修正的方法，确保达到预定的目标。

9.3 火场供水

火场供水是指消防人员利用消防车、消防泵和其他供水器材将水输送到火场，供出水灭火的行动过程。火场供水计算方法是指火场供水中涉及的水力学计算方法。本节主要介绍消防水枪的水力计算、水带系统的水力计算、消防车的水力计算和火场供水方法等。

9.3.1 消防水枪水力计算

消防水枪是最常用的喷射器具，掌握其性能非常重要。

1. 消防射流的类型

消防水枪喷射出来的射流，按其形状可分为密集射流和分散射流两类。分散射流按其水滴平均粒径大小，可分为开花射流和喷雾射流两种。水滴平均粒径小于 0.1mm 的射流称为喷雾射流；水滴平均粒径大于 0.1mm 的射流称为开花射流。

2. 消防水枪的流量

直流水枪的流量应按喷嘴流量确定。水枪喷嘴流量可按下式计算：

$$Q = \rho\sqrt{H} \tag{9-1}$$

式中 Q——喷嘴流量（L/s）；

H——水枪喷嘴处水压力（10^4Pa）；

ρ——喷嘴出流率（见表 9-1）。

表 9-1 各种口径喷嘴出流率

喷嘴口径/mm	16	19	22	25	28	30	32	38
ρ	0.891	1.260	1.680	2.170	2.730	3.130	3.560	5.020

3. 水枪喷嘴的压力

水枪喷嘴处的压力可按下式计算：

$$H = SQ^2 \tag{9-2}$$

式中 H——水枪喷嘴处所需压力（mH_2O）；

Q——水枪喷嘴处的流量（L/s）；

S——水枪喷嘴阻抗（见表 9-2）。

表 9-2 各种口径喷嘴阻抗

喷嘴口径/mm	16	19	22	25	28	30	32	38
S	1.260	0.634	0.353	0.212	0.134	0.102	0.079	0.040

4. 直流水枪的充实水柱

靠近直流水枪出口的一段射流，水流密集不分散，有较大的冲击力，扑救火灾效果较好，通常称为充实水柱（又称密集射流的有效射程）。它具有以下特征：

1）射流外形密集不分散。

2）手提式水枪的射流长度（呈直线状）为喷嘴起至射流 90% 的水量穿过直径 38cm 圆圈为止的一段长度。

3）带架水枪的射流长度（呈直线状）为喷嘴起至射流 90% 的水量穿过直径 125cm 圆圈为止的一段长度。

火场供水中常用的直流水枪的充实水柱长度与其喷嘴压力和流量间的关系见表 9-3。表内数据是已经考虑风力影响的技术数据。风力对消防射流影响很大，风能使直流水枪的密集射流分散、充实水柱长度减小。因此，按无风条件计算出来的充实水柱长度数值实际中是无法达到的。

表 9-3　直流水枪的技术数据

有效射程/m	16mm		19mm		22mm		25mm	
	压力/10^4Pa	流量（L/s）	压力/10^4Pa	流量/（L/s）	压力/10^4Pa	流量/（L/s）	压力/10^4Pa	流量/（L/s）
7.0	9.2	2.7	9.0	3.8	8.7	5.0	8.5	6.4
8.0	10.5	2.9	10.5	4.1	10.0	5.4	10.0	6.9
9.0	12.5	3.1	12.0	4.3	11.5	5.8	11.5	7.4
10.0	14.0	3.3	13.5	4.6	13.0	6.1	13.0	7.8
11.0	16.0	3.5	15.0	4.9	14.5	6.5	14.5	8.3
12.0	17.5	3.8	17.0	5.2	16.5	6.8	16.0	8.7
13.0	22.0	4.2	20.5	5.7	20.0	7.5	19.0	9.6
14.0	26.5	4.6	24.5	6.2	23.5	8.2	22.5	10.4
15.0	29.0	4.8	27.0	6.5	25.5	8.5	24.5	10.8
16.0	35.5	5.3	32.5	7.1	30.5	9.3	29.0	11.7
17.0	39.5	5.6	35.5	7.5	33.5	9.7	31.5	12.2
18.0	48.5	6.2	43.0	8.2	39.5	10.6	37.5	13.3
19.0	54.5	6.6	47.5	8.7	43.5	11.1	40.5	13.9
20.0	70.0	7.5	59.0	9.6	52.5	12.2	48.5	15.2

5. 水枪的控制面积

每支水枪的控制面积按下式计算：

$$f=\frac{Q}{q} \tag{9-3}$$

式中　f——每支水枪的控制面积（m^2）；

Q——每支水枪的流量（L/s），见表 9-3；

q——灭火用水供给强度［L/(s·m^2)］。

扑救一、二、三级耐火等级的丙类火灾危险性的厂房和库房，以及三级耐火等级的民用建筑物的火灾，灭火用水供给强度一般为 0.12～0.2 L/(s·m^2)，依上述计算方法，直流水枪控制的燃烧面积见表9-4。

表9-4　直流水枪扑救固体可燃物时的控制面积（参考值）

充实水柱/m	控制面积/m^2			
	ϕ16mm	ϕ19mm	ϕ22mm	ϕ25mm
10	17～28	23～38	31～51	39～65
13	21～35	29～48	38～63	48～80
15	24～40	33～54	43～71	54～90

火场常用的ϕ19mm水枪，充实水柱为15m，流量为6.5L/s，根据表9-4计算出的数据，每支ϕ19mm水枪的控制面积为33～54m^2。为了便于应用和记忆，当建筑物内可燃物数量较少（火灾荷载密度≤50kg/m^2）时，每支水枪的控制面积可按54m^2估算；当建筑物内可燃物数量较多（火灾荷载密度＞50kg/m^2）时，每支水枪的控制面积可按30m^2估算。

9.3.2　水带系统水力计算

水带系统是火场供水的基础。水带系统的水力计算主要包括水带内的压力、水带压力损失、吸水管压力损失、水带串联系统、并联系统等的计算。

1. 水带内的耐压强度计算

水带充水后承受径向压力和纵向压力。因此，水带壁产生径向拉应力和纵向拉应力。通过试验测定，径向拉应力比纵向拉应力大1倍。由此可见，水带充满水后，径向是薄弱环节。也就是说，水带易爆破，而不易拉断。因此水带的耐压强度应按径向计算。

水带的耐压强度可按下式计算：

$$p = 2\frac{\delta[\sigma]}{D} = 2\frac{K}{D} \qquad (9\text{-}4)$$

式中　p——水带工作压强（Pa）；

$[\sigma]$——水带允许的拉应力（Pa）；

D——水带直径（cm）；

δ——水带壁厚度（cm）；

K——试验值，$K=\delta[\sigma]$。

2. 水带压力损失计算

水带的压力损失与水带内壁的粗糙度、水带长度和直径、水带铺设方式和水带内的流量有关。每条水带的压力损失计算公式如下：

$$h_d = SQ^2 \qquad (9\text{-}5)$$

式中　h_d——每条20m长水带的压力损失（10^4Pa）；

S——每条水带的阻抗；

Q——水带内的流量（L/s）。

水带的材料、型号、衬里不同，阻抗不同，需通过试验测定。表9-5是一组试验测定数据。

表 9-5 胶里水带的阻抗 S 值

水带直径/mm	50	65	80	90
S	0.150	0.035	0.015	0.008

经计算，胶里水带压力损失与流量的关系见表 9-6。

表 9-6 每条胶里水带的压力损失

流量/(L/s)	压力损失/10^4 Pa			
	ϕ50mm	ϕ65mm	ϕ80mm	ϕ90mm
4.6	3.17	0.740	0.317	0.169
5.0	3.75	0.875	0.375	0.200
5.5	4.54	1.06	0.454	0.242
6.0	5.4	1.26	0.540	0.287
6.5	6.34	1.48	0.634	0.338
7.0	7.35	1.72	0.735	0.392
7.5	8.44	1.97	0.844	0.450
8.0	9.60	2.24	0.86	0.511
8.5	10.82	2.53	1.08	0.578
9.0	12.15	2.64	1.22	0.648
9.6	13.65	3.23	1.38	0.740
10.0	—	3.50	1.50	0.80
11.0	—	4.24	1.82	0.97
12.0	—	5.04	2.16	1.15
13.0	—	5.92	2.54	1.35
14.0	—	6.86	2.94	1.57
15.0	—	7.88	3.38	1.80
16.0	—	8.96	3.84	2.05
17.0	—	10.15	4.34	2.32
18.0	—	11.35	4.87	2.58
19.0	—	12.61	5.42	2.89
20.0	—	14.00	6.00	3.20

3. 水带串联系统压力损失计算

（1）同型、同径水带串联系统压力损失计算

同型、同径水带串联系统的压力损失，可按阻力系数法进行计算。水带干线压力损失为串联系统内各条水带阻抗与流量平方乘积的总和。

$$H_d = nSQ^2 \tag{9-6}$$

式中 H_d——水带串联系统的压力损失（10^4Pa）；

n——串联水带条数（条）；

S——每条水带的阻抗；

Q——水带内的流量（L/s）。

【例9-1】 有一条水带干线，长度为4条ϕ65mm胶里水带，流量为10 L/s。试求水带串联系统的压力损失。

查表9-5得，每条ϕ65mm胶里水带阻抗为0.035，则水带串联系统的压力损失为：

$H_d = nSQ^2 = (4 \times 0.035 \times 10^2)\,\text{Pa} = 14 \times 10^4\,\text{Pa}$

答：该水带串联系统的压力损失为14×10^4Pa。

（2）不同类型、不同直径水带串联系统压力损失计算

不同类型、不同直径水带串联，水带串联系统压力损失可按阻力系数法进行计算。串联系统压力损失为串联系统内各条水带阻抗之和与干线流量平方值的乘积。

$$H_d = S_{总} Q^2 \tag{9-7}$$

式中 H_d——水带串联系统的压力损失（10^4Pa）；

$S_{总}$——干线内各条水带阻抗之和；

Q——干线水带内的流量（L/s）。

【例9-2】 有一条水带干线，长度为5条胶里水带，其中3条为ϕ80mm水带，2条为ϕ65mm水带，流量为6.5 L/s。试求水带串联系统的压力损失。

查表9-5得，每条ϕ80mm、ϕ65mm胶里水带阻抗分别为0.015、0.035，则水带串联系统的压力损失为：

$$H_d = S_{总} Q^2 = ((0.015 \times 3 + 0.035 \times 2) \times 6.5^2)\,\text{Pa} = 4.859 \times 10^4\,\text{Pa}$$

答：该水带串联系统的压力损失约为4.86×10^4Pa。

4. 水带并联系统压力损失计算

（1）同型、同径水带并联系统压力损失计算

同型、同径、等长水带并联，系统的压力损失计算公式如下：

$$H_d = S_{总} Q^2 \tag{9-8}$$

式中 H_d——水带并联系统的压力损失（10^4Pa）；

S——并联系统的总阻抗；

Q——并联系统的总流量（L/s）。

$$S_{总} = \frac{S}{N^2} \tag{9-9}$$

式中 $S_{总}$——并联系统的总阻抗；

S——每条干线系统的阻抗；

N——并联水带的路数（条）。

【例9-3】 某消防车利用双干线并联供带架水枪，每条干线的长度为5条ϕ65mm胶里水带，带架水枪流量为10 L/s。试求水带并联系统的压力损失。

查表9-5得，ϕ65mm胶里水带的阻抗为0.035，则水带并联系统的压力损失为：

$$H_d = S_{总} Q^2 = (5 \times 0.035 \times 10^2/2^2)\,\text{Pa} = 4.375 \times 10^4\,\text{Pa}$$

答：该水带并联系统的压力损失为4.375×10^4Pa。

（2）不同类型、不同直径水带并联系统压力损失计算

不同类型、不同直径水带并联系统的压力损失计算公式如下：

$$H_{\mathrm{d}}=S_{总}Q^2 \tag{9-10}$$

并联系统的总阻抗与各条并联水带阻抗之间的关系为：

$$\frac{1}{\sqrt{S_{总}}}=\frac{1}{\sqrt{S_1}}+\frac{1}{\sqrt{S_2}}+\cdots+\frac{1}{\sqrt{S_n}} \tag{9-11}$$

式中 $S_{总}$——并联系统的总阻抗；

$S_1,S_2,\cdots,S_n$——各条并联水带阻抗。

【例9-4】 某一高压消火栓利用两条水带干线供一支带架水枪，其中一条干线水带为 ϕ80mm，另一条干线水带为 ϕ65mm，每条干线长度为5条胶里水带，水枪流量为20L/s。试求水带并联系统的压力损失。

解：查表9-5得，ϕ80mm、ϕ65mm胶里水带阻抗分别为0.015、0.035，则水带并联系统的总阻抗为：

$$\frac{1}{\sqrt{S_{总}}}=\frac{1}{\sqrt{S_1}}+\frac{1}{\sqrt{S_2}}=\frac{1}{\sqrt{0.015\times5}}+\frac{1}{\sqrt{0.035\times5}}$$

$$S_{总}=0.027$$

水带并联系统的压力损失为：

$$H_{\mathrm{d}}=S_{总}Q^2=(0.027\times20^2)\,\mathrm{Pa}=10.8\times10^4\,\mathrm{Pa}$$

答：该水带并联系统的压力损失为 10.8×10^4Pa。

5. 水带串联和并联混合系统压力损失计算

利用分水器供水时，水带线路分成输水干线和工作水带支线两部分。工作水带支线是并联线路，而工作水带与输水干线则是串联连接。因此，利用分水器供水线路是水带串联和并联的混合系统。

混合系统压力损失的计算公式如下：

$$H_{\mathrm{d}}=S_{混}Q^2 \tag{9-12}$$

式中 H_{d}——混合系统的压力损失（10^4Pa）；

$S_{混}$——混合系统的总阻抗；

Q——混合系统的总流量（L/s）。

$$S_{混}=S_{干}+S_{工} \tag{9-13}$$

式中 $S_{混}$——混合系统的总阻抗；

$S_{干}$——水带干线的总阻抗；

$S_{工}$——工作水带并联系统的总阻抗。

$$S_{工}=S/N^2 \tag{9-14}$$

式中 $S_{工}$——工作水带并联系统的总阻抗；

S——每支工作水带的阻抗；

N——工作水带（并联）线路的数量（条）。

【例9-5】 某消防车使用单干线利用分水器供水，出两支 ϕ19mm水枪，干线长度为5条 ϕ90mm胶里水带，每条工作水带为2条 ϕ65mm胶里水带，两支水枪的总流量为13L/s。试求混合系统的压力损失。

解：查表9-5得，ϕ90mm、ϕ65mm胶里水带的阻抗分别为0.008、0.035，则混合系统的阻抗为：

$$S_{混} = S_{干} + S_{工} = 0.008 \times 5 + 0.035 \times 2/2^2 = 0.0575$$

混合系统的压力损失为：

$$H_d = S_{混} Q^2 = (0.0575 \times 13^2)\,\text{Pa} = 9.72 \times 10^4\,\text{Pa}$$

答：该混合系统的压力损失为 9.72×10^4Pa。

9.3.3 消防车水力计算

消防车是消防部队常规配备的大型灭火救援装备，掌握其应用技术知识，对取得灭火救援行动主动权至关重要。

1. 消防车水泵压力计算

消防车上的水泵是由汽车发动机带动，其转数由变速器和油门控制，根据火场需要可以变速。消防水泵的压力与水枪的流量和压力之间的关系，可由计算确定。

(1) 已知消防车压力，求水枪流量

若已知消防车的出口压力，可按下式计算水枪流量：

$$Q = \sqrt{\frac{H}{S}} \tag{9-15}$$

式中 Q——水枪流量（L/s）；

H——消防车的出口压力（10^4Pa）；

S——水枪阻抗与水带阻抗之和。

(2) 已知水枪和水带线路，求消防车辆的出口压力

1) 采用单干线或双干线直接供水。消防车采用单干线或双干线直接供水时，水泵的出口压力均按一条干线计算。

$$H_b = h_q + h_d + H_{1-2} \tag{9-16}$$

式中 H_b——消防车水泵出口压力（10^4Pa）；

h_q——水枪喷嘴处压力（10^4Pa）；

h_d——水带干线的压力损失（10^4Pa）；

H_{1-2}——标高差产生的静扬程，即消防车停靠地面与水枪手站立位置垂直高度差产生的静扬程（10^4Pa）。

【例 9-6】 有一辆消防车从天然水源处吸水，使用 10 条 ϕ65mm 胶里水带为 1 支 ϕ19mm 水枪供水，扑救室外火灾，要求水枪的充实水柱不小于 15m，水源至火场地势平坦。试计算消防车水泵出口压力。

解：水源至火场地势平坦，则 $H_{1-2}=0$。

查表 9-3 得，ϕ19mm 水枪充实水柱为 15m 时，水枪喷嘴处压力和流量分别为 27×10^4Pa 和 6.5L/s。查表 9-5 得，ϕ65mm 胶里水带的阻抗系数为 0.035。则水带的阻力损失为：

$$H_d = nSQ^2 = (10 \times 0.035 \times 6.5^2)\,\text{Pa} = 14.8 \times 10^4\,\text{Pa}$$

消防车水泵出口压力为：

$$\begin{aligned} H_b &= h_q + h_d + H_{1-2} \\ &= (27 + 14.8 + 0)\,\text{Pa} = 41.8 \times 10^4\,\text{Pa} \end{aligned}$$

答：该消防车水泵出口压力为 41.8×10^4Pa。

2）采用分水器供水。利用分水器为数支水枪供水时，消防车水泵的出口压力应满足水枪的充实水柱要求。

$$H_b = h_q + h_{d干} + h_{d工} + H_{1-2} \tag{9-17}$$

式中 H_b——消防车水泵出口压力（10^4Pa）；

h_q——水枪喷嘴处压力（10^4Pa）；

$h_{d干}$——水带干线的压力损失（10^4Pa）；

$h_{d工}$——工作水带支线的压力损失（10^4Pa）；

H_{1-2}——标高差产生的静扬程，即消防车停靠地面与水枪手站立位置垂直高度差产生的静扬程（10^4Pa）。

【例 9-7】 有一辆消防车从天然水源处吸水，出一条水带干线利用分水器供应火场用水，水带干线为 10 条 ϕ65mm 胶里水带，分水器前为两路支线，每条支线为 2 条 ϕ65mm 胶里水带，各出 1 支 ϕ19mm 水枪扑救室外火灾，要求水枪的充实水柱不小于 15m，水源至火场地势平坦。试计算消防车水泵出口压力。

解：水源至火场地势平坦，则 $H_{1-2}=0$。

查表 9-3 得，ϕ19mm 水枪充实水柱为 15m 时，水枪喷嘴处压力和流量分别为 27×10^4Pa 和 6.5L/s。

查表 9-5 得，ϕ65mm 胶里水带的阻抗系数为 0.035，混合系统总流量 $Q=(6.5\times2)$L/s = 13L/s，则混合系统水带的压力损失为：

$$\begin{aligned} S_{混} &= S_{干} + S_{工} \\ &= 10\times0.035 + 2\times0.035/2^2 \\ &= 0.3675 \end{aligned}$$

$$H_d = S_{混}Q^2 = (0.3675\times13^2)\text{Pa} = 62.11\times10^4\text{Pa}$$

消防车水泵出口压力为：

$$\begin{aligned} H_b &= h_q + h_d + H_{1-2} \\ &= (27 + 62.11 + 0)\text{Pa} = 89.11\times10^4\text{Pa} \end{aligned}$$

答：该消防车水泵出口压力为 89.11×10^4Pa。

3）多条干线并联。火场使用大口径水枪时，需采用多条干线并联供水。此时，消防车水泵出口压力可按下式计算：

$$H_b = h_q + h_{d并} + H_{1-2} \tag{9-18}$$

式中 H_b——消防车水泵出口压力（10^4Pa）；

h_q——水枪喷嘴处压力（10^4Pa）；

$h_{d并}$——多干线并联时水带的压力损失（10^4Pa），当各条干线的长度、水带直径相同时，每条干线的流量相同，即每条干线的流量；

H_{1-2}——标高差产生的静扬程，即消防车停靠地面与水枪手站立位置垂直高度差产生的静扬程（10^4Pa）。

【例 9-8】 有一辆消防车从消火栓处吸水，采用双干线并联供水，每条干线为 10 条 ϕ65mm 胶里水带，供应 1 支 ϕ25mm 水枪用水，要求水枪的充实水柱为 17m，水源至火场地势平坦。试计算消防车水泵出口压力。

解：水源至火场地势平坦，则 $H_{1-2}=0$。

查表9-3得，ϕ25mm水枪充实水柱为17m时，水枪喷嘴处压力和流量分别为 31.5×10^4 Pa和12.2L/s。

查表9-5得，ϕ65mm胶里水带的阻抗系数为0.035，并联系统的总流量 $Q=12.2$L/s，则水带并联系统的压力损失为：

$$S_{总}=\frac{S}{N^2}=\frac{10\times0.035}{2^2}=0.0875$$

$$h_d=S_{总}Q^2=(0.0875\times12.2^2)\text{Pa}=13.02\times10^4\text{Pa}$$

消防车水泵出口压力为：

$$\begin{aligned}H_b&=h_q+h_d+H_{1-2}\\&=(31.5+13.02+0)\text{Pa}=44.52\times10^4\text{Pa}\end{aligned}$$

答：该消防车水泵出口压力为 44.52×10^4Pa。

2. 消防车最大供水距离计算

消防车按最大距离供水时，应保证消防车能长时间正常运转，且所用的水带不致因水压过高而爆破。考虑水带的耐压强度时，还应考虑水锤的影响。消防车最大供水距离可按下式计算：

$$S_n=(rH_b-h_q-H_{1-2})/h_d \tag{9-19}$$

式中 S_n——消防车最大供水距离（采用水带条数表示）；

r——消防车泵扬程使用系数（具体根据车况确定，一般取值为0.6～0.8，新车或特种车可取值为1）；

H_b——消防车水泵扬程（10^4Pa）；

h_q——水枪喷嘴处压力（10^4Pa）；

H_{1-2}——标高差产生的静扬程，即消防车停靠地面与水枪手站立位置垂直高度差产生的静扬程（10^4Pa）；

h_d——每条水带的压力损失（10^4Pa）。

通过计算，将部分型号的消防车最大供水距离列于表9-7，供火场供水决策参考。

表9-7 消防车最大供水距离（参考值）

车型		SHX5140GXFSG50GZD			CG36/30	CG35/30	CG36/40	CG36/42	CG35/40	CG60/50	CG37/60
水泵	型号	NH20			BS30	BS30	BD42	BD42	BD40	BD50A	BS60
	额定转速/(r/min)	低压	中压	高压	3240	3240	2950	2950	2950	2900	3000
	流量/(L/s)	30	16.7	6.7	30	30	40	42	40	50	60
	扬程/m	100	180	400	110	110	120	120	120	130	130
消防泵扬程使用系数		0.8	0.8	0.8	0.8	0.8	0.8	0.8	0.8	0.8	0.8
消防车供水距离（水带条数）		35	79	—	41	41	46	46	46	52	52

注：本表设定的条件是消防车水泵扬程使用系数为0.8，ϕ19mm水枪充实水柱为15m，采用ϕ65mm胶里水带单干线供水，标高差为0。

3. 消防车最大供水高度计算

水罐消防车的供水高度为：

$$H_{1-2} = H_b - h_q - h_d \tag{9-20}$$

式中 H_{1-2}——消防车的供水高度（m）；

H_b——消防车水泵扬程（10^4Pa）；

h_q——水枪喷嘴处压力（10^4Pa）；

h_d——水带系统的压力损失（10^4Pa）。

扑救建筑物火灾，供水线路总长度应以室外水带、室内机动支线水带和登高水带长度之和进行计算。登高水带的长度可按实际供水高度的 1.2 倍计算；沿楼梯铺设水带时，登高水带长度为实际供水高度的 2 倍。

通过计算，将消防车供水高度与水泵出口压力的关系列于表 9-8，作为火场供水决策参考。

表 9-8 消防车供水高度与水泵出口压力关系（参考值）

垂直铺设水带		沿楼梯铺设水带	
供水高度/m	水泵出口压力/10^4Pa	供水高度/m	水泵出口压力/10^4Pa
10	46	10	46
15	51	15	53
20	58	20	58
25	63	25	64
30	68	30	69
50	89	—	—
80	122	—	—
100	144	—	—
120	167	—	—
150	198	—	—

注：本表设定的条件是供水线路采用 ϕ65mm 胶里水带单干线供水，室外水带为 3 条，室内机动支线水带 2 条，供应 1 支 ϕ19mm 水枪，流量为 6.5L/s，充实水柱为 15m。

4. 消防车串联最大供水距离计算

水源离火场的距离超过消防车常规的直接供水距离时，应采用串联供水（也称接力供水）方法将水送往火场。

消防车串联最大供水距离为：

$$S_n = (H_b - 10 - H_{1-2}) / h_d \tag{9-21}$$

式中 S_n——消防车串联最大供水距离（采用水带条数表示）；

H_b——消防车水泵扬程（10^4Pa）；

10——剩余压力（10^4Pa），消防车串联供水，当将水送往前面水罐（泵浦）车进水口处时，应留有 10×10^4Pa 的剩余压力，以保证供水工作的正常进行；

H_{1-2}——标高差产生的静扬程，即消防车停靠地面与水枪手站立位置垂直高度差产生的静扬程（10^4Pa）；

h_d——每条水带的压力损失（10^4Pa）。

【例9-9】 CG36/40型消防车，水泵扬程为120×10^4Pa，用ϕ90mm胶里水带单干线接力供水，供应2支ϕ19mm水枪用水，水枪的充实水柱为15m，水源至火场地势平坦。试计算该消防车接力最大供水距离。

解：查表9-3可得，ϕ19mm水枪充实水柱为15m时，每支水枪的流量为6.5L/s，则两只水枪的流量为13L/s。

查表9-6得，ϕ90mm胶里水带流量为13L/s时，每条水带的压力损失为1.35×10^4Pa。

水源至火场地势平坦，则标高差$H_{1-2}=0$。

CG36/40型消防车的最大接力供水距离为：

$$\begin{aligned}S_n &= (H_b - 10 - H_{1-2})/h_d \\ &= [(120-10-0)/1.35]\text{条} \\ &= 81.48\text{条}\end{aligned}$$

实际使用取81条。

答：该消防车接力最大供水距离为81条水带长度。

9.3.4 火场供水力量计算

计算火场供水力量是为了合理调度灭火力量，最大限度地发挥灭火装备的性能和各种消防水源的作用，保证火场供水连续不断。

供水力量是指参与火场供水的消防车辆（含备用）。供水力量依据燃烧面积或周长，以及每支水枪控制面积或周长计算。

1. 火场供水力量的组成

火场供水力量包括火场供水战斗车、火场运水车、火场串联（接力）供水车和火场机动（备用）供水车。

1）火场供水战斗车

火场供水战斗车，是指靠近火场直接供水灭火的战斗车。一般是根据不同场所和相应的计算方法确定需要的数量。

2）火场运水车和火场串联（接力）供水车

火场运水车和火场串联（接力）供水车，是根据火场离火源的距离由计算确定，并根据道路条件和供水装备情况择优选用。

3）火场机动（备用）供水车

火场机动（备用）供水车，是到达火场备用的供水车辆（一般为1~2辆），以替换在火场供水中发生故障的消防供水车。

2. 灭火用水供给强度

灭火用水供给强度与燃烧速度和火场用水的利用率有关。

灭火用水供给强度一般由试验确定，固体可燃物的灭火用水供给强度一般为0.12~0.2 $L/(s\cdot m^2)$。

3. 水枪的数量计算

火场需要水枪的水量计算公式为：

$$N=\frac{A}{f} \tag{9-22}$$

式中 N——火场需要水枪的数量（支）；

A——火场燃烧面积（m^2）；

f——每支水枪的控制面积（m^2）。

【例 9-10】 某单层厂房发生火灾，燃烧面积约 $400m^2$，若火场灭火用水供给强度为 $0.2L/(s \cdot m^2)$，使用 $\phi 19mm$ 水枪灭火，充实水柱为 15m。试求每支水枪能控制的燃烧面积及火场需要的水枪数量。

解：查表 9-3 得，$\phi 19mm$ 水枪充实水柱为 15m 时，水枪的流量为 6.5 L/s，则每支水枪的控制面积为：

$$f = \frac{Q}{q} = \frac{6.5}{0.2} m^2 = 32.5 m^2$$

火场需用的水枪数量为

$$N = \frac{A}{f} = \frac{400}{32.5} 支 = 12.3 支$$

实际使用取 13 支。

答：每支 $\phi 19mm$ 水枪能控制的燃烧面积为 $32.5m^2$，火场需用的水枪数量为 13 支。

9.3.5 火场供水方法

火场指挥员应根据火场实际情况和到场消防车数量、技术性能，火场周边可利用水源的供水能力，以及交通道路等具体情况选择最佳的供水方法，向火场提供足够的灭火用水。

1. 直接供水

直接供水，是指火场供水战斗车（泵）直接停靠于水源取水或利用车载水直接铺设水带干线出水枪灭火。直接供水的形式有两种：消防车利用车载水直接出水枪（炮）灭火；消防车（泵）停靠于水源吸水，出水枪（炮）灭火。

（1）直接供水的条件

1）当水源与火场之间的距离在消防车（泵）单车供水能力范围内时，消防车（泵）应就近停靠水源吸水，铺设水带直接出水枪（炮）灭火。

2）当到场消防车总载水量足以扑灭初期火灾时，消防车可靠近燃烧区，消防人员铺设水带直接出水枪灭火。

（2）直接供水的形式

消防车（泵）直接供水的形式包括单干线 1 支水枪、单干线 2 支水枪、双干线 2 支水枪、双干线 3 支水枪、手抬机动消防泵吸水出水枪灭火等，具体情况如图 9-7 所示。

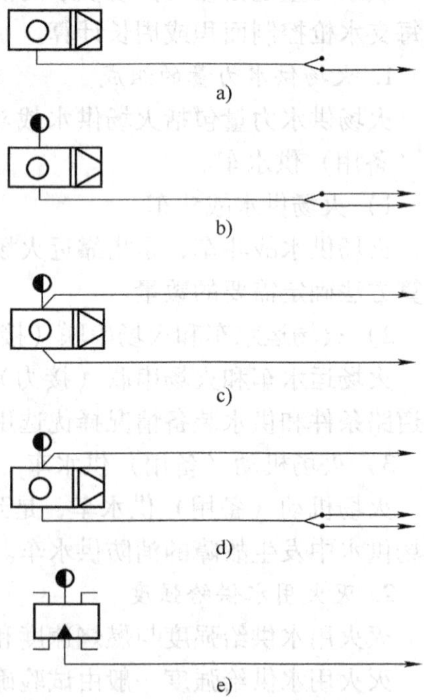

图 9-7 直接供水示意图

a）单干线 1 支水枪 b）单干线 2 支水枪
c）双干线 2 支水枪 d）双干线 3 支水枪
e）手抬机动消防泵吸水出水枪灭火

2. 串联供水

(1) 串联供水的条件

1) 火场附近有消火栓或其他可以使用的水源，消防车不需要到较远的地方去加水。负责供水的消防车可以使用消火栓或其他技术措施取水，向负责灭火的消防车供水。

2) 在需要提高普通水罐（低压泵）消防车出水口压力时。

3) 火场燃烧面积大，灭火用水量较大，需要长时间不间断供水。

4) 水带数量充足或有利于铺设水带的情况下，水源距离火场超过1000m时也可采用串联供水的方法。

(2) 串联供水的形式

串联供水的形式有接力供水和耦合供水两种。

1) 接力供水。当水源距离火场超过消防车供水能力时，可利用若干辆消防车分别间隔一段距离，停放在供水线路上，由后车向前车依次连接水带，通过水泵加压将水输送到前车水罐内。没有水罐的消防车，将水带与集水器连接到前车的进水口上，供前车出水枪灭火。供水干线应尽量使用大口径水带。接力供水的形式如图9-8和图9-9所示。

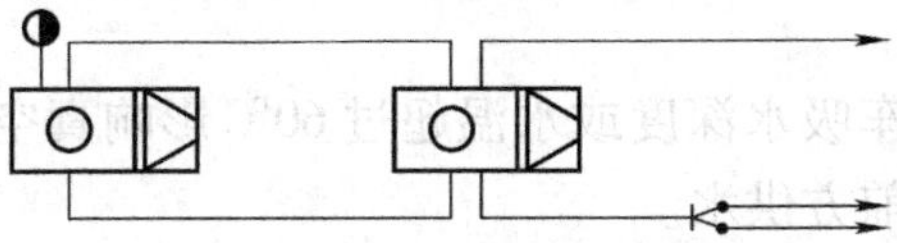

图9-8 双车双干线接力供水示意图

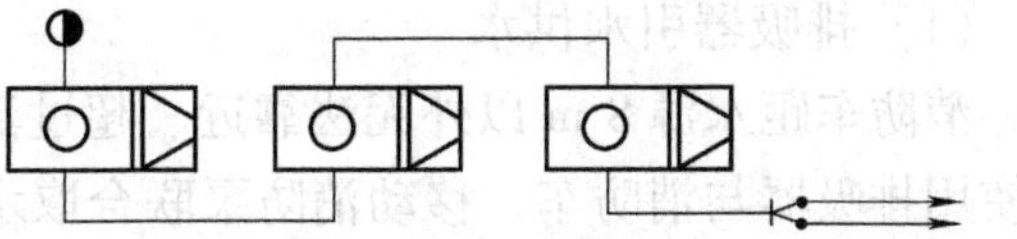

图9-9 单干线接力供水示意图

2) 耦合供水。当火灾现场高度或距离超过普通水罐消防车的供水高度或供水距离时，可利用若干辆消防车或消防车与手抬机动消防泵进行耦合供水，提高前车泵压，将水供到高处或远处。扑救高层建筑火灾时，可利用水泵接合器或室内消火栓出水口进行供水。耦合供水如图9-10所示。

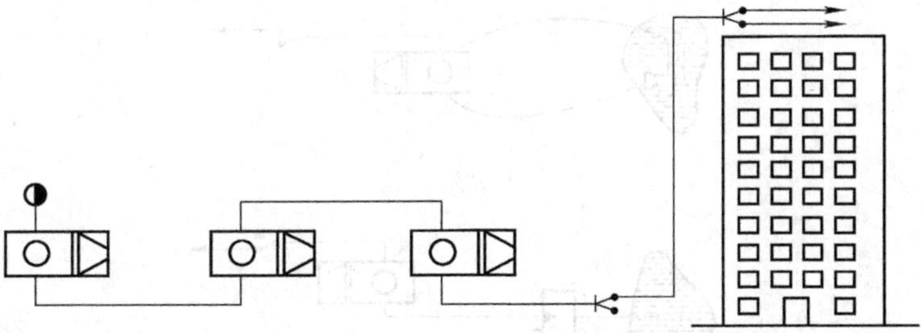

图9-10 消防车耦合供水

3. 运水供水

运水供水是利用若干辆消防水罐车、洒水车、运输液体的槽车等，从水源处加水运送到前方的主战消防车供出水灭火的供水方式。

(1) 运水供水的条件

1) 火场附近没有消火栓或其他可以使用的水源，消防车需要到较远的地方去加水。

2) 火场燃烧面积较大，灭火用水量较多，火灾现场附近水源供应不足时。

3) 消防队配备有大容量水罐消防车，火场周围交通道路、水源情况便于运水时。

4）火灾现场环境复杂，不便于远距离铺设水带供水时。

（2）运水供水的形式

消防车运水供水如图 9-11 所示。

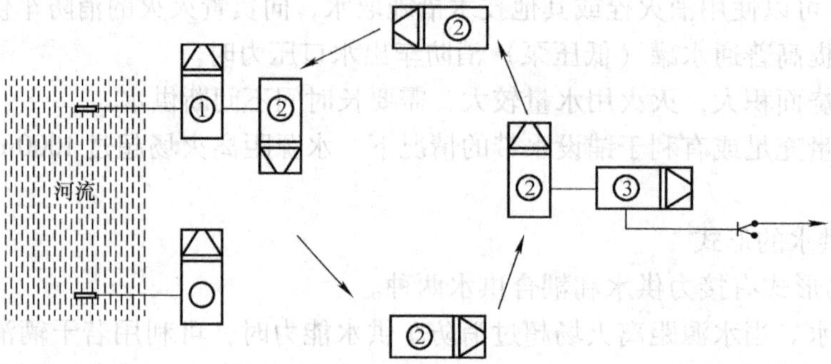

图 9-11 消防车运水供水

4. 排吸器引水与移动泵供水

（1）排吸器引水供水

消防车距水源 8 m 以外无法靠近、超过消防车吸水深度或水温超过 60℃影响真空度时，可使用排吸器与消防车、移动消防泵联合取水向前方供水。

（2）浮艇泵吸水供水

消防车距水源 8m 以外无法靠近、超过消防泵吸水深度或水源较浅消防车难以进行吸水的情况下，可利用浮艇泵吸水为消防车供水。浮艇泵吸水时，水源深度需保证在 75mm 以上。

（3）手抬机动消防泵吸水供水

消防车距水源 8m 以外无法靠近或超过消防车吸水深度，可利用手抬机动消防泵为消防车供水。排吸器、手抬机动消防泵、浮艇泵给消防车供水如图 9-12 所示。

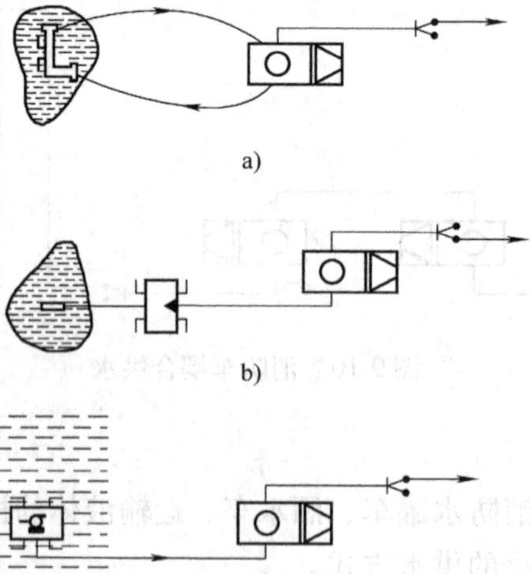

图 9-12 排吸器、手抬机动消防泵、浮艇泵给消防车供水

a）排吸器天然水源引水 b）手抬机动消防泵天然水源吸水 c）浮艇泵天然水源吸水

9.4 高层建筑火灾扑救

高层建筑主要有高层民用建筑和高层工业建筑两大类型。我国的高层民用建筑指10层及10层以上的居住建筑（包括首层设置商业服务网点的住宅），以及建筑高度超过24m的公共建筑（不包括单层主体建筑高度超过24m的体育馆、会堂、剧院等公共建筑以及高层建筑中的人民防空地下室）；高层工业建筑是指建筑高度超过24m的两层及两层以上的厂房和库房。20世纪80年代以来，我国高层建筑建设迅速发展，在数量、质量及高度上都有了迅猛增长，如上海的金茂大厦，88层共420.5m；上海环球金融中心，101层共492m，如图9-13所示。目前，北京、天津、上海、重庆和深圳等大中城市都是高层建筑密集的地区，如北京、上海高层建筑均已达到6000余幢。高层建筑发生火灾后，会造成巨大的危害。如2009年2月9日，中央电视台新址北配楼大火，造成巨大的财产损失；2011年11月15日，上海静安区高层住宅发生大火，导致58人死亡。

图9-13 上海环球金融中心

9.4.1 高层建筑火灾特点

高层建筑火灾特点是由它的基本特征和设备特点所决定的。高层建筑的高度高、层数多、功能复杂、设备繁多、竖向管道井多，因此，高层建筑火灾具有如下特点。

1. 火势蔓延途径多，蔓延速度快

高层建筑火灾火势蔓延途经多，影响火势蔓延的因素复杂，如果火灾初起时得不到有效控制，极易形成立体火灾。

高层建筑的楼梯间、电梯井、管道井、风道、电缆井、排气道等竖向井道，如果防火分隔处理不好，火灾时将起到烟囱的作用，成为火势迅速蔓延的途径。据测定，在火灾初期阶段，因空气对流，在水平方向造成的烟气扩散速度为0.3m/s，在火灾燃烧猛烈阶段，由于高温状态下的热对流而造成的水平方向扩散速度为0.5～3m/s；而烟气沿楼梯间或其他竖向管井扩散速度为3～4m/s。一座高度100m的高层建筑，在无阻挡的情况下，半分钟左右烟气就能顺竖井扩散到顶层。

高层建筑发生火灾时，火势除在室内向水平和垂直方向蔓延外，当着火楼层的热烟大于进风口压力，高温使外墙门窗玻璃破碎的情况下，烟火会窜出外墙门窗向上升腾。然后，在室外风力的作用下，卷曲后重新从室外窜入上面楼层的门窗，引起上层室内可燃物着火，这样一层一层地延烧呈现出火势卷叠现象。这种卷叠有时会越过燃烧层上部的一、二层甚至多层，直接向更高层蔓延，呈现跳跃性。火势卷叠是形成立体火灾的主要原因之一。

2. 疏散困难，易造成重大伤亡事故

高层建筑的安全疏散存在如下不利因素：

1）层数多，垂直距离长。由于层数多，疏散到地面或其他安全场所的时间也会长些。

2）人员集中。规模大、人员集中的高层建筑，火灾时楼内紧急疏散人员与消防扑救人员相向而行，在极度恐慌的情况下，容易出现“对撞”和混乱拥挤情况，影响安全疏散。

3）烟囱效应强。高层公共建筑各种竖井如果未作有效地防火分隔处理，火灾时烟囱效应作用力大，火势和烟雾向上蔓延快，增加了疏散的困难。

3. 灭火作战难度大

高层建筑的高度和复杂的结构，给消防人员的灭火作战带来了艰巨性和复杂性。

（1）设施及装备技术要求高

扑救高层建筑火灾需要可靠的固定消防设施和功能强大的移动消防装备。但现有的消防设施和移动装备，有时难以满足灭火实战的需求。

1）现有消防车的供水能力和供水器材的耐压强度还达不到较高的高度，因此，高层建筑的火灾扑救主要还是依靠其固定消防设施，但现有的固定消防设施在施工、管理等方面，与实战的要求还有一定的差距。

2）举高消防车和消防直升机是扑救高层建筑火灾的先进装备，但由于受施展空间和技术的局限，其作用目前还没有得到充分发挥。受高度的局限，举高消防车一般只能救助相应伸展高度内的被困人员，或输送消防人员到达这一高度的窗口；有射水功能的举高消防车也只能向这一高度的喷火窗口射水。受飞行安全和停放场地的局限，只有当火灾烟气不大且发生火灾的地区风速不高时，消防直升机才能安全降落在停机坪上，救助那些已经逃生到屋顶直升机停机坪的被困人员，或输送消防人员到达该处。

所以，扑救高层建筑火灾，如果内部固定消防设施失效或火场面积较大，消防人员仍需依靠消防移动装备从内部登高展开灭火行动。

（2）战术意图实现难

高层建筑火灾扑救，由于楼层高，消防人员、装备到位慢，火场供水难度大，火场指挥员要实现战术意图常常很困难。

1）消防人员、消防装备到位慢。

① 登高体力消耗大。高层建筑较高部位发生火灾时，如果消防电梯无法使用，消防人员通过楼梯登高，会消耗很大的体力，既影响时间，也影响后续战斗。

② 登高进攻途径少。高层建筑较高楼层发生火灾时，除少数消防人员可利用消防直升机和举高消防车登高外，大多数只能依赖内部楼梯和消防电梯登高。如果火势较大或燃烧时间较长，使用消防电梯也不安全时，只能沿疏散楼梯登高。因此，高层建筑灭火救援时，可供登高进攻的途径非常有限。

③ 灭火救援过程时间长。由于楼层高，登高体力消耗大，进攻途径少，因此，高层建筑灭火救援的时间往往要比其他火场长得多。另外，消防人员若从疏散楼梯登高，还会遇到向下疏散人流的影响，从而更加影响战斗展开的时间。

2）火场供水难度大。我国高层建筑在设计消防给水能力时，由于受诸多因素的限制，难以考虑较大火灾的灭火用水需求。而高层建筑空间布局的复杂性，又使火场直接供水难度极大。

① 水带铺设时间长。高层建筑发生火灾时，一旦固定消防设施失效或火场燃烧面积较大时，消防人员只能依靠垂直铺设水带的方法实施直接供水灭火。但高层建筑垂直铺设水带难度较大，往往需要较长的时间，容易贻误战机，使火势扩大。

② 灭火用水量大。我国高层民用建筑在设计上规定室内消火栓最大灭火用水量为

40L/s，室外消火栓最大灭火用水量为30L/s。但这仅能满足初起火灾的灭火用水需求。当火场面积扩大时，灭火用水量将远远超过设计用水量。如火场燃烧面积为600m^2，灭火用水供给强度为0.15L/（s·m^2），则火场用水量就将达到90L/s。

③ 排除故障时间长。着火楼层较高时，如使用消防车和垂直铺设水带供水，由于压力高，消防车长时间运转容易损坏，水带也容易爆破，造成供水中断，但调换车辆和水带往往需要较长的时间。

3）玻璃幕墙坠落影响大

玻璃幕墙受高温或火焰作用，易碎裂形成“玻璃雨”，像“飞行尖刀”一样下坠，极易造成人员伤亡和消防装备损坏，严重影响灭火战斗行动，妨碍指挥员战术意图的实现。尤其是高压供水线路上的水带，最易被刺穿。如1996年4月2日，在扑救辽宁省沈阳商业城火灾的火场上，被玻璃幕墙碎片损坏的水带达50多条。

(3) 组织协调任务重

扑救高层建筑火灾，一般会调集较多力量共同参与，而且高层建筑对现场消防通信质量有一定的影响，如果现场组织协调不好，容易出现局面混乱的情况。

1）参与力量多。高层建筑发生较大火灾时，消防通信指挥中心将会调集大量的人员和单位参与，因此，要组织协调好各方力量，发挥整体作战的能力，避免出现混乱的局面。

2）通信干扰大。高层建筑结构对消防通信有一定的屏蔽作用，容易造成火场上消防通信不畅。若火场指挥部和前方指挥员之间，以及各参战力量之间不能及时沟通，往往容易出现被动局面。据国内外现场测试，钢结构或组合结构高层建筑的消防通信信号一般只能传输到65层左右。因此，现场通信组织工作任务重。

9.4.2 高层建筑火灾的灭火措施

扑救高层建筑火灾，必须充分利用固定消防设施，立体部署战斗力量，灵活运用战术，以取得灭火战斗行动的主动权。

1. 迅速组织火情侦察

及时、准确地获取火场信息是实施科学决策和开展灭火战斗行动的先决条件。

(1) 迅速查明火场主要情况

1）查明着火楼层的位置、燃烧物品的性质、燃烧范围和火势蔓延的主要方向。

2）查明是否有人员被困，被困人员的数量及位置。

3）查明有无珍贵资料、贵重物品受到火势的威胁。

4）查明单位员工进行疏散、灭火的初战情况。

5）查明消防控制中心信息接收和指令操作情况。包括发出火灾信号和安全疏散指令情况；自动灭火系统、防排烟系统、通风空调系统动作情况；防火卷帘、电控防火门动作情况；非消防用电是否切断，消防电源、消防电梯运行是否正常；燃气管道阀门是否关闭；各类联动控制设备运行是否正常等。

6）查明大楼消防给水系统运行是否正常。

7）查明可供救人和灭火进攻的路线、数量和所在位置等。

(2) 充分利用各种侦察方法

1）通过外部观察冒烟窗口或喷出的火势情况，大致判断着火楼层的高度、位置及火灾所处的阶段。

2）向知情人了解着火部位、燃烧物品的性质等情况，并询问大楼内部有无被困人员、珍贵资料和贵重物品及其所处的位置。

3）利用消防控制中心监控设施了解大楼内部的烟雾流动和火势发展情况，大致判断燃烧范围和火势蔓延的主要方向。

4）使用侦检仪器检测火场温度及有毒气体含量，并利用经纬仪监控大楼倾斜角度和倾斜速度。

5）组成侦察小组深入火场内部，查明着火的具体部位、火势蔓延的主要方向、被困人员的数量及位置等情况。

6）查阅灭火作战预案、检索计算机资料、调用单位建筑工程图，了解大楼的详细情况等。

上述方法在高层建筑火灾侦察中应综合使用。如外部观察通常有几种情况，一是在行驶途中观察火场方向有无烟雾、火光，并从烟雾、火光的颜色和大小中判断火势情况；二是在到达火灾现场时，应对建筑外部进行初步观察，以便快速判断火情，实施战斗展开；三是针对有倒塌危险的建筑，使用经纬仪等仪器进行外部观测监控，以防其突然倒塌，造成人员伤亡。火情侦察要贯穿于火灾扑救的始终，以便及时掌握火情的动态变化。

2. 积极疏散救人

疏散救人是高层建筑灭火战斗行动的首要任务。由于高层建筑内部人员众多、分布面广，加上高温烟雾和火势的影响，疏散救人的难度和工作量很大。特别是被困人员较多或火场情况复杂时还往往容易出现混乱。因此，消防人员到场后必须有序组织疏散救人行动，以最大限度地减少人员伤亡。

（1）安全疏散的基本顺序

高层建筑疏散受火势威胁人员的基本顺序是：着火层→着火层上层→着火层再上层和着火层下层→其他楼层。

1）着火层。烟火首先在着火层蔓延发展，该层人员受到的威胁最大。因此，需要最先疏散，在疏散着火层人员时，应重点加强对着火房间及其邻近部位遇险人员的疏散。

2）着火层上层。由于烟、火极易向上蔓延，对着火层上层的人员会形成很大的威胁。因此，着火层上层人员需要及时疏散。如果火势威胁较大，着火层上层人员应与着火层人员同步疏散。

3）着火层再上层和着火层下层。由于烟火向上发展蔓延速度快，加上烟气还会下沉，因此，在着火层再上层和着火层下层的人员也会受到一定程度的威胁。在疏散着火层和着火层上层人员后，应及时疏散这两个楼层的人员。

4）其他楼层。在着火层、着火层上两层及着火层下层人员疏散完毕后，应先疏散大楼顶部楼层人员，以防止高温烟气扩散到顶部楼层，并在顶部积聚，威胁这一楼层人员的安全；而后再根据具体情况疏散其他楼层的人员。如果到场力量无法控制火势，大楼内所有人员都受到火势或倒塌威胁时，应及时对其他各楼层人员进行逐层疏散，直至全部撤离。

（2）疏散救人的主要方法

1）利用应急广播指导疏散。利用应急广播系统，稳定被困人员情绪，引导被困人员有秩序地疏散，这是争取疏散时间、提高疏散效率的最佳方法，还有助于防止被困人员惊慌、拥挤，甚至盲目跳楼逃生。利用应急广播指导疏散，要按安全疏散的基本顺序依次分批广播。若大楼内有不同国籍的人员，要使用不同的语言广播。同一内容，要重复广播。

2）消防人员引导疏散。消防人员到场初步了解情况后，要立即组成疏散救人小组进入大楼内部，按安全疏散的基本顺序，及时引导有行动能力的人员通过楼梯、电梯等进行疏散。

3）消防人员深入烟火区域搜寻。对受烟火威胁，难以引导疏散的遇险人员，消防人员要深入火场内部进行搜寻，全力予以救助。消防力量不足或情况紧急时，可先把遇险人员救助至着火层以下的相对安全区域再行疏散。

4）利用举高消防车救人。当着火大楼外墙窗口或阳台等处有目标明显的被困人员，或向下疏散通道被烟火严重封锁时，应使用相应高度的举高消防车实施疏散救人。

5）利用消防直升机救人。如果着火建筑顶部设有直升机停机坪或有条件停靠直升机的，可将部分被困人员疏散至屋顶，等待直升机的进一步救援，但疏散至屋顶人员不应过多，因为直升机的救援速度和能力有限。当烟雾较大或火势猛烈，威胁直升机安全时，不能采用此方法。

6）利用擦窗工作机救人。如果大楼设有擦窗工作机，可用来对窗口处的被困人员实施救助，但需注意方法，确保安全，一次救助的人数不能超过其荷载。

7）利用缓降器、救人软梯、安全绳等救人。在内部救人通道被烟火严重封锁的情况下，消防人员可利用缓降器、救人软梯或安全绳等将被困人员从建筑外墙救至地面或相对安全的楼层。

8）利用救生气垫救人。设置救生气垫，可以救助较低楼层的被困人员或缓解一定高度跳楼人员的伤害程度。

（3）疏散救人的主要途径

1）通过防烟楼梯、封闭楼梯等进行疏散。防烟楼梯和封闭楼梯是火灾情况下人员疏散的主要途径。

2）通过消防电梯进行疏散。消防电梯是消防人员登高内攻、疏散和救人较为安全和快捷的途径。

3）通过观光电梯、客梯、货梯等进行疏散。火势较小，当观光电梯、客梯等仍能正常运行时，可用其疏散人员，以加快人员疏散速度，但火势较大时应停止使用。

4）通过疏散阳台、通廊、避难层（间）进行疏散。火势较大，人员无法通过楼梯或消防电梯疏散时，可将被困人员疏散至阳台、通廊、避难层（间）等相对安全的区域，等待消防人员的进一步救助。

5）通过建筑中设置的救生袋、缓降器进行疏散。有些高层建筑中设置有专用的救生袋或缓降器，火灾时，消防人员可引导并协助被困人员通过其进行疏散。

6）通过举高消防车、擦窗工作机、消防直升机进行疏散。大楼内部疏散途径都被烟火封堵时，消防人员可引导并协助被困人员，通过停靠在窗口的举高消防车、擦窗工作机或停靠屋顶的消防直升机进行疏散。

3. 正确选择进攻路线

正确选择进攻路线，确定合适的进攻起点层，可以加快战斗展开的进程，并有利于抓住战机，提高进攻效率。

(1) 选择进攻路线

进攻路线选择的原则是以最简便的方法、最快的速度和最低的体能消耗，通过最短的距离和最少的障碍，安全迅速地到达预定的楼层。

1）内部进攻途径。具体如下：

① 利用敞开楼梯进攻。高层建筑的敞开楼梯通常相对较宽，也是人员上下的主要通道，一般不防烟，但烟雾通常只能下沉至着火层下一、二层。消防人员可以从主楼梯到达着火层下一、二层处，建立进攻起点。

② 利用封闭楼梯进攻。封闭楼梯间一般靠外墙设置，能直接利用天然采光和自然通风，它同各层走廊相通，并设有自闭式防火门，是安全疏散的重要通道，也是内攻灭火的主要途径。

③ 利用防烟楼梯进攻。防烟楼梯间通常设有前室、阳台或凹廊，并设有防火门、正压送风系统和消防给水设备等，是比较理想可靠的进攻通道。

④ 利用消防电梯进攻。消防电梯不仅速度快，轿厢荷载大，电源安全可靠，通信联络方便，又能迫降控制，是消防人员灭火进攻的首选路线。

⑤ 利用工作电梯进攻。高层建筑的工作电梯不少与消防电梯合用，有的也具备消防电梯的功能，其供电方式和竖井都单独没置，烟气不易侵袭，是比较安全可靠的进攻途径。

⑥ 利用客梯进攻。一般高层建筑客梯数量相对较多，设于不同部位，有的还设有观光客梯。在火势不大的情况下，为争取时间，可以使用其登高内攻。

2）外部进攻途径。具体如下：

① 利用举高消防车。举高消防车可以在一定高度从外部向着火建筑射水，压制火势或阻止火势从外部向上蔓延；也可以将消防人员和装备从外部输送到一定高度的窗口，再进入高层建筑内灭火。

② 利用室外疏散楼梯。有些高层建筑设有室外疏散楼梯，大多位于建筑主体外墙，呈敞开式，不受烟气影响，且同各层楼面的走廊相通。但有些由于采暖通风的需要，采用玻璃加铝合金框予以封闭。火灾时，可使用破拆的方法来排除烟雾，使它成为较好的进攻通道。

③ 利用室外消防梯。有些高层建筑在外墙设置固定的消防梯，一般可通到第二、三层；部分高层住宅还设阳台救生梯，将上、下阳台连通，既可用于安全疏散，也可用做消防进攻通道。

④ 利用建筑物平台。不少塔式建筑呈阶梯形收缩，每 2~3 层设有一个平台，平台同楼层走廊相通，平台上一般设有固定铁梯。火灾时，消防人员可从内部登上一个平台，再由平台逐步向上进攻。平台不受烟火威胁，可进可退，既有利于安全疏散，也有利于内攻灭火。

⑤ 利用擦窗工作机。有些高层建筑在墙外侧设有紧贴墙面的擦窗工作机，其工作斗可载 3~4 人，并装有自控装置，能上下移动。在火灾情况下从建筑内部登高困难时，可利用其将消防人员和装备从外部输送到相应的楼层。

⑥ 利用塔式起重机、升降机。施工中的高层建筑，现场通常设有塔式起重机、升降机等机械设备。火灾时，可利用这些设备将消防人员和装备输送到相应楼层。

⑦ 利用消防直升机。在内部进攻困难时，可利用消防直升机将消防人员和装备输送至直升机停机坪或吊升至相应的平台或窗口。

⑧ 利用绳索上升器。绳索上升器是近年应用的新技术，可利用直升机在屋顶固定绳索

后，消防人员利用绳索上升器上升到达相应的楼层。

⑨ 利用天桥进攻。一些高层建筑之间设有相互连通的天桥，火灾时可以先通过未着火建筑登高，再利用联通的天桥进入着火建筑内实施进攻。

⑩ 利用挂钩梯接力登高。有些高层建筑外墙设有比较规则的可开启外窗或阳台，如高层居民住宅等。火灾时，消防人员可以利用挂钩梯接力登高实施进攻。

（2）确定进攻起点层

扑救高层建筑火灾，进攻起点层一般选择在着火层下一、二层。火势不大，能够直接控制时，也可选在着火层。

4. 有效控制火势蔓延

高层建筑火灾，火势发展蔓延迅速，如不及时控制，必将造成重大人员伤亡和财产损失。因此，有效控制火势蔓延是扑救高层建筑火灾的重要任务。

（1）战斗力量部署

1）战斗力量部署的顺序依次是着火层、着火层上层、着火层下层。

2）战斗力量分配的原则是着火层大于着火层上层，着火层上层大于着火层下层。

（2）堵截阵地的选择

1）着火层的堵截阵地通常选择在着火房间的门口、窗口，着火区域的楼梯口，有蔓延可能的吊顶处等。

2）着火层上部的堵截阵地一般选择在楼梯口，电梯井、楼板孔洞处，有火势窜入危险的窗口，电缆、管道的竖向管井处等。

3）着火层下部的堵截阵地主要选择在与着火层相连的各开口部位和竖向管井处，重点防止掉落的燃烧物或下沉的烟气引燃下部可燃物。

（3）控制火势蔓延的措施

1）火灾初起时，要从以下几个方面进行控制：

① 当燃烧范围局限于某一房间内部时，应直接进攻着火点，扑灭火灾。

② 阻止烟火从门、窗、简易分隔墙处窜入其他房间、走廊和沿外墙向上层蔓延。

③ 阻止火势通过管道、竖井向邻近房间、走廊和上层蔓延。

2）火灾在同一楼层内燃烧时。当一个楼层内大面积燃烧、火势处于发展阶段时，要重点采取堵截和设防措施。

① 水平方向堵截。高层建筑每一楼层一般都设有防火分区，每一防火分区的面积为 $1000 \sim 1500m^2$（设有自动灭火系统的，其防火分区最大允许面积可增加一倍），由防火墙、防火门、防火卷帘进行分隔。火灾时应在防火分区两端部署力量，进行堵截，力争将火势控制在一个防火分区的范围内。

② 垂直方向堵截。高层建筑的竖向管道井一般分段（通常以2~3层为一段）采取了防火封堵措施。火灾时除了要在电梯、楼梯及喷火的外窗等处设防外，还应在竖向管道井分隔段上下两端部署力量，进行堵截，力争将火势限制在这一范围内。

3）火灾在多层同时燃烧时，要从以下几方面进行控制：

① 当高层建筑多层同时燃烧时，内攻力量应自上而下部署，特别在着火层上部应加强堵截力量，重点阻止火势继续向上发展。

② 外攻力量应利用举高消防车向喷出火焰的窗口、阳台射水，从外部阻止火势向上部

蔓延。

③ 在着火层下部部署一定的防御力量，防止燃烧掉落物引燃下层或高温烟气向下层蔓延扩散。

5. 合理组织火场供水

扑救高层建筑火灾，能否及时而不间断地向火场供水，满足灭火所需的水量和水压，直接关系到灭火战斗的成败。高层建筑火场供水应坚持“以固为主、固移结合”的原则。

（1）利用固定消防设施供水

高层建筑发生火灾，消防人员到场时，若外部观察火势不大，应立即携带水带、水枪和接口，利用消防电梯迅速登高至着火层，直接使用室内消火栓或水喉出水灭火，同时起动消防泵向室内消防管网供水。

（2）利用移动消防装备与固定消防设施相结合供水

固定消防泵无法正常运行或室内消防给水不能满足灭火需求时，应利用消防车通过水泵接合器向大楼消防管网供水，但必须明确水泵接合器所对应的供水区域和大楼采取的减压方式。

（3）利用移动消防装备直接供水

当消防泵、水泵接合器等固定消防设施都不能正常使用或不能满足灭火用水需求时，消防人员应垂直铺设水带，利用消防车组织直接供水。火场供水力量包括火场供水战斗车、火场运水车、火场串联（接力）供水车和火场机动（备用）供水车。垂直铺设水带可沿建筑外墙或在楼梯间内进行。

1）垂直铺设水带的方法。垂直铺设水带一般有地面施放吊升法、一次性登高施放法和分层登高施放法三种。火场组织供水时可灵活选用。

① 地面施放吊升法。它是指消防人员将水带在地面原地施放连接，并在水带接口处用绳索捆绑加固后，从上部用引绳吊升的方法。

② 一次性登高施放法。它是指消防人员将水带携带至相应的楼层，在上部原地施放连接，并用绳索捆绑加固后，从上部向下施放的方法。

③ 分层登高施放法。它是指消防人员根据水带的长度和建筑的层高，分别携带水带登高至相应的楼层，向下施放，并与上部施放的水带接口连接，在本层内用绳索将水带接口进行固定的方法。

2）高层火场直接供水的方法。高层建筑发生火灾时，利用消防车供水的方法要根据着火层的高度和水源情况来决定。一般有单车单干线供水、单车双干线供水、多车串联单干线供水（见图9-14）、消防车与手抬机动消防泵串联供水（见图9-15）等方法。

由于现代消防车功率大，大多带有中、高压泵，而且水带的阻力系数小，耐压强度高。因此，一般单车单干线供水就能达到较高的高度。采用两车以上串联后的供水高度更高。据上海高层建筑消防供水测试，三车串联单干线供水最高可达246m的高度。实战应用时，应做好水带铺设、安全固定和停泵时的泄压处理。如果着火层的高度超过了现有消防车的串联供水能力，可采用消防车与多台手抬机动消防泵串联的方式供水。据测试，一台手抬机动消防泵的垂直供水高度在40m左右。

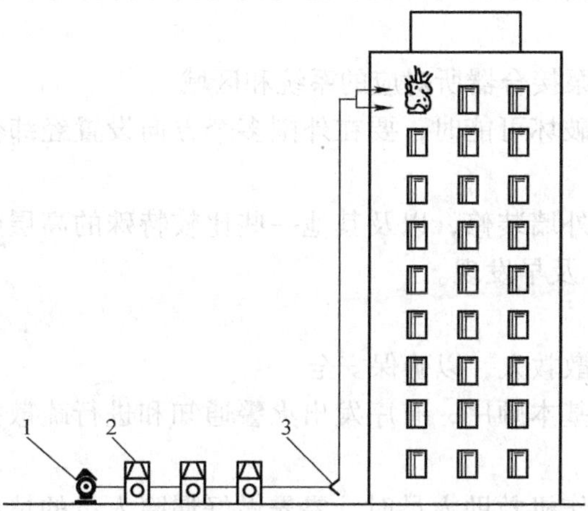

图9-14 多车串联单干线供水示意图
1—消火栓 2—消防车 3—二道分水器

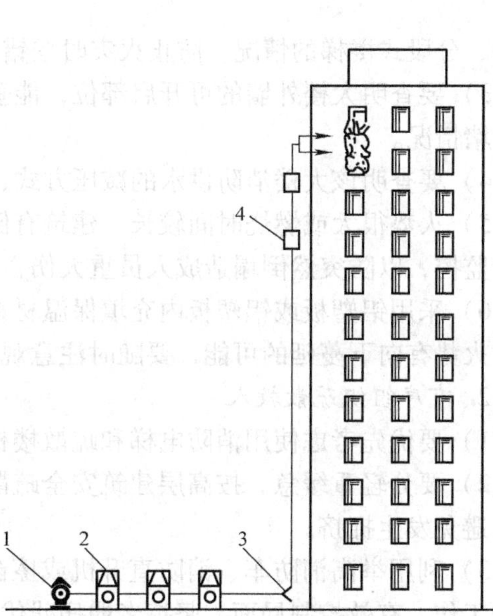

图9-15 消防车与手抬机动消防泵串联供水示意图
1—消火栓 2—消防车
3—二道分水器 4—手抬机动消防泵

6. 科学组织火场排烟

高温烟气是妨碍灭火行动和导致人员伤亡的重要因素，因此，必须有效组织火场排烟。

(1) 利用固定排烟设施排烟

1) 关闭防烟楼梯、封闭楼梯间各层的疏散门。

2) 开启建筑物内的排烟机和正压送风机，排除烟雾，并防止烟雾进入疏散通道。

(2) 利用自然通风排烟

1) 打开下风或侧风方向靠外墙的门窗，进行通风排烟。

2) 当烟气进入袋形走道时，可打开走道顶端的窗或门进行排烟，如果走道顶端没有窗或门，可打开靠近顶端房间内的门、窗进行通风排烟。

3) 打开共享空间可开启的天窗或高侧窗进行通风排烟。

(3) 利用移动消防装备排烟

移动消防排烟装备有排烟车和各类排烟机等。火场还可以采取一些灭火、排烟兼备的手段，如喷射喷雾水流、高倍数泡沫等。考虑到高层建筑的特殊性和这些设备及手段的局限性，比较适合于高层建筑火灾排烟的方法主要有利用喷雾水流驱烟和使用排烟机排烟两种。

9.4.3 高层建筑火灾的灭火行动要求及注意事项

高层建筑高度高，层数多，发生火灾时，火情复杂多变，因此，扑救中要严格遵守战斗行动要求。

1. 精心实施火情侦察

1) 要迅速查清大楼的消防通道、消防控制中心、消防泵房、外部消防水源的位置及市政管网的流量、室内消火栓分布情况等。

2) 要及时查清大楼内可用于疏散人员和进攻的楼梯、电梯及通道情况，尤其是剪刀式楼梯、分段式楼梯的情况，防止火灾时登错楼层，贻误灭火时机。

3）要查明大楼外墙的可开启部位，能垂直铺设水带的部位，建筑内竖向管井分布位置和封堵情况。

4）要查明该大楼消防供水的减压方式，水泵接合器所对应的系统和区域。

5）火势很大或燃烧时间较长，建筑有倒塌破坏可能时，要在外围多个方向设置经纬仪进行监控，以防突然倒塌造成人员重大伤亡。

6）采用铝塑板或铝塑板内充填保温材料作外墙装修，以及其他一些比较特殊的高层建筑，火势有向下蔓延的可能，要随时注意观察，及早发现。

2. 有序组织疏散救人

1）要优先考虑使用消防电梯和疏散楼梯疏散救人，以确保安全。

2）要分轻重缓急，按高层建筑安全疏散的基本顺序，有序发出火警通知和进行疏散指导，避免发生拥挤。

3）利用举高消防车、消防直升机或擦窗工作机救助人员时，要先做好遇险人员的情绪稳定工作，有效控制局面，坚持老弱病残优先的原则，防止出现混乱。

4）要注意对充烟房间及充烟区域的彻底搜索，防止这些区域因未过火而被忽视，遗漏被困人员。

3. 加强火场行动安全

1）参与灭火战斗的所有消防人员都必须采取充分的个人防护措施。

2）消防车停靠不能离高层建筑外墙太近，不要停在燃烧部位的正下方，防止高空坠落物伤人毁车。火势很大或燃烧时间较长，建筑有倒塌危险时，车辆停靠必须与着火建筑保持一定的安全距离。

3）携带器材登高要尽量一步到位，避免来回奔波，贻误灭火时机。

4）沿玻璃幕墙外侧行动时，要保持一定的安全距离，避开玻璃爆裂碎片可能坠落的范围，以防受伤，必须靠近玻璃幕墙行动时，应紧贴墙脚。

5）选择进攻途径时，要尽可能避开疏散人流，防止产生相互干扰。

6）打开着火房间的门窗时，要缓慢开启，人立于一侧，并向室内喷水进行冷却，防止发生轰燃伤人。

4. 正确运用供水技术

1）高层供水应在地面设置停泵时泄压用的二道分水器，以防止水锤作用损坏消防车泵。

2）垂直铺设水带时，水带的连接部位必须捆绑结实，楼内水带固定部位要牢固可靠，防止水带因重力作用而拉断固定物，导致供水中断。

3）垂直铺设水带时，进入楼内的拐角处要用质地柔软的物品衬垫，防止磨损。

4）楼外沿地面铺设的水带，尤其是处在玻璃幕墙下部时，最好用竹片（篱）、木板等物品遮盖，以防高处玻璃爆裂碎片掉落刺破水带，造成供水中断。

5）利用水泵接合器供水时，供水压力估算要充分考虑大楼的减压方式。

6）利用底层室内消火栓向上供水，只适用于采用减压孔板减压的室内消火栓和采用分区给水的低区。

7）消防车停止供水时，应先开启二道分水器泄压，再缓慢地逐步降低消防车泵压。

5. 有效进行火场排烟

1）要正确选择排烟的时机和途径，防止威胁其他人员安全或引燃其他可燃物扩大火势。

2）排出的烟雾对流经部位有一定威胁时，要部署适当的防御力量，在做好射水准备后再开始排烟。

6. 防止水渍损失扩大

1）在火灾扑救过程中，要及时将积水导向楼梯间排出，尽可能防止电梯井进水。

2）火灾扑灭后，要及时关闭自动喷水灭火系统配水管阀门，以减少水渍损失。

9.5　地下建筑火灾扑救

地下建筑是指建造在地表以下的建筑物。地下建筑的应用十分广泛，主要包括建于地下的商场、旅馆、车库以及地铁、交通隧道、电缆隧道、矿井等。随着社会的发展，人口的增多和用地的紧张，为大量开发和利用地下空间，许多城市对过去的人防工程进行开发和利用，一些大中城市开始兴建地下商场或地下商业街；不少城市已建成或正在兴建的地铁，由于其运量大、低能耗、少污染、乘坐舒适方便，越来越受到人们的青睐；另外，随着汽车数量的剧增，地下车库的作用也日趋显著，各种形式的地下车库不断出现。然而地下建筑由于其特殊的建筑特点，特别是利用以往人防工程改造的地下建筑，由于设计上的缺陷，存在不少安全隐患，一旦发生火灾，浓烟积聚，温度较高，其危险性、扑救难度以及所造成的危害都远超过地面建筑。

9.5.1　地下建筑火灾特点

地下建筑只有内部空间，不存在外部空间，只有与地面连接的出入口。不像地面建筑有外门、窗与大气连通，故其火灾时具有与地面建筑不同的烟气流动特点和火灾蔓延形式。

1. 地下建筑烟气流动特点

地下建筑火灾时，空气的供给完全依赖与地面相连通的出入口，燃烧的状态除因可燃物理化性质不同而不同外，主要根据出入口供气状态而定。

（1）只有一个出入口时（不管是设计只有一个还是火灾时只打开一个出口），与地面唯一连通的出入口上部排烟，下部进入新鲜空气，上部排烟与下部进气的交界面形成中性层。随着烟气量的增大，中性层降低，空气进入量减少，地下建筑内燃烧速度开始减慢。

（2）当地下建筑有两个或两个以上的出口时，自然排烟和空气进入口是分开的。火灾时，其中一个可能是进气口，另一个是排烟口。

（3）水平方向的地铁，烟气受通道方向抽拔力的影响，往往有一处出入口成为主要排烟口。

2. 地下建筑火灾特点

地下建筑与地面建筑相比，发生火灾时具有以下几方面的特点：

（1）烟大温度高

地下建筑火灾一般供气不足（火灾开始时与地面建筑无多大差别），温度开始上升较慢（尤其固体可燃物），阴燃时间长，发烟量大。而且，因地下建筑无窗，发生火灾时烟气不能像地面建筑那样有80%可由破碎的窗户扩散到大气中去，而是聚集在建筑物中。燃烧物中还会产生各种有毒的分解物，会危害人员的生命安全。此外，地下建筑火灾时因热烟难以排出，散热缓慢，内部空间温度上升快。

(2) 人员疏散困难

地下建筑全靠人工照明，火灾时正常的电源被切断，人的逃生完全靠事故照明和指示灯，若无事故照明，建筑物内将一片漆黑。

地下建筑内人员逃生的通道只有楼梯和阶梯，而且地下建筑人员逃生方向与烟气流向一致，人们要脱险就必须逃到地面上。然而，通常情况下，烟气的扩散速度比人的步行速度要快。

(3) 泄爆能力差

地下建筑基本上是封闭的，一旦发生爆炸，爆炸压力很难泄放，易使结构和地上建筑严重破坏。

(4) 扑救困难

地下建筑火灾比地上建筑火灾扑救要困难得多，主要体现在以下几个方面：首先，火点处于地下建筑内部，火情侦察必须深入内部，侦察行动难度大，防护要求高；其次，地下火场与地面的通信联系问题目前还未得到解决，传统的依靠人来传递信息的方式，速度慢、差错多；最后，进攻途径少，只能通过出入口进入，特别是有人员被困的情况，消防员的作业展开更加困难。

对于地下建筑火灾，指挥员不能直接观察火场，需要询问、借助侦检仪器、研究工程图，分析可能发生火灾的部位和可能出现的情况，方能定出灭火方案，致使灭火时间长、难度大。

9.5.2 地下建筑火灾的灭火方法

扑救地下建筑火灾，可采取内攻灭火、灌注灭火和封口窒息等方法。

1. 内攻灭火法

对于地下建筑火灾，选择适当的时机组织实施内攻灭火是一种行之有效的措施。扑救地下铁道、地下商场、公共娱乐等场所发生的火灾往往采用内攻灭火法。

(1) 内攻时机

火灾处于初期阶段时，在准备充分的条件下，要不失时机地组织内攻。火灾处于全面发展阶段时，应先考虑排热排烟，待内攻环境改善或火势减弱时，再展开内攻。对地下油库、放射性物品仓库及其他有毒、易燃易爆危险品库不宜采取内攻。

(2) 内攻力量组织

首先应组织精明强干的突击队。挑选思想觉悟高、身体素质好、技术过硬、战术熟练、有一定经验的消防队员，组成内攻小组。内攻人员应掌握地下建筑的平面布置、着火的大致部位，燃烧物的大体情况，作到心中有数。内攻人员要做好个人防护，要穿防火隔热服、佩戴呼吸器、安全带、安全绳、探路棒等个人防护装具。还要携带火源探测仪、小型破拆工具、照明灯、轻便排烟装具、通信器材，并规定好联络信号。内攻小组的规模以3人为宜。

(3) 内攻路线的选择

内攻路线的选择以最安全、最便捷到达燃烧区为原则。当起火地下建筑有灭火救援作战计划且起火部位与计划相符时，应按计划所确定的路线进攻。尽量选择进风口，顺风前进，也可选择烟量少的出入口进攻。若所有的出入口、进排风口都往外喷烟，又必须内攻时，可寻找其他地下建筑与着火地下建筑的连通口进入。

（4）正确选择水枪阵地，恰当部署水枪

地下建筑内部空间大小不一，火势发展强弱不同，燃烧范围大小不等，应根据火情大小和灭火救援任务部署水枪阵地。

火灾初期阶段，部署的水枪应直击火点。火灾发展阶段，应部署在着火区间出入口的附近，重点防御，把握时机，强攻灭火。当火势进一步扩大，灭火力量较弱时，应利用各种门口、通道转弯处做掩护，设置阵地堵截，以密集射流阻止火势蔓延，并用喷雾水流作掩护，等待增援力量到达。部署进攻水枪的同时，一定要同步安排掩护水枪，以确保内攻人员的安全。设置进攻或防御阵地时，火场指挥员必须考虑能顺利撤离、转移的路径。

（5）内攻灭火注意问题

1）内攻灭火时，无论进出，在出入口处一定要认真清查参与灭火的消防人员人数，严格控制非消防人员进入地下建筑。

2）内攻灭火时，应充分考虑呼吸器的使用时间，并随时注意内攻人员体力消耗的情况。对参战人员定时组织轮换，地下停留时间一般不要超过半小时。另外在灭火救援过程中注意清点人数，以防意外。

3）开启防火门铺设水带时，注意防止防火门回弹关闭掩卡水带而影响正常供水，当需要转移阵地或撤退时，应尽量收回或移开防火门部位的水带，以防止防火门关闭不严而助长烟火蔓延。

4）内攻时，除排烟、降温、掩护进攻使用喷雾水流外，水枪手要坚持不见火不盲目射水的原则，以尽量减少室内积水；及时清理通往地下建筑内排水管口、污水集中坑的通路，并及时用泵排出积水，以减少水渍损失。

2. *灌注灭火法*

对于不宜采取内攻灭火的小型地下洞室，或某些地下建筑局部巷道、局部洞室房间，在人员全部疏散的情况下，可利用向地下灌注灭火剂的方法灭火。

灌注灭火中，高倍数泡沫灌注法应用较多。在小型地下油库、地下空间不大的地下通道等场所的火灾中常采用高倍数泡沫灌注灭火。

（1）采用高倍数泡沫灌注灭火

在洞口架设高倍数泡沫发生器直接往地下通道灌注高倍数泡沫，以达到排烟、降温、窒息灭火的目的。根据地下建筑的有限空间和泡沫发生器的供泡沫量，计算所需泡沫发生器数量、高倍数泡沫液数量及用水量。按照全淹没高倍数泡沫灭火系统的标准，要求高倍数泡沫冲罐量达到有限空间的60%。

（2）采用低倍数泡沫与高倍泡沫联用灌注灭火

当洞口火势猛烈，人员难以靠近出入口时，可利用强水流或泡沫炮远距离喷射控制洞口火势。控制火势后，派经验丰富的消防员着隔热服等安全防护装具前往洞口架设高倍数泡沫发生器，向地下灌注高倍数泡沫。同时要注意对前沿消防员的保护。当高倍数泡沫出现倒溢现象时，应设置泡沫管枪喷射普通蛋白泡沫，掩护高倍数泡沫向纵深推进。

（3）采用惰性气体或高压蒸汽灌注灭火

可向地下灌注液氮、二氧化碳等惰性气体，惰化或稀释燃烧火区内的空气，使氧含量下降，并迅速降低火场温度，达到冷却和灭火的双重作用。在有条件的情况下，可通过管道，利用高压蒸汽灌注灭火。

3. 封口窒息法

地下建筑火灾发展猛烈，无法进入地下直接灭火或地面灌注也不能奏效时，在人员全部疏散的情况下，应对着火区域进行封堵隔离，切断空气来源，使着火区内的燃烧因断绝氧气补给而逐渐熄灭，这种方法也称为窒息灭火法。封口窒息法主要用于中、小型地下油库、危险品仓库，远离城市的铁路、公路隧道以及其他一些有防火门且出入口少的地下洞库。矿井某一区域着火，通过封堵巷道也可以熄灭地下矿井火灾。封口窒息法是我国目前在处理上述地下火灾时常用的方法之一。

（1）封闭方法

1）关闭防火门。一旦地下建筑火势发展猛烈，需要采取封闭灭火措施时，要迅速关闭防火门。对单个洞室可关闭控制该区域的防火门或密闭门以及该区域内的通风管口；对整个地下建筑，可关闭各出入口的防护密闭门和防火门，停止空调系统运转，关闭各通风口。

2）修筑临时防火墙。当地下建筑内缺少防火墙或防火分隔设施时，为了阻止火势蔓延，可在巷道内修筑临时防火墙，也可用草袋装上砂土垒筑。

3）修筑防火防爆墙。在有易燃易爆气体产生的着火区，为防止爆炸发生或火势很大难以扑救需要封口窒息时，通常用沙袋堆砌成梯形截面防火防爆墙，墙底部厚度不少于5m。

4）封闭出入口、通风口和窗孔。地下室着火，无法隔离燃烧区时，可用沙袋堆砌出入口、通风口和窗孔等。

（2）定期检测

修筑防火墙时，应在墙的上、中、下3个部位插入直径为35～50mm的铁管，作为采取气样、检查温度之用。铁管外口应用木塞堵住。定期测定和分析封闭墙内的温度和气体成分，如符合下述条件时，可判定火灾已熄灭：气体温度降到30℃以下；CO含量（体积分数）持续稳定在0.001%以下；O_2含量（体积分数）低于2%。

（3）启封措施

拆除封闭墙以及打开防火门或防火墙时，要注意采取防护措施。如果处理不当，可能引起火灾复燃，甚至发生爆炸。

1）启封前可先在封闭墙外修筑一个带门的临时防火墙。拆除封闭墙时，应先把临时防火墙的门关闭，阻止大量新鲜的空气流入，防止复燃和爆炸。

2）启封的顺序是首先打开排风侧的封闭墙或防火门，消防员进入内部侦察，确认火灾熄灭后，再打开进风侧的封闭墙或防火门，逐渐恢复通风，排除有害气体。

3）地下洞室、隧道的启封作业，可调集矿山救护队等专业队伍协同进行。

4）启封时，应划定警戒范围，禁止一切火源，并设立水枪监护，防止复燃复爆。

（4）封口窒息注意事项

1）采用封口窒息灭火法，必须在确定内部无人、无助燃剂的条件下实施。

2）封闭火区时，应尽量缩小封闭区域范围和封闭时间。

3）根据火场情况，确定正确的封闭顺序。要先封闭进风侧，后封闭排风侧。

4）封闭后，可根据具体条件，灌注液态氮、二氧化碳、水蒸气，以起到降温、降低火区内氧含量的作用。

5）搞好安全保障，组织好后勤供应。

9.5.3 地铁火灾扑救

地铁是城市地下重要交通设施，地铁客流量大，人员密集，一旦发生火灾，火场上热、烟、毒危害严重，疏散与扑救极为困难，易造成恶性伤亡事故。

1. 地铁基本情况

地铁包括地下隧道、站台、售票厅、变配电中心、通信调度指挥中心、闭路电视监视系统、给水排水系统、通风系统、供电及通信电缆管线、电气列车、自动扶梯、工作与生活用房等。

1）隧道。一般为双洞方形地下涵洞，高4m，宽7~8m，洞中间用梁柱分开，分设上下行车道。

2）站台。为地下厅式建筑，面积2000~5000m^2，有两个以上出口与地面相通，站台与售票厅用普通阶梯式楼梯连通；站台与站台之间距离约为1500m，站台上一般有消火栓及移动式消防器材，并设有工作、生活房间。

3）售票厅。在站台与地面联通的中间过厅，设有售票房及小卖部，是旅客进出地下站台的中间缓冲地段。售票厅与地面一般由两个出口联通，由普通楼梯、电动扶梯与地面相连。

4）通风系统。有自然通风与机械通风两种形式。出口处装有排风装置。

5）变配电室。主要设有变压器及变配电柜，输送电缆管线，一旦起火，会使地铁动力源中断。

6）调度系统。为车辆调度指挥中心，设有有线、无线通信及电视监视设施。一旦发生事故，会导致地铁运营的全线瘫痪。

7）地铁供电、通信线路。全部用电缆在地下架设，通信电缆设在列车行驶方向的右侧墙，动力电缆设在行驶方向的左侧墙，高压牵引电缆设在供电轨上。

8）电气列车。由电动牵引机车与客用车厢组成，运行时每节车厢一般容纳80~200人。

9）消防设施。地铁中心大站，将要求在关键部分设置感烟报警装置、隧道内设置水带、站台上设置自动喷水灭火设备、在与地下街等入口连接处设置防火卷帘门，并设置地铁站专用的消防给水系统。在地铁中心大站还设有专供消防人员进出的消防出入口，设有正压送风的防烟楼梯间。

2. 地铁火灾疏散与扑救方法

地铁火灾一般发生在自动扶梯、变配电室、调度指挥中心、电缆管线、电气列车上。电气列车若在运行中起火，又是一个移动火场。

（1）人员疏散

地铁车站客流量大，特别在高峰期人员可能成千上万，疏散任务重。坚持救人第一原则，搞好疏散，防止伤亡是首要任务。

1）制定应急疏散计划。火灾初起，地铁内部工作人员应按应急疏散计划，将地下人员有组织地向地面疏散。防止拥挤、抢行、堵塞疏散通道，防止乘客误入死胡同。

2）充分利用地铁内部通信设施和广播，及时向乘客通报情况，告知疏散方向及要求。

3）迅速检查有关房间、厕所等，防止遗漏被疏散人员。

4）在疏散过程中，充分利用内部消防设施，开启喷雾灭火系统，利用喷雾水流降温、消烟，掩护疏散，防止轰燃。

5）利用内部调度指挥中心，迅速通知邻近车站，预先截住开往事故地点的列车。运行中列车要采取相应措施，对于进入站区间列车可视条件允许通过，禁止乘客下车，继续前行，以减少疏散人员数量。

6）如果运行列车起火，应迅速通报前方车站，站内人员立即组织地下人员撤离，并阻止乘客再进入站台，待列车就近停靠后，立即疏散车上人员。

7）消防队到场后，立即采取措施防止轰燃，并与地铁内部人员配合，搞好协同完成疏散任务。对被烟火困在地下的人员，消防队应立即组成救人小组，佩戴呼吸器、隔热服，携带导向绳、通信照明等器材，充分利用地下电视监视系统，在水枪掩护下，突入地下营救。

（2）地铁火灾扑救

地铁发生火灾后，地铁内部工作人员应就近利用消防器材扑救初起火灾，并及时向调度指挥中心、消防队报警，以防贻误灭火时机。消防队接警后，立即调出第一出动力量，要求调动力量要充足，并有防毒抢险专勤力量。

地铁火灾一般采取内攻灭火战术。到场后，在组织侦察的同时，调派防毒抢险突击小分队，深入地下在各冒烟出口守护，用喷雾水流冷却烟雾，消烟、降温、防止轰燃。

内攻时，可以几个入口分头进入，围堵火势。消防队前沿指挥官，为防止火场混乱应坚持临场指挥，并与地面指挥部不间断地保持通信联络。

在灭火过程中，应与地铁内部人员密切配合，搞好疏散与营救工作。

对运行中的列车火灾，尽量争取停靠就近站台，进行疏散、扑救；运行车辆必须在隧道内停车时，应迅速从区间内两个站台出入口进入地下，组织足够的防毒抢险专勤力量深入隧道扑救、疏散，洞口布置力量防御。

合理利用地铁通风设施。地铁起火后，为防止火灾烟气扩散，先关闭送排风系统，待设置好阵地后，再根据火场实际，开启通风设施，配合救人、灭火行动。

（3）灭火注意事项。内攻人员必须佩戴呼吸器，携带照明设备、对讲机、有线电话、导向绳等安全防护装具。在内攻射水与疏散过程中防止触电事故，变配电室在疏散与灭火过程中应停机断电。在扑救过程中，除必要部位外，尽量不要大量使用二氧化碳、卤代烷之类有窒息性或毒性大的灭火剂，以减少对地下人员的生命威胁。

思 考 题

1. 建筑火灾一般有几个发展阶段？各个阶段的特点是什么？

2. 建筑发生火灾时，火灾蔓延的途径主要有哪些？

3. 建筑物间火灾蔓延有哪几种方式？

4. 建筑结构倒塌的原因主要有哪些？

5. 建筑结构倒塌一般有哪些前兆？

6. 灭火战术的原则有哪些？

7. 灭火组织指挥的程序有哪些？

8. 某消防车使用单干线并利用分水器供水，分出两支 ϕ19mm 水枪，两支水枪的总流量为 13L/s。干线为 8 条 ϕ90mm 胶里水带，每条工作水带为 4 条 ϕ65mm 胶里水带。试求混合系统的压力损失。

9. 有一辆消防车从天然水源处吸水，出一条水带干线，利用分水器供应火场用水，水带干线为12条 ϕ65mm胶里水带，分水器前为两路支线，每条支线为3条 ϕ65mm胶里水带，各出1支 ϕ19mm水枪扑救室外火灾，要求水枪的充实水柱不小于13m，火场标高比水源标高高5m。试计算消防车水泵出口压力。

10. 某单层厂房发生火灾，燃烧面积约为600m^2，若火场灭火用水供给强度为0.4 L/(s·m^2)，使用 ϕ19mm水枪灭火，充实水柱为15m。试求每支水枪能控制的燃烧面积及火场需要的水枪数量。

11. 高层建筑的火灾特点有哪些？

12. 高层建筑火灾中，安全疏散的基本顺序是什么？

13. 高层建筑火灾中，疏散救人的主要方法有哪些？

14. 高层建筑火灾中，内部进攻主要有哪些途径？

15. 高层建筑火灾中，火场直接供水的方法有哪些？

16. 高层建筑火灾中，火场排烟有哪些措施？

17. 地下建筑火灾的灭火方法主要有哪些？

第10章

森林火灾灭火技术

森林是十分宝贵的战略资源，也是维护生态安全的主体。森林火灾是破坏森林生态系统，危害生态安全，造成资源和生命财产损失的最严重的灾害之一。据有关数据统计，全世界平均每年发生森林火灾约22万次，受灾面积达1000万hm^2。美国、加拿大、澳大利亚和俄罗斯等国家森林火灾严重，我国森林火灾也很严重，据统计，1950～2000年我国森林火灾的次数累计达693966次，平均每年发生森林火灾13607次；累计受害林地面积为3864万hm^2，平均每年发生面积75.76万hm^2；因森林火灾受伤人数累计29420人，死亡4882人，平均每年伤577人，死亡96人。森林火灾突发性强、破坏力大、影响面广，特别是重特大火灾的发生往往伴随着恶劣的极端天气条件，扑救极为困难。

10.1 森林火灾的定义、产生条件及其规律性

10.1.1 森林火灾的定义

从广义上讲，凡是失去人为控制，在林地内自由蔓延和扩展，对森林、森林生态系统和人类带来一定危害和损失的林火行为都称为森林火灾。从狭义讲，森林火灾是一种突发性强、破坏性大、处置救助较为困难的自然灾害。

森林火灾不仅烧死、烧伤林木，直接减少森林面积，而且严重破坏森林结构和森林环境，导致森林生态系统失去平衡，森林生物量下降，生产力减弱，益兽益鸟减少，甚至造成人畜伤亡。高强度的大火，能破坏土壤的化学、物理性质，降低土壤的保水性和渗透性，使某些林地和低洼地的地下水位上升，引起沼泽化；另外，由于土壤表面炭化增温，还会加速火烧迹地干燥，导致阳性杂草丛生，不利于森林更新，造成耐极端生态条件的低价值森林更替。

森林火灾的大小常以受害森林面积、成灾森林面积和株数来衡量。我国规定，凡烧了成片林木（包括成林、幼林和竹林），受害面积在10～1000亩者为森林火灾；受害面积，南方林区在1000～10000亩、北方林区在1000～50000亩者为森林大火灾，南方林区超过10000亩、北方林区超过50000亩者为森林特大火灾。在受害森林的单位面积上，成林被烧毁或烧死的株数在30%以上、幼林在60%以上者称为成灾森林面积。林火发生后，按照对林木是否造成损失及过火面积的大小，可把森林火灾分为：一般森林火灾、较大森林火灾、重大森林火灾和特别重大森林火灾。

1）一般森林火灾：受害森林面积在1公顷以下或者其他林地起火的，或者死亡1人以

上（包含1人）3人以下的，或者重伤1人以上（包含1人）10人以下的。

2）较大森林火灾：受害森林面积在1公顷以上（包含1公顷）100公顷以下的，或者死亡3人以上（包含3人）10人以下的，或者重伤10人以上（包含10人）50人以下的。

3）重大森林火灾：受害森林面积在100公顷以上（包含100公顷）1000公顷以下的，或者死亡10人以上（包含10人）30人以下的，或者重伤50人以上（包含50人）100人以下的。

4）特别重大森林火灾：受害森林面积在1000公顷以上（包含1000公顷）的，或者死亡30人以上（包含30人）的，或者重伤100人以上（包含100人）的。

森林防火就是防止森林火灾的发生和蔓延，即对森林火灾进行预防和扑救。预防森林火灾的发生，就要了解森林火灾发生的规律，采取行政、法律、经济相结合的办法，运用科学技术手段，最大限度地减少火灾发生次数。扑救森林火灾，就是要了解森林火灾燃烧的规律，建立严密的应急机制和强有力的指挥系统，组织训练有素的扑火队伍，运用有效、科学的方法和先进的扑火设备及时进行扑救，最大限度地减少火灾损失。

10.1.2　森林火灾的产生条件

森林火灾的成因中人为原因是最大的一个因素；其次长期的天气干燥也可能导致地面温度持续升高，森林物质易引起自燃；而且雷击也可以导致火灾的发生。发生森林火灾的条件包括森林可燃物、火源和氧气（助燃物）。

1. 森林可燃物

森林中所有的有机物质，如乔木、灌木、草类、苔藓、地衣、枯枝落叶、腐殖质和泥炭等都是可燃物。森林可燃物是森林燃烧的物质基础。根据可燃物燃烧特点可分为有焰燃烧和无焰燃烧，其中，有焰燃烧可燃物又称明火，能挥发可燃性气体产生火焰，占森林可燃物总量85%～90%。其特点是蔓延速度快，燃烧面积大，消耗自身的热量仅占全部热量的2%～8%。无焰燃烧可燃物又称暗火，不能分解足够可燃性气体，没有火焰，如泥炭、朽木等，占森林可燃物总量的6%～10%。其特点是蔓延速度慢，持续时间长，消耗自身的热量多，不易发现和扑救，易复燃。如泥炭可消耗其全部热量的50%，在较湿的情况下仍可继续燃烧。

2. 火源

不同森林可燃物的燃点温度各异。干枯杂草燃点为150～200℃，木材为250～300℃，要达到此温度需有外来火源。火源按性质可分为以下两种：

1）自然火源。有雷击火、火山爆发和陨石降落起火等，其中最多的是雷击火，我国黑龙江大兴安岭、内蒙古呼盟和新疆阿尔泰等地区最常见。

2）人为火源。绝大多数森林火灾都是人为用火不慎而引起，占总火源的95%以上。人为火源又可分为生产性火源（如烧垦、烧荒、烧木炭、机车喷漏火、开山崩石、放牧、狩猎和烧防火线等）和非生产性火源（如野外做饭、取暖、用火驱蚊驱兽、吸烟、小孩玩火和人为纵火等）。

3. 氧气

氧气（助燃物）：燃烧1kg木材要消耗3.2～4.0m^3空气（纯氧0.6～0.8m^3），因此，森林燃烧必须有足够的氧气才能进行。通常情况下空气中的氧气约占21%（体积分数，下同）。当氧气在空气中的含量减少到14%～18%时，燃烧就会停止。

10.1.3 森林火灾的规律性

森林火灾的发生、蔓延和火灾的强度都有其规律性。

1. 森林火灾的发生规律

森林火灾的发生除上述三个条件外，还与天气（如高温、连续干旱、大风等）有密切关系。热带雨林中常年降雨，林内湿度大，植物终年生长，体内含水量大，一般不易发生火灾。但其他森林不论在热带、温带和寒带地区都有可能发生火灾。森林火灾的发生一般具有下述变化规律：

1）年周期性变化。降水多的湿润年一般不易发生火灾。森林火灾多发生在降水少的干旱年，由于干旱年和湿润年的交替更迭，森林火灾就有年周期性的变化。

2）季节性变化。凡一年内干季和湿季分明的地区，森林火灾往往发生在干季。这时雨量和植物体内含水量都少，地被物干燥，容易发生火灾，称为火灾季节（防火期）。我国南方森林火灾多发生在冬、春季，北方多发生在春、秋季。

3）日变化。在一天内，太阳辐射热的强度不一，中午气温高，相对湿度小，风大，发生森林火灾的次数多；早晚气温低，相对湿度大，风小，发生森林火灾的次数少。

此外，森林火灾还和可燃物的性质有关：细小的干枯杂草和枯枝落叶等是最易燃烧的危险引火物，干燥和死的可燃物较潮湿或活的可燃物易燃，含大量树脂的针叶树和樟树、桉树等阔叶树较一般阔叶树易燃。郁闭度大的林内潮湿，不易发生火灾；反之，则易发生。森林火灾和地形因子也有关系，如阳坡日照强，林地温度高，林内可燃物易干燥，陡坡雨水易流失，土壤水分少，都易发生火灾。

2. 森林火灾的发生过程

森林火灾的发生过程一般可分为以下三个阶段：

1）预热阶段。这时在外界火源的作用下，可燃物的温度缓慢上升，蒸发大量水蒸气，伴随产生大量烟雾，部分可燃性气体挥发，可燃物呈现收缩和干燥，处于燃烧前的状态。

2）气体燃烧阶段。随着可燃物的温度急骤增加，可燃性气体被点燃，发出黄红色火焰，并产生二氧化碳和水蒸气。

3）木炭燃烧阶段。木炭燃烧即表面碳粒子燃烧，看不到火焰，只有炭火，最后产生灰分而熄灭。

3. 森林火灾的蔓延规律

林火的蔓延主要与热对流、热辐射和热传导三种热传播形式有关。

1）热对流是由于热空气上升，周围冷空气补充而在燃烧区上方形成对流烟柱（见图10-1），可集聚燃烧的热量近3/4。它在强风的作用下，往往是使地表火转为树冠火的主要原因。对流柱高度取决于风的廓线（风的垂直分布），一般对流柱高度为1000～2000m，1987年大兴安岭特大森林火灾达到了6000m高。

2）热辐射是地表火蔓延的主要传热方式。它以电磁波的形式向四周直线传播，其传热与热源中心平方距离成反比。

3）热传导是可燃物内部的传热方式，其传热速度快慢决定于可燃物导热系数的大小，是地下火蔓延的主要原因。

蔓延速度最快、火势最强的部分为火头；蔓延速度最慢与火头方向相反的部分为火尾；介于火头与火尾两侧的部分为火翼。接近火头部分的火翼蔓延较快，而接近火尾的火翼部分蔓延较慢。在平坦地，无风时火的初期蔓延形状为圆形或近似圆形；大风时则为长椭圆形，其长轴与主风方向平行；在主风方向不定时（30～40°变化）常呈扇形。在山岗地形蔓延时，火向两个山脊蔓延较快，而在沟谷中蔓延较慢，常呈凹形或鸡爪形。

图10-1　对流烟柱

随着对林火机理认识的加深，发现影响林火蔓延的因子主要有可燃物、地形、气象三个方面。可燃物的特征包括负荷量、颗粒平均径级及形态、密实度、容积密度数、水平连续性、垂直分布、水分含量、化学成分等。其中可燃物含水量对林火蔓延速度、有效辐射率均有重大影响，湿可燃物具有难以燃烧、蔓延速度低等特点；地形起伏变化，不仅影响植被分布和可燃物类型，改变其分布，而且影响生态因子的重新分配，使火环境有明显的差异，也就影响了热量的传播和林火蔓延，地形中的坡度也是影响林火蔓延的主要因子之一。

风是对森林火灾的扩展和蔓延起决定作用的气象因子，它不仅决定林火蔓延速度，而且决定火蔓延的面积和方向。风不仅可以加快可燃物的水分蒸发，使其变干、易燃，同时不断补充氧气，增加燃烧区的助燃条件，加速燃烧过程，还能改变热对流的状态和高度，增加热平流，加速火的蔓延。另外，风越大，大气湍流越强，常会造成“飞火”，在火场外产生新的火源，形成新的森林火场。

4. 森林火灾的强度

森林火灾强度不一，高强度的火具有上升对流烟柱和涡流，能携带着火物传播到火头前的远方，产生新的火点和火场，称为“飞火”，危害极大，是森林大火灾和特大火灾的特征，很难扑救。低强度的火，没有对流烟柱，火焰小，平面发展，人可以靠近扑打。林火强度用火烽前单位长度所释放的功率来表示（kW/m）。一般采用美国物理学家 G. M. 拜拉姆的公式来计算，即 $I=0.007HWR$，式中，I 为火线强度（kW/m）；H 为热值（J/g）；W 为有效可燃物量（t/hm）；R 为蔓延速度（m/min）。影响林火蔓延和强度的因素很多，主要有可燃物的种类、数量和含水率，地形变化和林地条件的干湿程度，以及风速的大小等。

10.2　森林火灾的类型与特点

10.2.1　森林火灾的类型

对森林火灾的燃烧状况进行分类，正确估计火灾的危害和可能引起的后果，对于正确预防和扑救火灾、正确实施扑火技术、组织扑火力量、配备扑火工具十分重要。

1. 按森林燃烧的部位分类

根据森林燃烧的部位，通常分为地表火、树冠火和地下火三种类型。

（1）地表火

地表火是林地表面燃烧的火，分布最多，最常见，占火灾的90%以上（见图10-2）。其特点是：火沿平地表面蔓延，烧掉地被物，危害幼树、灌木、下木，烧伤大树干基和露出地面的树根，影响树木的生长，而且易引起森林病虫害的发生，有的甚至造成大面积的林木枯死和水土流失，面积大时可改变森林生态系统，轻度地表火可改善林地卫生状况。地表火的烟为浅灰色，温度可达400℃左右。在各类火灾中，地表火发生率最高。

根据其蔓延速度的快慢，地表火又可分为以下两类：

1）急进地表火。火蔓延速度快，通常每小时可达几百米或者1千米以上，在地表可跳跃前进，火烧不匀，火烧迹地为顺风伸展成三角形或长椭圆形。如“8756”大火（指1987年5月6日大兴安岭特大森林火灾）是急进地表火为主，树冠火为辅的特大森林火灾，速度最快达20km/h，一般为5～6km/h。

图10-2 地表火

2）稳进地表火。火蔓延速度慢，一般为每小时几十米，燃烧时间长，温度高，强度大，燃烧彻底，破坏性大。火烧迹地为椭圆形。

（2）树冠火

树冠火是指沿树冠蔓延和扩展的火，如图10-3所示。一般由地表火上升引起，偶尔有雷击火引起。树冠火约占火灾4%。这种火多为地表火遇到针叶幼树群、枯立木、低垂树枝和强风影响时发生。树冠火经常与地表火同时并发，既可烧毁树木的枝叶和树干，又可烧毁地被物、幼树和下木。树冠火的烟为暗灰色，温度可达到900℃左右，烟雾可高达几千米，破坏性大，不易扑救。在火头前，还经常有燃烧的树桠、碎木和火星，加速火的蔓延，更难以控制，易引起新火源。发生树冠火有其一定条件：即气候长期干旱，可燃物特别干燥；地表火遇强风；多发生在针叶林中；富含油脂的樟树等也易发生树冠火。

图10-3 树冠火

按其蔓延情况又分连续型树冠火和间歇型树冠火两种类型。

1）连续型树冠火。连续型树冠火有急进和稳进两种情况：

① 急进树冠火（狂燃火），其特点是：火焰飘流前进，蔓延速度快，一般为8～20km/h；上、下形成两股火，下面的火落在后面，一般中等枝条全烧，大枝不烧；迹地呈长椭圆形。

② 稳进树冠火（遍燃火），是最严重的火灾，火烧速度慢，顺风每小时5～8km。上、下燃烧彻底，温度高，强度大，破坏性最大；迹地为椭圆形。

2）间歇型树冠火。一般由强烈地表火烧至树冠，因树冠不连续，又下降为地表火，遇到树冠再上升树冠火，在林中起伏前进。

(3）地下火

地下火是指在林地腐殖质层或泥炭层中燃烧的火。因只有腐殖质层或泥炭层的林区才能发生。故又称腐殖火或泥炭火或越冬火（冬季烧至翌年春天）。约占森林火灾数量的1%，一般发生在高纬度地区，特别是干旱的季节和针叶林内，如我国大、小兴安岭，南方较少。

这种火的特点是：无火焰，只有烟，燃烧时间长，圆形冒烟，可烧至岩石层、地下水层；蔓延缓慢，每小时四五米，一昼夜可烧几十米；温度高，持续时间长，破坏性大，很难扑救；火烧后，根系被烧掉，树木枯黄而死，强风一吹林木便倒，从而出现林间空地。火烧迹地为环形。

以上三类火可以单独发生，也可以并发。三类火灾交织在一起，互相转变。所有的森林火灾一般都是由地表火开始，烧至树冠的则引起树冠火，烧至地下的则引起地下火。树冠火也能从树冠下降到地面形成地表火。地下火也能从地表的缝隙中窜出来烧向地表。通常针叶林易发生树冠火，阔叶林易发生地表火。由于它们所释放的能量和强度大小不同，扑救的对策也不相同。一般来说，地表火易扑救，而树冠火、地下火不易扑救，主要采取隔离法。

2. 按火焰高度分类

根据火焰的高度划分为低、中、高强度火灾三种类型。

所有的森林火灾一般开始都是低强度火，而后，火的强度随燃烧时间增加，因可燃物的种类、高度和载量，林地条件、天气条件等火环境的变化而变化。一般地表火属于低强度的火，树冠火属于中、高强度的火。

(1）高强度火

火焰高度超过3m，火强度在4000kW/m以上，表土温度可达510℃以上，土层0.76cm深处为399℃，枯枝完全烧成白灰状，灌木的树冠全部被烧毁，树的大枝也被烧毁，只残留直径在1.3cm以上的树干，土层的颜色、结构都发生了变化，林内所有生物烧死，扑救高强度火十分危险。

当树冠火火焰高度达到16m以上时，就会出现跳跃式的火焰，火焰前锋像巨浪翻滚似地向前发展，发出噼噼啪啪的巨响，还会出现暴发火、飞火、火暴、火旋风和对流柱等现象。

暴发火发生时，火场立即由平面转为立体，伴有大量的火星，像阵雨一样落在火场的前方，火场扩大，灭火人员难以靠近。飞火发生时，火由一个山头跃到另一个山头，对于扑火人员来说十分危险。火暴发生时，火头前方出现许多飞火，产生爆炸式的、快速的联合燃烧，大火头前方形成一片火海，火场面积扩大。火燃烧重型可燃物或两个火头相遇时，发生大小不一样的火旋风；火旋风小的直径只有50cm，大的可达100m以上，对扑火人员威胁极大，如图10-4所示。一般风速达到6～13.7m/s时，都能产生火旋风。对流柱，火场强大的热流、水蒸气，带着燃烧物上升时形成的塔状柱，在高空层风速大时，对流柱破裂，失去向上的飘散力，趋向水平飘移，使飞火传播到很远的地方。

(2）中强度火

火焰高度为1.5～3.0m，火的强度为750～3500kW/m，表土最高温度为399℃，土层0.76cm深处为280℃，土壤上层可燃物完全燃烧，使土壤裸露，枯枝落叶层烧成黑炭状，有40% ~80%的灌木树冠被烧毁，残留的树干直径为0.6 ~1.3cm，土层的颜色、结构无明显的变化。扑火人员直接扑火危险，必须采用开防火线等间接扑火方法，或待火势减弱后再扑打。

图10-4 火旋风

(3) 低强度火

火焰高度在1.5m以下，火强度小于700kW/m，土壤表面的温度为177℃，土层0.76cm深处温度为121℃，枯枝落叶层被烧焦，燃烧时产生黑灰，土壤剖面无变化，扑火人员可以采用机具直接扑打。

3. 按蔓延方向分类

根据蔓延方向，森林火灾的燃烧还分为上山火、下山火两种。

(1) 上山火

又叫冲火，是指由山下向山上蔓延的火，正如俗话所说的，火往高处走，水往低处流。由于谷风的作用，白天的上山火是顺风火，蔓延速度快，火势猛烈，难以扑救，如图10-5所示。上山火的速度与坡度成正比关系，坡度越大，火的速度越快，大约每增加20°，火的速度增加一倍。在夜间，上山火则受山风所抑制，是逆风火，其蔓延速度远远低于白天，夜间的上山火不容易蔓延到山顶，这也是夜间山火容易扑灭的原因之一。

(2) 下山火

又叫坐火，是指从山上往山脚蔓延的火，如图10-6所示。由于受山风的影响，夜间的下山火是顺风火。虽然夜间的下山火比白天的要快，但速度远不如白天的上山火，蔓延速度缓慢，容易扑救。白天的下山火受谷风的抑制，是逆风火，蔓延速度低于上山火，这也是白天下山火容易扑灭的原因之一。

图10-5 上山火

图10-6 下山火

所有的森林火灾都是这两种火灾的循环过程。一般风力小于三级，火从山脚开始，向山上蔓延，再越过山脊转向山下方向蔓延，风力达到四级以上，乱流火较多，火的蔓延方向和程序变化无常。

4. 按燃烧速度分类

根据燃烧的速度，还将森林火灾的燃烧还划分为快速、中速、慢速三种。

慢速火的火头前进速度小于 2m/min，中速火的火头前进速度为 2.1 ~ 20m/min，快速火的火头前进速度大于 20m/min。森林燃烧的速度主要取决于风力、可燃物类型和地形条件。

10.2.2　森林火灾的特点

1. 综合性

三种火灾（地表火、树冠火和地下火）的发展具有综合性

通常针叶林易发生树冠火，阔叶林易发生地表火。单纯性的森林火灾较少。如果草本层干燥，密集连续，地表火发展就极为迅速，尤其是采伐迹地，火势更强。由草本层燃烧的简单地表火火墙较窄，宽度通常为 5 ~ 8m。由草本和下层木共同燃烧的地表火较为猛烈，火墙宽度可在 15m 以上，扑救困难，造成大范围的过火面积。针叶林的枝叶富有油脂，自然整枝不良，下枝离地面近，在地表火的烘烤下，极易引起树冠火，通常在地表火过后 15 ~ 30min 内发生，其推进速度虽然较慢，但火势猛烈，使周围空气形成热浪，难以接近。

2. 间歇性

森林火灾蔓延主要受山谷风所控制，具有间歇性。

高山峡谷地带的风力作用主要来自于山风和谷风，谷风能加速火向上蔓延。在晴朗的天气，一般都有山谷风这种现象。谷风发生在上午 10 时左右，逐渐增强，到下午 3 时以后最大。山谷风有阵风性质，受其控制，山火在一天中也有盛期、中期、衰期。一般衰期主要在早上 4 ~ 10 时，地表火停止发展，树冠火变为冲冠火，有些冲冠火在烧掉枝叶后，火焰自动熄灭，火场内多数地段基本上是属于无焰燃烧状态，是扑火的最好时机。俗话说，山火不过夜，如果头天的火到次日上午 10 时以前没有扑灭，就要做好打恶仗的准备。盛期出现两次，午后 15 ~ 17 时和晚上 20 ~ 22 时。地表火和树冠火发展迅速，火灾温度高，风向多变，人员已经疲劳，指挥难度较大。另外，主沟的山谷风能够控制支沟的山谷风。因此，主沟发生的山火易向支沟方向发展，而支沟发生的山火不易向主沟方向发展。此外，山谷风还受大气候的影响，对山火的作用具有日际变化特点。火势蔓延发展的水平方向也受山谷风的影响。当谷风猛烈时，火势常在火场的上游一带扩展，当山风猛烈时，火势常在火场的下游一带扩展。

3. 复杂性

火势蔓延受地形因素影响，具有复杂性。

地形变化在很大程度上制约着火势的蔓延。在山势大转折（主要是坡向大转折）、窄谷和山脊上，多会出现自然终止燃烧的现象。大的山势转折处，由于反山气流的作用，上山火到山顶时，火势常常衰落，会停止发展。窄谷地段的风速加快，在“峡谷效应”的作用下分流之处，火势至此通常暂时中止。其次，在山区由山脚向山顶蔓延的火要受一些缓坡、小平地、陡坡和峭壁的小地形影响。因为谷风经过各种小地形时会形成很小的涡流旋，对火势蔓延能起阻碍作用。缓坡和陡坡上的火势蔓延快，不易扑救，而山坳、小平地上的火势蔓延速度减缓，是高山地带扑火的好时机。

4. 立体性

山地森林火灾常呈跳跃式发展，具有立体性。

由于山体高拔，沟谷狭窄，林火占有较大的垂直空间。除了水平推移外，还有跳跃式发展的特点，通常跳跃的距离多在500m以内。跳跃式燃烧的原因是球果或小枝燃烧后，随风吹至高空向远处落下后引起的，此时，火场周围在热浪的作用下，空气和林地进一步干燥，温度升高，一有火种，立即起火。

5. 反复性

林火虽有一般的蔓延规律，但常有反复，在山地林区表现更为突出。主要是余火相对隐蔽，地面无火无烟，使人难以警觉，到突然起火时，尽管有人在现场监护防守，也已措手不及，特别是在火场的边沿更为严重。其次可能是余火自燃问题。腐殖质在高温的作用下，出现可燃气体，一旦与外部空气中的氧气结合，即发生自燃。因此，对隐蔽的余火要高度重视，不仅要从烟、温度方面进行判断，还要反复翻挖，可用水浇灌的方法，使其不能反复。

10.3 人工灭火技术

扑救森林火灾的基本原理就是要破坏它的燃烧条件，消除燃烧三要素中的任何一个。因此，扑救森林火灾的根本方法有三种：① 隔离可燃物，使可燃物不连续；② 隔离空气，使空气中的氧气含量低于能够燃烧的下限；③ 散热降温，使燃烧处的温度降到燃点以下或使附近可燃物的温度达不到燃点。此外，还利用中断燃烧反应链，改变热解反应途径，稀释可燃气体浓度，使其降低到燃点以下等原理达到灭火的目的。

扑救森林火灾有两种方式，即直接灭火方式和间接灭火方式。直接灭火方式就是扑火队员利用灭火工具直接扑灭火灾，这一方式适用于中、弱度地表火。间接灭火方式是当发生树冠火和高强度地表火时，人无法直接灭火，这时需要创造一定条件达到灭火的目的。以下情况可采用间接灭火方式：

1）当火产生大量热和烟，人无法接近进行灭火时。

2）形成树冠火和地下火时。

3）为节约扑火力量，需要缩短火线时。

4）有可利用天然或人工隔离带时。

5）森林密度大，扑火队员行动不便且有危险时。

10.3.1 人工直接灭火

人工扑打灭火技术是最原始的一种林火扑救方法，常用于扑救中、弱度的地表火。人工扑打灭火的主要原理是稀释可燃气体的浓度，使它达不到着火浓度，同时还有降温、短暂隔离、窒息作用，该方法仅用于有焰燃烧。否则，扑打不当，就会提供更多氧气，使燃烧更旺。

常用的人工扑火工具有树枝条或捆扎在木棍上的橡胶条。在扑打时应注意以下事项：

1）扑打时，扑火队员站在火边外侧，由外向里，轻举猛抽，边抽边扫，扫拖结合，瞻前顾后，互相配合。将扑火工具与火焰成45°角，切忌使扑火工具与火焰成90°角，直上直下猛打猛落，以免助燃或使火星四溅，造成新的火点。

2）根据地形条件和火势强度，可1人为战，也可2～3人一组，沿火场两翼扑打。火势弱时，可单人单独扑打同一着火点；火势强时，扑火小组轮流扑打同一着火点。使用这种灭火方法，扑火人员体力消耗大，再加上烟熏火燎，坚持不了多长时间。因此，扑打时最好使用“交替战术”轮流作业。

3）扑打时，要沿火线逐段扑打，不可脱离火线扑打内线火，对陡峭的上山火，切莫迎着火头扑打，以防造成伤亡。

10.3.2　人工间接灭火

1. 人工开设阻火线灭火技术

人工开设阻火线隔离可燃物防止火势蔓延是最古老的灭火方法，就是组织人力利用手工工具开设阻火线，以此为依托点放迎面火，如果在林火蔓延前方有可利用的自然依托如河流、公路、铁路、小溪时，应沿着依托内侧边缘点放迎面火，烧除依托和林火之间的可燃物，使林火蔓延前方出现一条有一定宽度的无可燃物区域，达到拦截林火的目的，如图10-7所示。人工开设阻火线主要用于扑救火头、高强度火翼、林密时灭火人员无法接近的火线和不利于采取直接灭火方法的地表火。

指挥员要根据火场的实际情况确定开设阻火线的长度、路线和地点。同时，还要依据林火的蔓延速度和当时的条件来确定开设阻火线的速度及阻火线与林火的距离。阻火隔离线的宽度应考虑植被高度、火焰高度、当时的风力大小、地形条件及人力的多少等因素综合分析而定，风口、陡坡、树木及植被茂密的地段要加宽。

图10-7　人工开设阻火线

人工开设阻火线灭火技术适用于扑救林冠火和高强度地表火。这种方法实施简单，开设速度快，灭火效果好且安全。人工开设阻火线所需工具包括：油锯，点火器，标记带，锹、耙、斧，灭火机，水枪。

（1）人工开设阻火线方法

1）清除障碍。开设阻火线时，首先由油锯手带领开路组，沿标记路线伐倒和清除妨碍开设阻火线的障碍物，要把隔离带内的可燃物，如倒下的树木、杂灌等彻底清理掉，放在火场外侧，以防止火头烧到隔离带边缘时火势增大或造成飞火，增加扑救的难度。隔离带应按照事先确定的地点、走向、距离和标准全部贯通，不能留有不相连接的缺口。

2）开设简易带。在可燃物载量小的地带开设阻火线时，要在开设阻火线的内侧0.5～1m处挖坑取土，沿开设路线铺设一条30cm宽、3～5cm厚的简易生土带。如果时间允许，将生土带踩实效果更好。

3）开设加强带。在可燃物载量大的地段开设阻火线时，清除可燃物后，要挖一锹深、一锹宽的生土沟并砍断树根，把挖出的土覆盖在靠近阻火线外侧的可燃物上。

（2）注意事项

1）点火时，如有火越过阻火线，扑打组要迅速扑打；点火组此时要立即停止点火，等待扑打组越过阻火线之后再继续点火。

2）点火的速度不能过快，要与扑打组保持合适的距离。

3）点火时一定要沿阻火线内侧边缘点火。

2. 人工点烧火线灭火技术

人工点烧火线灭火技术是当发生强烈火灾时，已有的天然障碍物和人工防火线都不能阻挡，同时来不及在火头前方开设较宽的防火线时采取的应急方法。

人工点烧火线灭火技术是在火线前方一定的位置，通过人工点烧方法烧出一条火线，在人为控制下使这条火线向火场烧去，留下一条隔离带，从而达到控制火场扑灭林火的一种方法。这种灭火技术不仅可以用于阻截急进树冠火或急进地表火，使燃烧区前方的可燃物烧掉，加宽防火隔离带，也可以改变林火的蔓延方向，减缓林火的蔓延速度。

人工点烧火线灭火特点是灭火速度快，灭火效果好，省时、省力、安全。

人工点烧火线灭火适用范围包括：直接灭火法难以扑救的高强度地表火或树冠火；林密、可燃物载量大，灭火人员无法实施直接灭火的地段；有可利用的自然依托，如铁路、公路、河流等；在没有可利用的自然依托时，可开设人工阻火线作为依托，在可燃物载量少的地段采取直接点火，扑灭外线火。

（1）人工点烧火线灭火的点火方法

1）带状点烧方法。带状点烧方法是指以控制线（如河流、湖泊、公路、铁路等）作为依托，在控制线的内侧沿与控制线平行的方向，连续点烧的一种方法，具有安全、点烧速度快、灭火效果好的特点，主要在控制线条件好的情况下使用。

如图 10-8 所示，该方法具体实施时，可三人一组交替进行点烧，点烧时第一名点火手在控制线内侧适当的位置沿控制线向前点烧，第二名点火手要迅速到第一名点火手前方 5 ~ 10m 处向前点烧，第三名点火手迅速到第二名点火手前方 5 ~ 10m 处向前点烧。当第一名点火手烧到第二名点火手点烧的起始点后，要迅速再到第三名点火手前方 5 ~ 10m 处沿控制线继续点烧，直至完成预定的点烧任务。

图 10-8　带状点烧

2）梯状点烧方法。梯状点烧方法是指以控制线作为依托，在控制线内侧由外向里在不同位置上分别进行点烧，使点烧形状呈阶梯状的一种点烧技术。梯状点烧方法主要用于控制线不够宽、风向风速对点烧不利，但又需在短时间内烧出较宽隔离带的地段。

点烧时，第一名点火手要在控制线内侧距控制线一定距离处沿控制线方向先行平行点烧。当第一名点火手点烧出 10 ~ 15cm 的火线后，第二名点火手在控制线与点烧出的火线之间靠近火线的一侧继续进行平行点烧，其他点火手以此进行点烧。

如图 10-9 所示，该方法具体实施时，要结合火场实际情况，根据预点烧隔离带的宽度来确定点火手的数量。另外，在点烧过程中，要随时调整各点火手间的前后距离，勿使前后距离过大。

图 10-9　梯状点烧

3）垂直点烧方法。垂直点烧方法是指在控制线内侧一定距离处，由几名点火手同时或交替向控制线方向进行纵向点烧的一种技术。它主要适用于可燃物载量较小，控制线条件好的情况。

具体点烧时，各点火手应间隔 5 ~ 10m 位于控制线内侧 10 ~ 15m 处，交替向控制线方向进行纵向点烧。点烧距离较长或者需要在短时间内完成点烧任务时，可采取对进点烧，即从控制线的两端沿控制线进行相向点烧；分进点烧，即在控制线的一点向两侧相背点烧；多点分进点烧，即在控制线的各点向两侧进行点烧。

4）直角梳状点烧方法。直角梳状点烧方法是垂直点烧方法的一种变形，适用于可燃物载量特别少，控制条件好的情况。如图 10-10 所示，垂直点烧过程中，各点火手应间隔 5 ~ 10m 位于控制线内侧的 10 ~ 15m 处，交替向控制线方向进行纵向点烧。当点火手将火点烧到控制线一端时，点火手需要根据风向同时向左或右进行直角点烧，即先直点再平点，最终使各火线相连，火线呈“梳状”。

5）封闭式点烧方法。封闭式点烧方法是指在控制线内侧沿控制线平行方向逐层点烧的一种技术，属于多层带状点烧方法。它适用于可燃物载量大，控制线条件差，地形条件不利和风速大的情况。采用此方法时，首先要在控制线上确定点烧起点和点烧终点；然后，由起点向终点进行平行点烧，即进行带状点烧，这条带称为封闭带，当烧出的封闭带与控制线间有一定宽度后，根据该宽度确定点烧第二条封闭带的点烧位置，其他封闭带的点烧方法以此

图 10-10　直角梳状点烧

类推，这样通过点烧多条封闭带逐步加宽隔离带，从而达到阻火和灭火的目的，封闭带的点烧数量视火场具体条件而定。

（2）注意事项

1）采用人工点烧火线灭火方法时，各灭火组应协同灭火。除组织点火组外，还应组织扑打组、清理组和看护组。

2）在利用公路、铁路等控制线作为依托时，要在点烧前对桥梁和涵洞下的可燃物采取必要的防护措施，防止点火后火从桥梁、涵洞跑出；依托在坡上时，一定要从上向下分多层次点烧，以防点烧时火越过依托造成冲火、跑火。

3）当可燃物条件不利时，例如幼林、针叶异龄林、森林可燃物密集且载量大时，一定要集中足够的扑火力量，尽可能把点烧火的强度控制在可以控制的范围内。

3. 人工土埋灭火技术

人工土埋灭火技术是以土盖火，使火与空气隔绝，从而使火窒息，如用湿土灭火会同时有降低温度和隔绝空气的作用。土埋灭火的优点是就地取材，效果良好。

人工土埋灭火技术适用于枯枝落叶层较厚、森林杂乱物较多的地方，特别是林地土壤结构较疏松，如砂土或砂壤土更加便于取用。对于降低火势阶段和熄灭余火阶段的扑救效果明显，在火场清理中，用土埋法灭火来熄灭燃烧的风倒木、腐朽木等，防止死灰复燃也是十分有效的。

人工土埋灭火技术常用的工具介绍如下：

（1）手工工具。常用的工具有铁锹、铁镐。它们既能铲土，又能切断树根、草根，断绝火源，达到灭火的目的，还能灭余火、隐燃火或挖沟消灭地下火。

（2）喷土枪。喷土枪用于扑灭弱度、中强度的地表火。每小时能扑灭 0.8 ~2.5km 长的火线，比手工快 8 ~10 倍。

（3）拖拉机牵引开沟机。在林火蔓延的前方开沟形成生土带，以阻止地表火的蔓延，开沟机的旋转圆盘铣刀切削土层，并将泥土抛出沟外 15m（有效距离 8m），将沟的一侧杂草压倒，减缓林火的燃烧强度和速度，以利灭火队员扑火。

4. 人工催（增）雨灭火技术

人工灭火是用人工方法促使云层中悬浮的微水滴产生冰晶而形成降水至预定地点（火场），以降低森林燃烧强度或直接将林火浇灭。

(1) 人工催（增）雨的作用

准确地说，人工催（增）雨应为人工促进降雨，它不但是一种有效地灭火方法，而且也是一种较好的预防火灾的措施。在森林火灾发生前，可以对干旱林区实行人工促进降雨，降低该林区的森林燃烧性，预防森林火灾的发生；对于已经发生的森林火灾，此方法可以促使该火区早期降雨增加降水量，不但可以降低森林可燃物的燃烧强度，甚至可以把林火浇灭，协助扑火队灭火。

(2) 人工催（增）雨的方法

人工催（增）雨的方法主要有两种：一是在云层内引入致冷剂，促进局部云体冷却，而产生冰晶；一是在云层内引入人工冰核，由人工冰核产生冰晶。

对于缺少冰晶的稳定的过冷云（0℃或0℃以下），用飞机、火炮或火箭撒布足量的以形成固态冰核的催雨剂（干冰、碘化银、碘化铅、碘化铜等），由人工冰核产生冰晶而致雨；对于温暖的云层则撒布干冰、尿素和盐粉等作为催雨剂，使尚未达到下降质点的小水滴体积增大形成水滴而降雨。

(3) 人工催（增）雨的方式

一是飞机在云层中喷洒；一是用高射炮打上去，爆炸后散布。

(4) 人工催（增）雨的条件

人工催（增）雨灭火方法不但技术性强，而且必须有一定的条件。因此采取这种方法灭火，首要的条件是必须有符合条件的云体，没有云体就是“无米之炊”。因此，一定要和气象部门紧密配合，另外还要把致冷剂送入云层里，所以还必须有航空部门和军队的大力支持。

10.4 风力灭火技术

风力灭火技术是我国目前最普及的一种灭火方法，从十多年的实践看，风力灭火机不但是扑灭森林火灾的有效工具，也是火烧防火线、火烧草塘时驾驭火蔓延的有效工具，主要用于扑打地表明火和清理余火。风力灭火机的诞生不但使扑救森林火灾增添了一种新的方法，为扑火工具向机械化迈出了一大步，而且对预防与扑救森林火灾的诸多措施产生重大影响。图10-11为使用风力灭火机进行灭火。

图10-11　使用风力灭火机灭火

10.4.1 风力灭火机灭火原理

1. 降低可燃性气体浓度

高速气流稀释了可燃物热分解产生的可燃气体的浓度，使其达不到着火点的浓度，可燃物就不能进行有焰燃烧。如果气流的速度不足以使可燃物气体的浓度降低到着火点浓度以下，用这样的气流灭火就会适得其反。风力灭火技术只能用于扑灭有焰燃烧的火，不能用于扑救无焰燃烧的火。

2. 吹走热量降低温度

高速气流带走燃烧热量，使燃烧的可燃物的剩余热无法点燃未燃的可燃物。如果气流速度不够，其带走的热量有限，燃烧的可燃物的剩余热足以点燃未燃的可燃物，用这种速度的气流灭火也会适得其反，结果越吹越燃。因此森林灭火要求风速必须大于20m/s。

3. 吹散可燃物——切断可燃物的连续性

高速气流将一些轻型可燃物吹离火线，相当于隔离可燃物，阻止火的蔓延。

10.4.2 风力灭火机灭火方法

使用风力灭火机灭火主要有以下几种组合：单机灭火、双机灭火、三机灭火、四机灭火和五机灭火。单机灭火就是使用一部风机进行灭火，其他组合的灭火就是使用多台风机紧密配合，形成有机整体，合力灭火。图10-12为采用双机灭火的图片。

图10-12 风力灭火机双机灭火

因为风机出风口距离燃烧处越近，高速气流的强度越大，灭火能力越强，所以使用风力灭火机灭火总的要求是：风机手距离火的距离越近越好，风机手手持风力灭火机侧身于火线外侧。身体与火的距离，要视火的强度以及防护装备的状况而定。

10.4.3 风力灭火机灭火注意事项

使用风力灭火机灭火时，要注意以下几个问题：

1）要适当地左右摆动风力灭火机。对于瞬时不能灭掉的火线，要采取先易后难的办法，先把它周围的弱火灭掉，把比较顽固的火孤立起来，再一举灭掉。

2）风机手在灭火过程中，是用手油门来控制高速气流冲击力的。油门越大，风量越多，风速越高，冲击力就越强，所以在扑火的时候人们常常把手油门扣到底。实践表明这种做法不一定好。因为油门越大，耗油量越多；另外，油门大，转速高，风机本身所承受的力量就越大，进而对风机的损坏就越严重。因此，在灭火的过程中，不要把手油门始终扣到底，而是要视火的强弱，风机状态的好坏，不时地缓冲一下手油门。

3）风力灭火机手在灭火过程中要瞻前顾后，既要观察前进方向的火势变化，又要掌握身后被灭掉的火线是否有复燃的现象。当有复燃火出现后，要立即回过头来，趁复燃火小的时候，迅速把其扑灭（如有后续扑灭队员负责清理火场就不必如此），因此，前进的速度要放慢些。

10.5　化学药剂灭火技术

化学药剂灭火技术是使用化学药剂来扑灭林火或阻滞林火蔓延的一种方法，它比用水灭火的效果高 5～10 倍，特别是在人烟稀少、交通不便的偏远林区，利用飞机喷洒化学药剂进行灭火或阻火效果更明显。

10.5.1　化学药剂灭火技术原理

（1）覆盖理论

有些化学物质，能够在可燃物上形成一种不透热的覆盖层，使可燃物与空气隔绝，还有一些化学药剂受热后覆盖在可燃物上，能控制可燃性气体和挥发性物质的释放，抑制燃烧。

（2）热吸收理论

有些化学物质，如无机盐类等在受热分解时，能够吸收大量的热量，使温度降低，可以减缓燃烧速度；当温度降到燃点以下时，燃烧将终止。

（3）稀释气体理论

有些化学药剂受热后放出难燃性气体或不燃气体，能稀释可燃物热解时放出的可燃性气体，降低其浓度，同时降低局部空间的空气中氧气的含量，从而使燃烧减缓或停止。

（4）化学阻燃理论

有些化学药剂受热后能直接改变可燃物的热解反应，能使可燃物纤维完全脱水，使可燃性气体和焦油等全部挥发，最后变成碳，使燃烧作用降低。

（5）卤化物灭火机理

利用卤化物的游离基捕捉燃烧链式反应所必须的游离基，中断燃烧反应链。

10.5.2　化学灭火剂的种类

根据化学灭火剂喷洒后的有效期，可分为短效和长效两种灭火剂。

（1）短效灭火剂

一般指药剂喷洒后不能长期粘附在可燃物上，经不起雨水冲洗、高温蒸发，不能长期保持有效阻火作用。

（2）长效灭火剂

指药剂喷洒后，能牢固地粘附在可燃物上，长时间保持有效阻火作用，当水分蒸发后仍然有明显阻火效果。

10.5.3　森林化学灭火剂的成分

1）主剂：起主要灭火或阻火作用的药剂，主要以磷酸铵、硫酸铵和水氯镁石等为主。

2）助剂：起增强和提高主剂阻灭火的效能。

3）湿润剂：能起到降低水的表面张力，增加水的浸润和铺展力。

4）粘稠剂：增强灭火剂的粘度和粘着力，减少其流失和飘散的化学药剂。

5）防腐剂：防止和减少灭火剂对金属的腐蚀和自身腐败的药剂。

6）着色剂：在灭火剂中加入的染料，便于识别喷洒过的药带，以利于药带的衔接。

10.5.4 常用化学灭火剂的组成成分及配制方法

1. 704 型森林化学灭火剂

704 型化学灭火剂的组成成分（按质量百分比）为磷酸铵肥 29%、尿素 4%、水玻璃 1.3%、洗衣粉 2%、重铬酸钾 0.25%、酸性大红 0.1%、水 63.35%。

704 型化学灭火剂的配制方法如下：

1）配方中除水和水玻璃外，各成分按比例混合粉碎，并于60℃以下干燥4h，呈浅红色粉末，粒度为 40 ~ 60 目，为避免吸潮应用塑料袋包装。

2）配药罐中加入所需量的大部分水，按需量称出袋装混合药剂，在搅拌的作用下，慢慢加入配药罐中，使其充分溶解。

3）用大桶称出所需量的水玻璃，用剩余量的水稀释，在搅拌作用下倒入配药罐中备用。

2. 75 型森林化学灭火剂

75 型化学灭火剂的组成成分（按质量百分比）为硫酸铵 28%、磷酸铵肥 9.3%、膨润土 4.7%、磷酸三钠 0.9%、洗衣粉 0.9%、酸性大红 0.1%、水 56.1%。

75 型化学灭火剂的配制方法如下：

1）配药前先将配药罐洗刷干净。

2）在配药罐中加入所需量的水，边搅拌边慢慢加入所需量的膨润土，浸泡过夜。

3）在浸泡过夜的膨润土泥浆中，加入所需量的磷酸三钠，充分搅拌均匀后，分别加入所需量的磷酸铵肥、硫酸铵、洗衣粉、酸性大红，搅拌溶解，备用。

3. 82-3 型森林化学灭火剂

82-3 型化学灭火剂的组成成分（按质量百分比）为水氯镁石 53.3%、硫酸铵 3%、膨润土 3%、洗衣粉 1%、酸性大红 0.1%、重铬酸钾 0.25%、水 39.35%。

82-3 型化学灭火剂的配制方法如下：

1）灭火剂各种成分准备好后，必须严格按以下顺序配制：水→洗衣粉→膨润土→硫酸铵→水氯镁石→酸性大红→重铬酸钾。

2）在药罐中加入所需量的水、洗衣粉，稍加搅拌后，加入膨润土，继续搅拌 10 ~ 15min，再加入硫酸铵进行搅拌，呈粘稠状后，加入水氯镁石和酸性大红、重铬酸钾，搅拌至全部溶解即可使用。

10.5.5 化学灭火剂的使用方法

用飞机喷洒化学药剂灭火主要有两种方法：一种是喷倒式喷洒，用于直接灭火；另外一种是喷洒隔火带，阻截林火的蔓延。

10.6 爆炸灭火技术

扑救森林火灾中，爆炸灭火是一种十分有效的灭火方法，最常用的方法是使用索状炸药实施灭火，不受林火种类的限制。

10.6.1　爆炸灭火技术原理

爆炸灭火技术原理主要有以下几个方面：

1）爆炸时可以吸收大量氧气，使燃烧处空气中的氧气含量降低。

2）爆炸时气浪可以产生比风力灭火机还要大的冲击力。

3）爆炸炸起来的砂、石、土可以把可燃物覆盖起来，使可燃物隔绝空气，降低温度，终止燃烧。

4）爆炸后，形成的土坑、土沟可以破坏森林可燃物的连续性。

10.6.2　爆炸灭火方法

实践证明，爆炸灭火方法对于扑救和阻截高强度地表火和地下火是非常有效的，所以世界上有不少国家都在研究使用，据记载前苏联很早就开始使用这种灭火方法了。

1. 灭火弹

灭火弹是由导火线、雷管和灭火药剂（有水剂和干粉两种）组成，由人携带，抛向燃烧处爆炸灭火。

2. 灭火炮

燃烧区高温、灼热，扑火人员无法接近火场的时候，采用一种发射装置，将灭火弹迅速而准确地射向火场，达到灭火、隔火或降低火势的目的。据资料记载，它是利用气泡中压缩气体达到一定压力时（15~20个大气压），使0.5mm厚的钢纸片破裂，将灭火弹抛到火场实现其自行爆炸。

3. 灭火炸药

炸药灭火多适用土壤粘重、土层深厚的原始林区。

4. 索状炸药

索状炸药又称带状炸药。采用索状炸药灭火时，可分为单点爆炸和带状爆炸两种，索状炸药灭火运用起来比较繁杂，需要一定的器材，如雷管、导火索、电线、无线电遥控收发机等。

（1）索状炸药的技术性能

索状炸药的爆破速度为6000m/s，单根长度为100m，可多根连接使用。它的单根爆破宽度为1.92~2.2m，具有抗枪击、抗摩擦、抗碾压、抗撞击、抗高空坠落和抗火烧等特点，因此是一种比较理想的灭火装备。

（2）使用索状炸药的灭火方法

1）扑救地表火时的使用方法。在扑救地表火的过程中，如遇到高强度火头，扑火人员无法接近实施灭火时，可在火头前方合适的位置铺设索状炸药，实施引爆，炸出1.92~2.2m宽的阻火线后，沿阻火线的内侧边缘点放迎面火，造成阻火线和火头之间出现一个无可燃物区域，达到扑灭火头的目的。

在扑救地表火中，如遇大弯曲度火线时，可在弯曲的火线之间铺设索状炸药炸出阻火线，并烧除阻火线内的可燃物取直火线。

在拦截火头时，可在火头前方一定的距离外，先选择有利的地形，横向铺设索状炸药实施爆破，开设阻火线，并在阻火线内侧点放迎面火拦截火头。

2）扑救树冠火时的使用方法。在所需开设隔离带的位置利用索状炸药，炸倒隔离带内的所有树木，具体方法是在树的根部缠绕3~5圈索状炸药引爆，就会炸倒几十厘米粗的树木。在森林郁闭度小的地带，可采用索状炸药开设隔离带实施灭火。

3）扑救地下火时的使用方法。在使用索状炸药扑救地下火时，可在燃烧的火线外侧合适的位置直接铺设索状炸药进行引爆，开设阻火线；然后，在对阻火线进行简单的清理后，沿阻火线内侧边缘点火烧除阻火线内侧的可燃物，达到灭火的目的。在用索状炸药开设阻火线的过程中，如遇到腐质层的厚度超过40cm时，应先在腐质层开一条小沟后，把索状炸药放入沟内引爆，以提高效果。根据腐质层的厚度，可进行重复爆破，加宽和加深阻火线的宽度和深度，也可利用索状炸药炸断腐质层。

4）清理火场时的使用方法。在清理火场时，可利用索状炸药炸倒火线边缘正在燃烧的树木及枯立木，可炸断横在火线上的倒木，也可在火线边缘实施爆炸，清理火线。

5. 硝铵炸药

在火未到之前，先把炸药安放在确定的位置上，火到爆炸后，可直接灭火，又可形成隔火带。

炸药爆炸灭火技术性很强，必须由经过训练的专业队伍操作，并严格遵守安全操作规则。

10.7 常用森林灭火装备与机具

随着科学技术的发展和人类对森林火灾认识的不断深入，灭火方法和灭火装备也日趋活跃，森林火灾中常见的灭火装备主要有手工具、灭火机、灭火弹、点火器等。

10.7.1 手工具

常用的灭火手工具主要有一（二、三）号工具、斧子、铁锹、手锯等。

1. 一号工具

用树枝或把树条子捆成扫把进行灭火，通常称为一号工具。

2. 二号工具

把用废旧轮胎剪切成条，每条约80~100cm长、2~3cm宽、0.12~0.15cm厚，共需20~30根，用铆钉或铁丝固定在1.5cm左右长、3cm左右粗的木棒上制成的扑火工具，称为二号工具（如图10-13所示）。

3. 三号工具

将上述的二号工具头部改用5条规格4cm×0.5cm橡胶合成条组合，在扑火时起到缓冲作用；其工具杆为1.5cm×2.5cm（直径）的铁管，称为HLG-1号工具。在此基础上，将工具杆改成1.5cm×2.5cm（直径）的镀锌管，工具头部改为钢网，改进成HLG-2号工具，称为三号工具。

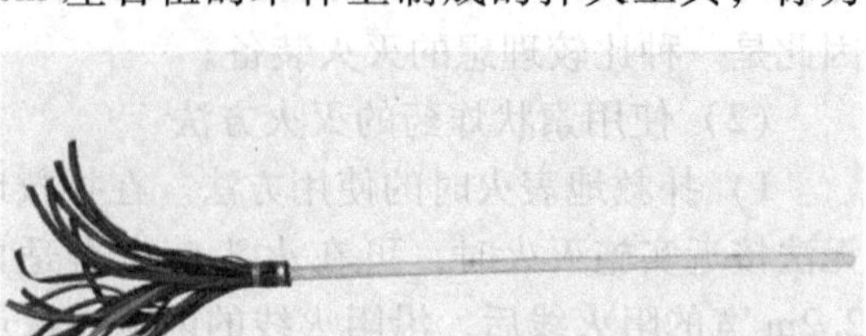

图10-13　森林消防二号工具

10.7.2　风力灭火机

风力灭火机是利用产生的强风把可燃物燃烧释放的热量吹走，稀释可燃气体浓度，使火熄灭，主要由汽油机、离心式风机叶轮和多功能附件组成。离心式风机叶轮直接与汽油机输出轴联结，叶轮旋转时产生高速气流。风力灭火机只能用于灭明火，不能灭暗火。

6MF-26 型便携式风力灭火机（见图 10-14）是一种既可用于风力灭火，又可换装成油锯使用的新型多用途动力机具，它轻巧、灵便，风速高、风量大，操作简便，可以有效地扑灭中、低强度的森林和草原火灾，是森林和草原防火的必备工具。

图 10-14　风力灭火机

10.7.3　灭火弹

灭火弹是一种装填磷酸二铵盐等灭火材料的手投灭火器（见图 10-15），适用于扑救可燃液体、固体、电气设备和森林等火灾。该弹采用针刺点火方式，弹体内的火药燃烧产生爆炸气体将弹体爆开，利用冲击波效应和灭火剂分散灭火，结构简单，操作容易，携带方便，安全可靠。

图 10-15　森林灭火弹

10.7.4　点火器

点火器主要在以火攻火，点火自救时使用，是专业消防队不可缺少的工具之一。常见的点火器有以下几种。

1. DH-2 型滴油式点火器

该点火器由可背负的油桶、输油管、手把开关、点火杆和点火头组成，可使用混合油（70% 左右的柴油加 30% 左右的汽油），油桶装油后打开油门开关，油自油桶经输油管流入点火头渗透芯子，用火柴即可点燃。

2. HLDH-2 点火器

采用纯汽油，使用前先把燃油从油桶上的油嘴加入，使用时靠油的自重流淌，油成串滴下，点火杆头上有火，形成带火的油滴，滴落下去，引燃可燃物，进行点火作业。

10.8 森林火灾扑救指挥原则与实例

10.8.1 森林火灾扑救的指挥原则

扑救森林火灾是一项十分危险、艰巨、复杂的任务，各级指挥员在扑火中会遇到各种复杂、危险情况。为了能使各级指挥员在错综复杂的情况下，保证扑火安全，并能迅速扑救森林火灾，必须坚持扑火原则。

森林火灾扑救指挥的根本目的在于统一行动，最大限度地发挥扑火队伍的战斗力，确保实现“打早、打小、打了”的扑火原则，把森林损失降到最低限度，有效保护森林资源、生态环境和人民生命财产安全。其主要任务是遵循灭火的根本目的、战略思想、灭火原则和上级的指示、命令，并对火场进行侦察，判断情况，拟订灭火方案，下达指令，调动部队组织协同，保障供给和督促检查。

1. 速战速决

速战速决是整个灭火原则中的核心部分，能否实现速战速决，关键取决于各级指挥员能否抓住有利的灭火时机。

根据山地森林火灾发生规律，要抓住以下四个扑火有利时机：① 山火初起时的初发火；② 风小火弱的夜间火；③ 黎明前有露水的凌晨火；④ 从山上向山下蔓延的下山火。

2. 因地制宜

在扑火过程中，火线指挥员要根据火线的变化（火势变化、地形因素、可燃物因素和气象因素）可交替使用间接灭火和直接灭火及其他各种不同的灭火方法。例如，原准备采取以火攻的灭火手段来扑灭的某段火线，但由于风向或风力的变化，有利于采取直接灭火措施时，为了减少森林损失，应果断地改变灭火方法，并根据各种灭火方法实施时的具体要求随时调整兵力。反过来，原准备采取直接扑打的火线，因发生某种变化有利于间接灭火时，也应及时地改变灭火方式。

3. “四先、两保”

指挥扑火时，为了迅速有效地扑灭林火，各级指挥员都必须坚持“先打火头，先打草塘火，先打明火，先打外线火；保证会合，保证不复燃”。

1）先打火头。火头在整个火场中蔓延速度最快、火强度最大、火焰最高，对森林的破坏也最严重。因此，一个大火场只有先把火头扑灭，才能有效地控制和扑灭整个火场。

2）先打草塘火。林间的草塘是林火的“快速通道”，所以林火在草塘中发展速度十分迅速，如顺风，要比林内火的蔓延快很多。火头顺草塘燃烧过后，草塘中的两个火翼将迅速向两侧的山上蔓延形成冲火，能够迅速扩大火场面积。草塘是林火发展中的险段，只有先将险段扑灭，才有可能使整个火场转危为安，才有可能取得灭火的全胜。

3）先打明火。在扑救地表火和树冠火时，必须组织力量先将明火彻底消灭，控制火势发展，然后再清理火场彻底扑灭暗火。

4）先打外线火。由于林内可燃物比林外可燃物含水率高，另外林外的风速比林内高，因而林外火的蔓延速度快于林内火的蔓延速度。有时林外的火已经发展到几千米以外，而林内的火还在缓慢燃烧，这样很容易形成内线火和外线火。如果先进入或误入内线灭火而不先控制外线火，就会使整个扑火计划遭到失败。

5）保证会合。扑救林火时，各部之间都必须在火线实现会合。各部之间是否能够在火线按时会合是直接关系到整个灭火计划成败的关键所在。只有实现各部之间的会合，才能保证对整个火场的全线合围，才能取得扑灭明火阶段的胜利。因此，在森林灭火中一定要做到坚决会合。

6）保证不复燃。在扑救林火中，扑灭明火是一项非常重要的任务。将明火扑灭后，清理火场，保证不复燃也同样重要，否则会造成火场复燃，甚至造成更为严重的后果。为此，明火扑灭后，一定要认真清理火线，保证不复燃。

4. 集中优势力量

在小火场扑火时，一般应集中1/3或1/2的扑火力量从火头的两翼接近火线进行灭火。

在林火初发阶段，应集中优势力量，一鼓作气，迅速扑灭林火。在扑火的关键地段、关键时刻（当火刚越过隔离带或阻火线将要形成新的火区时），应集中优势力量，聚而歼之。对于可一举歼灭的低强度火线，要集中优势力量全力扑灭。

在火场面积大、火势猛、兵力不足时，应集中优势力量首先控制火场的主要火线，暂时放弃火场的次要火线。次要火线要等待增援或控制主要火线后，再进行灭火力量的调整，从而使火场局部的灭火力量形成绝对优势。

5. 化整为零

在火势弱、火线长、林火蔓延速度慢、火强度低时，清理火线应采用化整为零的原则。

在火势弱、火线长时，应把扑火队化整为零，采用长线分段或短线分段的方法，对整个火场形成全线合围进行扑打。

扑打火翼时，如果火势不强，也可化整为零。

扑打火尾时，因其火势弱、蔓延速度慢，也可化整为零使用兵力进行扑打，防止风向发生变化使火尾变成火头或火翼。

清理火场时，要化整为零使用扑火力量，按清理要求全面展开，确保火线不复燃。

6. 抓关键、保重点

1）抓关键。抓关键是指抓住和解决灭火中的主要矛盾，扑火时首先要控制和消灭火头或关键部位的火线。火头是林火蔓延的关键部分，因此控制火头是灭火中的关键，只有迅速扑灭或有效控制火头，才能消灭林火。

2）保重点。保重点是指以保护主要森林资源和重点目标安全为目的所采取的扑火行动。为了实现对重点区域和重点目标的保护，扑救林火时，必须根据火场实际情况相应地使用有效灭火方法，对重点目标、重点区域加以保护。

7. 打烧结合

打烧结合指在实地灭火中，本着能打则打，不能打则烧的原则，以打为主，以烧为辅，打烧结合。

直接灭火是扑火中的主要手段，在实际扑火中必须体现以打为主的原则，要根据火场实地的气象、地形、可燃物和火势等情况，分析是否能够采取直接灭火手段，只要有利于直接灭火，指挥员就应调动灭火力量扑火。在无法直接扑打或不利于直接扑火的条件下，应采取以火灭火或其他的间接灭火方法。

采取“烧”的时机与条件。扑救林火时，“烧”也是不可缺少的灭火方法之一。当无法采取直接灭火手段或有利于以火灭火时，就要考虑采取“烧”的手段。因此，在扑救林火中不能忽视这种方法。在以下情况下可采取“烧”的手段：火强度大、蔓延速度快、扑火队员无法接近火线时；在扑救连续型树冠火，无法采取直接灭火手段时；在火场附件如有可利用的地形时，应采取间接扑火手段，利用依托点放迎面火；当火势威胁重点区域或重点目标（如林间村屯、仓库、油库、储木场、自然保护区、珍贵树种林等）时；拦截火头时，可在火头前方选择有利地形，采取以火灭火的方法拦截火头；遇到双舌形火线时，可在火的两个舌部顶端点火，把两个舌形火线连接起来，扑灭外线火；遇到锯齿形火线时，应在锯齿形火线外侧点火，把火线取直，然后再扑灭外线火；遇到大弯曲度火线时，要在两条最近的火线之间点火，把两条火线连接在一起，再扑灭外线火；难清地段的火，在难清地段外侧选择较好清理地带，点火扑灭外线火，使难清地段变成内线火。

8. 协同作战

协同作战是取得整个火场灭火全胜、速胜的一条十分重要的扑火原则。坚持协同作战、积极主动是取得灭火胜利的一项重要保证。

为更有效地保护森林资源，保证灭火的胜利，扑救林火时，必须树立全局观念，要坚决克服本位主义，积极主动地与友邻队伍协同合作，争取扑火的速胜、全胜。

10.8.2 森林火灾扑救实例分析——大黑山森林火灾

1. 火灾情况

2004年7月底，位于内蒙古和辽宁两省交界的大黑山北部林区因雷击而引发火灾。7月28日，林区工作人员从卫星云图上观测到大黑山北部林区有多处高密度云图，并经地面护林人员核实后，发现在红石砬子、他拉皋、牦牛营等地区先后出现了3处火点，尽管护林队已和当地居民配合灭火，但火势还在蔓延。当日白天火场最大风力达到四级，火场明火点呈插花形分布，火势比较猛烈，扑救难度大。晚间，火区刮起五六级大风，火场借助风势重新蔓延，有的火头浓烟高达20多米，东部一个火头迅速向大黑山公路方向扩展，最近处离公路仅4km。29日卫星云图观测表明，着火点已从3处扩大到5处。着火区都是没有人烟的天然林区，林型主要是马尾松、偃松、落叶松、石塘林。这些地区由于远离公路，交通不便，只能靠直升机运送人员和给养；并且山高林密，马尾松较多，人员行走非常困难，影响了扑火队的机动性；火场较多，而且分散，无法快速集中优势力量快速灭火；同时由于火场干旱高温，地面可燃物较厚，形成了地下火，又没有水源，所以扑救难度较大。

2. 扑救情况

火灾发生后，有关部门尝试进行人工增雨，但因天气条件不利，当地气温居高不下，增雨效果不明显。7月29日，内蒙古森警总队所属的防火空降分队接到出警命令后，迅速乘直升机出发。分队受领任务后，行程400多公里到达指定地域。索（滑）降中队在较短的时间内分别用他们随身携带的油锯快速开辟了2个机降场地，为后续部队快速增援创造了条件，同时运用海事卫星和GPS定位系统向指挥部汇报火场的准确位置和现场情况。由于火场均处于原始森林和自然保护区，扑火人员输送非常困难，经省林业厅协调，紧急调动2架直升机赶赴火场，实施机降灭火，2架直升机机组每天平均飞行达6h以上，运送灭火队员200人，给养物资10t以上。而此时，内蒙古森警总队派出的部队和省林业厅调集的灭火人员，也从公路边开始徒步靠近火场并投入扑救。截至7月30日中午，600名武警官兵和朝阳市紧急调集的东官、西官、娄家店、北四家子、黑城子、三宝等各乡1300多名专业扑火队员和村民，赶赴火场参加扑火。在这次灭火过程中，首次投入使用了战区兵地要志系统，使用该系统比用常规方式了解火场情况的速度提高了近2倍。火场地理信息是分析火情的前提，灭火队员通过兵地要志系统，察看火场的道路、植被、可燃物、地形、水源、过火次数、面积和等级等情况。火场气象信息是指挥决策的基础，灭火队员从网上进入地区防火办地理气象信息、地区气象局天气预报网和地区卫星遥感中心火险预警信息网，实时调阅火区的气象信息，卫星遥感地图直接送到指挥员的手中，指挥员随时掌握灭火作战的进展情况。火场的蔓延情况是科学指挥的条件，灭火侦察小组把火线长度、地理坐标、林火强度和交通条件等情况传给指挥员，指挥员根据掌握的火场地要情况、天气情况和火灾发展情况，科学有序地调整战斗部署。到场的灭火队员采用直接扑打灭火、风力灭火、水灭火相结合的办法灭火，灭火中采用了新型风力灭火机、灭火水枪、灭火弹等高科技设备。新型风力灭火机和干粉枪干粉车在灭火中发挥了巨大作用，一台风力灭火机相当于25~30名灭火队员用手工工具的灭火效果，当发生紧急情况时，干粉枪干粉车起到了快速高效的灭火作用。消防车、给水车也都投入了战斗。在灭火中还使用了人工降雨的方法，7月30日和8月1日，1架人工增雨飞机先后在火区上空进行了4次人工降雨作业，使火场周围0.5万多平方公里的范围内普降小雨到中雨，这对扑灭森林大火起到了极为重要的作用。飞机也参与了载水灭火，从8月1日起，2架飞机在火区进行了几十架次的灭火飞行，飞机每次载水2t，短短10分钟，飞行灭火面积就可达2000m^2。7月30日经过扑救，位于他拉皋的2号火场已得到控制，但火场仍有明火。武警队员用锹和镐挖出了宽1.5m、深0.6m的生土层隔离带约100km，将这个火场全部封控。由于复杂的地势地形、呈插花状分布的众多起火点，使其他火场火情一时难以控制。大火仍继续缓慢向西、南推进，这时在火头前方，灭火队已用DH-1型滴油式点火器点烧了两个长度分别为20km和30km的马蹄形的阻火隔离带，为了监护隔离带可燃物的燃烧情况，消防车穿梭往来于已经点过火的防火线路上，用水枪将距防火线50m以内的枝桠、堆垛等的明火全部消灭并及时扑灭进入内线的飞火，由于顺利开辟了防火隔离带，阻止了火势向原始森林方向蔓延。8月2日大火被控制，明火基本扑灭，尔后又打通加宽了整个火区260km长的防火隔离带，5个火场将外围的隔离带加宽30~50m，同时有选择地扑打圈内残留的明火。给水中队采取多泵连接、以水灭火的清理方法，仅用2小时的时间，就在坡度为20°~40°的山坡上铺设2000m管线，直接把水输送到了火线，大大提高了清理效果，解决了清理火场难的问题。8月3日消灭了最后一个火点，取得了灭火的最后胜利。

思考题

1. 在扑救林火中，是否有必要同时彻底地破坏燃烧三角中的三个要素？
2. 人工点烧火线灭火技术，有哪些不同的点烧方法？
3. 开设隔离带时，应把清除的可燃物放在隔离带的内侧还是外侧，为什么？
4. 使用风力灭火机灭火需要注意哪些事项？
5. 化学灭火剂由哪些成分组成？其作用是什么？
6. 爆炸灭火有哪些不同的炸药类型？
7. 索状炸药在扑救地表火时应注意哪些事项？
8. 扑火指挥员应抓住哪些扑火有利战机？

第 11 章

矿井防灭火技术

矿井火灾是煤矿主要灾害之一。矿井火灾一旦发生，轻则影响安全生产，重则烧毁煤炭资源和物资设备，造成人员伤亡，甚至引发瓦斯、煤尘爆炸，导致灾害范围的扩大，因此矿井火灾的防治是煤矿安全生产的重要保证。

11.1 矿井火灾概述

11.1.1 矿井火灾的概念、构成要素、分类及特点

1. *矿井火灾的概念*

凡是发生在矿井井下或地面，威胁到井下安全生产，造成损失的非控制燃烧，均称为矿井火灾。如地面井口房、通风机房或井下传送带着火、煤炭自燃等都是非控制燃烧，均属于矿井火灾。它与矿井瓦斯、矿尘、矿井水灾和顶板冒落事故一起被统称为煤矿五大灾害。而且矿井火灾与瓦斯、煤尘爆炸常常是互为因果的，可相互扩大危害的程度，是酿成煤矿重大恶性事故的直接原因之一。

2. *矿井火灾构成要素*

矿井火灾发生的原因虽然多种多样，但构成火灾的基本要素归纳起来有热源、可燃物、空气三个方面。

（1）热源

具有一定温度和足够热量的热源才能引起火灾，在矿井里煤的自燃、瓦斯和粉尘爆炸、爆破作业、机械摩擦、电流短路、烧焊及其他明火都可能成为引火的热源。

（2）可燃物

在煤矿井下，煤本身就是一个大量而且普遍存在的可燃物。另外，坑木、各类机电设备、各种油料、炸药等都具有可燃性。

（3）空气

煤矿开采过程中，要源源不断地向井下通风，风流中的氧气则是维持燃烧所不可缺少的条件。

以上三要素的同时具备才能形成一场火灾。因此，如果将矿井火灾的发生比做一个整体的环形，则三要素就是组成其环形的三分环。如图 11-1 所示，缺少任何一个分环将不成为火灾的环形，矿井火灾就无法发生或持续。

3. 矿井火灾的分类

(1) 按引火热源分类

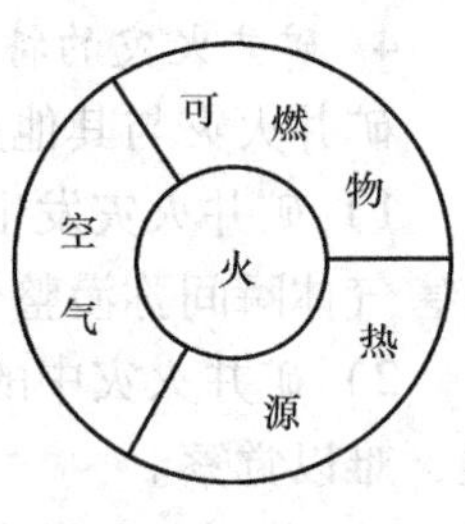

图 11-1　火灾环形构成示意图

按引火热源的不同，矿井火灾可分为外因火灾、内因火灾两大类。

外因火灾是指由于外来热源如瓦斯粉尘爆炸、放炮作业、机械摩擦、电气设备运转不良、电源短路以及其他明火、烧焊等引起的火灾。外因火灾一般发生突然、来势迅猛，假如不能及时发现和控制，往往很容易酿成重大事故。在矿井火灾的总数中，外因火灾所占比重固然较小（10%左右），但不容忽视。据统计，我国煤矿发生重大、特大火灾事故中，90%以上属于外因火灾引起的。外因火灾多发生在井口、井筒、井底、机电硐室、炸药库以及安装有机电设备的巷道或工作面。外因火灾发生时一般是从燃烧物的表面开始，假如及时发现和采取有效措施，则可以将火势控制。

内因火灾是指煤在一定条件下，如破裂的煤柱、煤壁或堆积的浮煤，有一定的漏风供给，煤自身将发生物理化学变化→吸氧→氧化→发热→聚热→着火的过程。内因火灾的发生，往往伴有一个孕育的过程，往往在自燃初期可以发现征兆。但是一般内因火灾的火源位置比较隐蔽，经常发生在人们难以进入的采空区或煤柱内，要想正确找到火源位置比较困难。因此，内因火灾直接扑灭的难度大，其发生时可以持续数月、数年、甚至长达十年之久。

(2) 按燃烧物分类

根据燃烧物不同，分为坑木火灾、油料火灾、火药燃烧火灾、机电设备火灾、煤炭自燃火灾、瓦斯燃烧火灾等，具体如图 11-2 所示。

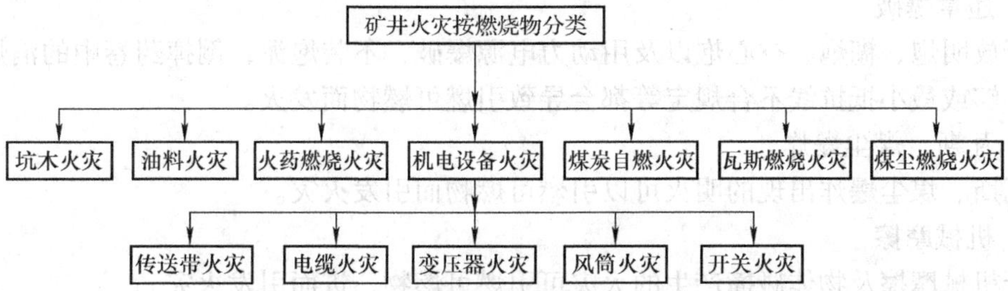

图 11-2　矿井火灾按燃烧物不同分类示意图

(3) 按发火地点分类

按发火地点不同，可分为地面火灾、井口火灾、井筒火灾、巷道火灾、采面火灾、煤柱火灾、采空区火灾等。

(4) 按发火点对矿井进风的影响分类

根据发火点对矿井进风的影响，可分为上行风流火灾、下行风流火灾和进风流火灾。

(5) 按引火性质分类

根据引火性质还可分为原生火灾与次生火灾。次生火灾系指由原生火灾而引起的火灾。在原生火灾的燃烧过程中，含有尚未燃尽可燃物的高温烟流，在排烟的通道上，一旦与风流汇合，获得氧气的供给很可能再次燃烧。

4. 矿井火灾的特点

矿井火灾与其他火灾有着本质的区别，其明显的特点主要体现在：

1）矿井火灾发生往往都发生在一个有限的空间内和有限的风流中，一旦发生，则有毒有害气体瞬间弥漫整个井下，极易造成人员的伤亡。

2）矿井火灾中的煤自燃，其发生发展过程非常缓慢，且位置比较隐蔽，外部征兆不明显，难以觉察。

3）井下一旦发生火灾，极易引起瓦斯燃烧、瓦斯爆炸和煤尘爆炸事故的发生，从而导致灾情进一步扩大。

4）易产生火风压，改变井下风流流向。

5）井下空间狭小，矿井进风及巷道联通关系复杂，供风量有限，发生火灾时工人避灾会受到井下环境条件的限制。

11.1.2 矿井火灾成因及危害

1. 外因火灾发生的原因

据调查分析，形成外因火灾的原因有以下几种：

(1) 明火

井下吸烟、焊接等都能引燃可燃物，导致外因火灾发生。

(2) 电火花

主要是由于电气设备性能不良、管理不善造成的，如电钻、电动机、变压器、开关、接线三通、电铃、打点器、电缆等出现损坏，用电器过负荷、短路等，引起电火花，继而引燃可燃物。

(3) 违章爆破

由于放明炮、糊炮、空心炮以及用动力电源爆破，不装炮泥，倒掉药卷中的消烟粉，炮眼深度不够或最小抵抗线不合规定等都会导致引燃可燃物而发火。

(4) 瓦斯、煤尘爆炸

因瓦斯、煤尘爆炸出现的明火可以引燃可燃物而引发火灾。

(5) 机械摩擦

由于机械摩擦及物体碰撞产生的火灾可引燃可燃物，进而引发火灾。

2. 内因火灾发生的原因

关于煤炭自燃的原因，人们普遍认可的是煤氧复合作用学说，其主要观点是：煤在常温下吸收空气中的氧气，产生低温氧化，释放热量和初级氧化产物，由于散热不良，热量聚集温度上升，加速了低温氧化作用的进程，最终导致自燃发火。

煤炭自燃必须同时具备以下三个条件：

1）煤炭具有自燃的倾向性，并呈破碎状态堆积存在。

2）连续的通风供氧维持煤的氧化过程不断发展。

3）煤氧化生成的热量大量蓄积，难以及时散失。

3. 矿井火灾的危害

矿井火灾对煤矿生产及职工安全的危害主要体现在以下几个方面：

(1) 产生大量有害气体

矿井火灾对人身的危害主要是在火灾发展过程中产生大量的有毒有害气体。煤炭燃烧会产生一氧化碳、二氧化碳、二氧化硫、烟尘等。另外，坑木、橡胶、聚氯乙烯制品的燃烧也会产生大量的一氧化碳、醇类、醛类以及其他有机化合物，这些有毒有害气体随风扩散，从而伤及井下工作人员。据国内外统计，在矿井火灾中，95%以上的遇难者是死于烟雾中毒。

（2）在火源及近邻处产生高温

矿井火灾时，火灾及近邻处的温度达1000℃，高温往往引燃近邻处的可燃物，使火灾范围迅速扩大。

（3）能够引起瓦斯煤尘爆炸

矿井火灾不仅提供了瓦斯、煤尘爆炸的引火热源，而且由于高温的干馏作用，使可燃物（如煤、木材）放出氢气、甲烷和其他多种碳氢化合物等爆炸性气体，同时，火灾还可以使沉降的煤尘重新悬浮。因此，火灾往往会造成瓦斯、煤尘爆炸事故。

（4）烧毁设备和煤炭资源

井下发生火灾，因灭火措施不当或拖延时间，往往错失灭火良机，造成火势扩大，烧毁大量的设备、器材和煤炭资源。有时封闭火区也会导致一些设备长期停用闲置于火区而产生经济损失，并造成大量煤炭资源堆滞，影响矿井正常生产。

11.1.3 矿井火灾扑救的指导方针

矿井火灾防治应坚持“预防为主，消防并举”的方针。这不仅是矿井防灭火工程的重要组成部分，也是开采煤炭过程中与各种自然灾害作斗争的指导方针。矿井井下的火灾发生在一个受限空间内，它不像地面火灾那样有明显的可见目标，有时无明显火焰，还能产生大量有害气体。特别是煤的自燃，多发生在采空区、煤柱内等风流不畅通的地点，很难及时发现，也不容易找到准确位置，从而给灭火工作带来了更大的困难，火灾可能延续很长时间。而且井下空间小，工作场所狭窄，电气设备多，坑木多，可燃物多，防火设施不健全，一旦发生井下火灾，灭火过程就显得尤为重要和复杂。

由于各矿开采条件的差异，采用灭火方法的不同，致使确定火区封闭的时机与灭火对策将有很大差别，所以在煤矿的防灭火工作中，要充分利用先进科学技术成就，制定防灭火技术措施，以预防矿井火灾的发生、防止矿井火灾的蔓延扩大，提高矿井的抗灾能力。

11.2 矿井常规防灭火技术

常规防灭火技术是目前在矿井火灾防治中经常使用的，且效果比较明显，被大多数矿井采纳的方法和技术，如灌浆防灭火技术、阻化剂防灭火技术、均压防灭火技术和氮气防灭火技术等。

11.2.1 灌浆防灭火技术

灌浆防灭火技术是将水与不燃性的固体粉状材料进行配比，制成一定浓度的浆液，利用输浆管道送至井下可能发生或已经发生自燃的地点，达到防止煤发生自燃或扑灭已燃烧火。

1. 灌浆防灭火的机理

灌浆防灭火的实质是抑制煤在低温时的氧化速度，延长自然发火期。利用灌浆进行防灭火具有如下几方面的机理：

1）将制成的浆液向自燃地点灌注后，浆液将充填煤岩裂隙及其孔隙的表面，增大氧气在煤体内的扩散阻力，减小煤与氧的接触和反应面。

2）浆液中浆水浸润煤体，增加煤的外在水分，吸热冷却煤岩。

3）可加速采空区冒落煤岩的胶结，增加采空区的气密性。

2. 灌浆防灭火的准备过程

（1）制浆材料的选择

制浆用的材料应满足以下基本要求：

1）不含可燃、自燃及催化物质成分。

2）粒径不大于2mm，而且细小颗粒应占大部分，对于黏土，$d \leqslant 0.1$mm的颗粒应占60%～70%；页岩，$d<0.077$mm者应占70%～75%。

3）主要物理性能指标应符合：相对密度为2.4～2.8；密度为1.7～1.9t/m^3；胶体混合物（按MgO含量计）为25%～30%；含砂量为25%～30%；润湿时间为15～20min；天然水分为15%等。

4）易脱水，且具有一定的稳定性。

5）浆液渗透力强，收缩率小，来源广泛，成本低。

6）塑性指数IP。根据前苏联经验，认为$IP=9\sim11$最适宜用于灌浆。煤科总院重庆分院认为，$IP<7$的岩浆不适宜用于灌浆。选取的灌浆材料除满足上述的基本性能要求外，还要求其来源丰富，运输和加工成本低廉，尽量不占或少占耕地。

7）灌浆用水的酸碱度也有一定要求，pH控制在6～9为宜。

（2）浆液的制备

根据采用浆材不同，浆液的制备工艺也有所不同。目前很多煤矿广泛使用黄土制浆，黄土制浆的一般方法为，水力取土自然成浆和机械制浆。

（3）灌浆量确定

根据注浆的作用和目的，合理的灌浆量应能够使沉积的泥浆充填碎煤裂隙和包裹灌浆区暴露的遗煤。灌浆量受灌浆形式、开采方法及地质条件等因素的影响。目前采空区的灌浆量是依据开采空间、采煤方法及地质情况来计算的，其一般用土量Q_a可按下式计算：

$$Q_a = KMLHC \tag{11-1}$$

式中 M——煤层开采厚度（m）；

L——灌浆区的走向长度（m）；

H——灌浆区的倾斜长度（m）；

C——煤炭回采率（%）；

K——注浆系数，即浆液中的固体材料体积与注浆区空间容积之比，一般取0.03～0.15。

用水量Q_w可按下式计算。

$$Q_w = K_w Q_a \sigma \tag{11-2}$$

式中 K_w——考虑冲洗管路用水量时备用系数，一般为1.10～1.25；

σ——水土比，即制浆过程中所用的水与粉状固体材料的质量（或体积）之比。

3. 泥浆的输送方法

泥浆的输送一般采用泥浆的静压力作为输送动力，制成的泥浆由地面注浆站经过注浆主管到支管送到用浆地点。注浆管道根据注浆压力的大小选取，压力小于1.6MPa时，可选取普通水管；压力大于1.6MPa时，应选用无缝钢管。

灌浆管道直径应根据管内泥浆流速加以选择，管内泥浆的实际流速应大于临界流速。所谓泥浆的临界流速，就是为保证泥浆中的固体颗粒在管道输送时不致沉淀或堵管的最小平均流速。其值与固体材料颗粒的形状、粒径、密度、泥浆浓度和颗粒在静水中的自由沉降速度等因素有关。当采用密度为2.7t/m³的黏土作为泥浆中固体材料时，在土水比为1∶3～1∶10的情况下，泥浆在管道中的临界流速为1.1～2.2m/s。

管道内径可按下式计算：

$$d=\sqrt{\frac{4Q_\mathrm{h}}{3600\pi V}}=\frac{1}{30}\sqrt{\frac{Q_\mathrm{h}}{\pi V}} \tag{11-3}$$

式中　d——灌浆管道内径（m）；

Q_h——每小时灌浆量（m³/h）；

V——管内泥浆的实际流速（m/s）。

现场灌浆干管直径一般为100～15mm，支管直径为75～100mm，工作面胶管直径为40～50mm，管壁厚度为4～6mm。

从地面灌浆站到井下洒浆点的管线长度与垂高之比叫做泥浆的输送倍线。即：

$$N=\frac{L}{Z} \tag{11-4}$$

式中　L——进浆管口至灌浆点的距离（m）；

Z——进浆管口至灌浆点的垂高（m）。

输送倍线是表示灌浆系统的阻力与静压动力之间关系的参数，若其数值过大，则静压动力不足，浆液输送困难；若其数值过小，则浆液出口的压力过大，不利于浆液的均匀分布。一般来讲，灌浆的输送倍线最好控制在5～6为宜。

4. 灌浆防灭火方法

按与回采的关系，灌浆防灭火可分为采前预灌、随采随灌、采后灌浆三种方法。

（1）采前预灌

所谓采前预灌，就是在工作面尚未回采前对其上部的采空区进行灌浆。这种灌浆方法适用于开采采空区比较多的易自燃、特厚煤层。采前预灌浆的方法有：利用小窑灌浆、掘进消火道灌浆和布置钻孔灌浆。其目的是充填、覆盖高温点、降温、除尘、排出有害气体和粘结碎煤。

（2）随采随灌

在采煤工作面推进的同时向采空区灌注浆液。其方法又分为：钻孔灌浆、小巷道钻孔灌浆、埋管灌浆及洒浆等。

1）钻孔灌浆。在开采煤层附近已有的巷道或是专门开凿的灌浆巷道中，每隔10～15m向采空区钻孔灌浆，如图11-3所示，钻孔直径一般为75mm。

2）小巷道钻孔灌浆。为了减少钻孔深度，沿灌浆巷道每隔20～30m开一小巷道，在此小巷道内向采空区打钻孔灌浆，如图11-4所示。

3）埋管灌浆。在放顶前沿回风巷道在采空区预先铺好灌浆管，放顶后立即进行灌浆。随着工作面的推进，按放顶步距用回柱绞车逐渐向外牵引灌浆管，牵引一定距离灌一次浆。

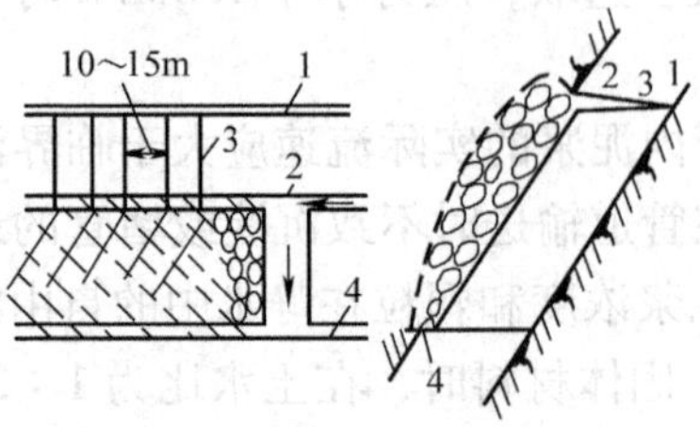

图 11-3 钻孔灌浆示意图

1—底板消火道 2—回风道 3—钻孔 4—工作面进风巷

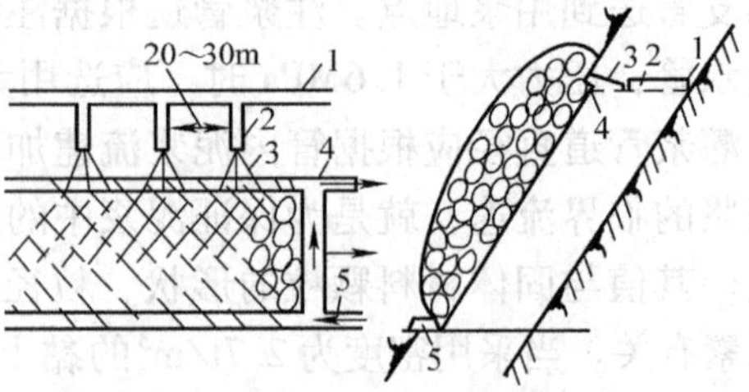

图 11-4 小巷道钻孔灌浆示意图

1—底板消火道 2—钻窝巷道 3—钻孔 4—回风道 5—工作面进风巷

4）洒浆。从灌浆管接出一段胶管，沿工作面方向向采空区均匀地洒浆。洒浆量要充足，使采空区新冒落的矸石能被泥浆均匀地包围。洒浆通常作为管道灌浆的一种补充手段，使整个采空区能灌到足够的泥浆。

5）综采工作面插管灌浆。此种方法是注浆主管路沿工作面倾斜铺设在支架的前连杆上，每隔20m左右预留一个三通接头，并安装分支软管和插管。将插管插入支架掩护梁后面的垮落岩石内灌浆（见图11-5），插入深度应不小于0.5m。工作面每推进两个循环注浆一次。

随采随灌法能及时将顶板冒落线后的采空区灌足泥浆，防火效果比较好。特别适用于发火期短的煤层。但缺点是：管理不好会使运输巷道积水，泥浆进入工作面等，恶化工作面环境，影响生产。

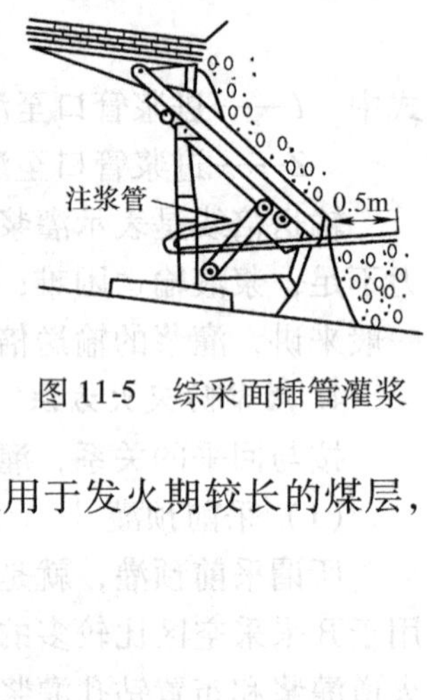

图 11-5 综采面插管灌浆

（3）采后灌浆

采后灌浆，即在工作面采完封闭后进行灌浆。采后灌浆充填封闭的采空区，特别是易自燃发火的停采线，可防止发生自燃火灾。采后灌浆可以在封闭停采线的上部密闭墙上插管灌浆，也可以由邻近巷道向采空区上、中、下三段分别打钻灌浆。采后灌浆适用于发火期较长的煤层，灌浆工作在时间上和空间上都不受回采工作的限制。

11.2.2 阻化剂防灭火技术

从化学角度而言，凡是能减小化学反应速度的物质皆称为阻化剂。阻化剂亦称阻氧剂，是具有阻止煤氧化和防止煤炭自燃的一些物质。

1. 阻化剂防灭火机理

阻化剂防灭火具有如下几方面的机理：

1）增加煤在低温时的化学惰性，或提高煤氧化的活化能，形成阻化液膜，包围煤块和煤的表面裂隙面。

2）充填煤柱内部裂隙。

3）增加煤体的蓄水能力。

4）水分蒸发吸热降温。

阻化剂防灭火的实质是：降低煤在低温时的氧化速度，延长煤的自然发火期。

2. 阻化剂的指标

阻化效果是评价阻化剂性能优劣的标准。目前采用阻化率和阻化寿命作为衡量阻化剂效果好坏的两个重要指标。

（1）阻化率

煤样在阻化剂处理前后放出的CO含量的差值与未经阻化剂处理时放出的CO含量的百分比称为阻化率，其表达式如下式：

$$E=\frac{A-B}{A}\times 100 \tag{11-5}$$

式中 E——阻化率（%）；

A——煤样未经阻化剂处理在温升试验（100℃）中通入净化干燥的空气（160ml/min）时放出的CO的含量（体积分数PPM）；

B——煤样经阻化剂处理后，在上述相同的条件下放出的CO的含量（体积分数，PPM）。

阻化率越大的阻化剂，其阻止煤炭氧化的能力越强。

高硫煤的阻化率是以阻化处理前后煤样在180℃时放出的SO_2含量的差值与原煤样放出的SO_2含量之比的百分率来确定的，其计算式与上式相同。

（2）阻化剂寿命

阻化剂喷洒至煤体表面后，从开始生效至失效所经过的时间叫阻化剂寿命，单位为“月”。单位时间内阻化率下降值叫阻化剂的衰减速度，以V表示，单位为“%/月”。阻化剂的寿命可用下式表示：

$$\tau=\frac{E}{V} \tag{11-6}$$

阻化剂寿命是一个重要指标。为了达到有效预防自燃发火的目的，阻化寿命不应小于自然发火期。阻化寿命可以通过二次或多次喷洒以及保持环境具有较高的湿度等措施来延长。

3. 阻化剂材料和药液浓度选择

目前国内外使用的阻化剂大致有：吸水盐类阻化剂（如氯化钙、氯化镁、岩盐），石灰水、水玻璃、亚磷酸酯、多种表面活性剂、碳酸氢铵等。同时也可以利用某些工厂的废液及副产品，如铝厂的炼镁槽渣、化工厂的$MgCl_2$、酿酒厂的废液、造纸厂的废液和化工厂的硼酸废液等，都可以作为阻化剂使用。

（1）阻化材料选择

选择阻化剂的原则是：阻化防火效果好，来源广泛，使用方便，安全无害，对设备无腐蚀，防火成本低。从目前的应用结果来看，氯化钙、氯化镁、氯化铝、氯化锌等氯化物对褐煤、长烟煤和气煤有较好的阻化效果；对于高硫煤，以选用$\chi Na_2O\cdot\gamma SiO_2$作阻化剂最佳，$Ca(OH)_2$次之。

（2）药液浓度

阻化剂的药液浓度是使用阻化剂防火的一个重要参数，其大小既决定防火效果的好坏，又直接影响着吨煤成本。采用单一的$CaCl_2$或$MgCl_2$作为阻化剂，药液浓度为20%（质量分数）时，阻化剂阻化率较高，防火效果较好。所以，阻化剂的药液浓度可控制在15%～20%（质量分数）之间，最低不要低于10%（质量分数）。实际应用中，还可以将阻化剂掺入泥浆，制成“阻化泥浆”，用于防灭火工作。实验证明，同一阻化剂对不同的煤阻化效果不同，同一种煤质使用不同的阻化剂，其阻化效果也不同；阻化剂药液浓度越高，阻化效果越好，但防火成本也越大。所以，为提高阻化剂的防火效果，应根据不同煤质选用适当的阻化剂及相应的药液浓度。表 11-1 是不同品种煤最适宜的阻化剂及适当的药液浓度。

表 11-1　不同品种煤最适宜的阻化剂和适当的药液浓度

褐　煤			长　烟　煤		
最适阻化剂	药液浓度（%）	阻化率（%）	最适阻化剂	药液浓度（%）	阻化率（%）
工业氯化镁	10	70 ~ 80	工业氯化镁	10	60 ~ 70
	20	75 ~ 90		20	70 ~ 90
卤块、片、粒	10	50 ~ 60	卤块、片、粒	10	50 ~ 60
	20	60 ~ 80		20	60 ~ 80
气　煤			高硫烟煤		
最适阻化剂	药液浓度（%）	阻化率（%）	最适阻化剂	药液浓度（%）	阻化率（%）
工业氯化镁	10	40 ~ 50	水玻璃	10	80
	20	45 ~ 60		20	90
卤块、片、粒	10	40 ~ 50	消石灰	10	80
	20	45 ~ 60			

注：表中药液浓度表示的是药液的质量分数。

4. 阻化防灭火工艺

阻化防灭火的管路系统有：临时性、半永久性和永久性三种形式。临时性管路系统的储液池一般用矿车或专用的储液箱做成，管路临时铺设；半永久性管路系统的储液池一般建在采区内，常用水泥料石砌筑；永久性管路系统的储液池一般建在水平或地面，有固定的主线管路。

应用阻化剂防灭火的主要工艺方式有：压注阻化剂、汽雾阻化、喷洒阻化剂。

（1）压注阻化剂

为防止煤柱、工作面起采线、停采线等易燃地点发火，需要钻孔进行压注阻化剂处理。应用阻化剂处理高温点和灭火。首先钻测温孔并圈定火区范围，然后从火区边缘开始向火源通过钻孔压注低药液浓度的阻化剂水溶液，逐步逼近火源进行降温处理。

1）压注工艺。阻化剂压注工艺可分为短钻孔注入和长钻孔注入。

短钻孔注入适用于处理巷道周围煤柱的自燃点。一般利用煤电钻打孔，孔深 2 ~ 3 m，孔距 2 ~ 3 m，孔径 42 mm，使用橡胶封孔器封孔，再用 3D - 5/40 型泵压注，煤壁见液即可。

长钻孔注入适用于采空区和煤层回采前的防火处理。其方法是沿煤层向上或向下钻孔，布孔原则是尽可能使煤体都能得到阻化处理。一般孔径取 50 ~ 75mm，孔深为工作面斜长的 2/3，孔间距为 15 ~ 20m，封孔后用压力泵注入阻化液。

具体应用时，钻孔间距根据阻化剂对煤体的有效扩散半径确定。钻孔深度应视煤壁压碎深度确定。钻孔的方位、倾角要根据火源、高温点的正确位置而定。压注之前首先将固体阻化剂按需要的浓度配制成阻化剂溶液，开动阻化泵，将药液吸入泵体，再由排液管经封孔器压入煤体。

2）注液量。注液量的大小与注液控制范围的煤量成正比。其按下式计算：

$$T = KDV \tag{11-7}$$

式中　T——日注液量（t）；

K——吨煤用液量（t/t）；

D——实体煤容重（t/m^3）；

V——注液控制煤体体积（m^3）。

阻化剂的吨煤用液量使用数量由遗煤的破碎程度、遗煤量和采煤方法等因素综合确定，并应在防火实践中进行调整，选取合理的用药数值。

（2）汽雾阻化

汽雾阻化防火其实质就是将一定压力下的阻化剂水溶液通过雾化器雾化成为阻化剂汽雾。汽雾发生器喷射出的微小雾粒可以漏风风流作为载体飘移到采空区漏风所到之处，从而达到防止采空区煤自燃的目的。

1）汽雾阻化系统。汽雾阻化系统包括雾化器、雾化泵、储液箱、过滤器、电器开关以及管路系统。管路系统由高压胶管、球阀及接头组成。雾化器是用于雾化阻化剂的装置，其关键部位是喷嘴。雾化器的选择主要依据雾化率的大小以及日处理煤量等因素。雾化泵的选择参数主要有两个，即流量和压力。流量以雾化器流量和同时工作的雾化器个数为依据；压力以雾化器达到最佳雾化效果为准则。一般雾化泵的流量应达到 $2.0m^3/h$ 以上。

图11-6所示为某矿阻化剂汽雾预防综采工作面采空区煤炭自燃的工艺系统。阻化剂水溶液的容器1（矿车）置于回风巷内，用YHB-2型泵2沿高压软管4将阻化剂溶液输送到雾化发生器7，泵上安有压力计以便于控制输送压力。装在工作面与运输巷交接处的雾化发生器，在高压（3MPa）作用下溶液的85%被分散为直径30μm的雾粒，喷出阻化剂汽雾，并由风流带向采空区内。为了防止雾化发生器喷嘴堵塞，在供液管路中装有自动过滤器3。

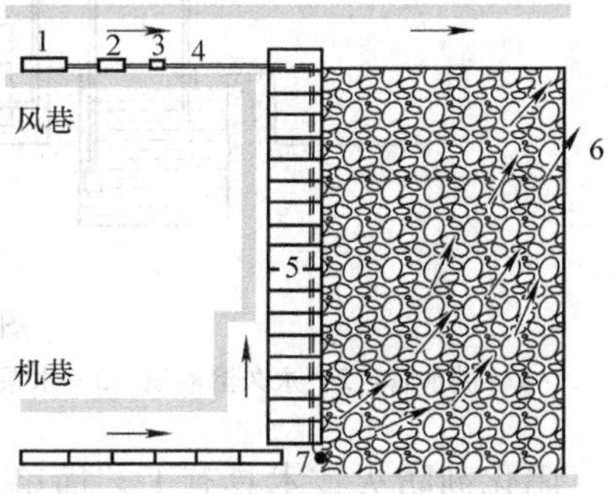

图11-6　采空区喷送雾状阻化剂系统
1—阻化剂溶液箱　2—输液泵　3—自动过滤器
4—高压软管　5—支架
6—漏风方向　7—雾化发生器

向采空区喷送雾状阻化剂之前，应进行采区内的阻力测定，确定其漏风量和漏风方向。为了减少喷射阻化剂对采空区空气动力状态的影响，雾化发生器引射的风量不应大于自然漏风量。

2）喷雾量。喷雾量的大小与采空区丢煤量成正比。可按下式计算：

$$T = \frac{KADLHS}{R} \tag{11-8}$$

式中　T——日喷雾量（t）；

R——雾化率（%）；

K——吨煤用液量（t/t）；

D——实体煤容重（t/m^3）；

L——工作面长度（m）；

H——工作面采高，（m）；

S——日进尺，（m）；

A——丢煤率（%）。

关于喷雾量的计算还要考虑采煤方法的不同，厚煤层开采，留有保护顶煤时，采空区内丢煤量大，参照上式计算需药量时，要考虑遗煤厚度和喷洒长度。分层开采工作面，计算第二分层工作面所需喷雾量时，要考虑顶板积存的浮煤。另外，除喷雾外，对上分层已形成的高温点要打钻压注药液，其用药量要根据具体情况增加。

（3）喷洒阻化剂

利用喷雾装置将阻化剂溶液直接喷洒在煤的表面。这种方法简单、灵活性强。适用于巷道、煤柱壁面、浮煤及分层工作面采空区的喷洒。常用 3D－5/40 型往复泵将阻化剂沿 5cm 直径铁管和 2.5cm 直径胶管送往喷洒地点。

我国某些煤矿向采空区喷洒阻化剂的工艺系统如图 11-7 所示。由供水管 1 向永久溶液池 2 供水，池内的阻化剂，通过水泵 3 经压力表 4、铁管 5 和阀门 6 及流量计 9，由胶管 7 送到工作面上下口，然后用喷枪 8 向采空区喷洒。当所需阻化剂溶液量不大时（如向煤堆上喷洒）可用矿车代替溶液池。

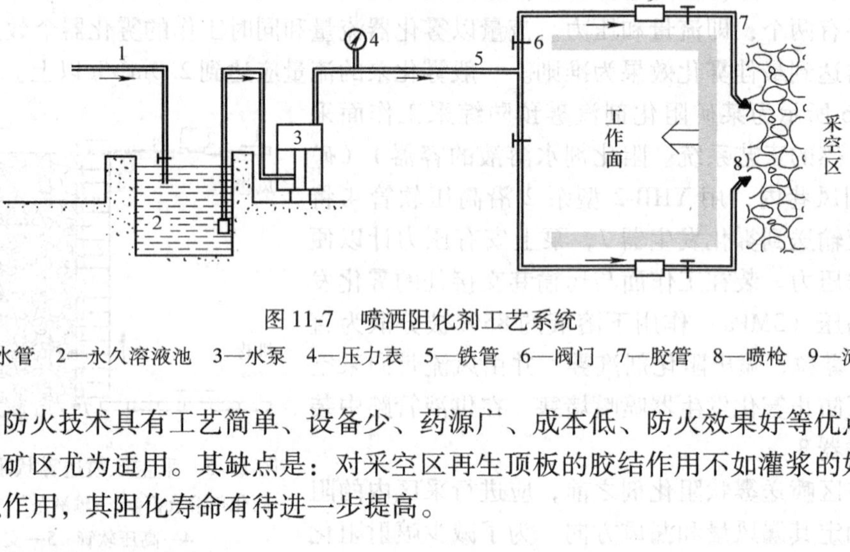

图 11-7　喷洒阻化剂工艺系统

1—供水管　2—永久溶液池　3—水泵　4—压力表　5—铁管　6—阀门　7—胶管　8—喷枪　9—流量计

阻化剂防火技术具有工艺简单、设备少、药源广、成本低、防火效果好等优点。特别是对于缺土的矿区尤为适用。其缺点是：对采空区再生顶板的胶结作用不如灌浆的好；对金属有一定腐蚀作用，其阻化寿命有待进一步提高。

11.2.3　均压防灭火技术

均压防灭火技术是降低采空区漏风区域两端风压差，从而减少向采空区漏风供氧，达到抑制和窒息煤炭自燃的方法。均压防灭火技术具有以下特点：

1）不影响工作面的气密性，减少了采空区的漏风，从而加速了密闭区（或采空区）里的大气惰化。

2）工程量小、投资少、见效快。

1. 均压防灭火技术原理

通风压力是使风流流动的动力，若有漏风风流存在，必有漏风风压的作用。根据阻力定律，作用于漏风通道两端的风压差如下式所示：

$$H_{1-2}=R_{1-2}Q_n \tag{11-9}$$

式中　H_{1-2}——漏风通道两端风压差（Pa）；

Q——漏风风量（m^3/s）；

R——漏风通道风阻（kg/m^7或$N\cdot s^2/m^8$）；

n——表示漏风风流流态的指数，$n=1\sim2$。

为减少采空区漏风量，使$Q\to0$，可以采取措施增加漏风风阻，使$R_{1-2}\to\infty$；也可以采取措施使漏风通道两端风压差$H_{1-2}\to0$。第一种措施属于封闭防灭火的范畴，第二种措施则属于均压防灭火的范畴。实践中，采用均压法防灭火时，并不可能使采空区通道两端漏风压差绝对等于零。这是因为采空区漏风通道两端压差会随时受到矿井通风压力、大气压力、火区大风压等因素的影响。

2. 均压防灭火技术措施

根据均压作用的机理及使用条件不同，均压防灭火技术措施大体分为开区均压和闭区均压。

（1）开区均压技术措施与原理

开区均压就是在生产工作面建立均压系统，以减少采空区漏风，抑制遗煤自燃，防止一氧化碳等有毒有害气体超限、聚集或涌向工作区，从而保证生产正常进行。生产工作面采空区煤炭自燃高温点产生的位置取决于采空区内堆积的遗煤和漏风分布。因此，采用均压法处理采空区的自燃高温点之前，必须首先了解可能产生自燃高温点的空间位置及其相关的漏风分布，以便进行有针对性调节。常见的开区均压措施有调节风门调压、风机调压、风机-风窗联合调压和风机-风筒均压法。

（2）闭区均压技术措施与原理

闭区均压就是在有可能发生煤炭自燃而已经密闭的区域采取均压措施，以防止煤炭自燃的发生。在已封闭的火区采取均压措施可以加速火源的熄灭。实现闭区均压的方法很多，主要有风门或风窗调节法、调压气室法和调整通风系统法。

11.2.4　氮气防灭火技术

氮气防灭火技术是防治煤自燃的有效技术措施之一。在国外广泛采用氮气防灭火技术，成功地抑制了矿井自燃火灾，取得了较好的防治效果。

1. 氮气防灭火机理及特点

氮气是一种无色、无味、无嗅、无毒的气体。在标准状态下，氮气密度为$1.2505kg/m^3$，与同体积空气的质量比为0.9673，其沸点为77.19K。在常温常压下，氮分子结构稳定，化学性质也稳定，很难与其他物质发生化学反应，所以它是一种良好的防灭火用惰性气体。

氮气防灭火技术是利用制氮设备制取氮气，通过管路送入井下，注入采空区等煤炭可能自燃的区域，如采空区自燃危险区域，使之惰化。主要用于防治采空区自燃发火和瓦斯爆炸，以及加快封闭火区内火的熄灭过程，但氮气热容小，降温效果差，且一旦重新供氧，火区极易复燃，因此在开放式工作面的采空区防火中，必须有针对性地确定氮气释放口，才能有效缩小氧化升温带范围。在封闭灭火过程中，氮气不会损坏或污染机械设备和井巷设施，火区可以较快恢复生产，但氮气防灭火必须与均压和其他堵漏风措施配合应用，否则，如果注入氮气的采空区或火区漏风严重，氮气必然随漏风流失，难以起到防灭火作用。

氮气防灭火具有如下的机理和特点：

1）采空区内注入大量高浓度的氮气后，氧浓度相对减小，氮气部分地替代氧气进入到煤体裂隙表面，这样煤表面对氧气的吸附量便降低，在很大程度上抑制或减缓了遗煤的氧化放热速度。

2）采空区注入氮气后，提高了气体静压，降低了漏入采空区的风量，减少了空气与煤炭直接接触的机会。

3）氮气在流经煤体时，吸收了煤氧化产生的热量，可以减缓煤升温的速度和降低周围介质的温度，使煤的氧化因聚热条件的破坏而延缓或终止。

4）采空区内的可燃、可爆性气体与氮气混合后，随着惰性气体浓度的增加，爆炸范围逐渐缩小（即下限升高、上限下降）。当惰性气体与可燃性气体的混合物比例达到一定值时，混合物的爆炸上限与下限重合，此时混合物失去爆炸能力。这是注氮防止可燃、可爆性气体燃烧与爆炸作用的另一个机理。

5）注氮气防火，可以实现“边采、边注、边防火”；注氮气灭火，可迅速扑灭煤自燃火灾，为抢险救灾工作提供有利条件。

6）与注浆（砂）或注水相比，注氮不污染防治区，无腐蚀或不损坏综采设备；火区启封，恢复工作安全、迅速、经济。

2. 氮气防灭火惰化指标

1）采空区惰化氧浓度指标不大于煤自燃临界氧浓度，一般氧气含量应小于7% ~10%。

2）惰化灭火氧浓度指标不大于3%。

3）惰化抑制瓦斯爆炸氧浓度指标小于12%。

3. 注氮防灭火工艺及方法

注氮方式从空间上分为开放式注氮和封闭式注氮；从时间上分为连续性注氮和间断性注氮；从输送通道上分为采空区埋管注氮方式和钻孔注氮方式。工作面开采初期和停采撤架期间，或因遇地质破碎带、机电设备等原因造成工作面推进缓慢，宜采用连续性注氮；工作面正常回采期间，可采用间断性注氮。

当自燃发火危险主要来自回采工作面的后部采空区时，应该采取向本工作面后部采空区注入氮气的防火方法。具体方法有两种：

（1）埋管注氮

在工作面的进风侧采空区埋设一条注氮管路。当埋入一定长度后开始注氮，同时再埋入第二条注氮管路（注氮管口的移动步距通过考察确定）。当第二条注氮管口埋入采空区氧化带与冷却带的交界部位时向采空区注氮，同时停止第一条管路的注氮，并又重新埋设注氮管路。如此循环，直至工作面采完为止，如图11-8所示。

（2）拖管注氮

在工作面的进风侧采空区埋设一定长度（其值由考察确定）的注氮管，它的移动主要利用工作面的液压支架，或工作面运输机头、机尾，或工作面进风巷的回柱绞车作牵引。注氮管路随着工作面的推进而移动，使其始终埋入采空区氧化带内。

4. 注氮强度的确定

采空区防灭火耗氮气量按产量计算，实质上就是由注入氮气充满采煤空间体积，且其氧浓度降低至惰化指标需要的耗氧量，可按下式计算：

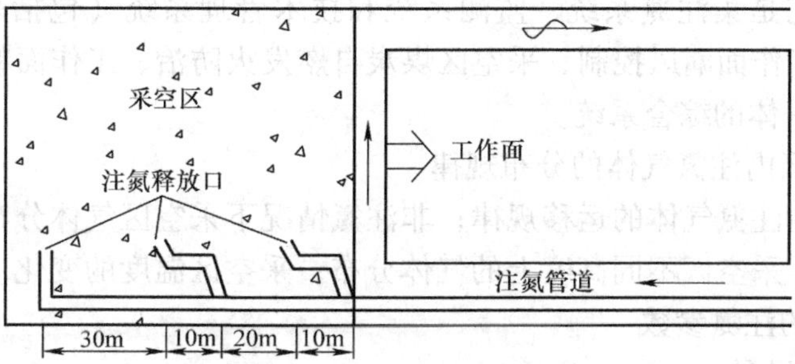

图11-8 注氮管埋设及释放口位置

$$q=\frac{A}{rt\eta_1\eta_2}\left(\frac{C_1}{C_2}-1\right) \tag{11-10}$$

式中 q——注氮强度（m^3/h）；

A——年产量（万t）；

t——年工作日（d）；

r——煤的密度（t/m^3）；

η_1——管路输氮效率，可取0.9；

η_2——采空区注氮效率，可取0.55；

C_1——空气中的氧气含量，可取21%

C_2——采空区防火惰化指标，可取氧气含量7%。

5. 氮气防灭火注意事项

（1）保证充足的氮气供应

要保证有足够且连续不断、稳定的氮气供应源，一般应有不小于正常用量的1倍以上的备用氮源。此外，所供应的氮气应保证有足够的纯度，通常情况下供给注氮区的不小于95%；再者，在条件允许的情况下，制氮设备必须有备用电路或者设专用电路，氮气源要离使用区近，管网单一、距离短、阻力小、泄漏量小；日常维护管理方便、容易，投资低、成本低、见效快。

（2）正确选择氮气的输送方式及管网的合理设计

氮气只有被按时按量地送入指定的地点，才能保证起到防灭火的作用。在进行注氮系统的设计时应保证；管线达到注入点的距离应最短、平直，使沿程阻力损失和管材消耗量小；使注氮管内介质（即氮气）的流动范围在1.0～2.5m/s；管间连接采用焊接，以减少接头泄漏和局部阻力损失；拐弯和低洼处必须设置放水包；注氮干管上设置调控阀门和安全放空管；埋设在采空区的注氮管路贴底板上，管口采取措施加以保护，如搭“石搭”或“木垛”等；采空区埋管的铺设方式应以“单排分支”式为宜。

氮气释放孔间的距离应根据以下条件确定：煤的自燃倾向性大小或发火期的长短；氮气的有效扩散半径大小；采空区冒落物填塞采空区的状态和充满的程度，采空区氮气的泄漏量大小；工作面通风方式和通风量的大小；采空区“三带”宽度大小；注氮方式和注氮强度大小。

（3）选取适宜的注氮技术及工艺

注氮技术及工艺是集注氮系统、监测系统和技术管理系统（包括采场通风技术管理、采空区抽放瓦斯、工作面漏风控制、采空区煤炭自燃发火防治、工作面粉尘防治、采场范围内环境监控等）于一体的综合系统。

（4）掌握采空区内注氮气体的分布规律

应掌握采空区内注氮气体的运移规律；非注氮情况下采空区气体分布；注氮条件下采空区气体的分布规律；采空区不同高度上的气体分布；采空区温度的变化。

（5）选择合理的注氮参数

1）确定最佳通风量

其原则是把采空区内 O_2浓度限制到最小程度；N_2浓度则达到最大；工作面（尤其是回风平巷）CH_4不超限；不产生浮游煤尘。

2）确定最佳注氮量

其原则是在有效地抑制采空区浮煤自燃发火和瓦斯涌出的条件下，氮气泄漏最低，最大限度地降低防火成本。

3）确定最佳注氮释放口

其原则是释放口应位于氮化带的中心部位（走向方向）或设在入风平巷底板上。

（6）防止采空区氮气的泄漏

氮气具有气体共同的性质——扩散性。根据气体扩散原理，只要有一定的通道，高浓度的气体一定要向低浓度气体的区域扩散、流动。采空区内注入的氮气浓度因要达到防止煤炭自燃的目的，因而一般保持在95%以上。所以它不可避免地要向工作面和两个平巷中氮气浓度低的地方扩散，若未人为地采取控制措施，必然会使这些地方充满氮气。这样，一方面对采空区防灭火不利，另一方面也可能造成人员的窒息或瓦斯燃烧、爆炸等事故的发生。所以，做好防止采空区氮气泄漏工作十分重要。

11.3 直接灭火技术

直接灭火法是用水、砂子、干粉、化学灭火器、灌浆以及直接挖除火源等方法在火源附近直接扑灭火灾，是一种积极的灭火方法，直接灭火方法如图11-9所示。

图11-9 直接灭火方法示意图

11.3.1　直接挖除可燃物

挖除可燃物就是将已经发热或者燃烧的煤炭以及其他可燃物挖出、清除、运出井外。这是扑灭矿井火灾最彻底的方法。

采用挖除可燃物灭火方法的条件是：

1）火源位于人员可以到达的地点。

2）火区无瓦斯积聚，无煤尘爆炸危险。

3）火灾处于初期阶段，波及范围不大。

挖除火源前要做好充分的准备工作。备好工具及运输车辆、备足水量和充填材料、支护材料，制定好运煤路线与排风路线，彻底查清瓦斯聚积与煤尘的积存情况。在挖除工作进行中，要配合洒水以降温灭火，要随时检查煤温、气温以掌握工作进展情况，要随时检测瓦斯浓度防止超限聚积，挖出的高温煤体及其燃烧物要及时运往地面。挖除的空间处要用不燃性材料如河砂、矸石、黄土等予以充填。挖除的范围要超越煤自燃区2m之外，进入煤体温度不超过40℃的地方。挖除煤炭需要爆破时，应对炮眼采取注水降温措施，炮眼温度不得超过45℃。

这种灭火方法具有一定的危险性，使用该方法时要组织好力量，制定严格的安全措施，力求在最短的时间内完成挖除火源工作，特别是在新投产的矿井或采区，如果是在煤柱、煤壁内发生的初次发生煤自燃，为了杜绝后患，应尽可能采取这种方法。

11.3.2　用水直接灭火

用水灭火，简单易行，经济有效，强力水流可以扑灭燃烧的火焰，并使燃烧物潮湿，阻止其继续燃烧。水有很大的吸热能力，能使燃烧物冷却降温；水遇火能蒸发成大量的水蒸气，冲淡燃烧物附近的氧浓度，对燃烧起窒息作用。因此，水有较强的灭火作用。

1. 水的灭火作用

1）热容量大，1L水转化成水蒸气时，能吸收2256.7kJ的热量，所以用水灭火吸热能力强，冷却作用大。

2）1L水全部汽化时可生成1.7m^3水蒸气，大量水蒸气可冲淡空气中的氧浓度而包围、隔离火源，对火源起窒息的作用。

3）水枪射流具有强有力的压灭火焰的机械作用。

4）浸透火源邻近燃烧物，能够阻止燃烧范围的扩大。

2. 用水灭火应注意的问题

1）要有足够的水量。水量不足不仅难以灭火，而且有可能贻误时机，造成火势发展。另外，水量不足，在高温条件下能分解成具有爆炸性的氢和一氧化碳混合气体（又称水煤气），带来新的危险。

2）用水灭火时，人要站在上风头工作。射流由火源的边缘逐渐地推向中心，以免产生过量的水蒸气伤人。

3）必须保持一个畅通的排烟通道，以防高温的水蒸气和烟流返回伤人。

4）不能用水扑灭带电的电器设备火灾。由于水能导电，电气火灾只有首先停电才可用水灭火。

5）不能用水流直接扑灭油料火灾。因为油比水轻，而且不易与水混合，它总是浮在水上面，随水流动而扩大火灾范围。

3. 其他要求

为了能及时把水送到井下发火地点，应在各主要生产巷道中铺设直径为80～100mm的供水管路，消防水管供水量不小于400L/min，水压0.15～0.98MPa，最好保持0.6MPa。消防水管沿程每隔一定距离安装消火栓。地面应有200m^3水量的供水水源。

经验证明，在井筒与主要运输巷道，尤其是胶带输送机巷内安设水幕，当发生火灾时立即起动，能很快地限制火灾的蔓延与扩展。

此外，用水淹没采区或淹井的方法只能在万不得已时使用。淹没了的采区或矿井在以后恢复生产时，不但需要付出巨大的排水费用，而且还有复燃的可能性。尤其对于具有自燃发火矿井，煤经过水淹，恢复生产后更容易自燃，所以一般不采用此法灭火。

11.3.3 直接灌浆灭火

灌浆的材料可以是黄土、粉碎的风化页岩或矸石、电厂粉煤灰或者河砂、石灰等。浆材的选取、泥浆的制备、灌浆的工艺已在预防性灌浆中述及，灭火原理与防火相同不再重述。灭火方法根据矿井与火区的具体情况不同而异，如果在采深不大的矿井，火源距地面较浅时，而且地表又有黄土源，则可以从地表打钻把泥浆直接送入火区；矿井采深较大，火源距地面深，最好建立地面固定的灌浆站和通往井下的输浆管系统，在井下向火区打钻灌浆、埋管灌浆或采取密集短钻孔注浆。

11.3.4 泡沫直接灭火

灭火泡沫有两大类：空气机械泡沫与化学泡沫。前者是第二次世界大战后从军工系统引进的一项灭火新技术；后者是广泛应用于地面灭火的得力手段。

空气机械泡沫就是用机械的方法（风机）将空气鼓入含有泡沫的水溶液而产生的泡沫。泡沫发生的倍数在500～1000之间，由于它比化学反应产生的泡沫倍数（10～20）高得多，故又称高倍数空气机械泡沫，高倍泡沫灭火装置如图11-10所示。

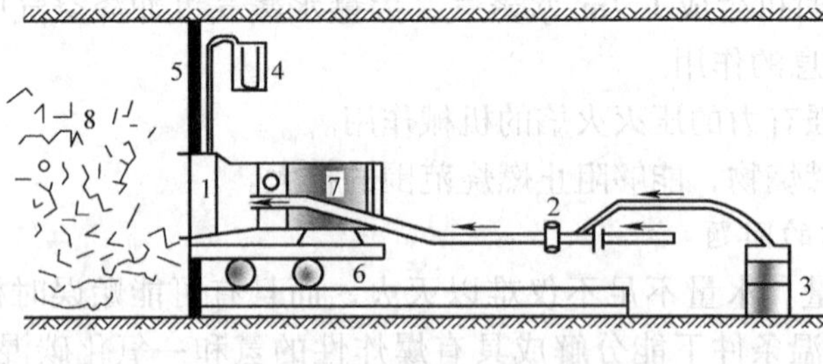

图11-10 高倍泡沫灭火装置

1—泡沫发射器 2—喷射泵 3—泡沫剂 4—水柱 5—密闭墙 6—平板车 7—风机 8—泡沫

高倍泡沫灭火的作用实质上是增大了用水灭火的有效性，大量的泡沫送往火源地点，起着覆盖燃烧物、隔绝空气的作用；与火源接触泡沫破裂，水分蒸发吸热，产生大量水蒸气，降温、稀释氧浓度，具有抑制燃烧、熄灭火源的作用；另外，大量泡沫包围火源，阻止热的传导、对流与辐射，阻止了火势的扩展与蔓延。

泡沫灭火装置的优点是灭火速度快，效果好，恢复生产容易。但是运用泡沫灭火也有失败的教训，关键是使用的条件不当，如果火源已经燃烧到煤壁的深部，用泡沫灭火方法就很难达到效果。

11.3.5 胶体材料直接灭火

由于胶体材料在形成过程中吸收大量热量，同时具有隔绝氧气的作用，因此胶体除用于防火外，也广泛地应用于灭火。在现场使用中，取得了较好的灭火效果，现已成为煤矿治理自燃发火的主要手段之一。但一些胶体材料在使用过程中，会产生一些有毒有害物质，如氨气、腐蚀性酸类等，侵害矿工的身体健康，而无毒无害物胶体材料大多价格较贵，不利于大量使用。另外，胶体材料还存在因高温失水而失效的问题。近年来，随着防灭火材料科学的发展，人们也在积极改进胶体的配方，出现了多种新材料，而高分子聚合材料强吸水剂也开始在煤矿井下应用，胶体材料在煤矿井下具有广阔的应用前景。

11.3.6 用砂子或干粉直接灭火

1. *砂子和岩粉*

砂子和岩粉，特别是石灰石岩粉，常被用来扑灭油料和电气设备火灾。它能长时间覆盖于燃烧物上，使其因缺氧而停止燃烧，同时不易复燃。在井下机电硐室储备一定量的砂子或者岩粉是完全必要的。

2. *干粉灭火*

干粉灭火器是由充满干粉状灭火药剂的金属容器和应用时能把粉状物质喷出来的设备共同组成的灭火工具。它能将干粉灭火剂覆盖在燃烧物上，主要通过干粉灭火剂发生的化学反应，阻断燃烧的链式反应，并吸热使燃烧物温度下降，同时还可产生浆状的物质，附着在燃烧物表面形成隔离层，从而隔离空气、阻断燃烧。干粉灭火器由于容量的限制只能用于扑灭范围较小的初起火灾。但是它具有轻便、操作简单、灭火效能高等特点。干粉灭火器的主要药剂为磷酸铵类，有 $(NH_4)_3PO_4$、$(NH_4)_2HPO_3$、$(NH_4)H_2PO_4$等化合物。

11.4 隔绝灭火技术

隔绝窒息灭火法是指在通往火区的所有巷道中构筑防火墙，阻止空气进入火区，从而使火逐渐熄灭。隔绝窒息灭火法是处理大面积火区，特别是控制火势发展的有效方法。对防火墙的要求是：构筑要快，封闭要严，防火墙要少，封闭范围要小等。

11.4.1 隔绝火区的顺序

在多风路的火区筑建防火墙时应视火区范围、火势大小、瓦斯涌出量等情况来决定封闭火区的顺序。一般是将对火区影响不大的次要风路的巷道先封闭起来（包括漏风裂隙），然后封闭火区的主要进回风路的巷道，火区进回风口的封闭顺序很重要，它不仅影响控制火势的速度，更重要的是关系到救护人员的安全。

1. *先封闭进风侧，后封闭回风侧*

先封闭进风侧，能很快隔断通向火源的风流，控制住火势，人员可在新鲜风流中建筑防火墙。但在封闭区后侧的火区内，空气的绝对压力将大幅度降低，容易造成火区内瓦斯大量涌出和积聚，这种封闭顺序只适用低瓦斯矿井。

2. 先封闭回风侧，后封闭进风侧

实践表明，先封闭回风侧，能使火区内的绝对压力提高，对火区内瓦斯的涌出有抑制作用。由于人员在高温烟流的环境中工作非常困难，而且切断了火烟的出路，迫使火烟倒流，热烟流经过火源时往往引起爆炸，所以一般不采用这种封闭顺序。

3. 火区的进、回风侧同时封闭

我国瓦斯矿井，一般都采用这种封闭顺序，它可以防止瓦斯爆炸。一般先在火区进风侧初步建成防火墙并留有通风孔，这样既保证火源上风侧不致发生瓦斯超限聚积，又能在对火势有所控制的情况下再派人员佩戴呼吸器进入火区构筑回风侧防火墙，然后约定好时间，进、回风侧防火墙同时封闭。这种封闭火区的方法也不能完全避免瓦斯爆炸危险，因此，在防火墙构筑过程中，应有专人随时观察、检查瓦斯和各种有害气体的浓度变化，如瓦斯浓度不断增高，有爆炸危险时，应立即停止工作，迅速撤出人员。火区封闭之后，救护队员也应立即撤离，待火区内可能发生瓦斯爆炸的时间度过之后（一般为4～24小时），再派人进行防火墙的加固工作。

11.4.2 隔绝灭火技术使用条件及原则

在火势发展迅猛，火区范围较大，直接灭火无效时，采取封闭火区的灭火方法最为合适，这种方法对于控制火势发展最为有效。另外，在使用直接灭火方法处理矿井内任何类型的火灾时，在力争灭火成功的同时，还应在思想上和物质上做好封闭火区的准备，一旦直接灭火失败，便可用封闭火区予以挽救。实践证明，封闭火区有时是降低事故损害程度的有效手段。

封闭火区要立足一个“早”字。早下决心，早做好物质准备。同时要遵循三条原则，即“小、少、快”：“小”是封闭范围要尽可能小；“少”是建立最少的防火墙就将火区包围隔离；“快”是指防火墙施工要快，封闭火区要快，要分秒必争，不得拖延。无论是高瓦斯矿井还是低瓦斯矿井，在封闭火区时都要按上述要求去做，否则，将会导致事态扩大，酿成严重事故。

11.4.3 隔绝火区的方法

根据火区内瓦斯聚积的情况，可将隔绝火区的方法分成三种类型。

1. 锁风封闭火区

从火区进回风两侧同时构筑防火墙封闭火区，封闭火区时保持不通风。这种方法适用于火区气体中氧含量（体积分数）低于瓦斯失爆（O_2含量<12%）或失燃（O_2含量<8%）界限。这种情况虽然极为少见。但是，如果发生火灾时采取调风措施，阻断火区通风，空气中的氧因火源及瓦斯燃烧而大量消耗，也是可能出现的。

2. 通风封闭火区

在保持火区通风的条件下，同时构筑进、回风两侧的防火墙以封闭火区，这时火区空气中的氧含量高于失爆界限（O_2含量>12%），封闭区内瓦斯浓度存在着发生爆炸的可能与危险。爆炸的原因可能是由于火区瓦斯浓度的增长；也可能是由于瓦斯或火灾气体的循环再次流向火源。这两种情况也在构筑防火墙风量逐渐减少时，或者当火区构筑防火墙开始脱离全矿风压的影响时都可能发生，尤其当火区封闭后内部风流方向完全为由热力分布影响风压所致，发生瓦斯或火灾气体的再循环是完全可能的。封闭火区时保持通风的目的就在于最大程度地稀释和排除火区内的瓦斯，并使火区的风流方向保持不变。

3. 注惰封闭火区

在封闭火区的同时注入大量的惰性气体，使火区中的氧含量达到失爆界线所经过的时间比爆炸气体积聚到爆炸下限所经过时间要短。此法就是联合灭火法的一种，也是最安全、最有效的灭火方法。采用这种方法需要装备一整套注惰装置，而且要有足够的惰气源供给火区。

11.4.4 防火墙的类型及结构

用于封闭火区的防火墙根据其所起作用的不同可分为以下几种。

1. 临时防火墙

临时阻断火区供风，控制火势发展。对它的要求关键在于一个“快”字。传统的临时防火墙是木板加涂黄泥的防火墙。

目前已经出现用耐火轻质物料制成的临时伞式和耐燃材料制成的充气式防火墙。伞式防火墙能够借助于风流压力在巷道内迅速展开而阻断风流。充气式防火墙有整体和单元组合两种形式，充气方法靠压缩二氧化碳或氮气。

2. 永久防火墙

长期封闭火区，阻断风流。因此，对它的要求既坚固又密实。这类防火墙根据用料不同有：木段、料石、砖、混凝土、片石黄泥等多种形式的防火墙。木段与混凝土防火墙适用于地压较大的巷道。料石和砖防火墙适用于顶板稳定、地压不大的巷道。

3. 耐爆防火墙

在瓦斯较大的矿井封闭火区时，防止火区内部发生瓦斯爆炸伤人而构筑的防火墙。国内一般是用砂袋堆砌而成的，如图11-11所示。在有水砂充填系统的矿井也可用砂段构成。国外有采用石膏快速充填耐爆防火墙。砂袋防火墙的厚度一般为巷宽的两倍，砂段防火墙的厚度至少要保持在5~10m，石膏防火墙的厚度也是取决于巷道断面的大小而有所不同。

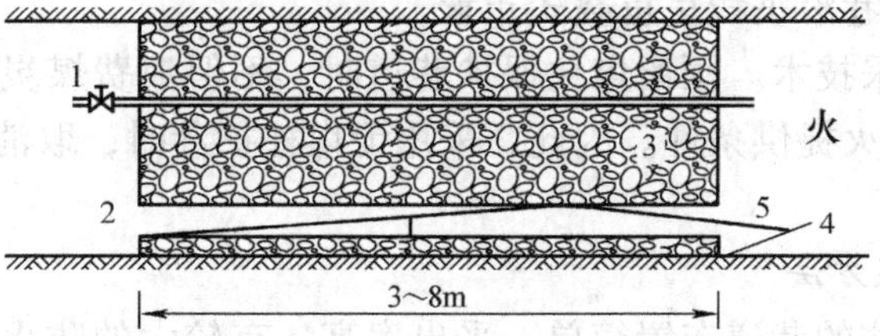

图11-11 砂袋耐爆防火墙

1—采样检测管 2—通过筒 3—砂包 4—密闭墙 5—控制链

构筑砂袋或石膏耐爆防火墙时，防火墙除了安设采样检测管之外，还应安设放水管和通过筒。通过筒由钢板卷制而成，直径为800mm，其作用有两点：一是在封闭火区期间保持送风稀释火区内部瓦斯；二是在封闭之后于火灾熄灭过程中，可派救护队员由此进入火区观察火情。通过筒里端装有从外段操纵的密闭盖，根据需要而启闭。

正确地选择防火墙位置和封闭火区顺序是能否成功灭火的关键。防火墙位置的选择必须遵循封闭范围尽可能的小、构筑防火墙的数量尽可能少和施工快的原则。

11.5 矿井其他防灭火技术

11.5.1 开采防灭火技术

开采有自燃发火危险的煤层时，正确的选择开采系统和方法是提高矿井先天防火能力的关键措施。在有些矿区由于开采系统不正确，采煤方法不合理，自燃火灾不断出现，严重地影响了矿井的安全生产。

1. 开采要求

1）提高回采率，减少丢煤，即减少或消除自燃的物质基础。

2）限制或阻止空气流入和渗透至疏松的煤体，消除自燃的供氧条件。对此，可从两方面着手：一是消除漏风通道；二是减小漏风压差。

3）使流向可燃物质的漏风，在数量上限制在不燃风量之下，在时间上限制在自然发火期以内。

2. 开采方式

1）合理地进行巷道布置。对一些服务时间较长的巷道应尽量采用岩石巷道，若将其布置在煤层中时应采用宽煤柱护巷。采区巷道布置应有利于采用均压防火技术。

2）尽可能采用岩石巷道。开采有自燃倾向性的煤层，应尽可能采用岩石巷道，以减少煤层切割量，降低自燃发火的可能性。对于集中运输巷和回风巷、采区上山和采区下山等服务年限长的巷道，如果布置在煤层里，一是要留下大量的保护煤柱；二是煤层受到严重的切割，其后果是增大了煤层与空气接触的暴露面积，而且煤柱容易受压碎裂，自燃发火几率必定增加。

3）分层巷道垂直重叠布置。厚煤层分层开采时，如果分层区段平巷采用倾斜布置的方式（内错式或外错式），容易给自燃发火留下隐患。因此，各分层巷道应采用垂直重叠方式布置，即各分层区段平巷沿垂线呈重叠式布置。

4）推广无煤柱开采技术。预留煤柱保护巷道时，不但浪费煤炭资源，而且遗留在采空区中的煤柱也给自燃发火提供条件。因此，采用无煤柱护巷时，取消了煤柱，也就消除了由此带来的煤炭自燃隐患。

3. 选择合理的采煤方法

1）长壁式采煤方法的巷道布置简单，采出率高，有较大的防火安全性，特别是综合机械化的长壁工作面，回采速度快、生产集中、单产高，在相同产量的条件下煤壁暴露的时间短、面积小，对于防止自燃发火非常有利。

2）在合理的采煤方法中也应包括合理的顶板管理方法。在我国长壁式开采一般采用全部冒落法管理顶板，在顶板岩性松软、易冒落、碎胀比大，且很快压实形成再生长顶板的工作面，空气难以进入采空区，自燃危险性小。但如果顶板岩层坚硬，冒落块度大，采空区难以充填密实，漏风与浮煤堆积易造成自燃火灾。可通过灌浆或用水砂充填等充填法管理顶板，以减小煤的自燃危险性。

3）选择先进的回采工艺和合理的工艺参数，以便尽可能提高回采率，加快回采进度。要根据煤层的自燃倾向、发火期和采矿、地质开采条件以及工作面长度，合理确定回采速度，以期在自然发火期以内将工作面采完，且在采完后立即封闭采空区。

4）合理确定近距离相邻煤层和厚煤层分层同采时两工作面之间的错距，防止上、下采空区之间连通。

5）选择合理的开采顺序。合理的开采顺序是：煤层间采用下行式，即先采上煤层，后采下煤层；上山采区先采上区段，后采下区段，下山采区与此相反；区段内先采上区段，后采下区段。

11.5.2 通风防灭火技术

矿井通风是指将空气输入矿井下，以增加矿井中的氧浓度并排除矿井中有害的气体。矿井通风的基本任务是：供给井下足够的新鲜空气，满足人员对氧气的需要；冲淡井下有毒有害气体和粉尘，保证安全生产；调节井下气候，创造良好的工作环境。

合理的通风系统和科学的管理与防灭火有密切关系，通风管理不当，能够加剧火势发展；管理得法，可以延长煤的自燃发火期，在一定条件下防止火灾发生。即便是发生火灾，还可以抑制火灾蔓延，并惰化和窒息火区空气，达到防灭火的目的。

1. 通风系统应达到的技术特征

1）合理选择矿井主要通风机运行工况点，满足矿井总风量和风压要求。

2）抽出式通风矿井应降低进风段风压；压入式通风矿井应降低回风段风压，达到减少向火区或采空区的漏风量。

3）合理确定采煤工作面和掘进工作面的供风标准。

4）定期维护巷道，并对通风巷道进行改造，优化整个通风系统。

5）采用先进的采煤方法，合理布置巷道，减少横川和不必要的巷道掘进。

2. 通风设施的技术特点

1）科学地确定通风防灭火设施位置，避免因通风调节设施设置位置不当而引发煤炭自燃。

2）封闭废弃巷道，简化风网结构。

3）调整局部区域风量分配，实现合理配风。

4）维修巷道，扩大巷道断面，减少通风阻力。

3. 通风堵漏应达到的要求

1）封堵火区或采空区进回风侧的通道。

2）加固漏风密闭、提高密闭抗压性和气密性。

3）填堵夯实地表裂缝、消除地面漏风通道。

4）封堵废弃观察孔、灌浆孔。

5）封闭通向火区或采空区的溜煤井、施工通道。

6）确定合理的巷道保护煤柱尺寸，防止矿压破坏巷道。

7）充填隔离水砂带、泥浆隔离带、石膏隔离带等。

8）对已压碎的煤柱裂缝进行灌注石膏浆或水泥浆，杜绝出现漏风现象。

11.5.3 其他惰性气体灭火技术

向火区内注入惰性气体，可以排挤出火区空气，使氧含量降低，冷却火源，增加密闭区内气压，抑制瓦斯涌出，减少新鲜空气漏入、渗入煤、岩孔隙，并为可燃物吸附，阻止可燃物氧化与燃烧。惰性气体灭火时，如果火区封闭不严，漏风大，惰性气体大量漏出，不仅不能扑灭火灾，还会污染井下空气。

1. 二氧化碳灭火

将固态二氧化碳（干冰）放入防火墙内，立即封闭，在火区温度的作用下，干冰能转化成大量的二氧化碳，吸收热量，冲淡火区内氧气，使火熄灭。此类灭火一般用于缺少水源和其他灭火器材、火区范围不大、火势较小的条件下。

2. 湿式惰性气体灭火

通过喷气涡轮燃气机燃烧汽油（柴油）产生氮气，二氧化碳、水蒸气为主体的湿式惰性气体，压送进入火区，惰化火区空气，达到防止瓦斯爆炸和灭火的双重目的。

思 考 题

1. 什么叫矿井火灾？矿井火灾发生的三要素是什么？
2. 简述地面火灾和井下火灾的特点。
3. 什么叫内因火灾？什么叫外因火灾？试比较两种不同火灾的特点，并从中总结处理两类火灾的指导思想与方法。
4. 试述灌浆防灭火的机理。
5. 某综放采面煤层厚度为13m，煤炭回采率为75%，开采过程中，采空区后方出现煤自燃异常区，经判断该异常区的走向长度为20m，倾斜长度为80m，计算该自燃异常区的所需要的灌浆量。
6. 试述阻化剂、阻化率的概念。
7. 阻化剂防灭火的机理是什么？
8. 某煤样在升温氧化过程中，100℃恒温时释放出的CO的含量（体积分数）为120PPM，相同煤样经阻化剂处理后，在相同的条件下释放出的CO含量（体积分数）为80PPM，计算该阻化剂的阻化率。
9. 试述氮气灭火的原理和目前常用的注氮方法。
10. 某煤矿年产量为90万t，年工作日为330天，开采煤层属于易自燃煤，煤的密度为1.45g/cm^3。在开采过程中，采用注氮方法进行防灭火，其注氮量该如何确定？
11. 直接用水灭火应注意哪些问题？
12. 在瓦斯采区或矿井使用隔绝灭火法应选用什么类型的防火墙？请画出耐爆防火墙的结构？
13. 采用隔绝灭火时，为了防止瓦斯爆炸事故发生，防火墙的位置如何选择？火区封闭顺序如何安排？
14. 请结合某煤矿火灾案例，分析事故发生原因和过程，并从中分析总结其教训和经验。

参考文献

[1] 潘一平，周岚，倪天晓．我国的火灾形势统计分析［J］．消防技术与产品信息，2012（2）：63-66.
[2] 杜兰萍．正确认识当前和今后一个时期我国火灾形势仍将相当严峻的客观必然性［J］．消防科学与技术，2005.24（1）：1-4.
[3] 韩占先，等．降伏火魔之术［M］．济南：山东科学技术出版社，2001.
[4] 徐晓楠，等．灭火剂与应用［M］．北京：化学工业出版社，2006.
[5] 郭铁男．我国火灾形势与消防科学技术的发展［J］．消防科学与技术，2005.24（6）：663-673.
[6] 陈南．火灾监控技术［M］．北京：国际文化出版公司，2001.
[7] 杜文峰．消防燃烧学［M］．北京：中国人民公安大学出版社，2006.
[8] 杨隽．消防安全基础知识［M］．长春：吉林科学技术出版社，1995.
[9] 徐晓楠．消防基础知识［M］．北京：化学工业出版社，2006.
[10] 范维澄，等．火灾学简明教程［M］．合肥：中国科学技术大学出版社，1995.
[11] 张学魁．建筑灭火设施［M］．北京：中国人民公安大学出版社，2004.
[12] 郭铁男．中国消防手册［M］．上海：上海科学技术出版社，2006.
[13] 郎禄平．建筑自动消防工程［M］．北京：中国建材工业出版社，2006.
[14] 李天荣，龙莉莉，陈金华．建筑消防设备功能工程［M］．重庆：重庆大学出版社，2007.
[15] 濮容生，何军，杨国飞．消防工程［M］．北京：中国电力出版社，2008.
[16] 陈栋华．建筑防火防灾监控系统及应用［M］．北京：化学工业出版社，2008.
[17] 霍然，胡源，李元洲．建筑火灾安全导论［M］．合肥：中国科技大学出版社，2009.
[18] 祁祖兴，胡君健．固定消防设施在灭火救援中的应用［J］．消防科学与技术．2007，126（2）：202-204.
[19] 龙芸．细水雾灭火系统现状及其应用［J］．消防技术与产品消息，2004（12）：63-67.
[20] W K Chow，B Yao. Numerical modeling for interaction of a water spray with smoke layer. Numerical Heat Transfer：Part A［J］，2001，39（3）：267-283.
[21] 姚斌，廖光煊，范维澄，等．细水雾抑制扩散火焰的研究［J］．中国科学技术大学学报，1998，28（5）：610-617.
[22] 姚斌，廖光煊，范维澄．受限空间内细水雾与火相互作用的实验研究［J］．火灾科学，1997，6（2）：48-52.
[23] 刘江虹．细水雾抑制熄灭固体火焰的模拟实验研究［D］．合肥：中国科学技术大学，2001.
[24] 李慧清．压缩空气泡沫系统（CAFS）泡沫性能的试验研究［D］．北京：北京林业大学，2006.
[25] 张秀娟，季军，边久荣．一种新型自动探火及灭火装置［J］．消防技术与产品信息，2003（10）：73-75.
[26] 杨震铭，刘连喜．IG-100（氮气）灭火系统设计与应用［J］．消防科学与技术，2003，22（3）：219-220.
[27] 孙军田．固定灭火设施安装调试与使用管理［M］．北京：中国人民公安大学出版社，2008.
[28] 郭鸿宝，岳大可．气溶胶灭火技术［M］．北京：化学工业出版社，2005.
[29] 李亚峰，等．建筑消防工程实用手册［M］．北京：化学工业出版社，2008.
[30] 文定元．森林防火基础知识［M］．北京：中国林业出版社，1995.
[31] 胡海清．林火生态与管理［M］．北京：中国林业出版社，2009.

[32] 甄学宁．森林消防理论与技术［M］. 北京：中国林业出版社，2010.
[33] 白夜．森林灭火技战术的研究［D］. 哈尔滨：东北林业大学，2002.
[34] 肖钢．国内外森林防火技术现状及趋势探讨［D］. 天津：天津大学，2005.
[35] 余明高，潘荣锟．煤矿火灾防治理论与技术［M］. 郑州：郑州大学出版社，2008.
[36] 周心权，吴兵．矿井火灾救灾理论与实践［M］. 北京：煤炭工业出版社，1996.
[37] 宋永津．煤矿均压“防”灭火［M］. 北京：煤炭工业出版社，2001.
[38] 王省身，张国枢．矿井火灾防治［M］. 徐州：中国矿业大学出版社，1990.
[39] 贾海林，余明高，潘荣锟．煤吸附流态氧特性的测定及其自燃原因分析［J］. 安全与环境学报，2005，5（2）：112-114.
[40] 周心权，方裕，张璋．矿井火灾防治［M］. 徐州；中国矿业大学出版社，2002.
[41] 张国枢．通风安全学［M］. 徐州：中国矿业大学出版社，2000.
[42] 鲍庆国，等．煤自燃理论及防治技术［M］. 北京：煤炭工业出版社，2002.
[43] Stefan Wessling, Claudia Kuenzer, Winfried Kessels, et al. Numerical modeling for analyzing thermal surface anomalies induced by underground coal fires［J］. International Journal of Coal Geology. 2008（74）：175-184.